科学出版社"十四五"普通高等教育本科规划教材

纳米材料与技术

翟　薇　欧阳威信　王建元　编

科学出版社
北　京

内 容 简 介

本书系统地介绍了纳米材料与技术的相关概念和原理、发展历史和各国发展现状，纳米材料的制备和表征技术，并重点概述了纳米技术在纳米电子学、纳米加工技术、微机械和微机电系统、纳米生物医学和紫外光电探测中的应用和发展状况。

本书可作为高等理工院校材料科学与工程、物理、化学、生物以及机械和电子等相关专业的高年级本科生和研究生教材，也可供在纳米科学与技术领域从事研究、生产的人员或者对该领域感兴趣的社会公众阅读参考。

图书在版编目（CIP）数据

纳米材料与技术 / 翟薇，欧阳威信，王建元编. -- 北京：科学出版社，2024.12. --（科学出版社"十四五"普通高等教育本科规划教材）. -- ISBN 978-7-03-080752-6

Ⅰ. TB383

中国国家版本馆 CIP 数据核字第 2024BW1163 号

责任编辑：侯晓敏　陈雅娴　李丽娇 / 责任校对：杨　赛
责任印制：张　伟 / 封面设计：无极书装

科学出版社 出版

北京东黄城根北街 16 号
邮政编码：100717
http://www.sciencep.com

北京天宇星印刷厂 印刷
科学出版社发行　各地新华书店经销

*

2024 年 12 月第 一 版　开本：787×1092　1/16
2024 年 12 月第一次印刷　印张：18 3/4
字数：468 000
定价：69.00 元
（如有印装质量问题，我社负责调换）

前　言

纳米材料是指在三维空间中至少有一维处于纳米尺寸(0.1～100 nm)或由它们作为基本单元构成的材料。量子尺寸效应、小尺寸效应、表面效应和宏观量子隧道效应等纳米效应的存在，使得纳米材料表现出异于传统材料的物理化学特性。纳米技术则是认识纳米物质世界的过程中出现的各种工具、手段以及产生的具体方法和技能，主要包括纳米尺度上研究应用原子和分子现象及其结构信息的技术，以纳米科学为基础制造新材料、新器件和研究新工艺的方法和手段等。纳米材料与技术的蓬勃发展势必会对传统材料和制造产业、信息产业、能源和环保产业、生物医学产业等领域产生重要影响。早在纳米材料与技术发展初期，世界主要工业国家就制定了许多针对纳米材料与技术的基础研究计划，并对其应用领域进行了持久而广泛的投资。经过多年来的持续投入和发展，我国不仅在纳米科学领域已经成为世界范围内纳米科学与技术进步的重要贡献者，而且正成为世界纳米科技研发大国，相关纳米科技的产业化应用也受到更广泛的关注并被持续推动。

纳米材料与技术涉及的学科领域包括材料科学与工程、物理、化学、生物以及机械和电子等，因而表现出高度交叉和综合的特性。纳米材料与技术的发展为传统学科的发展带来新的机遇，也促进了学科的交叉和融合。为了顺应纳米材料与技术领域的飞速发展以及应对由此带来的机遇与挑战，在高等院校的学生中普及相关的基本概念和知识的同时，借此开阔视野并提高科学认知水平也是非常有必要的。本书选用纳米材料与技术领域的部分前沿研究成果作为示例，使得学生能较好地了解该领域的研究热点和方向，以及相关学科交叉前沿现状。这不仅适应目前紧跟学科发展前沿的教学形势，而且符合当前复合型人才培养的要求。本书还讲述了纳米材料和技术在不同领域的重要应用，有益于提升公众对于我国纳米科技研究和应用领域的关注度。本书主要内容包括纳米材料与技术相关的概念和原理、发展历史和现状，纳米材料的制备和表征以及纳米技术在重要领域的应用等，力求将纳米材料与技术较为全面和系统地呈现在读者面前。

本书共 8 章，第 1 章系统地介绍了纳米材料与技术的相关概念和原理、发展历史和各国发展现状，第 2 章、第 3 章分别介绍了纳米材料的制备和表征技术，第 4～8 章则重点概述了纳米技术在纳米电子学、纳米加工技术、微机械和微机电系统、纳米生物医学和紫外光电探测中的应用。全书由翟薇、欧阳威信、王建元编写，并由欧阳威信最终统稿。

在本书编写过程中参考了国内外学者的著作，在此特向相关作者表示感谢。受限于编者自身水平，书中可能会存在不妥之处，敬请专家、同行和读者批评指正。

编　者

2023 年 12 月

目　　录

第1章　纳米材料和纳米技术概述

1.1　纳米材料的基本概念

1.1.1　纳米材料的定义

纳米（nanometer）是长度测量单位，1 纳米（nm）等于 10^{-9} 米（m）。1 nm 有多小呢？图 1-1 是使用纳米为单位描述不同物体尺寸大小的示意图。单个原子的直径小于 1 nm，单个 DNA 分子的直径约为 2 nm，单个细胞的直径大于 100 nm，钉子顶端的直径在 1000000 nm 左右，人类的平均身高不足 2000000000 nm。研究者将 $0.1\sim100$ μm 认定为微米尺度范围，而 $0.1\sim100$ nm 称为纳米尺度范围。如果某个材料有一个或一个以上的维度处于纳米尺度范围内或者由纳米结构单元组成，并且表现出不同于块体材料的特性，那么这种材料就可以被认为是纳米材料（nanomaterial）[1]。

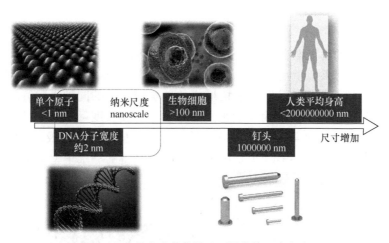

图 1-1　以纳米为单位描述不同物体尺寸大小

1.1.2　纳米材料的分类

纳米材料根据分类标准的不同可以分为不同种类。按照材料的化学组成分类，纳米材料可以分为纳米金属材料、纳米氧化物材料、纳米陶瓷、纳米玻璃、纳米高分子材料和纳米复合材料等。按照材料的物理性质分类，纳米材料可以分为纳米磁性材料、纳米非线性光学材料、纳米超导材料、纳米半导体材料、纳米铁电材料和纳米热电材料等。按照纳米材料的用途分类，可以分为纳米电子材料、纳米光电子材料、纳米生物医学材料、纳米储能材料和纳米敏感材料等。研究者习惯根据纳米材料的结构特征（尺寸维度的不同），将其分为零维、一维、二维和三维纳米材料[2]。

　　零维纳米材料是空间三维尺寸（x，y，z）都在纳米尺度范围内的纳米材料，如图 1-2（a）所示，对应的纳米结构包括纳米颗粒、原子团簇和量子点等。零维纳米材料既可以是无定形结构，也可以是单晶或多晶结构。以维度作为依据的分类方式并不会对零维纳米材料的组成、形状和分散方式进行严格限制。由碳原子组成的富勒烯、碳纳米颗粒和碳量子点等都属于零维碳纳米材料。碳量子点也称为碳点或碳纳米点，是一种由几个原子（以碳原子为主，也有部分氧原子和氮原子）构成的直径在 10 nm 以下的零维纳米结构材料。Liang 等以明胶为原材料，采用水热法制得碳量子点样品，其透射电镜图参见图 1-2（b）。这些近乎球形的零维碳量子点的平均直径约为 1.7 nm，并呈现出均一的尺寸分布[3]。

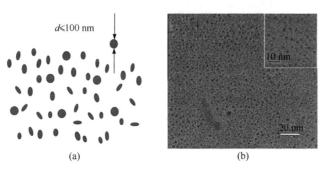

图 1-2　（a）零维纳米材料结构示意图；（b）零维碳量子点的透射电镜图

　　一维纳米材料的两个维度（x，y）在纳米尺度范围内，如图 1-3（a）所示，剩下的一个维度（L）处于微米及以上尺度范围，对应的纳米结构包括纳米线、纳米棒和纳米管等。碳纳米管是由碳原子按照 sp^2 杂化连接形成的单层或多层的同轴真空管状的一维碳纳米材料。碳纳米管的内径一般为几纳米到几十纳米，其长度可在几十纳米到微米级甚至厘米级范围内。Journet 等采用电弧放电技术并将石墨棒作为电极，实现了单壁碳纳米管的大规模制备[4]。图 1-3（b）是由电弧放电法制得的一维单壁碳纳米管样品的扫描电镜图，这些长度为若干微米的碳纳米管样品的管径为 10～20 nm，因而属于一维纳米材料。

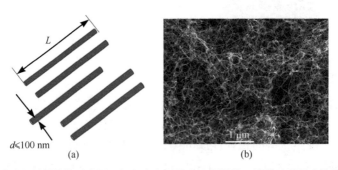

图 1-3　（a）一维纳米材料结构示意图；（b）由电弧放电法制得的一维单壁碳纳米管样品的扫描电镜图

　　二维纳米材料仅一个维度（t）在纳米尺度范围内，其余两个维度（L_x，L_y）均处于纳米尺度范围以上，如图 1-4（a）所示，对应的纳米结构包括纳米片、纳米盘、纳米碟、纳米薄膜和纳米涂层等。只要外部尺寸符合要求,不管内部结构是由纳米晶粒还是微米晶粒组成,也不管是单层还是多层结构,都可以被认定为二维纳米材料。碳纳米材料中的石墨烯和碳纳米带等均属于二维碳纳米材料。Kosynkin 等采用溶液氧化法,将管径为 $40\sim80$ nm 和外壁层数为 $15\sim20$ 层的多壁碳纳米管进行切割和展开后制得碳纳米带样品[5]。图 1-4(b)是制得的碳纳米带样品的透射电镜图。这些碳纳米带的长和宽均超过 100 nm,厚度相当于十多个碳原子层堆积高度(小于 100 nm),因而属于二维纳米材料。

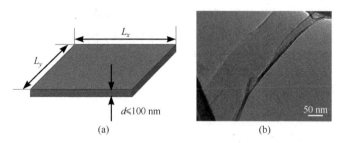

图 1-4　(a)二维纳米材料结构示意图;(b)二维碳纳米带样品的透射电镜图

三维纳米材料的所有维度都处于纳米尺度范围以上,如图 1-5(a)所示,但其内部最小构成单元为纳米结构,这些三维纳米材料也常表现出区别于块体材料的特殊结构与性能。蜂窝炭、石墨烯气凝胶和多孔炭等均属于三维碳纳米材料。三维纳米材料既可以由单一组分材料组成,也可以由多种材料复合而成。由单一材料组成的三维纳米材料可能具有无定形结构,也可能是由具有不同取向的纳米晶粒堆积而成。由两种或两种以上材料组成的三维纳米材料称为三维纳米复合物,根据组成复合物各相的尺寸大小,可以将尺寸在纳米尺度范围内的相称为增强相,而剩下的尺寸大于纳米尺度范围的相则称为基体。零维纳米颗粒以及一维纳米线和纳米管都可以作为三维纳米复合物中的增强相,待其分散在基体中即得到基体增强型三维纳米复合物,见图 1-5(b)。此外,将不同组成的纳米薄膜多层叠加或者将纳米薄膜与基体构筑成三明治结构等都能制得层状三维纳米复合物,见图 1-5(c)。

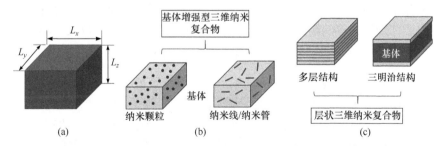

图 1-5　(a)三维纳米材料的结构示意图;基体增强型(b)和层状(c)三维纳米复合物的结构示意图

根据不同维度纳米材料间的空间关系,还可以通过特定的组装和拆解方法来实现纳米材料维度的转换。例如,将零维纳米材料的任意一维方向的长度延长至超过纳米尺度范围即可得到一维纳米材料,而延长一维纳米材料在 x 轴或 y 轴方向上的长度至超出纳米尺度范围即可得到二维纳米材料。再将二维纳米材料叠加或者将二维纳米材料在 z 轴方向长度延长至超出纳米尺度范围，即能得到三维纳米材料。从三维纳米材料出发，通过拆解和破碎等方式逐步增加该纳米材料处在纳米尺度范围的维度数，即可依次得到二维、一维和零维纳米材料。

1.2　纳米材料的基本效应

以超微粒子为代表的纳米材料所处的特殊尺寸范围使得其往往表现出与块体材料显著不同的基本效应，这些基本效应具体包括电子能级的不连续性、量子尺寸效应、小尺寸效应、表面效应，以及库仑阻塞和量子隧穿效应等[6]。

1.2.1　电子能级的不连续性

单个原子中电子具有的能量是不连续的，称为能量的量子化。当大量原子规则排列形成晶体时，晶体内相邻原子内的每个电子不仅受到原子核本身的束缚，还会受到相邻原子核的作用。相邻原子核的作用对于本身原子的内层电子影响程度不大，而对于原子外层的价电子的影响却十分显著。此时的价电子变为整个晶体内原子所共有，即电子的公有化，价电子的公有化会导致原子中的电子能级发生变化，原子中具有相同能量的价电子能级分裂为一系列与原来能级相接近的新能级，这些新能级连成一片后形成晶体中的能带。纳米微粒的尺寸与电子的德布罗意波长相当，使得电子被局限在一个体积十分狭小的空间，此时电子的能级分布既不同于金属块等宏观物体的准连续能带，也不完全与微观体系的能级分布情况相同，表现为大块金属的准连续能级产生的离散现象。久保及其合作者根据金属超微粒子相关研究，于 1962 年提出了久保理论（Kubo theory）。Haiperin 于 1986 年全面归纳了该理论，并借此深入分析了金属超微粒子的量子尺寸效应。久保理论是指金属超微粒子费米面附近电子能级分布与块体不同，量子尺寸效应的存在使得其准连续能级产生离散的现象，表现为电子能级的不连续性（discontinuity of electronic energy level）。在高温和宏观尺寸下，大块金属费米面附近的电子能级是准连续的。而在低温下，单个金属超微粒子在费米面附近的电子能级间隔发生离散。早期研究将离散的电子能级视为等间距的，等间距模型下单个超微粒子比热 C 的计算公式为

$$C(T) = k_B \times \exp(-\delta / k_B T) \tag{1-1}$$

其中，δ 为能级间隔；T 为热力学温度；k_B 为玻尔兹曼常量。

$k_B T$ 值在较高温度下要远大于 δ 值，比热 C 与温度值 T 呈线性关系，这与块状金属的比热关系相符。当温度值 T 趋近于绝对零度时，$k_B T$ 值远小于 δ 值，比热 C 与温度值 T 呈指数关系，但此时由等间距模型推导出的单个超微粒子比热公式无法用实验证明。久保针对单个超微颗粒提出了新理论，试图解决上述理论和实验相脱离的问题，并对由小颗粒组成的大集合体的电子能态做出以下两点假设。

1. 简并费米液体假设

简并费米液体假设（hypothesis regarding degenerate Fermi liquid）认为超微粒子靠近

费米面附近的电子状态是受尺寸限制的简并电子气，这些超微粒子的能级为准粒子态的不连续能级，并且准粒子之间几乎没有相互作用。当 k_BT 值远小于 δ 值时，超微粒子体系靠近费米面的能级分布服从泊松分布（Poisson distribution）：

$$P_n(\Delta)= \frac{1}{n!\cdot\delta} \times (\Delta/\delta)^n \times \exp(-\Delta/\delta) \tag{1-2}$$

其中，Δ 为两能态之间的间隔；n 为这两个能态间的能级数；$P_n(\Delta)$ 为对应的 Δ 概率密度；δ 为相邻两个能级间的平均能级间隔。相较于等能级间隔模型，久保的模型能较好地解释低温下超微粒子的物理性能。

2. 超微粒子电中性假设

超微粒子电中性假设（electric neutrality hypothesis of ultrafine particles）认为从超微粒子中取走或放入一个电子都是非常困难的，久保提出了如下公式：

$$k_BT \ll W \approx e^2/d = 1.5\times10^5 \times k_B/dK(\overset{\circ}{A}) \tag{1-3}$$

其中，W 为从一个超微粒子中取走或放入一个电子克服库仑力所做的功；d 为超微粒子的直径；e 为电子电荷。当超微粒子的直径减小时，W 值相应增加，低温下的热涨落就难以改变超微粒子的电中性。据估计，对于粒径为 1 nm 的颗粒，其在足够低温度下的 W 值要比相邻两个能级之间的平均能级间隔 δ 值小两个数量级，此时颗粒在低温下就表现出显著的量子尺寸效应。在满足以上两个假设的前提下，相邻电子能级间距 δ 与微粒体积 V 的关系可用久保公式描述：

$$\delta = \frac{4E_F}{3N} \propto V^{-1} \tag{1-4}$$

其中，N 为超微粒子中的总导电电子数；V 为超微粒子的体积；E_F 为费米能级，其大小可用下列公式计算：

$$E_F = \frac{\hbar^2}{2m}\left(3\pi^2 n_1\right)^{2/3} \tag{1-5}$$

其中，n_1 为电子密度；$\hbar$ 为普朗克常量；m 为电子质量。由该公式可知，超微粒子的体积越小，相邻能级间隔越大。在久保理论被提出后很长的一段时间内，研究者发现某些实验结果和理论间存在不一致。1984 年，Cavicchi 等发现从一个超微金属粒子中取走或放入一个电子克服库仑力所做的功（W）的绝对值并非久保认为的固定值 e^2/d，而是在从 0 到 e^2/d 的数值范围内均匀分布。Halperin 于 1986 年指出上述实验中 W 的数值变化来源于电子从超微金属粒子向基体传输量的变化，并且认为是实验设计本身造成了实验结果与久保理论的不一致，而不能简单地将不一致性推断为理论的不正确性。随着超微粒子的制备和实验技术的发展和完善，相关的电子自旋共振、比热容、磁共振等测量结果证实了超微粒子中量子尺寸效应的存在，这些超微粒子物性研究上的突破性进展支持并发展了久保理论。而针对久保理论的不足，Halperin 和 Denton 等科研人员相应对该理论进行了修正。

1.2.2 量子尺寸效应

当粒子尺寸下降到临界最低值时，金属费米能级附近的电子能级由块体中连续的能级分裂成为离散的能级的现象，半导体纳米颗粒的最高占据分子轨道能级（价带）和最低未占分子轨道能级（导带）之间的能级间隙变宽的现象（图 1-6），均被称为量子尺寸效应（quantum size effect）。能带理论认为，在高温或者宏观尺寸情况下，金属费米能级附近的电子能级一般是连续的。而对导电电子数量有限的超微粒子而言，其在低温下的能级是离散的。宏观物体包含近似无限个原子，相应导电电子的数目 N 趋于无限，此时由久保公式可计算得到相邻两个能级之间的平均能级间隔 δ 值大小趋近于 0。纳米微粒包含的原子个数有限，相应导电电子的数目 N 很小，此时计算得到的能级间隔 δ 有一定的值，这就使得能级间距发生分裂。当能级间隔大于热能、磁能、静磁能、静电能、光子能量或超导态的凝聚能时，就会导致纳米微粒的磁、光、声、热、电以及超导电性和宏观特性有显著不同。例如，超微粒子比热容、磁化率与所含导电电子的奇偶数有关。超微粒子的光谱发生红移（长波方向）和蓝移（短波方向）。超微粒子的催化性质与粒子内电子数目的奇偶相关。金属超微粒子因量子尺寸效应，可能实现由导体向绝缘体的转变。

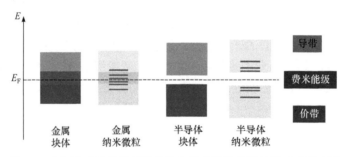

图 1-6 金属和半导体材料的块体和纳米微粒能带结构对比示意图

根据久保公式，可以估算出金属 Ag 超微粒子在 1 K 下由导体转变为绝缘体时对应的临界颗粒直径 d_0。已知金属 Ag 的电子密度 n_1 值为 $6\times10^{22}\ \mathrm{cm}^{-3}$，根据式（1-4）和式（1-5）相应得到：

$$\delta / k_B = (2.74\times10^{-18}) / d^3$$

当 T 为 1 K 时，对应最小能级间距 $\delta / k_B =1$，即可计算得到 $d_0 = 14\ \mathrm{nm}$。由久保理论可知，只有当最小能级间距 $\delta / k_B >1$ 时才会发生能级分裂并产生量子尺寸效应。当金属 Ag 颗粒的粒径 $d<14\ \mathrm{nm}$ 时，金属 Ag 颗粒由导体转变为绝缘体。当温度 $T>1\ \mathrm{K}$ 时，只有粒径 $d \ll 14\ \mathrm{nm}$ 时，金属 Ag 颗粒还是有可能变为绝缘体。上述仅为理论推算的结果，实际情况下还需要同时满足电子寿命 $\tau > h/\delta$ 以及能级间距 $\delta > k_B T$ 等多项条件才能使得金属转变为绝缘体。相关实验证实纳米 Ag 颗粒的确实现了这种转变，并且表现出类似于绝缘体的高电阻。

1.2.3 小尺寸效应

纳米材料中的微粒尺寸小到与光波波长或其他相干波波长等物理特征尺寸相当或更

小时，晶体周期性的边界条件被破坏，非晶态纳米颗粒表面层附近的原子密度减小，从而使得材料的声、光、电、磁和力学等性质发生突变，即为纳米材料的小尺寸效应（small size effect）。在小尺寸效应的作用下，随着尺寸减小，金属超微颗粒的光吸收增加而光反射减少，颗粒呈现出灰黑色。尺寸的减小还会诱导金属超微颗粒实现从金属到绝缘体的转变，导致其电阻高于同类金属的粗晶材料。金属纳米微粒的熔点远低于对应的块体材料，这项特性可以在粉末冶金工业中得到应用。陶瓷材料普遍存在一个致命缺陷——脆性，而纳米陶瓷材料中显著改善的显微结构使其具有延展性。当强磁性颗粒尺寸降低至单磁畴的临界尺寸时，会表现出很高的矫顽力，这些磁性颗粒可用于制作磁性钥匙、车票和信用卡等。

1.2.4　表面效应

纳米材料具有极大的表面面积与体积比。常规块体材料的表面只占整体的一部分，因而块体材料的性质还是由其主体部分性质决定。纳米材料中的表面相对于其体积的比值显著增大，颗粒尺寸的减小使得表面原子数在整体原子数中的占比显著增加，相应的表面结合能和表面张力也增大，使得纳米材料呈现出特殊的表面特性，即表面效应（surface effect）。表面原子相对于内部原子常会表现出特殊性质。表面原子配位严重不足，具有多个悬挂键，能量很高，极不稳定，因而容易与其他原子结合。例如，暴露在空气中的无机纳米粒子会吸收气体并与其反应，而金属纳米粒子甚至在空气中与氧气剧烈反应而燃烧。表面原子的活性不但会改变表面原子输送和构型，还会使纳米粒子的表面电子自旋构象和电子能谱也发生变化。

1.2.5　库仑阻塞和量子隧穿

金属粒子为几纳米、半导体纳米粒子为几十纳米时，体系内的电荷是"量子化"的。体系内的充电和放电过程是不连续的，电子不能集体运输，只能一个一个单电子传输，这一现象就是库仑阻塞效应（Coulomb blockage effect）。此时，充入一个电子所需的能量即为库仑阻塞能（E_C）：

$$E_C = e^2 / 2C \tag{1-6}$$

其中，e 为电子电荷；C 为体系的电容。电容 C 值越小，能量越大。E_C 在数值上等于前一个电子对后一个电子的库仑排斥能。而发生库仑阻塞需要满足条件：$E_C > k_B T$。这就要求量子点电容极小，即微粒尺寸要足够小。

量子隧穿（quantum tunneling）是指电子等微观粒子能够穿入或穿越势垒（势垒的高度大于粒子的总能量）的量子行为，见图 1-7（a）。设想两个量子点通过一个"结"连接时，一个量子点上的单个电子穿过势垒到达另一个量子点。在如图 1-7（b）所示的模型中，为了使单电子从一个量子点 A 能够隧穿到另一个量子点 B，在量子点 A 上所加的电压（$U/2$）必须足够使该电子克服库仑阻塞能。库仑阻塞和量子隧穿现象都需在极低温度下观察得到，相应需要满足观察条件：$e^2 / 2C \gg k_B T$。体系尺寸越小，相应电容 C 值越小，则 E_C 值越大，此时就能在相对较高温度下观察到这两种现象。库仑阻塞和量子隧穿效应可用于设计包括单电子管和量子开关在内的下一代纳米结构器件。

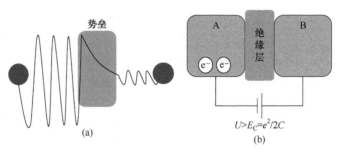

图 1-7　量子隧穿效应示意图（a）和模型（b）

1.3　纳米材料的物理和化学特性

凝聚态物质在纳米尺度范围表现出显著区别于块体材料的物理特性，下面一些特殊的物理性质被认为是来源于纳米材料的：①高表面原子数比；②大表面能；③非完整性降低；④空间限域作用等不同机制[7]。这些特殊的物理性质有如下具体表现。

1.3.1　热学性能

纳米微粒常表现出不同于常规块体或粉体材料的热学性能（thermal property），其熔点、烧结温度和晶化温度更低。

1. 熔点

在金属块体发生熔化的过程中，金属原子从固态的有序排列转变为液态的长程无序、短程有序排列。纳米微粒较大的比表面积、较高的表面能以及表面相邻原子间配位不全等，使得其集合体内原子转变为液态长程无序、短程有序排列所需的能量相对更小，金属、惰性气体、半导体和分子晶体的纳米颗粒在尺寸小于 10 nm 时，这些纳米微粒的熔点（melting point）一般显著低于相同组成的粉体或块体材料。例如，金块的熔点在 1336 K 左右，金纳米颗粒的熔点随着其直径的减小而显著降低，直径为 2 nm 的金纳米颗粒的熔点降至 373 K。铅块的熔点为 600 K，直径为 20 nm 的铅纳米微粒熔点则降至 288 K。如图 1-8 所示，Sn 颗粒的熔点随着颗粒直径的减小而缓慢降低。当 Sn 颗粒的直径减小至某一临界值（10 nm 左右）以下时，其熔点随着颗粒直径的进一步减小而出现快速下降[8]。

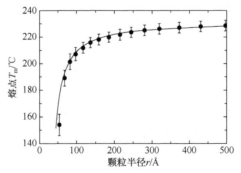

图 1-8　Sn 颗粒的熔点随颗粒半径变化的曲线

2. 烧结温度

烧结是指将高压压制成型的粉末在低于其熔点的温度下加热，使得这些粉末相互结合后得到密度与常规材料相近的材料的过程，而这一低于熔点的最低加热温度即为烧结温度（sintering temperature）。相对于相同组成的粉末材料，经过压制后的相邻纳米微粒界面间具有高界面能，这将有利于界面间孔洞的放缩，使得这些纳米微粒在较低的烧结温度下就能实现致密化。要达到与粒径为 1.3 μm 的 TiO_2 粉末在 1272℃下烧结后呈现的硬度相当，直径为 12 nm 的 TiO_2 纳米微粒所需的烧结温度仅为 500℃。常规大颗粒 Si_3N_4 的烧结温度为 2000℃，而 Si_3N_4 纳米微粒的烧结温度范围则降低了 673～773℃。图 1-9 是粒径为 10 nm 的 α-Al_2O_3 纳米粉末样品在常规烧结条件下的相对密度与温度关系曲线[9]。由该曲线可知，α-Al_2O_3 纳米粉末的致密化主要发生在 1100～1350℃，并且该样品在 1400℃下煅烧 2 h 后的相对密度接近 100%。经对比可知，纳米粉末的烧结温度比 α-Al_2O_3 陶瓷的传统烧结温度范围低 300～400℃。

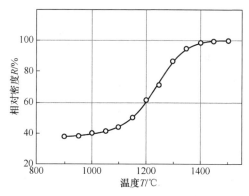

图 1-9　α-Al_2O_3 纳米粉末（10 nm）在常规烧结条件下相对密度与温度关系曲线

3. 晶化温度

相关实验测试结果表明，非晶体纳米微粒的晶化温度（crystallization temperature）要低于相同组成的常规粉体材料。例如，传统非晶 SiC 转变为 α 相的晶化温度为 1793 K，非晶 SiC 纳米微粒则能在更低的晶化温度（1673 K）下完成向 α 相的快速转变（4 h 内）。另外，随着纳米微粒粒径的减小，这些纳米微粒开始晶化的温度也相应降低。例如，颗粒直径为 35 nm、15 nm 和 8 nm 的 Al_2O_3 纳米微粒对应的开始晶化生长的温度经测量分别为 1423 K、1273 K 和 1073 K。图 1-10 是纳米 TiO_2 湿沉淀样品以 5℃·min^{-1} 的加热速率加热时的 DTA 曲线[10]。该曲线在 322℃左右的放热峰，被认为是纳米 TiO_2 从无定形转变为锐钛矿的晶化峰，表明纳米 TiO_2 的晶化温度低于常规的粗颗粒 TiO_2。这是因为小尺寸 TiO_2 颗粒的比表面积和表面能都远大于粗颗粒，使得表面或界面成核和生长驱动力较大，导致晶化过程更容易发生，因而从无定形到锐钛矿的晶化温度更低。

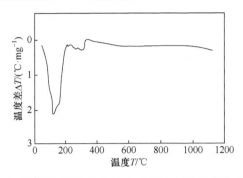

图 1-10　纳米 TiO_2 湿沉淀样品的 DTA 曲线（加热速率为 5℃·min^{-1}）

1.3.2　力学性能

当晶粒或者颗粒的尺寸减小至纳米尺寸范围以内时，材料的表面体积比或者界面面积都将出现大幅增加，导致材料的表面和界面特性发生重大变化，继而影响材料的力学性能（mechanical property）。普通金属材料的强度与晶粒尺寸的平方根成反比，即满足Hall-Petch 关系。相关实验证实，当这些金属材料的晶粒尺寸减小至纳米尺寸范围时，相应的纳米晶材料的强度相较同组分的大晶粒材料有大幅提升。例如，平均晶粒尺寸为53 nm 的纳米铝晶体材料的屈服强度和抗拉强度相较于粗晶铝分别存在 11～15 倍和 4～5 倍的提升。当这些纳米晶材料的晶粒尺寸大于某个临界值（约 20 nm）时，纳米晶材料的强度和晶粒尺寸大小仍然满足 Hall-Petch 关系。而如果纳米晶材料的晶粒尺寸进一步缩小至小于该临界值时，不同类型的纳米晶材料的 Hall-Petch 曲线表现出截然不同的变化趋势。其中一些纳米晶材料维持原来的正 Hall-Petch 关系，而另一些纳米晶材料（如 SnO_2、无孔隙镍，以及 Fe-TiN 和 Ni-TiN 等金属间化合物的纳米晶）呈现出反 Hall-Petch关系，即材料的强度随着晶粒尺寸的减小而持续降低。此外，纳米晶材料的晶粒尺寸分布、纯度和致密度，以及纳米晶体结构内的孔隙、裂纹和缺陷等都会对材料的硬度、强度和塑性等力学性能指标产生重要影响。通过对不同影响因素和机理的研究，将有助于开发出力学性能更为优异的纳米晶材料。

1.3.3　光学性能

纳米材料表现出显著不同于块体材料的光学特性（optical property）。一方面，半导体纳米粒子尺寸的减小导致带隙增大，使其光学吸收峰向短波方向迁移，即发生蓝移；另一方面，半导体纳米粒子中的内应力会随着颗粒尺寸的减小而增大，这也会使其禁带结构发生变化，电子波函数重叠增加会导致禁带宽度和能级间距变窄，其光学吸收峰向长波方向迁移，即发生红移。对于特定纳米颗粒，其光学吸收峰发生蓝移或者红移取决于量子尺寸效应与表面效应之间的竞争。某些纳米粒子的颗粒尺寸减小至特定值后，其在特定波长激发光的照射下会发出荧光，并且随着颗粒尺寸的减小，荧光强度增强并且荧光峰向短波方向迁移。纳米颗粒分散在介质中可以形成胶体溶液，因为纳米颗粒的高分散性和作为混合物的胶体溶液的不均匀性，胶体溶液常表现出特殊的光学特性。当使用一束汇聚光束照射胶体溶液时，因为纳米胶体对光线的散射作用，从垂直入射光方向可以观察到胶体溶液中出现一个光锥，即为丁铎尔现象。当纳米颗粒的尺寸远小于入射光波长时，才有可能出现光散射。光散射的强度与纳米颗粒体积的平方成正比，与入射光波长的四次方成反比。也就是说，入射光的波长越短，光散射强度越大。胶体溶液中分散相和分散介质间折射率相差越大，相应的光散射强度也越大。由于表面等离子体激元共振效应的存在，金属纳米粒子的颜色随粒子尺寸的变化而变化。纳米材料优异的光学特性使得其在光热转换材料、光电转换材料、荧光材料、吸波材料和隐身材料中发挥重要作用。

1.3.4　电导

纳米结构和纳米材料的电导（conductance）与材料的尺寸关系较为复杂，相关的影响机制包括表面散射（包括晶界散射）、量子化传导（包括弹道传导和库仑荷电）、带隙的宽化和分立以及微结构变化等。纳米材料尺寸的减小会提高表面散射，进而导致电导率降低。而如果微结构（如聚合物纤维）内的结构单元排列整齐，那么纳米材料的电导可能适度提高。

1.3.5　磁学特性

纳米微粒表现出的奇特磁学性能包括超顺磁性（superparamagnetism）和高矫顽力等。当纳米粒子的尺寸减小到一定临界值时，表面能为磁畴提供足够能量使得磁化方向自发转动，材料由铁磁体变成顺磁体。α-Fe、α-Fe$_2$O$_3$ 和 Fe$_3$O$_4$ 等的块体材料常表现出强铁磁性，随着尺寸的持续减小，这些材料的纳米微粒的各向异性也减小到与热运动能相比拟，它们的磁化方向不再固定于某一个易磁化的方向，由此得到无规则变化的易磁化方向，使纳米铁磁材料呈现出超顺磁性。根据实验测定，当 α-Fe、α-Fe$_2$O$_3$ 和 Fe$_3$O$_4$ 颗粒直径分别小于 5 nm、20 nm 和 16 nm 时，这些颗粒材料都转变为超顺磁体。随着铁、铁氧体和钴合金等强磁性纳米颗粒尺寸的减小，这些颗粒的饱和磁化强度（M_S）下降，矫顽力则显著增加。例如，常规铁块体在室温下测得的矫顽力大小仅为 79.0 A·m^{-1}，而直径为 16 nm 的铁纳米微粒在室温下的矫顽力经测试为 7.96×10^4 A·m^{-1}，在温度为 5.5 K 时测得的矫顽力则高达 1.27×10^5 A·m^{-1}。纳米微粒表现出的高矫顽力可能有如下解释：颗粒尺寸降低到某一尺度以下的纳米微粒可被视为单磁畴，这些单磁畴纳米微粒与永久磁铁相似，常需要施加一个很大的反向磁场才能去掉该磁铁的磁性，因而这些纳米微粒呈现出强矫顽力。

1.3.6　布朗运动和扩散

分散在胶体溶液中的纳米颗粒会在溶液中做无规则布朗运动（Brownian motion），而纳米颗粒的平均位移（$\overline{X}$）可由爱因斯坦-布朗位移公式计算得到：

$$\overline{X} = \sqrt{\frac{RTZ}{N_A \times 3\pi\eta r}} \tag{1-7}$$

其中，Z 为观察时间间隔；N_A 为阿伏伽德罗常量；η 为介质的黏滞系数；r 为粒子半径。布朗运动是胶体颗粒系统能维持稳定性的主要原因。布朗运动使得胶体颗粒不会在固定位置保持不动，从而避免重力作用导致沉降。因为溶质浓度差的存在，胶体粒子的布朗运动导致溶质扩散（diffusion）。胶体粒子扩散系数（D）可由以下公式计算得到：

$$D = \frac{RT}{N_A} \times \frac{1}{6\pi\eta r} \tag{1-8}$$

由该公式可知，胶体粒子的粒径越小，相应的扩散系数越大。随着尺寸的减小，纳米材料的比表面积和表面原子数都显著增加，随之而来的是表面反应位点和缺陷等的增加，最终使得纳米材料表现出显著不同于块体材料的特殊化学性能，具体包括表面活性和敏感性、吸附性以及光催化活性等。

1.3.7 表面活性和敏感性

纳米材料的比表面积和表面原子数的增加，很容易导致表面大量不饱和悬键的出现和表面反应位点的增加，使得纳米材料具有很高的表面活性（surface activity）。因为具有较大的比表面积、较高的表面活性和表面与环境气体间的强烈作用，纳米材料对周围环境变量（光照、温度和气氛等）特别敏感，因而常被用于制作光电探测器、温度传感器和气敏传感器等[11]。Shen 等利用水热法合成的 $SrGe_4O_9$ 纳米线材料对 NH_3 分子的高反应选择性，在柔性聚酰亚胺薄膜表面上制备了 NH_3 气敏传感器。再利用 Ni 微米线对温度的高敏感性，在该薄膜表面组装了相应的温度传感器。同时还借助 ZnO 纳米线、CdS 纳米线和 SnS 纳米线分别对紫外、可见和近红外区光辐射的高响应性，在薄膜上构建了用于探测不同波段光辐射的三组光电探测器。借助纳米材料的高表面活性和敏感性，通过将这些气体传感器、温度传感器和光电探测器集成在柔性薄膜表面后，即可得到结构如图 1-11 所示的多功能纳米材料基可穿戴器件[12]。

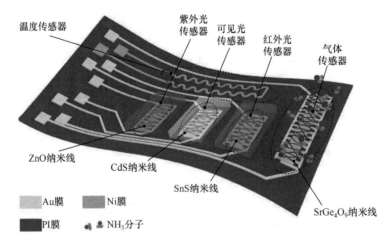

图 1-11 具有气体传感、温度传感和多波段光谱探测等多种功能的纳米材料基可穿戴器件的结构示意图

1.3.8 吸附性

吸附（adsorption）是指不同相接触后形成相互连接。吸附包括物理吸附和化学吸附，物理吸附通过较弱的范德华力连接，化学吸附是依靠强化学键连接。相较于相同组成的块体材料，纳米材料的大比表面积、配位数不足以及表面原子的高迁移率都会大大提高纳米材料的吸附能力，并且纳米材料的吸附性还受到被吸附物质、溶剂和溶液等性质的影响。Gao 等以商用的碳纳米管材料和化学转化法制得的石墨烯纳米片为原材料，通过溶胶-冷冻法、化学还原法以及后续的真空干燥过程，制得了超低密度的全碳气溶胶样品[13]，见图 1-12（a）～（c）。该全碳气溶胶样品拥有超大比表面积和多重孔道结构，见图 1-12（d），以及表面和孔道经化学还原后产生的亲油基团，因此表现出优异的吸附性，其能在较短时间内完成对水面上甲苯液滴的吸附，具体吸附过程参见图 1-12（e）。

图 1-12　（a）～（c）全碳气溶胶的尺寸大小、质量和不同形状样品；（d）全碳气溶胶的扫描电镜图；（e）全碳气溶胶样品对水面上甲苯液滴的吸附过程示意图

1.3.9 光催化活性

半导体纳米材料在光照条件下可将光能转化为化学能，由此催化化学反应的发生和降解有机污染物等。半导体纳米材料用于光催化分解水的过程机理如图 1-13 所示。半导体纳米材料在吸收了能量高于半导体禁带宽度的光子后，半导体内产生的光生电子从半导体的价带跃迁到导带上，剩下的空穴留在半导体的价带上，由此产生了光生电子-空穴对。光生电子-空穴对经分离后传导到半导体纳米材料的表面，具有还原性的光生电子参与还原反应（产生 H_2），而具有氧化性的光生空穴则参与氧化反应（产生 O_2）。纳米材料常表现出优于块体材料的光催化活性（photocatalytic activity），这来源于纳米材料的纳米效应带来的特殊性能：①量子尺寸效应：导带和价带变成分立能级，能隙变宽，价带电位变得更正，导带电位变得更负，增加了光生电子和空穴的氧化还原能力；②小尺寸效应：粒径小于空间电荷层厚度，使得电荷和空穴的复合概率降低，光生载流子可通过简单扩散从粒子内部迁移到表面而与电子给体或受体发生氧化或还原反应；③表面效应：催化吸附能力强，甚至能够允许光生载流子优先与吸附的物质反应而不管溶液中其他物质的氧化-还原电位。

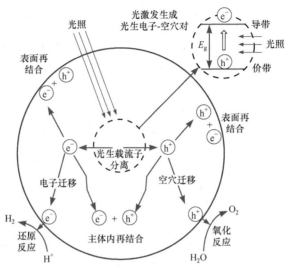

图 1-13　半导体纳米材料用于光催化分解水机理

1.4　纳 米 技 术

纳米科学技术（nanoscience and technology）是在纳米尺度上研究物质的特性和相互作用以及利用这些特性开发新产品的一门科学技术。纳米科学技术既不是某个特定学科的拓展，也不是一个凭空出现的新事物。纳米科学技术是现代科学（混沌物理学、量子力学、介观物理学和分子生物学）和现代技术（计算机技术、微电子和扫描隧道显微镜技术、生物技术等）结合的产物[14]。纳米科学技术是以微观物理学、力学和化学等理论为基础，以精准的表征分析技术为研究手段，由此制造纳米材料以及组装纳米装置，并最终实现生产方式的飞跃发展。纳米科学技术的基本研究内容是纳米材料、纳米器件和纳米尺度的检测和表征。纳米材料是纳米科学与技术的基础，纳米器件的研制水平和应用程度是人类是否进入纳米时代的重要标志，而纳米尺度的检测和表征是纳米科学和技术研究不可缺少的手段。纳米技术是纳米物质世界的认识过程中出现的各种工具、手段以及产生的具体方法和技能，主要包括纳米尺度上研究应用原子和分子现象及其结构信息的技术，以纳米科学为基础制造新材料、新器件和研究新工艺的方法和手段等[15]。纳米技术按照应用领域的不同可以分为包括纳米电子技术、微纳制造技术、微型电动机械系统、纳米生物技术以及纳米新能源技术等在内的多个类别[16]。

1.4.1　纳米电子技术

纳米电子学（nano-electronics）的研究对象包括基于量子效应的纳米电子器件，光电性质下的纳米结构、纳米电子材料的表征以及原子操控和组织等。从 1904 年出现真空二极管（vacuum diode）到 1907 年的真空三极管（vacuum triode，对称真空电子管），再到 1948 年的晶体管（transistor）和 1958 年问世的集成电路（integrated circuit），电子元件的尺寸在逐渐减小，而集成电路则从小规模集成电路（small scale integrated circuit，SSI）到大规模集成电路（large scale integrated circuit，LSI），再发展到超大规模集成电路（very large scale integrated circuit，VLSI）和特大规模集成电路（ultra large scale integrated circuit，ULSI）。早期晶体管的发展遵循摩尔定律（Moore's law），即在相等面积的计算机芯片上，晶体管的数量以每 18 个月倍增的趋势增加。这就使得单个晶体管的尺寸越来越小，芯片上的晶体管的集成度越来越高，芯片功能则越来越强大。微电子学是以集成电路设计、制造与应用为代表，主要包括集成电路、微电子系统的设计、制造工艺和设计软件系统。而微电子技术是建立在以集成电路为核心的各种半导体器件基础上的高新电子技术，但是半导体芯片加工技术只能达到亚微米级别。纳米电子学则是研究纳米电子器件以及组成系统的理论和技术的科学。纳米器件尺寸为 1～100 nm，使集成电路的几何结构进一步减小（更小），信号处理时间为纳秒至皮秒级（更快），信号功率单位为纳瓦（更冷），大幅度提高功能密度和数据通过量。

微电子技术中使用半导体材料为原料，装置尺寸大于电子波长，装置内的电子可看作粒子，电子传输过程可用玻尔兹曼方程描述。微电子装置使用尺寸大小在几百纳米到数十微米的金属导线实现导电连接。纳米电子中使用的原料为有机分子或纳米尺度的无机材料，在纳米尺寸范围内，量子理论占主导地位，电子传输表现为波动性，装置需要考虑电子波动性。纳米电子装置使用纳米级的金属线作导线，由此将晶体管互联起来构成具有一定功能的电路。纳米电子器件的发展途径有两种：一种是由上到下地不断将微电子装置的尺寸不断缩小至纳米尺度范围，另一种是由下至上地从有机聚合物分子或生物大分子出发组装成相应的纳米电子器件。不同的纳米电子器件也因为其特殊的尺寸和结构特征而表现出如下一些特殊效应和特点：

（1）隧道结和量子点的隧道效应：如果两个量子点通过一个隧道结相连，单个电子从一个量子点穿过势垒到达另一个量子点的过程称为量子隧穿。其效应灵敏，可由此观察到单电子行为。

（2）库仑阻塞效应：对于单一纳米体系中的充电和放电过程，电子只能单个传输，而不能集体地连续地传输。

（3）纳米电子器件内的载流子的波动性显著，在相位相关尺度范围内，不丢失载流子的相位信息。当系统尺寸与特性散射自由程相当时，载流子输运为弹道式的，有显著的干涉和衍射效应。

（4）纳米电子器件内的超高密度集成行为与微电子器件不同，信号载流子除了电子-空穴对以外，还可能会产生孤子和极化子等。

（5）纳米电子器件的性能受环境和温度等影响显著。对于纳米电子学中各类型器件的详细介绍参见第 4 章。

1.4.2　微纳制造技术

微纳制造（micro & nano-fabrication）技术按照系统小型化的方式可以分为由宏观系统由大向小缩小的自上而下（top-down）方式和微观分子由小向大组装的自下而上（bottom-up）方式两种。自上而下的方式要求微纳制造技术不断向可控尺度更小的方向发展，当前对于复杂系统的可控尺度已经缩小至纳米级，即微纳制造达到了纳米级的制造水平，采用这种方式进行微纳制造正向材料的多样化方向发展。自下而上的方式则要求微纳制造技术将微观分子由小向大组装，但是现今由分子组装制备得到的复杂样品的尺寸只能达到纳米级别，即当前的微观组装制造水平为纳米级，采用这种方式进行微纳制造需要向微米甚至更大尺寸范围的复杂组装发展。无论是哪种制造方式，微纳制造的目标都是制备出能实现复杂化和微细化功能的微系统[17]。

微细加工技术可以通过纳米级精度的精密化和微型化加工，用于制造各种尺寸微小且精度要求高的复杂结构零件。但是，这种纳米级的加工技术也是半导体微型化即将达到的极限。现有技术即便发展下去，从理论上来说最终会达到极限。纳米制造（nanofabrication）是摆脱长度性质的纳米技术概念，趋向于纳米结构化范畴，利用高分辨透射电子显微镜、原子力显微镜等现代化加工工具，进行原子操纵，形成纳米化图案和文字。利用纳米制造技术可制造出用于信息存储的纳米阵列等。纳米制造通过控制纳米尺度的结构，不改变物质的化学成分，就能调控纳米材料的基本性质，因而纳米制造技术必然是微细加工技术未来的发展方向，也是未来纳米电子与器件发展的基础。在集约化发展以及产品小型化、集成化和高性能化需求的推动下，传统的机械与材料加工技术、特种加工技术和半导体加工技术等正在向微细机械与材料加工、微细特种加工、硅/非硅复合加工和纳米制造等先进微纳制造技术的方向转型和发展，由此不断丰富和扩展微纳制造的工艺库。对于纳米材料加工技术的详细介绍参见第 5 章。

1.4.3　微型电动机械系统

作为纳米动力学的主要研究对象，微机械和微电机或者总称为微型电动机械系统（micro-electro-mechanical system，MEMS），简称为微机电系统，用于有传动机械特征的微型传感器和执行器、光纤通信系统、特种电子设备、医疗和诊断仪器等。MEMS 采用类似于集成电路设计和制造的新工艺，特点是部件很小，刻蚀的深度往往要求数百微米，而宽度相对误差只允许万分之一。虽然此研究尚未进入纳米尺度——纳米机电系统（nano-electro-mechanical system，NEMS），但具有很大的应用潜力[18]。

微型电动机械系统将信号输入的微型传感器、微型机械、驱动器、控制器、模拟或数字信号的处理器、输出信号接口、动力源等微型化并集成在一起，成为一个完整的机械系统。不同于传统机械中以体积力起主导作用并且运动主要用于克服重力和惯性力，微机电系统中表面力起主导作用。微机电系统中常用的材料包括结构材料、功能材料、智能材料和多功能材料等。具有一定机械强度的结构材料构造了机械器件的基本结构。功能材料则包括压电材料、形状记忆材料、光敏材料和磁性材料等。智能材料是能感知外部刺激，能够判断并适当处理且本身可执行的新型功能材料。智能材料的使用将赋予微机电系统相应的传感功能、反馈功能、信息识别与积累功能和响应功能，以及自诊断能力、自修复能力和自适应能力。多功能材料则同时具有较好强度和力学性能，以及多种传感性能（光电效应、热阻效应和磁阻效应等）。微机电系统的制造和组装过程使用的技术包括系统整体设计技术，微细加工技术，微型机械、微型传感器、执行器和控制器的组装集成技术，系统性能检测技术等。其中的微细加工技术在不同国家有不同的加工制造技术导向。以美国为代表的国家常使用光刻和化学腐蚀技术对硅材料加工后制备硅基MEMS 器件。以德国为代表的国家常使用电子射线或者 X 射线光刻技术，利用电铸成型和塑铸制备深层微结构。日本等国家常采用大机器制造小机器，再利用小机器制造微机器的方法制造微机电系统。日本电装公司曾经制造出微机电系统驱动的微型车。微型车内的微型电机直径为 1 mm，内部电路铜导线的直径为 25 μm。在 3 V 电压和 20 mA 电流的驱动下，微型车以 1 cm · s⁻¹ 的速度缓慢运动。第 6 章将对微机电系统作进一步介绍。

1.4.4　纳米生物技术

纳米生物学（nanobiology）主要研究在纳米尺度上应用生物学原理而产生的新现象和新规律，包括用先进的纳米技术手段研究生物学的基本问题，如在纳米尺度上观察、认识生物分子的精细结构及其与功能的关系等；以及应用在物理学中定量的、大规模处理信息的思想和方法，开拓新领域，如制成可编程的分子计算机等。纳米生物技术涉及的相关装置包括自然分子机器、人工分子机器、生物传感器以及生物分子机器等。自然分子机器中最典型的示例是细胞内实现不同功能的一系列细胞器。以植物细胞中的叶绿体为例，树叶中包含大量的叶绿体结构，每个叶绿体内部分布着许多包含光敏感色素的类囊体。这些大小在纳米尺度范围内的色素分子可以吸收入射光子，并将其引入光反应中心。随后产生光激发电子，由此触发一系列链式反应，将水和二氧化碳转化为氧气和碳水化合物。人工分子机器是将分子自组装起来构成像微型机器人一样的分子机器，用来模拟生物细胞的分子活动。人工分子机器在早期发展阶段，能将生物系统和机械系统有机结合，可以注入人体各个部分做全身健康检查，并能疏通血管、治疗疾病、杀死癌细胞等。人工分子机器再经过一段时间发展后，可以直接由分子和原子装配为有各种尺度的纳米尺度装置。而人工分子机器未来的发展方向是制得含有纳米计算机，可以人机对话，并具有自身复制能力的纳米装置。由于纳米科技能提供原子和分子组合成新物质的手段，因此人类有可能制造出新的物种，甚至是具有智力和生命的新物种。生物传感器将生物活性材料（酶、蛋白质、DNA、抗原、抗体和生物膜等）与物理化学能量转换器有机集合起来。生物传感器是推动生物技术发展的不可或缺的先进检测装置和监控系统，并且能实现分子级别物质的快速行为分析。生物传感器装置内包含一种或几种生物活性材料，并且能将生物活性信号转换为物理化学传感器输出的电信号。生物传感器和现代微电子技术、自动化仪表技术以及生物信号处理技术的紧密结合将为智能生物传感器分析仪器、仪器和系统的构建奠定坚实的基础。由纳米线阵列组成的生物芯片与活性神经细胞相接触后，可以成功读取神经细胞产生的电信号。关于纳米生物学的详细介绍参见第 7 章。

1.4.5　纳米新能源技术

据测算，化石能源将在未来的数十年到数百年内枯竭，开发能源技术、扩大资源获取途径以及创新储能方式是人类面对能源问题的重要应对措施。纳米科学与技术的跨域式发展促进了太阳能电池（solar cell）、锂离子电池（Li-ion battery）、储氢材料（hydrogen storage material）和超级电容器（supercapacitor）等纳米新能源技术前沿研究领域的长足进步[19]。

1. 太阳能电池

太阳能电池依靠光伏效应或化学效应实现从太阳能到电能的转化。该能量转化装置按照发展历程可以分为：以单晶硅为基础的第一代太阳能电池，以铜铟镓硒和碲化镉薄膜为代表的第二代太阳能电池，以及以染料敏化太阳能电池、量子点太阳能电池和钙钛矿太阳能电池为代表的第三代太阳能电池。纳米技术的应用推动着太阳能电池向低生产成本、高光电转化效率和薄膜化的方向发展。

1）微晶硅薄膜太阳能电池

不同于单晶硅和非晶硅，微晶硅是一种混合相无序半导体材料。常规半导体材料吸收一个光子后，最多只能产生一对光生电子-空穴对，微晶硅因为其独特的结构，吸收一个光子能产生两个或三个光生电子-空穴对，因而由纳米硅晶粒（<7 nm）分散在 Si_3N_4 或 SiO_2 基底上制得的微晶硅薄膜太阳能电池可以达到更高的转换效率。具有低光学带隙的微晶硅薄膜能够吸收能量更低的光子，进而使太阳能电池的光响应范围向长波区域拓展。微晶硅相较非晶硅具有更有序的电子结构，不仅能减小光致衰退效应的影响，还能在延长太阳能电池寿命的同时提高其稳定性。

2）染料敏化太阳能电池

典型染料敏化太阳能电池拥有由透明导电玻璃电极、半导体氧化物纳米晶体膜、对电极、电解质和染料光敏化剂等组成的类三明治结构。这种电池模仿了自然界中的光合作用过程，吸附在半导体氧化物纳米晶体膜表面的染料光敏化剂吸收入射光光子后，处于激发态的染料光敏化剂向半导体氧化物纳米晶体的导带上注入电子，电子再通过外电路形成电流并传导到对电极。染料光敏化剂失去电子后成为正离子，待染料正离子从电解质溶液内还原剂中夺取电子后，从激发态恢复为基态。被夺取电子的还原剂在电解质中扩散到对电极附近，与传导到对电极的电子作用后实现再生，由此构成一个完整循环，并实现了光能向电能的转化。染料敏化太阳能电池常表现出性能稳定、成本低廉、制作工艺简单、生产过程无毒无污染等特点。

3）量子点太阳能电池

作为准零维纳米材料，量子点是由少量原子组成的直径不超过 10 nm 的纳米颗粒。半导体量子点太阳能电池的光吸收特性与量子点的尺寸大小有关，小尺寸量子点吸收短波长的光，大尺寸量子点吸收长波长的光。根据组成结构的不同，量子点太阳能电池可分为量子点敏化太阳能电池、有机-无机杂化太阳能电池、肖特基量子点太阳能电池和异质结太阳能电池等不同类型。不同类型量子点太阳能电池采用的制备方法也存在较大差别。量子点敏化太阳能电池需要先制备胶体量子点溶液，再利用这些量子点来敏化宽禁带半导体薄膜。肖特基量子点太阳能电池则是通过将化学法制得的量子点胶体溶液旋涂成薄膜后制得。量子点太阳能电池研发的重点在于，如何通过关键材料的选择以及制备和器件组装流程的优化，来实现电池效率和稳定性的提升。

4）钙钛矿太阳能电池

钙钛矿类化合物是一类具有钙钛矿晶型的材料，通过使用其他元素来替代该类材料中的钙、钛和氧等元素，可以制备具有优良物理化学性质的有机金属卤化物吸光材料。这类材料具有合适的带隙宽度、较高的消光系数和高载流子迁移率等，由这类材料组装而成的钙钛矿太阳能电池常表现出优异的光电性能。钙钛矿太阳能电池一般是由透明导电玻璃基底、致密层、钙钛矿吸光层、空穴传输层和金属背电极等多部分组成。钙钛矿吸光层是影响光电转换效率的关键部分，根据钙钛矿吸光层结构的不同分为平板和介孔结构，其在吸收太阳光中部分光子后产生光生电子-空穴对。光生电子和空穴发生分离后，分别在致密层（常为 ZnO 或 TiO$_2$ 等氧化物半导体）和空穴传输层{常用聚（3,4-乙烯二氧噻吩）[poly（3,4-ethylenedioxythiophene），PEDOT]或 2,2′,7,7′-四[N,N-二（4-甲氧基苯基）氨基]-9,9′-螺二芴[2,2′,7,7′-tetrakis[N,N-di（4-methoxyphenyl）amino]-9,9′-spirobifluorene，Spiro-OMeTAD）]}中发生传输。光生电子和空穴在分别到达导电玻璃和金属背电极后被收集并传导到外电路形成电流。除了高转换效率、低能耗和低成本等优点，钙钛矿太阳能电池还能在柔性基底上组装成可穿戴的柔性能源器件。

2. 燃料电池

燃料电池（fuel cell）作为一种能量转换装置，它利用燃料发生氧化还原反应时释放出的能量并将其转变为电能输出，因而该装置运行时，需要源源不断地输入包括燃料和氧化剂在内的活性物质，而该装置能储存的活性物质的量则直接决定了电池的容量。燃料电池一般由阴极、阳极以及两电极间的电解质三部分组成。氢气、甲醇、天然气、煤气或碳等都可以作为燃料加入燃料电池的阳极，并在阳极上氧化为带正电的离子，带正电的离子通过电解液前往阴极，阳极上产生的电子通过负载流入阴极，再将阴极附近的氧化剂还原，由此形成了电回路。燃料电池中发生的系列反应的关键在于催化剂，燃料电池的能量转换效率与催化剂的活性和寿命相关。研究者已经开发出包括金属氧化物催化剂、有机化合物催化剂和合金催化剂等在内的多种新型催化剂。贵金属纳米催化剂和碳纳米管催化剂载体等纳米材料，以及纳米电极修饰等纳米技术也已经被广泛用于低成本和长寿命燃料电池的制备中。

3. 锂离子电池

锂离子电池是一种使用金属锂或锂合金负极材料以及非水电解质溶液的充电电池。锂电池的性能主要取决于电极材料的组成和结构等特性。纳米化的电极材料，如纳米碳结构单元组成的三维导电网络、新型纳米硫阴极材料等，不仅可以加快锂离子的扩散，还能有效改善电极材料与电解质溶液间的浸润性，进而提升所制得锂离子电池的电化学性能。除此以外，纳米技术还可以应用在锂离子电池的其他组成部分中，使得锂离子电池的极化减小、充放电电流密度增大、放电容量增大以及循环稳定性提升等，这为高功率和高通量锂离子电池的开发奠定了基础。

4. 储氢材料

储氢材料与储氢方式是目前氢能应用方向和使用方式研究的关键。当前研究的储氢方式以吸附储氢的方式为主，这种储氢方式除了具有储存效率高和安全可靠等特点，还能实现在温和条件下的氢气吸附/脱附过程。而吸附储氢材料的研究热点在于包括碳基材料、分子筛和金属有机框架材料等在内的多孔纳米材料。适用于吸附储氢的碳基多孔材料包括碳纳米管、富勒烯、石墨烯、碳气凝胶等。碳纳米管是一种具有大比表面积和中空管状构型的纳米材料。碳纳米管的表面、管间孔隙以及开口型碳纳米管的内部都可以用于填充氢气，因而表现出极佳的储氢性能。富勒烯是一种完全由碳原子组成的中空分子。

富勒烯可以吸收大量的氢气，并将其以富勒烯氢化物或内嵌富勒烯包合物的形式储存起来。富勒烯氢化物与氢之间的反应是可逆的，当富勒烯氢化物或内嵌富勒烯包合物吸收外界热量后，它们会发生分解而将氢气释放出来。碳气凝胶则是一种具有超高比表面积、高孔隙率和丰富纳米孔洞的碳纳米材料。碳气凝胶的孔洞结构可控，并且与外界相通，因而被认为具备高储氢量并被广泛研究。受益于纳米管的优异结构特性，二硫化钼、氮化硼、氮化铝以及硅纳米管也被用于研究储氢。金属有机框架材料是一类由无机金属单元和有机配体构成的具有一维、二维或三维结构的金属有机配位聚合物。通过选择不同的金属离子、配体以及改变合成方法，能实现对金属有机框架材料中孔穴的大小、形状和构造的调节，接着改变其拓扑结构和物理化学性质。金属有机框架材料常具有比表面积大、密度小和稳定性好等特点，因而可用作储氢材料。金属有机框架材料拥有较大的储氢容量，并且可以在室温和安全的压力下实现对氢气的快速可逆的物理吸附。通过对金属有机框架材料的互穿机构和氢气吸附位点的研究，有助于实现其储氢性能的进一步提升，也使得该材料在储氢领域的应用值得进一步期待。

5. 超级电容器

超级电容器是一种性能介于传统电容器和化学电池之间的新型储能元件。超级电容器具有与传统物理电容器类似的快能量释放速率，也拥有良好的频率响应性和较长的循环寿命。超级电容器一般是由电极、隔膜和电解液三部分组成。包括碳量子点、碳纳米管和石墨烯在内的纳米材料可以用作超级电容器的电极材料。作为新型零维碳纳米材料，具有高比表面积的碳量子点常表现出优良的导电性，其较好的亲水性还能有效改善电极材料在电解液中的浸润性。一维碳纳米管材料和二维石墨烯材料都具有很高的导电性，也被认为是构建超级电容器的理想电极材料。这些纳米材料具有很大的活性比表面积，因而很小的用量就能使超级电容器达到较高的电容量，进而推动超级电容器向小型化发展。

1.5　纳米科技的发展历史

在人类社会发展的早期人类学会了使用火和制造石器。工具的使用使得原始人类从野蛮过渡到文明，从顺应自然转变到改造自然，进而在世界范围内创造人类文明。工具的使用在人类发展自身主观能动性和战胜自然过程中起到至关重要的作用。工具的制造离不开材料，因而材料是人类社会和现代文明发展的基石。如果没有材料的发展，就不会有人类社会的经济和文化的繁荣。纵观人类历史，不同材料的发展和应用可以代表不同的社会文明和经济发展阶段。新一类材料的出现和应用可以在人类社会中引发极大的变革，以至于人们用材料名称来命名不同时代。因此，人类在现代社会以前的发展历史被划分为旧石器时代、新石器时代、青铜器时代和铁器时代等。图1-14是针对人类发展历史的一种时代划分示意图。起始于当代并且持续不断的信息时代虽然并非以某种材料命名，但是聚合物、钢筋/混凝土以及硅时代都与信息时代出现一定程度的重合。国际上普遍认为材料、能源和信息技术是现代文明的三大支柱，这是由于所有的工具、装置以及系统都是由材料制造而成的。先前的时代都是由那些时代最具代表性的材料所命名的，那当今时代应该用哪种有代表性的材料来命名呢？纳米材料无疑是最恰当的选择，那么当今的时代应该被命名为纳米材料时代[20]。人们习惯使用最能代表某个人类发展阶段的材料来命名某个时代，不仅强调了这种材料不可替代的基础性作用，而且如实地反映了历史事实。早在 2000 多年前的春秋战国时期，我们的祖先就已经逐步掌握了具有比青铜（铜、铁、铝和其他元素的合金）更高硬度和强度的高熔点铁合金的冶炼技术。铁制农具、手工工具和武器等被广泛使用并且促进了文明的进步。西方社会的科学家和技术人员通过控制铁合金中的碳含量掌握了钢材的制造工艺，钢材的应用显著提高了铁制品的性能和使用年限，促进了工程的进步，推动了社会的发展。随着水泥的开发和应用，一个崭新的前所未有的繁荣工业社会诞生，工业制品如汽车、火车和飞机等，以及利用钢筋水泥建造的摩天大楼等开始如雨后春笋般不断涌现。但是，这个时代并非由构筑它的工业制品所命名，而是由制备这些工业制品的材料所命名。

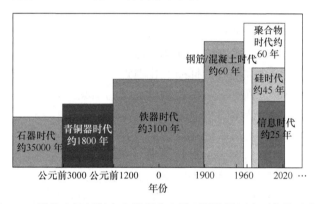

图 1-14　以代表性材料命名并划分人类不同发展历史时期的示意图

时间来到 20 世纪 50 年代，硅材料的研究和发展带来了二极管和集成电路的发明和应用，从而引发了个人计算机、电视机和大量家用电器的蓬勃发展和广泛使用。工业制造时代比钢筋/混凝土时代更加具有活力和生命力，而钢铁产业有时甚至被认为是夕阳产业。即便如此，钢铁依然在当今世界具有重要作用，尤其是近些年来对超细晶粒钢的微结构控制可以制造出"超级钢材"，可以将碳钢的强度提高到 400~500 MPa。如果使用这种超级钢材，原本 300 m 高的埃菲尔铁塔可以增高至 1500 m。此外，铁的理论强度最高可达 13734 MPa，此前开发的铁制品的最高实际强度值仅达到该数值的1/10~1/5，因而钢材的强度还有很大的提升空间。然而，从整个世界范围来看，钢铁产业的地位在硅时代已不像曾经那么重要，而当前的硅时代正逐渐被纳米材料时代取代。由此带来的变化和社会的进步并不会使人留恋过去，因为新时代的到来将会进一步改善生活质量。个人计算机是硅时代的一项重要产物，随着新技术的不断发展和更迭，计算机系统运行速度得到显著提升。计算机中包括处理器和各类芯片等重要组件，其中的基本组成单元——晶体管的速度和性能都由其小型化的进程所决定。晶体管小型化的速率则与硅片质量、性能提升和制造工艺提升有关。总之，计算机的性能取决于硅材料和工艺技术。没有硅材料作为微电子工业的原材料，当今随处可见的计算机将不会存在。美国英特尔（Intel）公司自 20 世纪 60 年代成立以来，就利用其对硅材料和晶体管小型化的深入研究，开发了代际更迭的计算机处理器。尽管英特尔公司并不是前沿的计算机制造商，但是它在计算机行业已经处于领先地位几十年。美国贝尔（Bell）实验室最早发明了晶体管，并被认为将成长为重要的行业组织，但是其从 20 世纪 60 年代开始的错误发展路线使得它并未成为行业领先者。当下正处于后硅时代，将当前阶段命名为信息时代并不会凸显信息时代产物的重要性，并且会无视当前对于纳米材料的研究和纳米技术的发展。在大部分人看来，将当今时代命名为纳米时代更为合理。本节将讲述的重点放在人工纳米材料上，而不会对自然界中已有的纳米材料做过多介绍。纳米材料的发展历史可以划分为四个阶段：①古代～1958 年，萌芽阶段；②1959～1989 年，初始准备阶段；③1990～2000 年，快速发展阶段；④2001年～现在，商业化和工业化阶段。

1.5.1 萌芽阶段

人类通过简便方法制备和使用纳米材料的历史可以追溯到古代中国，如中国古代四大发明之一的印刷术使用的墨水中的炭黑颜料就是一种纳米材料。1982 年 10 月，考古工作者在甘肃省秦安县五营乡大地湾的仰韶文化遗址中发掘了距今约 5000 年的包含绘画的房屋地基，靠近后墙的地面上有用黑色颜料绘制的图案。甘肃省博物馆的文物保护实验室对图案进行初步鉴定后认定图案中使用的颜料是炭黑。这说明早在 5000 多年前，中国先民就已经知晓如何获取炭黑并且将其用于制造颜料。在约 1800 年前的东汉时期，曹植（192—232）创作了一首诗"墨出青松之烟，笔出狡兔之翰，古人感鸟迹，文字有改判"，诗中就包含了有关纳米材料使用的详细记录。这首诗描绘了古人通过燃烧松枝获得松烟，再将松烟和树脂均匀混合后制得松烟墨，而墨材中最著名的是南唐李廷珪在徽州制作出的徽墨墨锭。炭黑颜料和由此制成的墨材已在中国使用了上千年，这也是早期制作和使用纳米材料的示例。20 世纪初，炭黑被混合到橡胶中用于增强后者的强度和耐磨性。炭黑是一种纳米材料，当前的 ASTM 标准（N110-N990）将炭黑按照纳米颗粒的尺寸分等级，N110 级别炭黑的平均颗粒直径约为 15 nm。德国科学家 Kanzig 在 1951 年发现了直径为 10～100 nm 的 $BaTiO_3$ 颗粒存在极性微区，当时的科研人员已经开始对纳米材料进行研究。但是很长一段时间内，人们对纳米材料的认识还较为浅显，对纳米材料也是偶有使用。纳米材料的萌芽阶段中最重要的事件是美国著名理论物理学家、诺贝尔奖获得者费曼（Feynman）博士于 1959 年 12 月 9 日在加州理工学院举办的美国物理年会上发表了名为《微观之下还有充足空间》（"There is Plenty of Room at the Bottom"）的著名报告。这篇演讲稿引用了大量文献作为参考，并且对纳米材料和相关纳米技术的不同领域做出前瞻性的评述。但是，历史资料显示大部分主流科学家对费曼的提醒持怀疑态度。直到 20 世纪 80 年代初期，这种状况都没有得到显著改善。1981 年，美国麻省理工学院 Drexler 教授承续了费曼的观点并推进了纳米技术的研究进程，然而相关研究直至 20世纪 90 年代才被主流科学家团体所承认，费曼的倡议此时已经被搁置了 30 余年。Zyvex公司的首席研究员 Merkle 甚至写了一篇题为 "It's Impossible" 的反对文章，详细分析了费曼关于纳米技术的倡议为什么不能够被科学家所接受，并得出了一个错误的结论。作为一个处于纳米技术尚不发达时代的理论物理学家，费曼对纳米技术作出了前瞻性的预言，而费曼的期望从 1981 年开始逐步实现。美国 IBM 公司苏黎世研究实验室的 Binning 和 Rohrer 在当年研制出扫描隧道显微镜（scanning tunneling microscope，STM），原子力显微镜（atomic force microscope，AFM）在五年后的 1986 年问世，这两种仪器都可以用于在金属表面上观察和操纵原子。IBM 公司的 Eigler 于 1989 年使用扫描隧道显微镜直接操纵 35 个 Xe 原子，并在金属 Ni 基底上拼出"IBM"字样。人工操纵原子是一项意义重大的成就。费曼还有一些其他观点，如分子机器正在被逐步实现。而费曼关于将《不列颠百科全书》写在针尖表面的设想可以通过原子操纵实现。据估计，美国国会图书馆的全部馆藏可以被书写和记录在直径为 0.3 m 的硅片上。以上种种事实表明，杰出物理学家费曼作出的预测是正确的且有影响力的。

1.5.2　初始准备阶段

在漫长的萌芽阶段之后，费曼在 1959 年提出的倡议被视为纳米材料的发展进入初始准备阶段的象征。这个阶段主要由主流科学家团体中小部分费曼的追随者推动。此时的研究者对纳米材料的研究依然是碎片化、分散且缓慢的，因而这个持续了 30 多年的时期被认为是初始准备阶段。日本科学家久保（Kubo）于 1961 年开展了与金属纳米颗粒有关的量子尺寸效应的研究。随着组成颗粒原子的原子数的增大，靠近费米能级的电子能级会从初始的连续能级分离为分立能级，并且分立电子能级的平均间距随着颗粒中电子数目的增加而减小。当能级间距大于热能、磁能、光子能和超导态的凝聚能时，颗粒就会表现出包括著名的久保效应在内的量子效应。这些量子效应引发的现象并不会见诸大尺寸物体。由此发展出来的久保理论有效推动了纳米颗粒的实验研究。美国国际镍公司的 Benjamin 于 1970 年发明了机械合金法来制备合金粉末，该方法通过硬球磨的方法触发元素粉末间的固态反应。纳米材料的相关研究于 20 世纪 80 年代初期兴起，该阶段较为重要的两项工作是 Gleiter 课题组发表了关于制备好的金属纳米颗粒经压制后制成块体材料的研究，以及 Smalley 课题组报道发现了 C_{60}。Gleiter 课题组于 1986 年发表的论文被认为是纳米材料研究的一项突破。美国莱斯大学的 Kroto、Brien、Smalley 和 Curl 等研究人员于 1985 年使用激光束来加热甲苯中的石墨电极，并使其挥发后得到碳原子团簇。对产物进行质谱分析，发现图谱中出现了 C_{60} 以及一些 C_{70} 的特征谱线。该项研究同时明确了 C_{60} 是由 60 个碳原子组成的笼状封闭结构，由 12 个五边形和 20 个六边形碳环组成，使得该分子拥有类似足球的结构，因而 C_{60} 在文献中被称为布基球，这一系列具有类似结构的材料也被称为富勒烯，其中的"富勒"一词来自于发明了用于构建多面体穹顶的高能聚合几何构型的建筑师 Fuller。此外，Kroto 还发表了标题中包含该建筑师名字的论文"C_{60}: Buckminsterfullerene"。因为发现了 C_{60} 并确定了其详细结构，Kroto、Smalley 和 Curl 三位科学家于 1996 年获得了诺贝尔化学奖。20 世纪 80 年代中期，丹麦技术大学的 van Wonterghem 及其英国的合作者通过化学还原法制备出无定形的合金纳米颗粒，该方法是非常经济的纳米粉末制备方法。

1.5.3　快速发展阶段

经过早期的萌芽和初始准备阶段，纳米材料的研究在整个科学家团体中逐步建立了良好的声誉，也赢得了越来越多科学家的关注，纳米材料由此进入了快速发展期。1989 年，IBM 公司的 Eigler 及其同事借助扫描隧道显微镜，利用探针在镍金属表面摆放了多个 Xe 原子并由此拼写出"IBM"字样。该事件宣告了纳米时代的到来并使得纳米材料真正进入公众视野。20 世纪末期，甚至还出现了"纳米热"。在这个阶段内，纳米材料的快速发展不仅建立了其研究地位，而且确定了其可能的应用领域。研究领域建立的一个重要信号是围绕特定主题的国际学术会议的召开。1990 年 7 月，第一届国际纳米科学与技术会议暨第五届国际 STM 会议在美国马里兰州巴尔的摩市召开。这次会议将纳米材料科学和纳米医学作为研究主题，同时也明确确立了纳米材料科学作为独立学科的诞生。日本科学家 Iijima 于 1991 年使用高分辨电子显微镜发现了碳纳米管（carbon nanotube，CNT）材料，这些碳纳米管属于多壁碳纳米管（multi-walled carbon nanotube，MWCNT），沿着其圆柱轴呈现出螺旋形结构。Iijima 和 Bethune 于 1993 年分别独立发现了单壁碳纳米管（single-walled carbon nanotubes，SWCNT），自此开始了碳纳米管的相关研究。1996 年，美国桑迪亚国家实验室宣称其制造出了由集成电路控制的智能微机电系统（MEMS）。科学家将电动马达装置嵌入面积仅为 $1 \ mm^2$ 的 Si 芯片的表面沟道上，进而制造出嵌入式的 MEMS 装置。1997 年，澳大利亚科学家 Cornell 等将生物鉴别机制与物理转化技术相结合后制造出生物识别传感器。1998 年，Dekker 课题组和 Martel 等研制出碳纳米管基场发射晶体管。1999 年 11 月，美国耶鲁大学在网络上宣布由美国莱斯大学的 Reed 领导的研究联盟首次实现了分子尺度的存储装置。1991 年 8 月，美国普林斯顿大学的 Chou 等在不使用包括曝光、化学显影剂和刻蚀光刻胶在内的常规蚀刻制版技术的前提下，直接制备任意形状的聚合物微结构。这种光刻引导自组装技术在聚合物基电学和光电装置中具有重要应用。2000 年 1 月 21 日，美国时任总统 Clinton 在加州理工学院以纳米技术为主题做了一场报告。在这场报告中，他强调美国将实施国家纳米技术计划（National Nanotechnology Initiative，NNI）。该计划于 2000 年秋季提交至国会，并于 11 月获得批准。2004 年，英国曼彻斯特大学的 Geim 和 Novoselov 成功分离出具有单原子厚度的二维碳原子结构——单层石墨烯，这种具有超轻、高柔性、高强度和高导电性等优异特点的石墨烯材料的制备开启了通向不可限量的未来技术的大门，也为二维纳米材料的蓬勃发展奠定了基础。在纳米材料的快速发展阶段，中国也在纳米材料与纳米技术领域取得了长足的进步。1993 年，中国科学院北京真空物理实验室的研究人员通过操纵原子成功地书写了"中国"二字。这项成果标志着中国正式步入纳米技术研究领域。北京大学于 1999 年首次在金属表面成功合成了单壁碳纳米管，并且制备了最精细的扫描透射电镜针尖。

　　纳米材料在快速发展阶段产出了大量的科研论文和专利。图 1-15 是世界范围内多个主要工业化国家发表的与纳米技术相关论文的年度数量分布，这期间的论文数量逐年快速增加。据统计，全球在 2000 年左右发表的科研论文中，涉及纳米科学与技术的只占约 2%，到现今则已经发展到占总量的 1/10 以上。这也反映了该研究领域在过去 20 多年间取得的巨大发展和进步。图 1-16 是近年来多个主要工业化国家的纳米科学领域相关论文产出贡献率分布图。相关的研究报告非常具有参考意义，它囊括了按照国别和学科分类的论文分布情况。自 2000 年以来，不同国家的论文发表量都呈增加的趋势，尤其是中国的论文发表贡献量后来者居上，并在后期超越了美国。除了印度和韩国实现了论文发表贡献率的明显增长以外，其他多数国家的贡献率平缓增长。在这个阶段，研究者针对纳米材料的性能和应用开展了广泛的研究、认定和探索，相应产出了大量的研究结果，这里只对其中的典型部分作讨论。

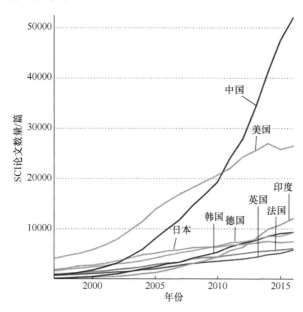

图 1-15　主要工业化国家在纳米科学领域论文发表数量随年份变化图

图片来源：2019 年第八届中国国际纳米科学技术会议上发布的《纳米科学与技术：现状与展望 2019》白皮书

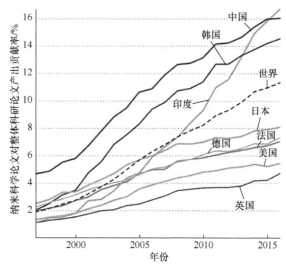

图 1-16　主要工业化国家在纳米科学领域论文产出贡献率随年份变化图

图片来源：2019 年第八届中国国际纳米科学技术会议上发布的《纳米科学与技术：现状与展望 2019》白皮书

1.5.4　商业化和工业化阶段

关于纳米材料的基础研究从 21 世纪早期开始大规模出现，而纳米材料也从此开启了其在工业和商业领域的应用。虽然纳米材料的应用并未被完全探究，但是这个过程在逐步推进。当然，在纳米热效应的推动下，有些人认为纳米材料将无处不在，以至于现在有些并不包含任何纳米材料的产品也宣传自己是"纳米产品"。这些专业术语的滥用无助于科学技术的发展。美国国家科学技术委员会前主席 Roco 在 2002 年出版的报告中将纳米技术的工业和商业应用过程分为四个阶段。第一阶段为起始于 2001 年的被动式纳米结构阶段，纳米材料在此阶段主要为纳米涂层、纳米颗粒、纳米结构材料、聚合物和陶瓷材料，上述这些都不是主动式纳米材料的应用。第二阶段是从 2005 年开始的主动式纳米结构阶段，该阶段的纳米材料为晶体管、放大器、驱动器和适应性机理的应用，上述这些是主动式纳米材料的应用。第三阶段为起始于 2010 年的三维纳米系统阶段，该阶段包含不规则纳米结构的构建和纳米材料的自组装。第四阶段是从 2020 年开始的分子纳米系统阶段，该阶段主要是生物模拟的纳米材料的应用以及不规则纳米分子机构的应用设计。纳米科技在短短几十年得到了迅猛发展。在可预见的未来中，纳米科学与技术还将继续蓬勃发展，并必然对人们的生产和生活产生重要影响。

1.6 纳米科技的重要性和各国发展现状

纳米科技以原子、分子为起点，从纳米材料或者纳米结构出发，使用纳米加工技术制造出新型功能材料、新型器件和系统等。纳米科技领域的研究人员多年来对于纳米材料和结构的深入研究，一方面开拓和丰富了包括纳米物理学、纳米化学、纳米材料学、纳米生物与医学、纳米电子学、纳米能源学、纳米环境学以及纳米表征测量学等多领域在内的研究内容；另一方面加深了对纳米尺度范围内复杂物理、化学和生物现象的认识，从而推动了纳米材料的研发以及纳米结构的设计和制备的发展。随着研究过程的推进，纳米科技的重要性也逐渐体现出来。纳米科技研究被认为是未来技术的重要源头，也是提升国家未来科技竞争力的重要手段。发达国家计划通过整合纳米科技的研究基础、应用研究和产业化开发等过程，以实现对下一代产业革命的引领，而发展中国家则期望借助纳米科技研究实现技术上的跨域式发展。作为绿色技术的重要基础，纳米科技能为可持续发展提供解决方案。基于纳米科技的重要性，各国均以满足国家重大需求为目标，在纳米科技研究领域制定了相应的计划和战略，而纳米技术的研究成果有望在未来产生新的技术和催生出新的产业。

1.6.1 纳米科技的重要性

当前纳米技术产品主要应用在能源储存设备、电子与电气、交通与包装等领域。随着纳米技术的革新、生产工艺的完善、纳米材料生产成本的降低以及纳米技术应用领域的扩大，全球纳米材料的市场规模在 2018 年就已经超过 900 亿美元。北美和欧洲市场占据了全球纳米材料的前两位，而全球纳米材料投资占比前三位分别是美国、日本和欧盟。各国对相关市场前景非常看好的原因在于纳米材料和技术对多种产业的未来发展具有重要影响。

1. 影响传统材料和制造产业

纳米科技的优势在于能通过控制原子级和分子级的物质单元来创造新材料,具有特殊光、热、电、磁等性能的新型纳米材料将对传统材料和制造产业的发展带来革命性的影响。举例来说,传统磁性功能材料已经不适用于制备高效节能和高集成化的各类电子设备,而具有优异性能的金属纳米晶磁性材料将取代传统材料并实现相关电子设备性能的提升。金属材料经过表面结构纳米化后可以提升材料表面强度和疲劳寿命,并赋予材料耐磨损、耐侵蚀、耐气蚀和耐腐蚀等性能,这种材料处理方法不仅可以提升传统工程材料的性能和寿命,还能用于研制新型高性能结构材料。具有强度高、耐久和质量轻等特点的纳米结构合金是航空、航天和航海制造领域的理想材料,具有高硬度的纳米硬质合金将在精密加工领域有广泛的应用前景,而力学性能显著提升的高分子纳米复合材料可以用于提升塑料、橡胶和纤维等传统工业产品的质量。此外,纳米材料在光学器件、化工催化、纺织、建材和环保等领域有广泛的应用前景。

2. 影响信息产业

高速、大容量和高性能信息设备要求微电子技术制得具有高集成度、高速和低功耗的电子元件。纳米尺寸光刻技术的发展使得微电子技术的加工精度从深亚微米尺度推进到纳米尺度。而伴随着尺寸的持续减小,加工过程中引入的缺陷和量子限域效应对于器件性能的影响逐渐变得明显起来,进而对现有技术提出新的挑战。纳米技术必定会引领新一代信息器件的制造和发展技术的变革,甚至成为未来信息产业的重要支柱。纳米技术在微电子领域可以沿着两条技术路线发展,除了通过"自上而下"实现电子元件的小型化,还能通过"自下而上"从原子、分子出发组装功能材料和器件,进而发展纳米电子器件和系统。新纳米材料、新纳米器件和新纳米技术的研究和发展必将推动未来信息产业的发展。

3. 影响能源和环保产业

纳米技术在能源方面的研究集中在以下方面:首先是实现对以煤炭、石油和天然气为代表的传统能源材料的高效利用,以及减少这些传统能源材料在使用过程中的污染排放。其次是开发新型能量转换和储能材料,纳米新能源材料作为新能源技术中使用的关键材料,能够实现新能源的转化和利用。最后是开发与新型光伏和热电电池等相关的纳米技术,这些光伏和热电电池的应用将很好地解决未来资源短缺的问题,纳米材料和技术的引入可以很好地降低这些能源装置的生产成本,进而推动其大规模应用。环境保护中的一个重要领域是包括污水治理和空气治理等在内的污染治理。具有吸附效应、催化效应和强氧化还原作用的纳米粒子被用于处理污水中的重金属污染物和有毒的有机污染物。纳米材料的高催化活性可以有效提高燃料的燃烧效率并用于催化降解气体污染物,具有高比表面积的纳米材料表现出的优良吸附性可以用于气体中有害成分的吸附分离。人们在生活水平提高以后,会对与自身健康和生活质量直接相关的材料提出更高要求,发展基于纳米材料的绿色环保材料,既是顺应未来材料发展趋势,也将成为国家环保战略的重要组成部分。

　　4. 影响生物医药产业

　　在科学技术发展带来的新材料、新器件以及相关技术的推动，以及人们对发展健康事业的需求驱使下，纳米科学技术正逐渐与生物学及医药学结合，并成为当今科学研究的热点，势必会影响生物技术和医药产业的未来发展。人类基因序列图谱草图的绘制以及纳米技术的应用，使得研究者从细胞的分子结构和基因水平上认识和理解病变机理成为可能，也为疾病的根治提供理论基础。纳米级别探测器不经特殊处理即可直接植入活细胞进行探测，还能随着血液到达人体不同部位后实时监测细胞的健康状态或者病变信息。纳米技术可大幅度提高医学诊断和疾病检测精度，还能用于发现早期病变以便进行早期治疗。纳米尺度基因载体的研究将有利于突破阻碍基因治疗技术发展的基因体内转运问题，从而加速基因治疗技术的发展和应用进程。药物输运是纳米技术在新药研发中富有前景的应用之一，在纳米技术的辅助下，药物能够突破化学和生理学的阻碍到达病变组织，由此提高药物在病灶处的聚集量，减小对其他健康组织的损伤。相较传统药物，经精心设计的纳米药物有望在减少用药量、提高药物资源利用率的同时，有效提高疗效、增强靶向性以及降低毒副作用。靶向分子治疗利用特定的纳米颗粒将药物准确运达目的地，实现肿瘤细胞的靶点定向杀灭。或者是使用纳米颗粒来封装包括抗体在内的生物活性分子，再将其运输到特定的组织或者细胞中发挥相应的作用。在生物组织工程中，由碳纳米管、石墨烯和二硫化钼等纳米材料组装的纳米结构支架，可以用于模仿组织内特有的微观环境，有利于细胞在这些支架上进行附着、繁殖和生长，因而可用于修复和重塑受损的生物组织。

1.6.2　主要工业国家发展现状

　　纳米技术经过几十年的发展，在各个领域的应用都取得了重大进步，也形成了具有相当规模的纳米技术产业。截至 2018 年，制定了纳米技术研究计划的国家超过 60 个，而开展纳米技术研究的公司和研究所超过 5000 家，其中接近 50%从属于服务业，而 30%从事纳米技术产品的生产。纳米科技研究对于科学发展的重要影响，以及纳米技术成为未来技术的重要来源，使得众多国家选择发展纳米科技以提高核心竞争力。

　　1. 美国纳米材料与技术的发展

　　美国一贯非常重视对纳米科学和技术的发展，其雄厚的经济和科技实力支撑了其在纳米科学和技术领域的领先地位。美国提出的“国家纳米技术计划”（NNI）于 2000 年生效，但实际上相关研究早在 1996 年就已启动。该项计划的诞生得益于美国科学界高级官员对于本国纳米材料与科技领域发展的深度关切。举例来说，美国国家科学基金会理事同时也是总统科学顾问的 Lane 博士在 1998 年 4 月的一次国会听证会中陈述道：“假如人们问我在未来最有可能取得重大突破的是哪个科学与工程领域，我的回答是纳米科学与技术。”1998 年 3 月，美国 Gibbons 博士主张纳米技术是 21 世纪经济发展的五大核心技术之一。2003 年 1 月 16 日，美国参议院通过了“21 世纪纳米技术研究和发展法案”，同年 5 月 9 日，"2003 纳米技术研究开发法案"获准通过。上述事项足以说明美国对纳米技术领域的重点关注。美国自 1997 年开始就在纳米科学与技术领域进行大量投资，以确保其在该领域的领先地位。美国在该领域的投资从 2000 年（1.7 亿美元）到 2010 年（19.13 亿美元）增加了约 10 倍。除美国外，世界上包括欧盟、日本和中国在内的主要国家或者团体都在该领域做出重大投资，并且相关投资的规模自 1997 年开始逐年增加。相关投资在 2000 年以前增长缓慢，但是在 2000 年以后投资的步伐开始加快。同年，根据 NNI 的总体目标，该计划战略规划并确定了基本现象及过程、纳米材料、纳米器件及系统、纳米制造、主要研发设施、设备研究以及测量技术和标准、环境和健康与安全、教育和社会维度等八个领域，并详细指出这些领域中的研究重点。同样是在 2011 年，美国的"先进制造伙伴关系"（Advanced Manufacturing Partnership，AMP）计划发布，该计划设想将联邦政府、各高校和工业界联合起来，加快对纳米技术、信息技术和生物技术等新兴技术的投资，期望创造高品质制造业、增加就业机会以及提高全球竞争力。据统计，NNI 在 2000～2017 年的累计投资已经达到 240 亿美元，这足以显示出美国对于纳米技术研发的持续支持力度和重视。

2. 日本纳米材料与技术的发展

日本早在 20 世纪 80 年代就开始实施纳米技术相关研究计划，日本科学技术厅在 1981 年推出了"先进技术的探索研究计划"（Exploratory Research for Advanced Technology，ERATO），计划每年启动 4 个为期 5 年的 ERATO 基础研究项目，单个项目经费为 20 亿日元，这些项目大部分为纳米技术的前沿课题。日本通商产业省在 1991～2002 年间制定了若干为期 10 年的纳米技术大规模开发计划，具体包括"原子技术研究计划"、"原子分子极限操纵计划"和"量子功能器件研究计划"等，这些计划获得的年投入资金约为 250 亿日元。日本政府在 21 世纪初将纳米技术列为国家科研重点，为了力争在高新技术领域中处于领先地位，日本科学技术政策委员会设立了专门的"纳米科技促进战略研讨组"，日本综合科学技术创新会议专门组织制定了"纳米领域推进战略"。2006 年，日本还将以纳米科学技术为基础的新科学技术纳入其"第 3 期科学技术基本计划"中的四大重点推进领域之一，这些研究也于 2016 年被纳入第 5 期科学技术基本计划中。日本政府推行的一系列举措有效地推进了其纳米科技的研究和产业化发展。2016 年，日本科学技术振兴机构（Japan Science and Technology Agency，JST）发布的 2015 年日本纳米科技和材料研发概要和分析报告显示，日本的纳米科技和材料研发在环境与能源领域，从基础研究到商业化应用都处于世界领先地位；其在健康与医疗保健和基础科技领域的基础研究水平很高，但在应用方面竞争力不足；在信息、通信和电子产品领域的研发和应用则均落后于欧美。

3. 欧洲国家纳米材料与技术的发展

欧盟的成员国在纳米技术的研究开发中也投入了大量的人力和物力，并相应设立了众多高水准纳米技术研究中心。欧盟从第四（1994～1998 年）框架计划开始对纳米技术进行了大规模投入，欧盟的第五（1998～2002 年）、第六（2002～2006 年）和第七（2007～

2013 年）框架计划分别在纳米技术研究中投入了 5.4 亿、13 亿和 48.66 亿欧元。第六框架计划将纳米技术和纳米科学纳入七个重点发展的战略领域，第七框架计划则将"纳米科技材料与新生产技术"确定为优先发展方向。欧盟于 2005 年 6 月发布了《欧洲纳米技术发展战略》，该战略计划具体包括：加大资金投入、鼓励技术平台的建设以及加强纳米电子、纳米化学和纳米医学等研究领域的横向联合，支持欧洲人员参与世界竞争的专门机构以及若干顶尖研究中心的建设，纳米技术成果转换和跨学科人才培养的推动，以及纳米技术数据库和纳米技术专利许可证管理体系的建立等。欧盟于 2014 年启动了一项为期七年的"地平线 2020"的新研究与创新框架计划，该项目计划在 2014～2020 年间共投入约 770.28 亿欧元。该项目中的三大战略优先领域之一的"产业领导力"的核心部分是保持使能技术和工业技术领先地位（leadership in enabling and industrial technologies，LEIT）。"地平线 2020"项目在这部分的投入计划为 135.57 亿欧元，其中的 38 亿欧元分配给纳米科技和先进材料领域。该项目投资旨在提高欧盟的工业竞争力和可持续发展能力，具体用于研究与纳米科技相关的医疗保障和低碳能源技术以及市场化应用。

英国早在 1986 年就由其贸易与工业部提出"国家纳米技术计划"（National Initative on Nanotechnology，NION），纳米技术的研发活动在得到研究理事会支持的同时，获得了相关投资。随后成立的英国纳米技术战略委员会在 2002 年制定了纳米技术发展战略，在 2003 年制定了微纳米技术制造计划。这些计划不仅加大了纳米技术研发的投资以支持大学和企业研究及开发工业纳米技术，还从电子、光学和机械等领域中选定了 8 个研究项目。伦敦皇家自然知识促进学会于 2004 年发布的《纳米科学与技术：机遇和不确定性》则被国际公认为纳米技术方面的权威报告。作为政府对于成功和安全发展纳米技术的承诺，英国于 2010 年 3 月发布的"英国纳米技术战略"，一方面强调了纳米技术研发与创新以及研究成果的商业化；另一方面也正视了纳米技术和纳米材料可能带来的健康、安全和环境等风险。

德国于 20 世纪 80 年代开始支持研发纳米技术，德国联邦教育与研究部在 1998 年后制定了纳米技术研发战略和专门技术，创建了多个纳米技术能力中心网络。这些网络将从事纳米科学技术研究、开发和生产的众多研究中心、大学研究所以及各大中型企业连接在一起，用于保证德国处于纳米科学研究领域的大国地位。德国着重发展与纳米技术密切结合的生产行业，具体涉及电子行业、光学工业、汽车制造以及制药和医疗行业等，因而德国的企业界也积极参与进来并投入了巨资用于研发。德国于 2006 年启动了"纳米技术行动计划 2010"，以培养纳米研究人才并进行纳米标准制定、专利申请以及从业人员的培训和再教育等。德国于 2011 年颁布的"纳米技术行动计划 2015"涉及通信、运输、气候/能源、营养/健康和安全性等多个行动领域，为纳米技术的可持续开发和利用提供了新框架。德国用于资助纳米技术的研发经费一直呈现逐年增长的趋势，政府用于资助纳米技术研发的经费从 1998 年到 2004 年增长了 4 倍，平均每年约为 1.2 亿欧元。相关经费又从 2006 年的 1.8 亿欧元增加到 2010 年的 4 亿欧元。随着多项计划的实施和持续的经费投入，德国在纳米科学领域的研究已经处于国际领先地位，并且欧洲很大一部分纳米技术相关的公司均来自德国。

法国 2003 年启动了"国家纳米科学计划"，具体包括：增加纳米技术领域投资，使得政府投资纳米科技的研发经费在 4 年内按照平均每年 25%的增长率增加；建立由 5 个大型研发中心组成的微纳米技术大型中心网络，为发展纳米关键技术提供高水平研究平台等。法国国家科研署则在 2005 年启动了"国家纳米科学与纳米技术计划"用于加强政府、大学和产业界的合作，并将研究重点聚焦在纳米产品、纳米材料和纳米生物等。其他用于发展纳米科学的项目还包括"NANO2008"工业支持计划、Crolles Ⅱ 计划和"竞争力"中心（集群）计划项目等。

俄罗斯于 2001 年将纳米技术列入"2002～2006 年俄联邦科技优先发展方向研发专项纲要"专项计划中，又在 2002 年将纳米技术列入"2010 年前和未来俄罗斯科技领域的基本发展政策"中的优先发展领域和国家关键技术之一。2007 年俄罗斯联邦政府根据成立国家纳米技术委员会的决议，为"发展纳米技术基础结构"联邦专项计划拨款，决定在建立和发展纳米技术工业基础设施方面投入 1000 亿卢布。俄罗斯联邦政府还于同年批准了名为"俄罗斯联邦 2008～2010 年纳米产业基础设施发展"的联邦专项计划，决定在纳米技术研发基础建设和设备购买方面投入 300 亿卢布。针对这一专项计划，俄罗斯联邦政府还成立了专门负责为纳米技术和纳米材料相关研究项目提供财政支持的直接投资基金会，而隶属于俄罗斯科学院的库尔恰托夫研究所作为俄罗斯纳米工业的带头科研机构，成为重点资助对象。在相关投资和研究机构的支撑下，该国纳米技术的工业产值在 2007～2011 年间以每年 8%的增速增长，在 2012 年后的增速更是达到了 15%。

4. 中国纳米材料与技术的发展

我国从 20 世纪 80 年代中期就开始重视纳米技术，并在 80 年代末期开展纳米技术的系统研究。对纳米材料和器件进行重点立项研究始于 90 年代末，并在 21 世纪初期将研发重点聚集在纳米生物技术上。经过多年发展，我国在纳米材料及相关基础研究领域取得了一些具有国际影响力的重要成果，在纳米材料、分子电子学、扫描探针显微技术、微机械和微机电系统等纳米技术应用领域取得了较大进展，并在大学、研究所和企业中设立了大批纳米科技研究中心。我国于 2001 年成立了国家纳米科学技术指导协调委员会，同年由科学技术部、国家发展计划委员会、教育部、中国科学院和国家自然科学基金委员会联合发布了《国家纳米科技发展纲要（2001—2010）》，科学技术部又相应发布了《国家纳米科技发展指南框架》以配合落实上述发展纲要。纲要中对于我国纳米科技总体布局情况参见图 1-17。

在"十五"期间，包括"863 计划"、"973 计划"、"攻关计划"、教育部的"振兴计划"、国家自然科学基金委员会和中国科学院的重大及重点项目、国家发展和改革委员会的"大科学工程"和"产业化示范工程"等各部委主导的项目和计划，在纳米技术的研发领域投入了约 12 亿元人民币。"纳米研究"重大科学研究计划在 2006～2009 年间投入了约 15 亿元人民币，用于重点支持纳米材料与器件、能源与环境以及生物与医学等 43 项课题研究。科学技术部将满足国家重大需求为牵引和重大应用为导向的基础研究作为"纳米研究"计划的支持重点，同时也强调将前期支持产生的基础研究成果进行应用转化。应用转化的方向一方面是包括宽光谱高效太阳能电池和锂离子电池、磁阻式随机存取内

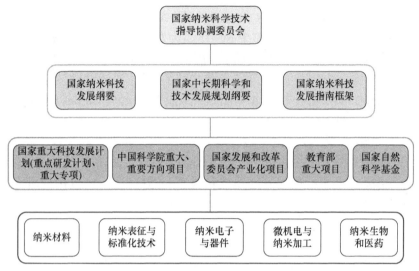

图 1-17　我国纳米科技总体布局

存（magnetoresistive random access memory，MRAM）和相变随机存取内存（phase change random access memory，PCRAM）存储器、高增益Ⅲ-Ⅴ族半导体光电传感器和全高清场发射平面显示器等在内的六项实用器件的研究；另一方面是准一维半导体纳米材料和碳纳米管基纳米器件的结构调控、物性测量和原理研究等。纳米研究作为六个重大科学研究实施计划之一，于 2011 年被纳入科学技术部发布的国家"十二五"科学和技术发展规划中，重点部署了面向国家重大需求的纳米材料、纳米材料的重大共性问题、纳米材料表征技术与方法、传统工程材料的纳米化技术、纳米技术在环境与能源领域应用的科学基础、纳米表征技术的生物医学和环境检测应用学等方面。另外，包括纳米材料在内的新材料产业成为需要大力培养和发展的七大战略性新兴产业之一。科学技术部于 2017 年发布了《"十三五"材料领域科技创新专项规划》，纳米材料与器件成为该专项规划的重点发展领域之一，具体包括研发新型纳米功能材料、纳米光电器件及集成系统、纳米生物医用材料、纳米药物、纳米能源材料与器件、纳米环境材料、纳米安全与检测技术等，突破纳米材料宏量制备及器件加工的关键技术与标准，加强示范应用等。2021 年，"十四五"国家重点研发计划"纳米前沿"等 5 个重点专项项目年度申报指南征求意见发布，围绕单纳米尺度等前沿科学探索、纳米尺度制备核心技术研究、纳米科技交叉融合创新三个重点任务进行部署。

国家发展和改革委员会从 2003 年起投入 1.8 亿元人民币用于建设国家纳米科学中心，另外投入 0.8 亿元人民币用于建设国家纳米技术工程中心，以此实现用于发展纳米科技的国家级公共技术平台的建设。除了为数众多的地方性纳米科技中心，清华大学和北京大学等高等院校也建立了各种纳米技术研发中心，这些科技中心和研发中心组成了我国纳米科技和应用的基础研究网络。2005 年，国家纳米技术与工程研究院在天津成立，标志着我国的"纳米科技基础研究—应用研究—产业化"的技术转移链条初步形成。旨在面向国际科技前沿、国家战略需求和未来产业发展的中国科学院苏州纳米技术与纳米仿生研究所于 2006 年成立，该研究所主要开展纳米科学与技术领域的基础性、战略性和前瞻性研究。该研究所已经建设了三大公共平台：其一是加工精度从微米到数十纳米的完备微纳技工实验线所在的纳米加工平台；其二是配备了纳米尺度下单分子和纳米结构测试设备的测试分析平台，该平台还拥有一些具有引领性以及自主知识产权的先进测试分析技术；其三是由微流体、单分子及高通量等先进技术支撑的纳米生化平台，该平台可以用于进行基因组学和蛋白组学、生物材料制备和生物/化学制药、细胞和微生物工程、药物传递和体外诊断、生物微机电系统等多领域的研究。

在纲要的指导以及各种项目和计划实践的过程中，我国在纳米科技、纳米产品的开发和产业化等方面取得了较大发展。我国企业家早在 20 世纪 90 年代就开始在纳米科技的开发和产业化领域进行投资和生产，纳米产业公司从 1997 年左右的 20 多家猛增到 2004 年的 800 多家，相应投资也达到约 400 亿元。这些纳米产业公司中从事纳米材料生产的占比约为 15%，剩下的 85% 则主要从事纳米技术及其应用。在 2005 年之后，纳米产业在生物医药、能源和资源开发、新型制造业和环境行业等的应用占比逐步增加，从事纳米粉体材料生产的企业数量下降，但是形成了一定的生产规模，产品的品种齐全、成本降低，并具备国际竞争力。近年来，纳米材料生产技术的改良及下游需求的增加，促使了纳米材料的市场规模呈现较快的增长趋势。我国纳米材料产业市场规模由 2014 年的 481.3 亿元增长到 2018 年的 791.0 亿元，年复合增长率为 13.2%。随着下游市场需求扩大以及相关技术的逐渐成熟，我国纳米材料产业市场规模在 2020 年突破了千亿元。经过多年来的持续投入和发展，我国在纳米科学领域已经成为世界范围内纳米科学与技术进步的重要贡献者。我国正在成为世界纳米科技研发大国，部分基础研究达到国际领先水平，专利申请量处于世界前列。我国的纳米科技应用研究和成果转化也已经初具规模，相关纳米科技研究正从量的增加，到原创成果不断涌现，再到质的转变，而纳米科技的产业化应用也受到更广泛的关注。纳米科技在未来必然会面临众多机遇和多重挑战，唯有在纳米尺度的基础研究上取得突破，以及补齐基础和应用间的巨大沟壑，才能更好地满足世界范围内来自能源、环境和健康等领域的各种需求。

1.7　纳米技术的伦理和安全问题

科学技术是一把双刃剑，当今蓬勃发展的纳米技术也不例外。人类在享受纳米材料与技术快速发展带来便利的同时，也需要特别注意该技术带来的环境、健康和社会的负面影响。纳米颗粒因其小尺寸，很容易通过肺部或者皮肤侵入人体，从而对人类的健康造成威胁。由碳纳米管富集的金属污染物和柴油发动机排放出的尾气中的纳米颗粒已经证实对人体健康有害。不仅是暴露在纳米污染物气氛中从事生产作业的工人会存在较高健康风险，使用基于纳米技术生产的产品的消费者也将面临相关风险。应用在医学靶向治疗的纳米药物虽然具有光明的应用前景，但是目前对于纳米药物中纳米组分是否参与以及如何参与代谢的研究开展甚少，也无法评估纳米药物使用后的健康风险，长期使用效果更是无法明确。纳米材料制造工业中的排放物和回收后的纳米产品均存在污染环境的可能。具有高活性和微小尺寸的纳米颗粒对生态系统的影响不可预见，直接排放或弃置在生物系统中则威胁动植物的生存。纳米技术的应用势必对传统的产品生产方式带来革命性的变革，由此带来怎样的经济影响和社会巨变无法预测，因而需要审慎地判断纳米技术应用的伦理问题。

在全球范围内，许多国家在纳米技术的伦理和安全问题上已经采取了相应行动。美国提出的"国家纳米技术计划"就将以负责任的方式发展纳米技术设定为主要目标之一，相应成立了对于纳米技术所带来的伦理、法律和社会问题的探讨和应对工作组。欧盟和美国建立了一个用于应对纳米技术发展过程所产生问题的政策制定平台。我国则早在2001 年就预留了纳米技术研究预算中的约 7%用于开展关于纳米技术潜在的环境、健康和安全问题的科学研究，相关研究为标准方法的制定、环境和健康危害的量化，以及纳米污染的监控和管制方针的制定奠定了基础。只有对纳米技术的潜在风险仔细考量和规避后，才能使纳米技术为创造更加美好的生活和环境贡献巨大力量。

习　　题

1. 纳米材料和纳米科技分别是什么？

2. 纳米材料有哪些基本效应，并因此表现出哪些特殊的物理化学特性？

3. 你身边有哪些熟悉的纳米材料或者之前接触过哪些纳米技术？谈谈纳米科技的发展将对社会生产和个人生活带来哪些变化。

4. 对于近些年来发展的"纳米热"，应如何辨别商家宣传和炒作纳米床垫、纳米枕头、纳米鞋垫或者纳米散热膜等的真假？

5. 科学技术是一把"双刃剑"，应如何正确看待纳米技术的发展？

参 考 文 献

[1] 唐元洪. 纳米材料导论[M]. 长沙：湖南大学出版社, 2011.

[2] Michael F A, Paulo J F, Daniel L S. 纳米材料、纳米技术及设计[M]. 北京：科学出版社, 2010.

[3] Liang Q H, Ma W J, Shi Y, et al. Easy synthesis of highly fluorescent carbon quantum dots from gelatin and their luminescent properties and applications[J]. Carbon, 2013, 60: 421-428.

[4] Journet C, Maser W K, Bernier P, et al. Large-scale production of single-walled carbon nanotubes by the electric-arc technique[J]. Nature, 1997, 388(6644): 756-758.

[5] Kosynkin D V, Higginbotham A L, Sinitskii A, et al. Longitudinal unzipping of carbon nanotubes to form graphene nanoribbons[J]. Nature, 2009, 458(7240): 872-876.

[6] 张立德, 牟季美. 纳米材料和纳米结构[M]. 北京：科学出版社, 2001.

[7] 张邦维. 纳米材料物理基础[M]. 北京：化学工业出版社, 2009.

[8] Lai S L, Guo J Y, Petrova V, et al. Size-dependent melting properties of small tin particles: nanocalorimetric measurements[J]. Physical Review Letters, 1996, 77(1): 99-102.

[9] 李继光, 孙旭东, 王雅蓉, 等. α-Al$_2$O$_3$ 纳米粉的烧结动力学[J]. 金属学报, 1998, 34(2): 195-199.

[10] 刘河洲, 陈鸿雁, 吴人洁. 纳米 TiO$_2$ 的热分析及晶化动力学[J]. 中国有色金属学报, 2001, 11(S1): 190-193.

[11] Cao G Z, Wang Y. 纳米结构和纳米材料：合成、性能及应用[M]. 董星龙, 译. 2 版. 北京：高等教育出版社, 2012.

[12] Chen H R, Lou Z, Shen G Z. An integrated flexible multifunctional sensing system for simultaneous monitoring of environment signals[J]. Science China Materials, 2020, 63(12): 2560-2569.

[13] Sun H Y, Xu Z, Gao C. Multifunctional, ultra-flyweight, synergistically assembled carbon aerogels[J]. Advanced Materials, 2013, 25(18): 2554-2560.

[14] 鲍久圣. 纳米科技导论[M]. 北京：化学工业出版社, 2021.

[15] 陈乾旺. 纳米科技基础[M]. 2 版. 北京：高等教育出版社, 2014.

[16] Kelsall R W, Hamley I W, Geoghegan M. 纳米科学与技术[M]. 北京：科学出版社, 2007.

[17] 张德远, 蒋永刚, 陈华伟, 等. 微纳米制造技术及应用[M]. 北京：科学出版社, 2015.

[18] 袁哲俊, 杨立军. 纳米科学技术及应用[M]. 哈尔滨：哈尔滨工业大学出版社, 2019.

[19] 王荣明, 潘曹峰, 耿东生, 等. 新型纳米材料与器件[M]. 北京：化学工业出版社, 2020.

[20] 姜山, 鞠思婷. 纳米[M]. 北京：科学普及出版社, 2013.

第 2 章　纳米材料的制备

2.1　纳米材料制备概述

纳米材料常表现出与一般体相材料显著不同的新奇物理和化学性质。大部分纳米材料都不能从自然界中获得，需要依靠不同的制备方法获得，纳米材料的制备是当今纳米材料与技术研究领域的热点。研究者目前已经发展了多种制备方法来制备形貌和尺寸可控以及结构规整的零维、一维和二维纳米材料。纳米材料的制备按照策略的不同可以分为"自下而上"和"自上而下"两种类型。"自下而上"合成（bottom-up synthesis）是将原子和分子等最小组成单元组装成具有特定功能纳米材料的方法[1]，这些特定功能纳米材料在一定物理和化学条件下，可通过自组装效应实现新型结构材料和器件的制备。"自下而上"法可以实现对纳米材料的组成、形貌和结构精细调节，并且前驱体的状态与制得纳米材料的维度控制机制紧密相关，使得该方法呈现出组分和结构的可调性和多样性，因而成为纳米材料新结构和新物性的发展方向。但如何将原子和分子组装成完整系统一直是"自下而上"法的难点所在，仍需要在该领域不断深入探索。"自上而下"合成（top-down synthesis）是利用物理和化学方法将宏观物体进行微型化后得到纳米材料的方法[2]。相较于"自下而上"法通过直接操纵原子或分子来创造新材料，在当今业已发展成熟的超细材料、微电子和微光子技术的辅助下，"自上而下"法用于制备纳米材料的途径更易实现[3]。

物质在宏观世界中主要呈现的状态为气态、液态和固态。根据反应体系内物质的存在状态，可将纳米材料的制备方法粗略地分为气相沉积法、液相合成法和固相合成法。通过对合成方法的合理选择和实验条件的精细调节，可以制得组成、晶相、形貌和尺寸均可控的纳米材料，甚至还能控制元素和单分子在制得的纳米材料中的精细分布。下面对不同气相、液相和固相制备方法的特点做简要介绍。

2.1.1　气相合成法

气相合成法制备纳米材料时，需要在一定真空条件下，将加热到气态的前驱体通过惰性气体气流输运到低温区，随后沉积到基底上形成对应的纳米材料[4]。在气相法制备过程中，通过调控前驱体蒸发温度和体系真空度等条件，可以精确调控得纳米材料的组分、尺度和维度等。由气相沉积法制得的纳米材料还具有纯度高、杂质污染少等特点。气相沉积法根据体系内发生反应类型的不同，可以被分为物理气相沉积法和化学气相沉积法。物理气相沉积法主要是利用物理方法将前驱体蒸发或溅射成气态原子或分子。除了用于零维纳米材料的快速和大规模制备，物理气相沉积法还可以用于制备一维纳米线和二维纳米片等在内的不同形貌纳米材料，制得的纳米材料往往还呈现出高质量、粒径分布窄等优点。化学气相沉积法则涉及化学反应，转变为气态的前驱体物质在气-固或气-液界面上发生化学反应后，制得包括硅、金刚石、金属、碳化物和氮化物等在内的多种纳米材料。研究者通过调控化学气相沉积过程的制备条件，已经制得零维纳米颗粒、一维纳米线、二维纳米片以及多种异质结纳米材料。由气相沉积法制得的纳米材料相较于其他制备方法拥有更高的表面纯净度，使得这些纳米材料可直接用于组装微纳米电子器件。

2.1.2 液相合成法

液相合成法常需选用一种或多种可溶性盐类作为前驱体，再将这些材料按照恰当的计量比配制成前驱体溶液。溶液中呈现离子或分子态的各种前驱体元素在一定条件下发生化学反应并发生均匀沉淀或成核结晶，通过调控前驱体的浓度、反应温度和反应时间等体系反应条件，可以获取多种具有丰富结构类型的纳米材料[5]。液相合成法按照体系内反应类型的不同，可以相应分为水热/溶剂热法、微乳液法、溶胶-凝胶法和模板法等。水热/溶剂热法采用水溶液/非水溶剂作反应介质，在由加热后的密闭反应容器形成的高温高压反应环境下，常规条件下难溶或不溶的前驱体发生充分溶解后形成原子或分子单元，这些原子或分子单元发生化合，再经成核结晶后制得相应的纳米材料[6]。通过调控水热/溶剂热制备过程中的升温速率、反应温度和反应时间等因素，可以制得物相分布均匀和纯度高、分散性和结晶性好以及形貌和尺寸可控的纳米材料。水热/溶剂热法作为一种低温合成策略，可以在无催化剂、模板和复杂合成设备的情况下，实现精细的组分和形貌控制，制得多种维度纳米材料以及具有特殊结构（如中空和多孔结构等）的纳米复合材料。微乳液法需要利用两种互不相溶的溶剂形成的乳状液体系来制备纳米材料。通过调整微乳液的组成可以改变微乳液的流变稳定性和热力学性质，目前以这些微乳液体系为模板，已经实现了金属单质、无机复合、有机-无机杂化等多种纳米材料的制备。模板法可以根据模板自身的特点分为硬模板法和软模板法。在硬模板法制备纳米材料的过程中，单体被填充到具有纳米孔洞的模板材料（如多孔二氧化硅、阳极氧化铝、分子筛、碳纳米管和聚合物薄膜等）的内表面或外表面，通过控制单体在模板内的聚合时间长短，可以制得具有不同形貌的纳米材料，尤其适用于一维纳米管线和二维有序阵列的制备。在软模板法制备纳米材料的过程中，结合电化学和沉积法等技术，反应物在非共价键作用力下在模板（常由表面活性剂、合成高分子和生物大分子组成）中的纳米尺度微孔内部和层隙间反应，再通过模板剂的调节作用和空间限制作用来实现对合成纳米材料的尺寸和形貌的有效控制。软模板法更适用于制备如量子点和纳米颗粒等零维纳米材料。

2.1.3 固相合成法

固相合成法制备纳米材料一般有两条途径，一条是通过球磨法对原料进行自上而下的物理破碎，待原料尺寸降低至纳米范围后即得到纳米材料。在球磨过程中，粒径较大的原材料在球磨介质的挤压和剪切作用下，经过破碎、剥离和塑性形变等过程后，尺寸显著减小。破碎颗粒的比表面积的急剧增加使得它们在挤压碰撞后，不同物相间易于发生合金化，进而得到合金纳米颗粒。由球磨法制得的纳米颗粒产物之后还可通过高温和高压等方法促使化学反应发生，最终得到其他种类和形貌的纳米材料。球磨法具有很好的普适性，反应体系可以进行简单放大，因而制造成本低。球磨法和不同后处理方法结合后，可以实现零维、一维和二维等多种纳米材料的制备，通过改变制备过程中的球磨介质、球磨速度和时间以及环境温湿度等条件，还能调控制备得到材料的结构和性能。另一条途径是利用熔盐法制备包括陶瓷基材料和半导体材料在内的纳米材料[7]。在制备过程中，固态助熔剂（如合金、盐类等）经高温熔化转化为溶剂状态后，其传质速度的提高可以极大地加快熔盐体系中反应物的反应速率。熔盐法可以实现包括陶瓷基材料在内的一些难溶无机物的溶剂化，可适用于陶瓷基纳米材料的制备。熔盐法对制得纳米材料的形貌具有高可控度，因而可用于制备一些具有特殊形貌的纳米材料[8]。因为实验温度高并且一些有机低熔点盐可作为碳材料的前驱体，包括石墨烯、多孔炭以及杂原子掺杂在内的多种碳材料，甚至是碳纳米管等材料也可以由熔盐法制得。

　　气相法、液相法和固相法在纳米材料的制备过程中各具优势，需要根据实际需要进行选择。下面将根据制得纳米材料维度的不同，对多种不同制备方法进行分类详细介绍。

2.2　零维纳米材料的制备

　　零维纳米材料（zero-dimensional nanomaterial）是指三个维度都处于纳米尺度范围（小于 100 nm）的纳米材料，相应的纳米结构包括纳米颗粒、量子点、纳米团簇等。对于零维纳米颗粒的合成，除了要求产物在三个维度上的尺寸都小于 100 nm 以外，为了适应实际应用的要求，还需要控制工艺条件使得产物具备以下特征：①全部颗粒具有单一尺寸或均匀的尺寸分布；②全部颗粒具有相同的形状或形貌；③不同颗粒间或单个颗粒内部具有一致的化学组成和晶体结构；④颗粒易于分散且不发生团聚等。根据制备原料状态的不同，可以将零维纳米材料的制备方法分为气相法、液相法和固相法等。其中的气相法又可分为物理气相沉积（physical vapor deposition）、化学气相沉积（chemical vapor deposition）和溅射法（sputtering method）等，液相法分为水热/溶剂热法、溶胶-凝胶法（sol-gel method）、微乳液法以及超声辅助合成法等，固相法分为球磨法、固相反应法和火花放电法等。气相法的共同点是以气体或蒸气的形式存在的反应物经成核和生长后生成纳米颗粒。通过调控制备过程的实验条件，如气压、温度、蒸发源和基底之间的距离等，可以得到具有不同尺寸、形状和化学组成的纳米材料。气相法包括反应过程中只涉及物理变化的物理气相沉积法、涉及化学反应的化学气相沉积法以及其他一些同时包含物理和化学变化的方法等[9]。现今出现的一些新型气相合成法大多是基于上述经典合成方法的改进。下面对物理气相沉积法、化学气相沉积法和溅射法等做详细介绍。

2.2.1　物理气相沉积法

　　气相凝固生成固体粉末的方法类似于蒸气凝结成液滴、液滴再结晶生成固体颗粒的过程。体系内能量的增减驱使原料原子团聚形成稳定的晶核，接着在持续不断的原子碰撞下，晶核不断地生长并且经凝聚后生成纳米颗粒。物理气相沉积过程只涉及物理变化，过程中无化学反应发生。在物理气相沉积法中，首先需要将惰性气体引入具有一定真空度的反应腔内，然后依靠多种方法和手段将原材料（大部分为固态）转变为气态或先将原材料熔化为液态后再将其蒸发为气态，气态原子或分子与低压惰性气体分子之间发生相互碰撞后，这些气态原子和分子经冷却和凝聚后在气氛中形成纳米粉末。物理气相沉积制备多种类型零维纳米材料的过程中，根据加热方式的不同可分为电阻加热法（electrical resistance heating method）、高频感应加热法（high frequency induction heating method）、等离子体加热法（plasma heating method）、电子束加热法（electron beam heating method）、激光加热法（laser heating method）和放电爆炸法（electrical explosion method）等。

1. 电阻加热法

在电阻加热法中，电阻丝通电后因焦耳热效应而产生用于蒸发固态金属原料的热能，该方法适用于制备低熔点金属（如银、铝和铜等）的纳米颗粒。相关实验装置参见图2-1。通过控制加热温度、惰性气体种类、反应腔室内气压和蒸发源与收集纳米颗粒冷却盘之间的距离等实验条件，可以实现对纳米颗粒尺寸的调节。该装置中用于产生高温的发热体的材料包括金属丝和石墨棒等，在具体制备过程中，蒸发原料需放置于由高熔点金属（如钨、钼、钽等）制成的坩埚中。这种方法制得的纳米颗粒具有较均匀的颗粒尺寸分布和较洁净的颗粒表面。但是该方法也存在很多限制和不足，如果发热体与蒸发原料在高温熔融后能够形成合金或蒸发原料的蒸发温度高于发热体的软化温度，则不能使用此方法。该方法很难保证制得的颗粒能均匀分散并且不发生相互作用，因此需要采取适当的方法防止颗粒间发生团聚。另外，使用该方法只能制备较小量的纳米粉末，因为产率不高，大部分情况下只适合在实验室中制备小批量样品。

2. 高频感应加热法

利用导体在高频磁场作用下产生的感应电流（涡流损耗）以及导体内磁场的作用（磁损耗）导致的导体自生发热，可制备纳米颗粒。高频感应加热法对应的实验装置如图2-2所示。该方法的优点是熔体内合金浓度、温度分布均匀性好，适用于工业化大规模生产，可用于太空等极端条件下新材料的合成。但是电加热方式能达到的最高温度有限，所以高频感应加热难以制备钨、钼和钽等高熔点、低蒸气压金属材料的纳米颗粒。

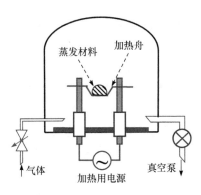

图 2-1　电阻加热装置示意图

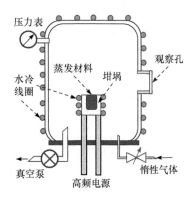

图 2-2　高频感应加热装置示意图

3. 等离子体加热法

等离子体是由电子、阳离子及中性粒子组成的并且整体呈现电中性的物质集合。等离子体占据已观测到的宇宙物质中的 99%，是除了固态、液态和气态以外的第四种物质存在状态。在持续加热或施加强电磁场的情况下，中性气体分子或原子受到电场或热能的作用，可以发生解离后形成等离子体。气体由外电场激发而发生电离并且形成导电电流的现象称为气体放电。释放电子形成正离子的过程称为气体电离。被激发的电离气体达到一定的电离度后处于导电状态，由于电离气体内正负电荷数相等而表现出电中性，此时的气体状态为等离子体态，相应形成过程参见图 2-3。产生等离子体的方法有很多，包括电极气体放电、微波、激光、高能粒子束和无电极射频等。电离气体放电包括直流放电和高频放电等不同类型。典型的直流放电法首先是在真空度为 1～10 Pa 的真空容器的两电极间施加逐步上升的直流电压。在外加的直流电压数值较低时，由宇宙射线或微量放射性物质射线带来的带电粒子可能会在外加电压产生的电场作用下运动，由此形成气体放电电流。这种气体放电现象在外界电离作用停止后即终止，是一种非自持放电。待外加的电流电压数值上升后，气体放电过程的机理相应发生改变，一般分为以下两个过程。首先是气体电离过程，电子从阴极表面被发射出来后，在电极间电压的作用下向阳极加速运动。这其中携带能量超过特定值的电子可能与气体原子发生碰撞，使得气体原子被电离成气体阳离子和电子。该过程使得体系内电子的数目增加。紧接着是被电场加速的离子轰击阴极表面产生二次电子，进而引发后续气体电离过程。待达到一定条件时，即使没有外界因素引发电子的产生，体系也能维持放电的进行，系统此时进入自持放电状态。

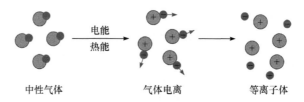

图 2-3　等离子体形成过程示意图

图 2-4 是直流电弧等离子体加热装置的结构示意图。该装置通过直流放电电离氩气，当等离子体被集束后，就会使熔体表面产生局部过热，透过生成室侧面的观察孔可以看到烟雾。等离子体尾焰温度较高，远离尾焰区时温度下降，尾焰区内反应物微粒逐渐达到过饱和状态，随后迅速成核结晶并形成纳米颗粒。生成的纳米颗粒依附在水冷铜板上，气体排出蒸发室外。热等离子体的温度可达 4500℃至数万摄氏度，热容量也非常大，可使材料局部过热而发生熔融或蒸发。该方法几乎可以制备任何金属的微粒，最适合制备铁和镍等过渡金属的纳米颗粒。

4. 电子束加热法

电子从电子枪中发射后，在真空条件下经加速和聚焦，形成能量密度为 10^6～10^9 W·cm^{-2} 的极细束流，在极短时间内高速（光速的 60%～70%）冲击到材料表面，将

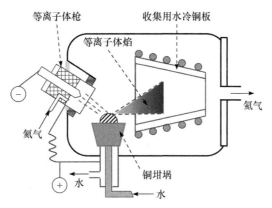

图 2-4　直流电弧等离子体加热装置示意图

电子的动能大部分转换为热能，使被冲击部位升温至几千摄氏度，致使材料局部发生熔化或蒸发。图 2-5 是电子束加热装置的示意图。电子在电子枪内由阴极发射出来。阴极表面温度很高，为了使电子从阴极表面高速射出而加上了高电压。使用电子透镜汇聚电子束时，为保持高真空状态，多个腔室均配备了高抽速的真空泵。与此相比，气体蒸发室只需要维持约 1 kPa 的压力，所以在位于蒸发室上部的压差部分安放了气体导入口。电子束加热法可用于钨、钽和铂等高熔点金属的蒸发。但由于电子束会使空气发生电离，因而被限制在高真空环境中使用。

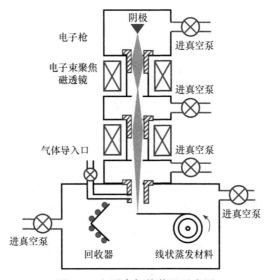

图 2-5　电子束加热装置示意图

5. 激光加热法

激光是波长均一、方向一致和强度非常高的光束。激光加热法是纳米材料制备中非常重要且广泛使用的方法之一。激光加热法的加热源在蒸发腔室的外部，所以反应产物不受加热源影响。激光只对照射到的样品区域进行加热，所以蒸发腔室的温度并不会很高，并且原材料的蒸发过程不受环境影响，最终得到的反应产物具有高纯度和洁净表面。

图 2-6 是用于制备纳米颗粒的激光加热装置示意图。金属或其他原料在用特定波长脉冲激光辐照的过程中可随激光状态的变化相应旋转。脉冲激光的波长和脉冲间隔时间可以通过激光器进行调节。从激光器中产生的激光光束经过透镜会聚后照射到原材料表面，激光脉冲的强度可通过量热式能量计测量。单个脉冲的能量值变化范围为 $40 \sim 150$ mJ，对应的能量密度为 $10^7 \sim 10^8$ W·cm^{-2}。脉冲激光的脉冲频率可以从 1 Hz 变化到 50 Hz。激光束经透镜会聚后的光斑面积为 $1 \sim 4$ mm^2。待蒸发样品每分钟旋转几次，使得脉冲激光能均匀地照射在样品的各个表面，借此保证样品蒸发过程保持稳定。蒸发腔室内常通入 Ar 或 He 等惰性气体，由此可以制得金属 Fe、Ni、Cr、Ti、Zr、Mo、Ta、W、Al、Si 和 Cu 的纳米颗粒。

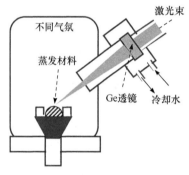

图 2-6　激光加热装置示意图

6. 放电爆炸法

在放电爆炸法中，高压电容器瞬间放电时产生高能电脉冲，钨和钼等金属丝在这些高能电脉冲的作用下发生蒸发和爆炸后生成金属微粉，铝和钛等金属丝在反应容器中通入氧气可以相应制得 Al$_2$O$_3$ 和 TiO$_2$ 等纳米氧化物粉体。放电爆炸法制备纳米粉体的装置结构如图 2-7 所示。该制备方法的流程为：金属丝受热后转变为液相，再经进一步加热后蒸发；钨丝的电弧间形成电弧，使得金属蒸气被进一步加热；待电容器放电结束后，金属蒸气经成核生长后生成纳米颗粒或粉体。放电爆炸法是一种连续粉体制备工艺，该方法可制备得到尺寸范围为 $20 \sim 30$ nm 的球形纳米粉体。在放电爆炸法制备纳米粉体的过程中，类似于脉冲技术工艺，金属丝将在短时间内获取较高的能量密度，因而表现出高能量利用率。纳米粉末的尺寸大小和分布与放电爆炸法装置中的放电参数紧密相关，通过调节装置中的电阻、电容、电感、充电电压等参数，可以实现对纳米粉末粒度的有效控制。放电爆炸法中的金属丝在发生膨胀爆炸后，大量的位错和孪晶会在快速冷却过程中保留下来，使得制备得到的纳米金属或合金粉末表现出较高活性。由放电爆炸法可制得纯度高且分散性好的纳米粉体，还能合成一些普通方法难以得到的纳米粉末，如 Cu-Zn 合金纳米粉末、高熔点的钨和钼纳米粉末以及具有低饱和蒸气压的金属铝和铜纳米粉末等。放电爆炸法也因此被认为是制备纳米粉末的低成本、高效且有望进行产业化的方法。

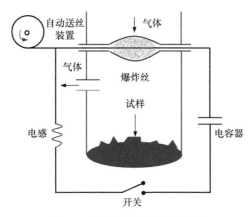

图 2-7　放电爆炸法装置示意图

2.2.2　化学气相沉积法

在化学气相沉积过程中，前驱体先转变为气态或蒸气悬浮态的原子或分子，经化学反应、成核和生长等过程制得纳米颗粒。与物理气相沉积的显著区别在于，化学气相沉积伴随化学反应的发生。按照反应类型的不同，化学气相沉积法中的化学反应可以分为气相分解反应和气相合成反应。气相分解反应是对要分解的化合物或经前期处理的中间化合物进行加热、蒸发和分解，得到各类物质的纳米颗粒。这种方法要求原料中必须含有制备最终获得纳米颗粒的全部所需元素的化合物。气相合成反应是利用两种以上化学物质之间的气相化学反应，在高温下合成相应化合物，再经过快速冷凝来制备纳米颗粒[10]。常规的化学气相沉积设备是由气体传输系统、反应室、工艺控制系统和能量系统等部分组成。其中，气体传输系统用于气体的混合和传输，反应室是化学反应和沉积过程发生的场所，工艺控制系统用于测量和控制沉积温度、沉积时间、气体流量和气压等，能量系统为化学反应提供能量源。根据能量来源的不同，化学气相沉积可以分为常压化学气相沉积、热化学气相沉积、激光诱导化学气相沉积、低压化学气相沉积、金属有机化学气相沉积和等离子体化学气相沉积等。化学气相沉积技术利用气体在高温条件下的反应使得目标产物在基底上沉积，能为化学反应提供较大的能量，由气相反应获得的纳米颗粒具有粒径分布均匀、纯度高和粒度小等优点。此外，纳米颗粒的组分和形貌可通过控制反应物浓度、气体流速和反应温度等实验条件来调节。因此，化学气相沉积技术在纳米颗粒的大规模制备中具有广泛的应用前景。

1. 管式炉加热化学气相沉积法

管式炉加热化学气相沉积法（tubular furnace heating CVD method）采用传统的加热方式，目前仍普遍应用于化工、材料工程以及科学研究各个领域。管式炉装置主要是由石英管、加热丝/加热带、温度控制单元以及气流控制单元等部分组装而成。用于制备纳米材料的前驱体需要放置在气流上游，用于接收产物的基底需要放置在气流下游。在制备过程中，前驱体加热到一定温度后变为相应的分子或原子，这些分子或原子在由载气气流带向接收基底的过程中相互碰撞而发生化学反应，由此得到的产物原子/分子到达接收基底后生成纳米颗粒。通过改变前驱体类型和配比、加热温度、载气组分和流速等，可相应对纳米颗粒的组分、尺寸大小和微结构进行调节。此种方法装置结构简单、成本低廉，特别适用于从实验技术到工业生产的放大。

2. 激光诱导化学气相沉积法

激光诱导化学气相沉积法（laser-induced CVD method）利用反应气体分子或光敏剂分子对特定波长激光束的吸收，引起反应气体分子激光光解、激光热解、激光光敏化和激光诱导化学合成反应。通过改变激光功率密度、反应气体配比和流速、反应温度等工艺参数，可以控制超细微粒的空间成核和生长过程，由此得到具有不同形貌和结构的产物。图 2-8 是激光诱导化学气相沉积法制备纳米颗粒的装置。在使用该方法制备纳米颗粒的过程中，激光束与反应气体的流向正交。用最大功率可达 150 W 的二氧化碳激光，激光束照在反应气体上形成反应焰火，经过反应在火焰中形成微粒，由氩气携带进入上方的微粒捕捉系统。最后在惰性气体环境中收集粉体。该方法的优点包括：①反应壁在制备过程中处于冷却状态，因此无潜在的污染；②原料气体分子直接或间接吸收激光光子光能后迅速进行反应；③反应具有选择性；④反应区的条件可以精确控制；⑤激光能量高度集中，反应区与周围环境温度存在梯度，有利于生成的核粒子快速凝结；⑥适用于制备均匀、高纯、超细且粒度分布窄的各种微粒。

3. 等离子体增强化学气相沉积法

等离子体高温火焰流中的活性原子、分子和离子以高速射流的形式到达各种金属和化合物原料表面时，会大量熔入原料内部，使原料瞬间熔融，并伴随原料蒸发。等离子体增强化学气相沉积法（plasma-enhanced CVD method）对应的原理图参见图 2-9。蒸发的原料与等离子体或反应气体发生相应化学反应，生成各类化合物的核粒子，脱离等离子体反应区后形成各类化合物纳米颗粒[11]。

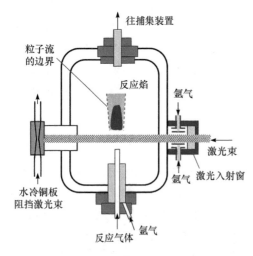

图 2-8　激光诱导化学气相沉积装置示意图

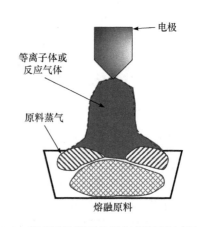

图 2-9　等离子体增强化学气相沉积法原理图

2.2.3　溅射法

溅射法装置的结构如图 2-10 所示。用两块金属板分别作为阳极和阴极,阴极为蒸发用的材料,在两个电极之间充入氩气(40~250 Pa)并施加 0.3~1.5 kV 的高压。两个电极间的辉光放电使氩离子形成,在电场的作用下,氩离子冲击阴极靶材表面,发生原子碰撞,并发生能量和动量的转移,使得靶材原子从表面逸出,逸出的原子被惰性气体冷却而凝结或与活性气体相反应而形成纳米颗粒。通过调节两电极间的电压、电流和气体压力等参数,可以实现对制得的纳米颗粒的尺寸和形貌的调节。相比于物理气相沉积法,溅射法不需要坩埚就

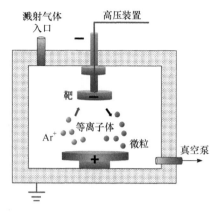

图 2-10　溅射法装置示意图

可以具备很大的蒸发表面,适用于制备高熔点金属纳米微粒,并且使用反应性气体溅射可以制备化合物纳米颗粒[12]。

液相法也是制备零维纳米材料的重要方法,该系列方法的共同特点是以均相的溶液为出发点,通过各种途径使溶质与溶剂分离,溶质形成一定尺寸和形状的颗粒,得到所需粉末的前驱体,经热解后得到纳米颗粒。溶液中纳米颗粒的形成过程被认为遵循 LaMer 模型,依照该模型,化学反应发生后首先在溶液中产生单体(即晶粒的最小构筑单元),随着单体产生的数量越来越多,溶液开始出现饱和。但是因为在均匀溶液环境下生成固相物质需要大量能量来克服较高的化学势,所以在刚到达饱和浓度时,这些单体还是比较难凝聚成固态晶核。只有单体达到一定的过饱和度(成核阈值浓度)后,才能稳定地生成晶核。一旦稳定的晶核形成,单体将被迅速消耗,直至单体浓度降低到成核阈值浓度以下,成核过程随即停止。单体随后以扩散的形式添加到晶核上,晶粒相应逐渐长大。研究者可以根据同质成核与晶粒生长过程中单体浓度的巨大差别将成核过程和生长过程区分开来。成核过程的长短决定合成的纳米颗粒尺寸分布情况,通过对相关过程的有效控制,可实现高度均匀纳米颗粒的合成。上述 LaMer 模型将晶粒的成核和生长过程分开,并且认为成核过程是爆发式的。但实际上,很多晶粒的成核和生长过程在时间尺度上是交叉发生的,并且具体过程往往比想象中复杂得多。除了 LaMer 模型中的单体扩散添加模式外,研究者还提出了其他晶体生长模式来描述晶核生长成晶体的过程,包括奥斯特瓦尔德熟化(Ostwald ripening)、克肯达尔效应(Kirkendall effect)、离子交换反应(ion exchange reaction)、尺寸聚焦(size focusing)模式、自聚焦(self-focusing)模式和聚集生长(aggregative growth)等。下面是这些生长机理的简要介绍。

1. 奥斯特瓦尔德熟化

稀溶液中的成核体系会存在临界晶核尺寸,根据吉布斯-汤姆逊效应,如果晶体的生长导致溶液中的单体耗尽时,晶核的临界尺寸会增大并且超过晶粒的平均尺寸。此时尺寸小于临界尺寸的晶粒会倾向于溶解,而晶粒尺寸大于临界尺寸的晶粒会继续生长,最

终使晶粒的尺寸分布变宽[13]，这种生长方式为奥斯特瓦尔德熟化，具体过程参见图 2-11。

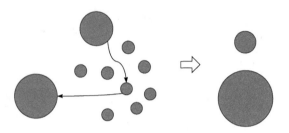

图 2-11 奥斯特瓦尔德熟化生长方式示意图

2. 克肯达尔效应

1947 年，美国科学家克肯达尔（Emest Kirkendall）首次发现两种金属原子会因扩散速率差异发生界面移动并导致金属合金中空洞形成，这种现象因此被命名为克肯达尔效应。研究者起初根据这种现象来预防金属合金空洞的形成，后来随着纳米技术的发展，这种效应被广泛用于制备具有中空结构的纳米颗粒[14]。

3. 离子交换反应

离子交换反应是一种简单高效的胶体纳米晶体后处理方法，被广泛用于制备具有不同交换程度的掺杂、合金、核壳以及分段等异质纳米颗粒。离子交换反应有阳离子交换反应和阴离子交换反应，且阳离子交换反应更为常见。鉴于大部分材料都是由阴离子构成框架结构，阳离子被填充在阴离子骨架的间隙中，因而发生阳离子交换时，阴离子构成的框架得以保留，使得材料完成拓扑转变。反应前后材料的溶度积常数和离子的软硬酸碱度是决定阳离子交换反应是否能发生的关键参数。最终产物的组分和形貌还会受到反应体系中配体类型、材料晶体结构类型、缺陷的种类和数目等影响。相较而言，阴离子交换反应发生后晶体结构可能会发生改变而较难控制。但是，也有一些材料如钙钛矿材料比较容易发生阴离子交换反应，其电子结构在改变的同时，晶体结构仍保持不变[15]。

4. 尺寸聚焦模式

在尺寸聚焦生长过程中，单体不再发生成核，所有的颗粒均处于生长阶段。尺寸越小的晶粒的生长速率越快，尺寸较大的晶粒的生长速率相对较慢，这使得小颗粒都生长成大的颗粒，并且颗粒的尺寸分布相应变窄，具体过程参见图 2-12。其中小尺寸晶粒快速生长的方式包括生长控制和扩散控制两种。生长控制为主的反应体系中，具有更高比表面积和表面能的小尺寸晶粒拥有更高的反应活性。但是，纳米颗粒表面的很多表面配体阻碍了反应物到达表面反应位点，进而形成扩散屏障，所以大部分纳米颗粒的生长还是以扩散控制为主。研究者采用扩散球模型来描述这些不同尺寸颗粒之间生长速率的差异。假定每个晶粒都有尺寸相同的扩散球，扩散球的直径远大于晶粒直径（晶粒直径可忽略不计）。当体系内有足够多的单体时，扩散到每个扩散球周围的单体数量几乎相同，这就使得每个晶粒都具有几乎相同的生长速率，并且生长速率与晶粒直径平方的倒数成正比，随着晶粒尺寸的降低，其生长速率相应急速增加。这就使得尺寸较小的晶粒快速长大而追赶上大晶粒。符合尺寸聚焦生长模型的晶粒生长体系常表现出以下特征：①晶粒浓度在生长过程中保持不变；②单体浓度足够高并且在晶粒生长阶段被迅速消耗；③制得的纳米颗粒的尺寸分布变窄，且小尺寸附近几乎无尾状分布。借助尺寸聚焦生长模式，研究者采用高浓度前驱体溶液来合成均匀的纳米颗粒。

图 2-12　尺寸聚焦模式生长方式示意图

5. 自聚焦模式

在尺寸聚焦生长的扩散球模型基础上，如果单体的浓度即将降为零并且晶粒浓度较高，相邻晶粒间会形成溶解度梯度，使得小尺寸晶粒溶解产生新单体，新单体再结合到邻近的晶粒上，导致晶粒总浓度显著降低的同时，晶粒尺寸变得较为接近，这种过程称为晶体的自聚焦生长模式。

6. 聚集生长

在聚集生长过程中，纳米颗粒先通过碰撞接触，再经过重排结晶融合成新的纳米颗粒，由此制得尺寸呈现典型双峰分布的晶粒。取向搭接生长是聚焦生长的一种特殊形式。晶粒在生长过程中会以特定的结晶取向重排，经过熟化重结晶的晶粒相互之间通过共价键搭接相连，具体过程参见图 2-13。

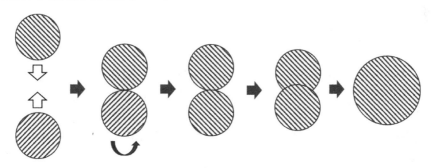

图 2-13　聚集生长方式示意图

液相法制备纳米颗粒的过程常表现出以下优点：①易于稳定化纳米颗粒，防止团聚的发生；②易于从溶剂中萃取纳米颗粒；③易于表面改性和应用；④易于对制备过程进行控制；⑤易于大批量生产。而可以被用于制备纳米颗粒的方法包括水热/溶剂热法、溶胶-凝胶法、微乳液法和超声波辅助合成法等。下面详细介绍不同的液相制备方法。

2.2.4　水热/溶剂热法

水或有机溶剂在密闭加压体系中的温度可以达到溶剂的沸点以上，密闭体系在不同温度下形成的高压环境有利于一些不能在常温常压下发生的化学反应的进行。水热/溶剂热合成（hydrothermal/solvothermal synthesis）法使用的高压反应釜就是典型的密闭合成体系。水热合成最初用于描述地质学上冷却岩浆的热液产生矿物的过程，经过对反应机理的研究和理解，研究者已经将水热合成法用于制备氧化物、卤化物以及分子筛等无机纳米材料[16]。水热法采用前驱体的水溶液作为反应介质，将密闭高压反应容器加热至高于水的沸点，密闭体系内将产生一定压力，随着加热温度的升高，体系内压力值迅速增加并且压力上升的速率与反应釜内胆的填充率和前驱体种类相关。水热法制备纳米颗粒的反应包括氧化、还原、合成、分解、沉淀和结晶等。然而水热合成法并不适用于制备前驱体易发生水解的材料，研究者将水热合成体系内的水替换成非水相溶剂，由此发展出溶剂热合成法。溶剂热合成法可以选用不同类型的溶剂来制备水热合成法不能制备的纳米材料。例如，使用极性或非极性溶剂制备非氧化物纳米材料，以醇、胺、液氨、苯和水合肼为溶剂合成碳化物、硫化物、氮化物等新型纳米材料[17]。水热/溶剂热合成法使用的反应容器是带有聚四氟乙烯内衬的不锈钢反应釜，内衬可用于隔离反应物和溶剂，以减小对不锈钢反应釜的腐蚀。但是为了安全考虑，需要预估密闭反应体系在反应过程中达到的最大压力，并且监控整个合成过程。水热/溶剂热合成能实现的关键是在高温条件下被活化的水或其他溶剂处于非理想和非平衡态，有利于常规条件下难溶反应物的溶解，进而完成反应和合成的过程。水热/溶剂热合成过程中密闭反应体系的内部和外部反应参数都会对反应产物的尺寸、组成、形貌和结构等产生重要影响。影响合成过程的主要因素包括溶剂、反应物、添加剂、温度、压力及填充度等。这些影响因素并非是单一变化的，其中一种因素的改变将可能带来其他因素的显著变化，进而对反应结果产生重大影响[18]。下面重点介绍水热/溶剂热合成过程中的主要影响因素以及这些因素的改变对于实验结果的影响。

1. 溶剂

水热/溶剂热合成中的溶剂不仅可以提供液态反应环境，还可以决定反应发生的温度范围和压力大小，甚至还能用作反应模板和矿化剂，因而溶剂是影响合成产物的尺寸和形貌最重要的因素之一。水热/溶剂热合成过程中选择溶剂需要从溶剂的三个方面特征进行综合考量，首先是包括溶剂密度、极性和介电常数在内的物理性质，然后是包含溶剂的溶剂化作用以及其对反应产物的某种特定形貌的稳定作用在内的化学性质，最后是溶剂与反应物和添加剂之间的相互作用。除了以水为溶剂的水热合成法，溶剂热合成中使用的有机溶剂种类不断扩展，相应能得到性质各异和种类繁多的合成产物。溶剂对水热/溶剂热合成材料的影响方式包括对纳米粒子的尺寸和形貌的控制，以及影响纳米复合材料的制备过程。溶剂会对纳米粒子的晶体成核和生长这两个过程产生影响，进而改变纳米粒子的颗粒尺寸和形貌。不同溶剂的不同物理性质使得晶体成核过程呈现出不同的反应动力学，通过改变溶剂组成可以实现对反应过程的调控。溶剂的化学性质也会显著影响晶体的生长过程。在水热/溶剂热合成过程中，有些溶剂会与反应溶液中的前驱体发生反应后生成中间化合物，这些中间化合物可作为模板来指导生成产物的定向生长，最终影响产物的形貌和结构。溶剂的物理性质也会影响晶体的生长过程。例如，不同溶剂的黏度差异会影响溶剂热法合成氧化铟锡（indium tin oxide，ITO）纳米晶体的生长过程，进而改变纳米晶体尺寸和材料的导电性能。从乙醇到乙二醇再到聚乙二醇，溶剂黏度的依次增大使得体系内晶体生长速率相应增大，晶体内生成的氧空位逐渐增多，氧化铟锡纳米晶体的导电性也相应增强。溶剂的黏度还会影响溶剂热法合成稀土氧化物纳米粒子的形貌。在溶剂热合成过程中，体系内单一溶剂的变化会相应改变包括黏度、沸点和介电常数等在内的众多合成参数，后续产物的形貌变化很难直接厘清是由哪种参数的改变引起的。溶剂会在某些纳米复合材料的制备过程中起决定性的作用。这是因为特定溶剂的物理和化学特性才能具备合成纳米复合材料所需的特定物理化学环境，进而成功制得这些纳米复合材料。

2. 反应物

根据水热/溶剂热合成过程中涉及化学反应的类型不同，反应物在合成过程中所起的作用也各不相同。水热制备过程中发生的多种基本反应类型包括分解反应、水解反应、脱水反应、氧化还原反应、沉淀反应、离子交换反应和溶胶-凝胶晶化反应等。反应物则不仅为生成的产物提供各种组成元素，还在上述不同类型反应中担当氧化剂、还原剂或脱水剂的角色。反应物的种类、物理状态和组成等性质都会对生成产物的组成、形貌和结构等产生重要影响。反应物种类的不同会使生成产物呈现出不同的形貌结构。例如，在硫属化合物纳米材料的制备过程中，不同硫源种类在反应过程中释放硫元素的速率不同，会影响产物的生成速率，使其呈现不同形貌。另外，反应体系内的阴离子种类也会对产物造成重要影响。这是因为不同类型的阴离子与同种阳离子的配位能力不尽相同，使得反应体系中未发生配位阳离子的浓度各不相同，进而造成产物的结构差异。反应物在反应体系内的物理状态也会对反应过程产生很大影响。水热/溶剂热反应体系内的反应物在大部分情况下都能溶解在溶剂中形成均匀的反应溶液，这将有利于均一性反应产物的生成。但有时反应物在反应体系中会以固态不溶物的形式存在，这些反应物可用作诱导反应产物生长的模板。反应体系内各反应物配比的不同也会影响一些溶剂热合成产物的晶体结构。某几种特定反应物的投料比和化学计量比数值的大小会决定产物属于哪种晶系，而其他特定反应物的比例不同还可能会造成产物的形貌差异。

3. 添加剂

水热/溶剂热合成体系中的添加剂并不直接形成产物，但是添加剂可以通过影响反应物或产物的某些物理化学性质，实现对溶剂性质或某一个或多个反应步骤的调节，进而得到特殊形貌和结构的反应产物。作为矿化剂的添加剂可以改变水热条件下反应物溶解度的温度系数，进而加快反应物的析出速率。水热/溶剂热合成体系内的添加剂会对产物的性质产生较大影响，包括封端剂、表面活性剂或生物分子在内的添加剂会引导晶体的定向生长，由此生成具有各向异性形貌的纳米材料。

4. 其他影响因素

其他影响因素包括反应温度、体系压力、填充度和 pH 等。水热/溶剂热合成体系的反应温度不仅可以调控反应物的动力学参数以及产物的热力学平衡状态，还可以调节溶剂的亚临界状态和超临界状态这两个物化状态。温度作为所有水热/溶剂热反应中的重要影响因素，改变温度不仅可以控制反应产物的结构，还能调节产物的元素价态，以及调控纳米粒子的尺寸和结晶度。水热/溶剂热合成法与其他种类液相合成法的显著区别在于反应体系内的高压。因为水热/溶剂热体系内的压力大多源于自身压力，要全面系统地研究压力对于溶剂热反应体系的作用较为困难，所以探究体系压力与产物形貌和结构的关系的文献较少。水热/溶剂热合成体系内，加入反应釜内胆的反应溶液占据内胆的总体积分数即为填充度。在反应釜内形成的密闭空间中，体系内的反应压力是随着反应温度和填充度的变化而变化的，因而在一定的反应温度下，填充度的数值决定了体系内反应压力的大小。同时考虑反应的安全性和可行性，实验室一般选用的反应内胆的填充度范围是 50%～80%。水热/溶剂热合成体系中的溶液 pH 会对产物的组成、形貌或结构等产生影响。改变反应溶液的 pH 可以实现对产物形貌的调节。

5. 水热/溶剂热法与其他技术联用

将微波、磁场、搅拌等辅助方式作为外部反应条件，与水热/溶剂热合成方法联用，不仅可以提高反应速率，还可以显著改变产物的形貌和性能，进而极大地推动水热/溶剂热合成技术的发展。微波技术与水热法的联用可以用于合成纳米分子筛以及锂电池材料。在溶剂热反应合成中添加外加磁场，不仅可以促使链状或丝状纳米材料的形成，还可以增强生成纳米材料的磁性质。水热-电化学联用技术可以用于制备纳米氧化物材料。

水热/溶剂热合成法在纳米技术的推动下得到快速发展，该技术不仅可以用于制备包括金属、非金属、氧化物、氢氧化物、硫化物、氮化物和有机-无机复合物等大范围的纳米材料，还能通过反应参数的调节来调控纳米材料的尺寸和形貌。现今的水热/溶剂热正向合成复杂成分和多级结构的纳米材料方向发展。

2.2.5　溶胶-凝胶法

溶胶-凝胶法属于湿化学制备方法。该方法首先形成无机和有机-无机混合材料的胶体溶液，再通过减少溶剂形成湿凝胶，最后经干燥后制得氧化物和氧化物基混合物的纳米颗粒。在溶胶-凝胶法中，胶体溶液的制备具有类似的基本原则和一般方法，合成和处理过程温度较低，并且容易实现分子水平的均匀性。溶胶-凝胶法一般包含前驱体的水解和缩合，金属醇盐或者金属有机和无机盐都是常用的前驱体，在前驱体溶液中加入催化剂后可促进水解和缩合反应发生[19]。其中的水解反应的表达式如下：

$$M(OEt)_4 + x\,H_2O \longrightarrow M(OEt)_{4-x}(OH)_x + x\,EtOH$$

缩合反应的表达式如下：

$$M(OEt)_{4-x}(OH)_x + M(OEt)_4(OH)_x \longrightarrow (OEt)_{4-x}(OH)_{x-1}M—O—M(OEt)_{4-x}(OH)_{x-1} + H_2O$$

溶胶-凝胶的合成过程中的水解和缩合反应是相继独立发生的，缩合反应后会形成金属氧化物或氢氧化物的纳米团簇。因为前驱体水解不完全或体系内包含非水解有机配体，纳米团簇中可能包含有机基团。通过控制水解和缩合反应，可以实现对纳米团簇的大小以及最终产物的形貌和结构的调节。随着纳米团簇的生长以及体系中溶剂的逐渐减少，这些团簇发生团聚形成长链，长链互相连接形成网状结构，经陈化后剩余的网状结构和结构间隙的气体或液体组成了凝胶。水解和缩合反应中反应物浓度、溶液 pH、反应温度和反应时间、催化剂的特性和浓度以及陈化温度和时间等，都会影响凝胶的形成。溶胶-凝胶法可以通过不同的合成和后处理过程制备包括粉末、薄膜、涂层、纤维和介孔材料等在内的多种类型纳米材料[20]，不同制备路线可参见图 2-14。胶体溶液经沉淀、喷雾热解、乳化等过程可制得纳米粉末材料。在基底上旋转涂布或浸渍湿凝胶后得到干凝胶膜，再经后处理可得到纳米薄膜或层状材料。将溶胶注入模具后形成湿凝胶，再经干燥和加热处理后生成致密陶瓷材料。在超临界条件下，将湿凝胶中的溶剂去除后，可制得低密度的多孔气凝胶，再将溶胶的黏度调整到恰当范围内后，可由此制备纤维材料。

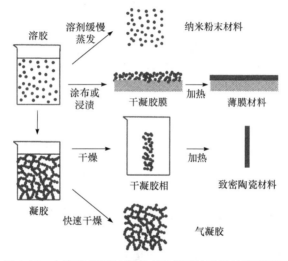

图 2-14　由溶胶-凝胶法制备多种类型纳米材料的路线图

2.2.6　微乳液法

微乳液（microemulsion）是由表面活性剂（surfactant）、助表面活性剂（cosurfactant）、油类（碳氢化合物等，简写为 O）和水（或电解质水溶液，简写为 W）等组成的透明的、光学各向同性的热力学稳定分散体系。表面活性剂包含一个亲水端和亲油端，因而具有双亲属性。分散后的表面活性剂倾向于自发地聚集于不混溶的两种介质的界面处，如在水和油的界面处形成不同的聚集体，引起油与水表面张力的减小。根据连续相的不同，微乳液主要分为油包水（W/O）和水包油（O/W）这两种类型。油包水型微乳液由水核、界面膜和油连续相构成，油水界面上表面活性剂的亲油基朝向油连续相。水包油型微乳液则是由油核、界面膜和水连续相构成，油水界面上表面活性剂的亲水基朝向水连续相[21]。微乳液的状态受到表面活性剂的结构以及在不混溶的油-水体系中的聚集状态的影响。反相微乳有一个微小的"水池"处在结构的中心，被表面活性剂所组成的壳层包围。大量微乳液颗粒做布朗运动，组成"壳"的表面活性剂可以互相渗入，与此同时，水池中的物质也可以穿过"壳"界面进入另一颗粒中，这种物质交换的性质使水池中进行化学反应成为可能。利用这种具有较大界面的微环境作为化学反应进行的场所单元，称为"微反应器"。在微反应器中生成的纳米微粒可以在水池中稳定存在。通过超速离心方法使得微乳液和纳米颗粒分离。用有机溶剂清洗去除附着在微粒表面的油相和表面活性剂，再经干燥处理后得到纳米微粒[22]。

2.2.7　超声波辅助合成法

在超声波辅助合成（ultrasonic assisted synthesis）制备纳米颗粒的过程中，超声波被用于触发化学反应。超声波的频率范围为 15 kHz～1 GHz。研究者常利用超声波换能器在液相反应的腔室内制造波长范围为 1～10000 μm 的超声波。该波长范围与分子尺寸范围存在较大差异，所以超声波波长和反应体系内的化学物种间并没有直接的相互作用发生。超声波在液相反应体系中会产生空化效应。超声波在溶液中传播时，溶液受到周期性交变声场的拉伸与压缩作用力。在拉力下，溶液被拉开形成孔穴和气泡；在压力作用下，孔穴和气泡做振荡运动，并且不断地吸收周围溶液中的气体而长成大气泡。当声压幅值超过某一临界值时，气泡就会以极高的速度闭合或崩塌，从而产生强烈的空化效应。空化效应会在液相反应体系的局部区域产生一个温度高达 5000℃、压强达到 2×10^8 Pa 的反应位点，并且温度的瞬时变化率可以达到 1010 K·s^{-1}。高强度超声的应用为纳米材料合成提供了一种传统方法难以实现的绿色高效合成手段。通过改变前驱体的种类和超声条件，超声波辅助合成可以大规模制备尺寸在 2 nm 左右的超细陶瓷和金属纳米颗粒[23]。此外，超声波辅助合成还可用于制备其他零维、一维、二维及纳米复合材料，如 PbS 量子点、ZnO 纳米片和 CdS 棒状阵列等。

固相法通过固相到固相的方法来制造纳米粉体，因而制备过程中不像气相法和液相法那样伴随由气相到固相和由液相到固相的状态（相）变化。固相制备过程中的前驱体分子（原子）的扩散很迟缓并且具有多样的集合状态。用于制备零维纳米材料的固相法包括球磨法、固相反应法和火花放电法等，以下是这些方法的介绍。

2.2.8　球磨法

球磨法（ball milling method）利用机械能转变为化学能，促使化学反应的发生以及原料发生结构和性能的转变，由此制得纳米颗粒。球磨法不仅可以减小原料颗粒的粒径，还可以将不同原料颗粒混合后形成新物相。研究者可直接利用球磨机制备零维纳米晶粒和纳米复合材料。球磨机利用运动的球磨介质（常为玛瑙等硬质材料制成的球磨珠）间产生的挤压力和剪切力来粉碎初始原材料。在球磨的过程中，初始原材料经不断碰撞和冲击后发生强烈的塑性变形，原材料的体积在反复进行的破碎—焊合—破碎过程中不断地细化，最后由最初的大晶粒变成尺寸较小的纳米颗粒。球磨法在研磨过程中将能量从球磨介质传导到材料粉末上，是大规模制备纳米颗粒材料的有效手段[24]。在球磨过程中，球磨类型、球磨珠材质、直径和数量、球磨速度和时间以及球磨的温度和干湿条件等因素都会对纳米颗粒的组分、形貌和结构产生影响。球磨珠的密度和球磨速度越高，球磨珠所具有的动能越大，因而不锈钢和碳化钨等高密度材料制成的球磨珠更适合用于机械球磨。球磨法中需要根据球磨罐和球磨机的类型，选取具有匹配直径和数量的球磨珠。罐体中填充过多的球磨珠会不利于球磨珠的自由运动，填充过少的球磨珠则会降低其相互碰撞的概率。球磨珠的碰撞和挤压会导致体系温度的上升。球磨介质的种类、球磨珠的动能大小以及粉末材料的特性等都会对体系温度产生影响。体系温度不仅可能改变合成的颗粒的相组成，还会对粉末原子的扩散系数和颗粒的缺陷浓度等特性产生影响。高温相对有利于制得需要高原子流动才能生成的如金属间化合物等新相，低温则利于非晶相和纳米晶相的生成。在球磨法中的破碎—焊合—破碎过程中，粒子的断裂和合并持续发生并且相互竞争，粒子的微观结构得以不断细化，最终纳米颗粒的粒度呈现类似稳态分布。球磨法制备零维纳米材料的过程可分为四个阶段：①在开始阶段，原材料在球磨珠的碰撞下被挤压和压扁。单个颗粒经过挤压和剪切后，虽然颗粒质量保持不变，但是颗粒形状发生较大变化。②单个颗粒的质量和形状在球磨的中间阶段发生显著变化，开始出现颗粒成分的混合和扩散。该阶段以颗粒的破碎—焊合—破碎为主导，此时的合金粉末的化学组成处于不均匀的状态。③颗粒直径在球磨的最后阶段明显变小，颗粒的微结构相较前两个阶段更加均匀，此时的合金粉末的化学组成已经较为均匀。④颗粒在球磨的完成阶段处于亚稳态，剪切和应变对于颗粒的破碎作用已经达到饱和，颗粒的尺寸分布不再发生显著变化，此时的合金粉末的组成与原料初始投料比接近。由球磨法制备的纳米颗粒的直径可达 2~20 nm，使用球磨法易于制备氧化物甚至是金属间化合物纳米粉末，该方法还具有产率高、易于大规模制备且生产成本低等特点。

球磨装置包括球磨珠、球磨罐和球磨机等部分。按照运转规律的不同，球磨机可以分为搅拌式球磨机（stirring ball mill）、振动式球磨机（vibrating ball mill）、行星式球磨机（planetary ball mill）和水平滚筒式球磨机（horizontal roller ball mill）等。搅拌式球磨机利用泵的高速循环和搅拌实现物料的快速研磨，粗颗粒滞留时间较长因而被优先破碎，细颗粒则可以快速通过，由此得到较窄的粒径分布。振动式球磨机依靠马达和轴承的作用，驱动球磨罐进行高速循环运动，更高的运转速度意味着作用在物料上的机械能更大，因而振动式球磨机是一种高效的高能球磨设备。行星式球磨机通过电机带动配备多个球磨罐的支撑盘旋转，再由球磨罐环绕自身轴心旋转运动，两种旋转运动产生的离心力作用在球磨罐上，从而为罐内球磨珠研磨原料提供动能。水平滚筒式球磨机在工业上常用于混合、粉碎、研磨和乳化原料，但其最大转速有限，导致球磨罐内搅拌速度较低。

2.2.9 固相反应法

在高温条件下，通过固相反应制备碳化物、硅化物、氮化物等以及含两种以上金属元素的氧化物。反应从固体间的接触部分通过离子扩散来进行，但接触状态和各种原料的分配情况受颗粒粒径、形状和表面状态等性质以及粉体团聚、填充状态等处理方法的显著影响[25]。固相反应（solid-state reaction）法的流程如下：①按规定的组成称量混合原料，通常用水等作分散剂，在放置玛瑙球的球磨机内混合；②将处理过的原料通过压滤机脱水后再用电炉焙烧；③将焙烧后的原料粉碎到 1~2 μm；④再次将粉碎后的原料充分混合并制成烧结用粉体，当反应不完全时往往需再次煅烧。对于由固相反应合成的化合物，原料的烧结和颗粒生长均使原料的反应性降低，并且导致扩散距离增大和接触点密度减小，所以应尽量抑制烧结和颗粒生长。使组分原料间紧密接触对反应进行有利，应减小原料粒径并进行充分混合。

2.2.10 火花放电法

将金属电极插入气体或液体等绝缘体中，从零开始逐步增大电压会破坏绝缘状态。如果继续加大电压，电流的增加可能会触发电晕放电。电晕放电一旦开始，即使不增加电压，电流也能自然增加，电晕放电将向瞬时稳定的放电状态（即电弧放电）发展。从电晕放电到电弧放电过程的过渡放电称为火花放电（spark discharge）。火花放电持续时间只有 10^{-7} s 左右，但产生的电压梯度可高达 $10^5 \sim 10^6$ V·cm^{-1}，即火花放电在很短的时间内能释放出很大的电能。在放电发生的瞬间会产生高温，同时产生很强的机械能。在放电过程中，电极、被加工物会生成加工屑，如果控制加工屑的生成过程，可以制造微粉。

2.2.11 若干典型零维纳米材料的制备方法

1. 富勒烯及其复合材料

碳元素的原子结构中拥有包括 sp、sp^2 和 sp^3 杂化在内的多种电子轨道特性，sp^2 的异向性会使得晶体内的碳原子排列具有各向异性，进而导致由单一碳元素组成的碳材料表现出各种各样的物理化学特性。由碳原子组成的系列笼形（球形、管形或柱形）单质分子被统称为富勒烯（fullerene），富勒烯是除石墨和金刚石以外发现的第三种能稳定存在的碳单质。作为富勒烯系列的代表，也是第一种被发现的富勒烯，C$_{60}$ 分子最早是由英国科学家哈罗德·克罗托（Harold Kroto）和美国科学家理查德·斯莫利（Richard Smalley）和罗伯特·柯尔（Robert Curl）等于 1985 年在莱斯大学制得，因为其分子结构类似于建筑学家巴克敏斯特·富勒（Buckminster Fuller）的建筑作品而被命名为"巴克敏斯特·富勒烯"，简称巴克球。C$_{60}$ 是由 60 个碳原子构成的包含 32 个面的完全对称中空球形结构，其结构和大小与直径缩小到约为 0.7 nm 的足球类似，这 60 个碳原子顶点是两个正六边形和一个正五边形的聚合点。除 C$_{60}$ 外，C$_{70}$、C$_{76}$ 和 C$_{84}$ 等富勒烯材料也相继被发现，拓宽了零维碳纳米材料的研究和应用范围。目前研究者发展了用于合成富勒烯材料的方法，包括热蒸发法、电弧放电法和萘高温分解法等。热蒸发法根据加热源的不同又可以分为激光蒸发石墨法、高频加热蒸发石墨法和太阳能蒸发石墨法等。激光蒸发石墨法是在高真空环境下，使用高功率和短脉冲的激光来蒸发石墨靶材，该方法单次仅能得到数千个 C$_{60}$ 和 C$_{70}$ 等富勒烯分子，其低产量的缺点很难满足科研和工业应用需求。高频加热蒸发石墨法是将高纯石墨置于充入 150 kPa 氮气的高频炉中加热至 2700℃，由此得到含有 8%～12%富勒烯的炭灰产物。该方法操作过程简单，产率高于激光蒸发石墨法。太阳能蒸发石墨法是利用聚焦太阳光来蒸发炭，进而大量生产富勒烯的有效方法。电弧放电法利用高纯石墨作为高真空电弧炉中的电极，通过在氩气气氛下的放电反应制备 C$_{60}$ 富勒烯。电弧放电法具有设备简单和操作方便等优点，单次制备得到的富勒烯产物可达到克量级。但是该方法也存在氩气消耗量大、真空和绝氧条件要求高等缺点。萘高温分解法是通过萘分子在约 1000℃ 的高温下发生脱氢，剩下的碳原子再经重新组合后形成 C$_{60}$ 和

C_{70} 等富勒烯的混合物，这种方法的产率最大不超过 0.5%，因而也限制了其在科研和工业上的应用。这些制备方法都需要首先在高温环境下得到气相碳网自由基碎片，然后这些碳结构单元为了向最稳定的状态过渡而倾向于降低位能，使得这些自由基碎片倾向于形成封闭结构，进而形成富勒烯材料。C_{60} 球形结构的外围和内腔都构成了非平面的离域大 Π 键，使其具有类似缺电子烯烃的特性，因而能与金属等亲核试剂发生反应并夺取电子。将不同金属（碱金属、碱土金属和大部分稀土金属）或金属原子簇包入 C_{60} 内腔后，可制得一系列具有特殊结构和性质的内嵌金属富勒烯（记作 $M@C_{2n}$）。此外，C_{60} 笼形结构中碳碳不饱和化学键可在适当条件下打开，并与其他化学基团组成富勒烯衍生物。C_{60} 可与磷酸盐、磷化物和胺类间发生亲核加成反应实现化学修饰，还能与 CH_3I 等在格氏试剂作用下发生亲电加成反应生成烷基化合物。

2. 碳量子点

碳量子点（carbon quantum dot）也称为碳点或碳纳米点，是一种由几个原子（以碳原子为主，也有部分氧原子和氮原子）构成的直径在 2～10 nm 之间的准零维纳米结构材料。碳量子点最早由南卡罗来纳大学的 Scrivens 等在 2004 年制备单壁碳纳米管时发现，后来因其拥有优异的光学性能、易于功能化和产业化生产等优势，在催化、分析检测和生物成像等领域表现出潜在的应用价值。碳量子点的制备途径有两条：一条是从较大尺寸碳材料剥离粗产物，再经后处理得到碳量子点的"自上而下"合成法，使用的碳材料包括活性炭、石墨棒和石墨烯等，具体的使用方法包括电化学法、激光烧灼法和弧光放电法等；另一条是对各种有机小分子（如柠檬酸、葡萄糖和甘油等）进行碳化处理后得到碳量子点的"自下而上"合成法，具体的使用方法包括水热法、氧化法、微波辅助法和超声法等。水热法制备碳量子点是将有机前驱体溶液放在高温高压反应釜中促使其发生水热反应后得到，这种方法具有制备方法简便、原料易获取、合成过程环保以及适用于大批量制备等优点。氧化法是利用强氧化剂对含碳分子或聚合物进行化学氧化后获得。这种方法适用于大规模制备，使用的前驱体包括活性炭、天然气、石墨、糖类和液态石蜡等。电化学氧化法使用碳基原料（包括石墨和炭黑等体相碳材料）作工作电极，经阳极氧化剥离后产生碳量子点。这些碳量子点大多具有均一的尺寸和稳定的物理化学性质。微波能提供断裂化学键的能量，因而能借此对碳基前驱体进行结构重排而制备碳量子点，这种制备方法具有工艺简单、合成时间短以及适用于大批量生产等优势。超声法制备碳量子点的过程中，超声波在碳基前驱体溶液中产生气泡，气泡在闭合时提供的能量足以破坏碳基前驱体的结构。超声法的操作简便、设备简单，但是产率相对较低。

3. 零维 PbS 量子点

零维 PbS 量子点（PbS quantum dot）具有优异的光吸收和光致发光性能，这种量子点材料后续还能通过加工和表面修饰对光学特性进行调节，因而被认为是一种应用前景广泛的光电材料。研究者常使用热注射法来实现高质量零维 PbS 量子点的可控制备。热注射法是液相法中的一种以溶液为基础的高温合成法，这种方法首先需加热一种或几种反应前驱体至高温，然后向其中注入另一种反应前驱体，待反应完成后得到高质量的纳米颗粒。这种热注射法制备量子点可分为成核和核生长两个过程。在前驱体被快速注入的过程中，前驱体的浓度要高于成核的阈值浓度，此时会发生短暂的成核过程。之后的生长过程以奥斯特瓦尔德熟化为主，具有高表面能的小粒径纳米粒子会发生溶解，然后沉积在大粒径的纳米粒子上，由此使得纳米粒子的整体数量减少，但是纳米粒子的平均尺寸增大。这种基于高温化学反应的热注射法，可以选择不同的溶剂、前驱体和表面活性剂，因而能形成多种体系以制备不同组成的量子点材料，并且通过改变反应条件来实现对量子点的组成、形貌和结构的调控。Zhang 等利用热注射法制备了高质量 PbS 量子点[26]。制备过程首先是将前驱体 $PbCl_2$ 溶解在 10 mL 油胺中，再将该溶液加热至 140℃并保持 30 min，随后将该溶液冷却至 30℃。接着将 210 μL 六甲基二硅硫烷（$C_6H_{18}SSi_2$）混入 2 mL 油胺中，再将该溶液注射入上述 $PbCl_2$ 的油胺溶液中，然后边搅拌边加热混合溶液至较高温度以促进量子点的生长，待 PbS 量子点生长至期望尺寸后，将混合溶液置于水浴装置中以终止量子点的生长过程，最后通过离心分离和清洗等操作得到 PbS 量子点。这种方法得到的 PbS 量子点表现出较高的荧光量子效率和优良的稳定性。

2.3　一维纳米材料的制备

一维纳米材料在两个维度上的尺寸大小都在纳米范围内，常见的一维纳米结构包括纳米线、纳米棒、纳米管和纳米纤维等。研究者可以采用自组装法、气-液-固生长法和化学气相沉积法等来制备这些一维纳米材料[27-28]。

2.3.1　模板法

一维纳米材料可以通过限制纳米材料在两个方向上的生长的同时，促进纳米材料在单一方向上的各向异性生长的方式获得。能实现这种可控各向异性生长的模板法被广泛用于制备一维纳米材料。该方法利用形状易于控制的纳米结构为模板，相关组分材料经物理和化学方法沉积到模板的孔洞中和表面上，待模板移除后即可得到形貌和尺寸与模板相符合的纳米材料[29]。模板法（template method）可以允许研究者根据实际所需材料的形貌和性能要求设计模板的结构和材料，所以可被用于制备包括纳米线和纳米管在内的特殊形貌纳米材料。模板法内的液相或气相化学反应都发生在有限控制区域。合成一维纳米材料的模板法相较于其他方法有以下特点：一是能对纳米材料的尺寸、形状和结构实现精确控制；二是能同时实现纳米材料的合成和组装，并且制得的纳米材料能稳定分散；三是制备过程简单，能实现大规模合成。依据不同特性和限域能力，模板可分为软模板（soft template）和硬模板（hard template）两种。软模板可以形成处于动态平衡的空腔并且反应物和产物可以穿透空腔壁，硬模板中包含静态孔道并且反应物只能从孔道开口进入。

1. 软模板法

软模板主要是由双亲分子（主要是表面活性剂）构成的不同类型有序聚合物结构，具体包括微乳液、胶束、囊泡和生物大分子等[30]。构建软模板的单元在分子间或分子内作用力驱使下形成具有空间结构特征和明显结构界面的聚集体，前驱体通过结构界面进入聚集体并呈现特定的取向分布，由此制得具有特定结构的纳米材料。微乳液作为模板一般只能用于制备球形纳米颗粒，并且存在尺寸分布宽、形状易发生畸变、稳定性差等缺点。胶束和囊泡等软模板（结构参见图 2-15）能用于制备一维纳米材料[31-32]，并且能较好地解决微乳液法的上述缺点。

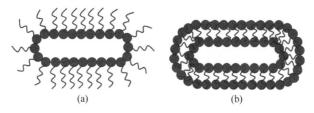

(a)　　　　　　　　　　　　(b)

图 2-15　胶束（a）和囊泡（b）的结构示意图

当反应溶液中的表面活性剂浓度大于临界胶束浓度时，溶液中会形成胶束或胶团。表面活性剂浓度相对较低时，胶束一般为球形，随着浓度的增加，胶束会变成棒状或层状。表面活性剂在水溶液中时，亲水基在外，疏水基相互连接后形成直径为 5～100 nm 的正相胶束（非极性微区）。表面活性剂在非水溶液中时，疏水基在外，亲水基互相连接后形成直径为 3～6 nm 的反相胶束（极性微区）。囊泡是由具有亲疏水基团的双亲性表面活性剂以及嵌段聚合物（其疏水基团内部相连、亲水基团向外）构成的双壳层中空球体。具有独特结构的胶束和囊泡作为软模板，被广泛用于制备纳米材料。胶束和囊泡的形貌、尺寸和稳定性可以通过改变表面活性剂的类型和浓度、反应溶液的温度和 pH 以及搅拌速度等因素进行调节。构建圆柱形或线形胶束可以用于合成一维纳米材料。Pileni 等使用由双（2-乙基己基）磺基琥珀酸酯形成的胶束为软模板，制备得到铜纳米棒和纳米线[33]。将两种或两种以上的聚合物链段相连后可以得到嵌段共聚物，嵌段共聚物的结构可以精确控制，以嵌段共聚物为模板制得的纳米材料的尺寸和形貌也能得以精细调节。Pang 等以溴化纤维素为骨架，以功能前端共聚物为支链，合成可具有洗瓶形状的单分子胶束，再以此单分子胶束为软模板合成一维纳米材料并实现对材料的尺寸、形貌、结构及表面化学性质的调节[34]。Lu 等利用一个包含表面活性剂、正丁烷、正丁醇和水的四元微乳液体系制备出一维超细金属 Ir 纳米线[35]。他们首先将十六烷基三甲基溴化铵（CTAB）加入正丁烷和正丁醇的混合溶液中后搅拌得到透明溶液。接着在搅拌条件下依次向溶液中加入 H_2IrCl_6 水溶液和新制的 $NaBH_4$ 水溶液，待溶液逐步变为灰黑色后再加入等量的上述新制的 $NaBH_4$ 水溶液，溶液中随之产生的黑色沉淀即为金属 Ir 纳米材料。由形貌和结构表征结果可知，由微乳液法得到的金属 Ir 纳米材料是直径约为 2 nm、长度为几百纳米的具有高长径比的一维纳米线。这种采用微乳液法在较温和的反应条件下得到的超细金属 Ir 纳米线具有多晶特性，对于从邻氯硝基苯到邻氯苯胺的加氢还原反应表现出高催化活性和选择性。Bai 等使用具有不同组成的反相微乳液分别制备得到针状和铅笔状的一维 ZnO 纳米棒材料[36]。在针状 ZnO 纳米棒材料的制备过程中，先将十二烷基硫酸钠（SDS）分散在正己烷和正己醇的混合溶剂中，再将 $Zn(NO_3)_2$ 和 NaOH 的混合水溶液加入上述混合物中，经超声后将上述反相微乳液转移至水热反应釜中并在 120℃下加热 7 h。得到的针状 ZnO 纳米棒具有很高的结晶性，其长度和直径分别约为 3 μm 和 52 nm，对应长径比大于 57。在铅笔状 ZnO 纳米棒材料的制备过程中，他们将十六烷基三甲基溴化铵和 NaOH 溶于水中形成溶液 A，再将 $Zn(NO_3)_2$ 溶于水中形成溶液 B。随后将溶液 B 倒入在冰水中冷却的溶液 A 中，获得 OH^- 与 Zn^{2+} 摩尔比为 6∶1 的透明反相微乳液。再将上述反相微乳液转移至水热反应釜中，并置于 90℃ 下加热 5 h，最后得到铅笔状 ZnO 纳米棒的长度约为 4 μm，直径约为 90 nm（长径比约为 44）。得益于由反相微乳液法制得材料的高结晶性和特殊的表面特性，由这些一维 ZnO 纳米棒组装而成的气体传感器对 NO_2 气体表现出很高的选择性和灵敏度。

2. 硬模板

可用作硬模板的材料包括阳极氧化铝薄膜、多孔硅、金属模板、分子筛、碳纳米管、天然高分子聚合物和具有不同空间结构的合成高分子聚合物等。这些刚性材料由共价键维系，因而较软模板具有更好的空间限域作用和较高的稳定性，由硬模板制备的纳米材料的形貌和结构能得到严格控制。硬模板可以分为两种，一种是不涉及化学反应、只为纳米材料的生长提供稳定静态限域空间的物理模板，另一种是参与化学反应，也为纳米材料生长提供限域空间的化学模板。在制备纳米材料的过程中，既能将目标材料沉积在物理模板表面，又能将目标材料沉积在具有孔洞结构的物理模板的孔洞内部，后面这种孔洞沉积法多用于制备一维纳米材料。孔洞沉积法中使用的多孔材料模板，包括多孔氧化铝薄膜、纳米管和高分子聚合物等孔洞有序排列的模板，以及沸石、分子筛和多孔硅等孔洞无序排列的模板。多孔的阳极氧化铝（anodic aluminum oxide，AAO）具有制备工艺简单、孔径大小可调节和可直接在其他基底上沉积等特点。研究者将反应前驱体通过电沉积和溶液填充等方式引入孔洞中发生化学反应，待反应完成后去除 AAO 模板，就能得到多种金属、氧化物、硫化物、碳化物甚至是异质结构的一维纳米线[37]。Nehra 等使用电沉积法在 AAO 模板中制备了高度有序的高结晶性 Cu 纳米线[38]。制备过程使用三电极体系，以一端覆盖了导电银浆的 AAO 模板作为工作电极，以 Pt 丝和 Ag/AgCl 电极分别作为对电极和参比电极，电解质溶液为 0.1 mol · L^{-1} $CuSO_4$ 水溶液（pH 调至 2）。电沉积过程在室温条件下进行，采用计时电流法并且设定还原电势为 –0.5 V。之后得到的 Cu 纳米线的直径约为 100 nm，其长度与沉积时间相关。系列表征测试结果表明，借助硬模板的电沉积合成法制备得到的 Cu 纳米线具有很高的结晶性和抗菌活性。Li 等使用电沉积法借用 AAO 模板成功制备了 Fe/TiO_2 核壳结构纳米线[39]。他们首先以一端沉积了厚度为 200 nm 的 Cu 金属层的 AAO 模板、石墨电极和 Ag/AgCl（饱和 KCl 溶液）电极分别作为三电极体系中的工作电极、对电极和参比电极，使用 TiF_4 和 $NiCl_2$ 的水溶液作电解质溶液，然后采用大小为 –3 mA 的恒定沉积电流和不同的沉积时间在 AAO 模板孔洞中得到具有不同壁厚的 TiO_2 纳米管材料。再将上述制备得到的 TiO_2/AAO 电极置于包含 $FeSO_4$ 的电解质溶液中，根据 TiO_2 纳米管壁厚的不同选择不同的沉积电流大小和沉积时间，由此在 TiO_2 纳米管内部沉积金属 Fe 纳米线，再将该样品置于 NaOH 水溶液中去除 AAO 模板后，即可得到不同尺寸大小的 Fe/TiO_2 核壳结构纳米线。

化学模板法中的模板可以作为反应物参与生成低维纳米材料，这样既可以对产物的组分精确控制，又可以对生成纳米材料的形貌进行调控。化学模板与前驱体相互作用后，模板中可能出现：①模板与反应物发生化合或合金化反应后流入新原子（加成）；②离子或共价化合物模板中的金属或非金属组分被去除后流失部分原子（消去）；③模板中部分原子被其他原子部分替代（置换或离子交换）等三种情形。加成法中常使用 Fe、Co、Ni、Cu 等单质金属作为化学模板，在合适的反应条件下转化为金属氧化物和硫化物等纳米材料。而以 Se 和 Te 等非金属纳米材料作为化学模板可转化为硒化物和碲化物纳米结构，再通过操控反应过程可制备异质纳米结构。消去法中通过去除化学模板中的某种组分或某个区域的组分后，产物的组分、结构和形貌都可能发生变化，因而可以用于制备中空或介孔纳米结构。置换过程涉及氧化还原反应，化学模板经置换反应可制得另一种组分不同、形貌类似的纳米结构。离子交换反应是将预制的纳米材料模板中的某种元素替换为一种新元素，由此制得形貌和模板相近，但是组分发生显著变化的纳米材料。Pandey 等从一维 ZnS 的纳米线和纳米带结构出发通过阳离子交换反应法分别制备出立方相的一维 $Cu_{1.8}S$ 纳米线和纳米带[40]。研究者以一维 ZnS 纳米结构作为模板材料，将 ZnS 模板材料与 $CuCl_2$ 粉末混合后，置于 Ar 气流中在较低的工作气压下加热至不同温度并维持不同的反应时间。此时发生的阳离子交换过程包含 $CuCl_2$ 粉末中的 Cu 离子向 ZnS 模板中扩散，以及 ZnS 模板中的 Zn 离子从原有晶格位置中迁移并向外扩散。不同的加热温度和反应时间会导致最后得到的一维 $Cu_{1.8}S$ 纳米结构呈现出不同的形貌和结构特征，而这些具有多孔及超晶格结构的一维 $Cu_{1.8}S$ 纳米材料在新型光电和热电装置中具有广泛的应用前景。

2.3.2　化学气相沉积法

化学气相沉积法利用气相反应实现纳米材料的成核和生长，通过对反应体系内的反应物浓度、气体流速和加热温度等参数的调节，可以对纳米材料的组分、形貌和结构进行有效调控，从而实现一维纳米材料的高效制备。通过探究化学气相沉积法中一维纳米材料的制备过程，研究者提出了包括气-液-固（vapor-liquid-solid，VLS）晶体生长理论、气-固（V-S）晶体生长理论和螺旋位错理论等来解释系列一维纳米材料的形核和生长原理[41]。由化学气相沉积法制备纳米线的过程通常遵循气-液-固型生长方式，其中的"气"代表处于气态的前驱体和产物，"液"代表处于液态的催化剂，"固"代表处于生长过程的固态晶须。这种生长方式的关键是组成纳米材料的原子在固、液、气三相的界面处沉积、成核和生长。这一理论最早由 Wagner 和 Ellis 两位科学家于 20 世纪 60 年代观察到不纯物有利于高质量碳化硅（SiC）晶须生长的现象后提出。遵循气-液-固型生长方式的一维纳米材料制备过程分为融合、成核和结晶这三个阶段。目标产物的组成原子首先和催化剂原子融合后生成具有特定尺寸大小的液态合金纳米颗粒。前驱体的不断涌入为液态合金纳米颗粒持续补充目标产物的组成原子，这就使得合金液滴中组成原子的浓度不断上升，在组成原子的浓度达到过饱和浓度值后，开始在合金液滴的边缘区域沉淀成核。一旦晶核形成，目标产物的组成原子会加快析出，并且其析出速度随着前驱体浓度的增大而加快，这有助于目标产物沿着自由能最低的晶向生长，这种各向异性的生长方式有利于生成具有一维纳米形貌特征的目标产物。在反应结束后，液态合金纳米颗粒经冷却后会在一维纳米材料的头部形成固态合金颗粒，并且一维纳米材料的径向直径由固态合金颗粒大小控制，这是气-液-固型生长方式区别于其他生长方式的显著特征。研究者还可以通过调控催化剂和前驱体的种类以及反应体系的温度和压力等来改变目标产物的生长方向，由此得到表现出不同物理化学特性的一维纳米材料。

通过化学气相沉积法并且采用气-液-固型生长方式可以制备出 Si 纳米线。气-液-固型生长过程的关键在于液态合金纳米颗粒的形成。首先需要根据相图选择一种能与目标纳米材料形成合金的金属催化剂，然后再根据相图选定液态合金和固态纳米线材料共存区及制备温度。参照 Fe-Si 二元相图可以发现，液态 $FeSi_2$ 与固态 Si 在 1207℃以上共存，而 $FeSi_2$ 在 1207℃以下时变成固态。因此选用 Fe 作为金属催化剂，反应温度设置在 1207℃与 Si 的熔点温度之间。具体的反应过程如图 2-16 所示：①高能激光照射到硅靶上后产生 Si 和 Fe 气态原子。②当 Ar 载气将其输运到低温区时，形成半熔融状态的 $FeSi_2$。③$FeSi_2$ 会持续吸收过量的 Si 原子达到过饱和状态，导致 Si 从液滴中析出形成 Si 纳米线，$FeSi_2$ 保持液态。上述过程不断发生，Si 纳米线持续生长。④当 Ar 载气将硅纳米线及其顶端的 $FeSi_2$ 液滴带到更低温度区域后，$FeSi_2$ 液滴凝固后硅纳米线停止生长，因而在硅纳米线的一端出现 $FeSi_2$ 团簇。

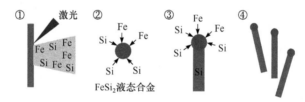

图 2-16　气-液-固型生长方式制备硅纳米线的过程示意图

根据气-液-固型生长机理，锗纳米线还能以 Au 为催化剂，GeH_4 为锗源，H_2 和 Ar 为气输运气体，在温度 275～380℃时制备得到。如图 2-17 所示：①含锗元素的前驱体 GeH_4 气体在液态 Au 催化剂作用下发生分解；②分解产生的 Ge 原子与 Au 形成液态合金，随着液态合金的 Ge 达到过饱和状态时，Ge 原子会扩散到固-液界面上；③在固-液界面上结晶析出导致 Ge 纳米线的生长。Kobayashi 等利用新型 Fe_3O_4 纳米颗粒催化剂通过化学气相沉积法制备得到单壁碳纳米管[42]。他们首先将 Fe_3O_4 纳米颗粒催化剂均匀分散在甲苯溶剂中得到质量浓度在 0.01%～5%范围的分散溶液，随后将该分散液旋转涂布在 SiO_2/Si

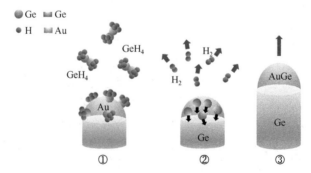

图 2-17　金催化气-液-固型生长方式制备锗纳米线过程示意图

基底上。之后将表面分散了催化剂纳米颗粒的基底置于化学气相沉积装置中，再以 CH₄ 作为碳源，在 900℃反应温度下制得直径约 1.0 nm 的单壁碳纳米管，对应此时 Fe₃O₄ 纳米颗粒催化剂的直径约为 1.7 nm。实验证明纳米颗粒催化剂直径的改变将直接影响生成的单壁碳纳米管的直径，并且后者的直径等于或略小于前者。

2.3.3 静电纺丝法

静电纺丝法（electrospinning method）最早用于使用电场力合成具有纳米尺度直径的超细聚合物纤维。在外加电场力的作用下，聚合物溶液或熔体克服表面张力后从喷嘴中喷射出来发生静电纺丝，包含带电纤维的射流在电场力控制和加速后被收集在薄板上。待射流干燥或凝固后，即可得到所需的纤维材料。研究者已经利用静电纺丝合成出 30 种以上直径为 40~500 nm 的聚合物纤维。通过对包括前驱体组成和浓度、外加电场强度和方向以及前驱体溶液流速和后处理技术等过程参数的调节，可以得到不同形貌的超细聚合物纤维。Xia 等以四异丙氧基钛和聚乙烯吡咯烷酮（PVP）的乙醇溶液为前驱体，通过静电纺丝法得到非晶 TiO₂/PVP 超细有机-无机杂化纤维[43]。再通过调整过程参数并且在 500℃下煅烧去除 PVP 后得到直径为 20~200 nm 的多孔 TiO₂ 纳米纤维。Hu 等首先将 SnCl₂ 的乙醇溶液和 PVP（平均分子量为 1300000）的 N,N-二乙基乙酰胺混合均匀后形成前驱体溶液，再将前驱体溶液以 1.2 mL·h⁻¹ 的流速从静电纺丝装置中的喷嘴中挤出。静电纺丝过程在喷嘴尖端和收集装置上分别施加+10 kV 和–2 kV 的高电压，两者间的水平间距设定为 20 cm。待静电纺丝过程停止后，将收集装置上的样品置于空气气氛中在 550℃下煅烧 3 h，最终得到在基底上平行排列的平均直径约为 200 nm 的 SnO₂ 纳米纤维[44]。Ning 等以 Zn(NO₃)₂ 和 PVP（平均分子量为 1300000）的乙醇溶液作为前驱体溶液，利用静电纺丝法在基底上制备出平行排列的直径约为 500 nm 的 ZnO 纳米纤维[45]。他们还通过在上述前驱体溶液中添加 AgNO₃ 实现了 Ag 掺杂 ZnO 纳米纤维的制备。Ag 掺杂的 ZnO 纳米纤维表现出不同于常规 ZnO 纳米材料的 p 型导电特性，在纳米光电装置中有广泛的应用前景。

2.3.4 若干典型一维纳米材料的制备方法

1. 碳纳米管

碳纳米管是由碳原子按照 sp² 杂化连接形成的单层或多层同轴真空管状的一维碳纳米材料。碳纳米管也可以视为由单层或多层二维石墨片绕其中心轴，按照一定角度旋转一周后，形成的两端闭合或开口的管状纳米材料，其长度一般在几十纳米到微米级甚至是厘米级范围内，内径一般在几纳米到几十纳米之间。相应根据石墨片层数的多少，可以将这种管状碳纳米材料分为单壁碳纳米管和多壁碳纳米管。除了独特的一维管状结构，碳纳米管还表现出高比表面积、强导热性以及稳定的化学性能。碳纳米管中包含大量交替排列的 C=C 双键和 C—C 单键，碳纳米管中碳原子的 p 电子可以形成离域Π键，使其表现出显著的共轭效应。这些化学键较难被破坏而发生断裂，因而赋予碳纳米管与金刚石相当的杨氏模量以及最高可达 12%的弹性应变。碳纳米管中量子限域效应的存在，使得电子只能沿其轴向进行运动，进而使其呈现出独特的电学性能。通过调节碳纳米管的直径和螺旋度，可以实现碳纳米管的导电性在金属和半导体间转化，因而能应用于纳米电子器件和电路的组装。研究者用于制备碳纳米管的主流方法包括化学气相沉积法、激光蒸发法和电弧放电法等，其他的低温固体热解法、电化学法和球磨法等也能用于碳纳米管的制备。

化学气相沉积法利用含有碳源的气体或蒸汽经过催化剂表面后发生分解而生成碳纳米管。适用于制备碳纳米管的催化剂一般是过渡金属元素 Fe、Co 和 Ni 以及它们的组合等。根据催化剂的存在或供给方式的不同，又可以将化学气相沉积制备碳纳米管的方法分为浮动催化剂法、基片法和担载法等。在浮动催化剂法中，催化剂前驱体经气流携带进入反应区，然后在高温下原位分解为处于浮动状态的催化剂颗粒。这些催化剂颗粒催化生长形成的碳纳米管再经载气携带进入低温区域后即停止生长。基片法中使用的催化剂需要首先沉积在平整基底（硅片、石英、蓝宝石等）上，这些催化剂催化高温下通入的含碳气体分解，然后碳纳米管在这些催化剂颗粒上析出和生长。借助基片法可以制备得到较高纯度的垂直排列或水平排列的有序碳纳米管阵列。担载法首先需要将多孔粉末基体充分浸渍在包含催化剂前驱体的盐溶液中，再经干燥和高温煅烧后，多孔粉末基体中分散的催化剂前驱体盐转变为金属氧化物纳米颗粒。再将整体置于反应炉中，在高温和还原气氛下，这些金属氧化物纳米颗粒被还原为金属纳米颗粒，这些分散在结构稳定的多孔粉末基体上的金属纳米颗粒将作为催化剂，在适宜条件下催化生长碳纳米管。激光蒸发法需要首先将金属催化剂和石墨粉混合后制成靶材，再将放置在石英反应器中的靶材置于水平加热炉中。在 1473 K 的高温和惰性气体气氛下，将激光束聚焦在石墨靶材上，由此产生的气态碳在催化剂作用下生成单壁碳纳米管。电弧放电法制备碳纳米管的设备主要包括石墨电极、真空系统、冷却系统和电源部分。电弧放电法常需要将催化剂掺入阴极，还需要使用激光辅助蒸发来实现碳纳米管的有效合成。在电弧放电的过程中，反应室的温度可达到 2700～3700℃，由此得到高度石墨化的碳纳米管。但是由该方法制得的碳纳米管存在杂质含量高、易烧结和空间取向不定等缺点。低温固体热解法是使用亚稳态的陶瓷前驱体（$SiN_{0.63}C_{1.33}$），在石墨炉中相对低温的条件下热解生成碳纳米管，而若将该陶瓷前驱体的纳米尺度粉末置于氮化硼（BN）瓷舟中，在 1200～1900℃高温和 N_2 气氛中分解可制得多壁碳纳米管。相关实验证实，低温固体热解法中碳纳米管的产率和生长状况与环境温度及系统状态紧密相关。该方法具有工艺简单等优点，但是制得的碳纳米管后期分离和提纯较为困难，并且产品的质量不高。电化学法制备碳纳米管的装置以石墨坩埚为阳极，在石墨坩埚中加入氯化锂粉末作为固体电解质，再在中间放置石墨棒作阴极。随后在两极间通入 30 A 的电流并维持 1 min。待通电结束后，用水溶解并除去氯化锂，再加入甲苯来收集残余物，进而获得碳纳米管和碳纳米微粒的混合物。球磨法是通过对石墨粉先进行球磨结合再进行退火处理得到碳纳米管。典型球磨法流程是首先在 Ar 气氛中将高纯石墨粉进行 150 h 的球磨，接着在 N_2 或 Ar 气氛中在 1200℃的高温下热处理 6 h，最后制得包含大量多壁碳纳米管的产物。

借助多种方法制备碳纳米管后，得到的产物中往往还包含富勒烯、碳纳米颗粒、非晶态碳及催化剂颗粒等杂质。如果不对产物进行纯化，将会对碳纳米管的性能和应用产生不利影响。目前研究者采用物理法和化学法来纯化碳纳米管。物理法主要利用碳纳米管和其他杂质的物理特性的不同来实现碳纳米管与杂质的分离，具体可以分为过滤法、离心法和分子排阻色谱法等。过滤法是根据产物中单壁碳纳米管与其他杂质（金属催化剂颗粒、碳纳米颗粒和富勒烯球）间存在的可溶性、几何尺寸和长径比等差别而实现分离纯化。离心法是借助离心力来分离密度不同的物质。离心机可以产生远大于重力的离心力，使得产物的分散溶液中的碳纳米管和杂质因密度不同而受到不同离心力并呈现出不同的沉降速度，由此实现碳纳米管和杂质的分离。分子排阻色谱法（也称为凝胶渗透色谱法）是根据试样分子的尺寸和形状的不同来实现分离的方法。该方法使用表面惰性不同并且包含不同尺寸孔隙或立体网状结构的凝胶作为色谱柱的填充剂。使用分子排阻色谱法分离试样时，需要选用孔径与其大小相当的凝胶。试样中如碳纳米管等较大分子量的组分，会因为其分子量大于凝胶孔径而被排斥，最终这些较大分子量的组分会随流动相最先流出。试样中具有相对较小分子量的组分可以深入到凝胶的孔隙中，因为不会被排斥而最后流出。试样中分子量中等的分子会被孔径较小的孔隙排斥，但是可以渗入孔径较大的孔隙中，因而会在大分子量组分之后而在小分子量组分之前流出。分子排阻色谱法可以有效除去分子尺寸介于小分子量和中分子量之间的非晶态碳杂质，进而实现碳纳米管的提纯。用于提纯碳纳米管的化学法分为电化学氧化法、气相氧化法、液相氧化法等。电化学氧化法是根据碳纳米管与杂质间因结构差异导致的化学稳定性差异进行提纯。产物中碳纳米管的较低反应活性和电极表面的小自由电子数目，使得电极上产生较大的电化学阳极极化，通过调节电解反应的条件，可以除去产物中的碳纳米粒子和非晶态碳等杂质，从而得到碳纳米管。气相氧化法是使用氧化性气体（水蒸气、氯气、空气以及 H_2O/HCl、H_2S/O_2、$Ar/O_2/H_2O$、$O_2/SF_6/C_2H_2F_4$ 等混合气体）在较低温度（225～760℃）下氧化除去产物中的非晶态碳等杂质。液相氧化法是利用碳纳米管与杂质之间拓扑类缺陷数量的差异，实现对碳纳米管的提纯。液相氧化法中使用的氧化剂包括 $KMnO_4$ 溶液、H_2O_2 溶液、HNO_3 溶液和上述溶液的混合溶液等。相对于气相氧化法，液相氧化法的反应条件较为温和，反应较为可控。

2. 碲纳米线

作为非常重要的半导体材料，碲（Te）和金属碲化物（如 PbTe、HgCdTe 和 BiSbSeTe 等）在光电和热电器件中有广泛的应用前景。一维 Te 纳米线及金属碲化物纳米线常表现出相较于体相材料更高的光吸收和更低的热导率，这有益于提高基于这类材料的光电和热电器件的性能。研究者可利用水热法制备具有不同直径和长径比的 Te 纳米线。Yu 等分别采用 Na_2TeO_3、聚乙烯吡咯烷酮和水合肼作为水热合成过程中的 Te 源、表面活性剂和还原剂，通过改变反应温度、反应时间、反应物浓度配比等实验条件，制备出长度为几十微米、直径为 4～9 nm 的高长径比 Te 纳米线材料[46]。之后还能以 Te 纳米线为模板，通过化学转化法制备得到 PbTe、ZnTe 和 CdTe 等碲化物纳米线材料[47]。除了水热法以外，Yu 等还使用微波辅助法来实现 Te 纳米线的快速合成，制得的单晶纳米线长度为几十微米，直径为 20 nm[48]。

2.4　二维纳米材料的制备

二维纳米材料只有一个维度上的尺寸大小在纳米范围内，常见的二维纳米结构主要包括纳米片、纳米薄膜和纳米层状材料等。二维纳米材料在电子结构、比表面积和电子量子限域效应等多方面有明显优势，因而在电学、光学、光电子及柔性光电器件等领域具有重要的应用前景。实现二维纳米材料的高质量可控生长是目前研究的重点，可供选择的方法包括电沉积法、物理气相沉积法、化学气相沉积法和自组装法等。以下是对上述方法的详细介绍。

2.4.1　电沉积法

电沉积（electrodeposition）是一种通过特殊电解过程使固体物质在电极上沉积的技术。该过程包含溶液中的带电生长物质（常为带正电的阳离子）在外加电场作用下发生定向扩散，以及带电生长物质经还原后在固体电极表面上生长或沉积。在沉积发生以后，电极和电解质溶液间会被沉积物隔开，而为了保证电流能穿过沉积物使得沉积过程得以持续，电沉积只能选用包括金属、半导体、合金及导电聚合物在内的导电材料。电沉积是一种广泛使用的薄膜生长和沉积技术，可生长金属单质、合金和化合物等不同类型的薄膜。在电沉积制备金属单质薄膜时，需要考虑多种热力学和动力学因素对电沉积过程产生的影响。在平衡状态时，可由能斯特方程确定金属电极的电化学势。在施加外加电压的情况下，电极电势会偏离平衡状态下的数值，此时在固体电极的表面既可能发生还原反应导致固态物质沉积，也可能发生氧化反应导致固态物质溶解，待新的平衡建立后相关反应才趋于结束。此时施加电压也称为超电势或过电压，通过对电压的精确控制可以影响电极表面的氧化还原过程，还可以有效避免出现溶剂电解和杂质相沉积等。溶液中的溶剂和前驱体金属离子与配位剂间的相互作用，以及溶液的离子强度等热力学因素都会对金属单质薄膜沉积产生影响。动力学因素如电子转移反应速率和晶体形核速率都会影响沉积薄膜的种类和形态。金属单质薄膜的沉积速率与溶质传输到电极表面的速率和电解液搅拌速率等相关。电沉积制备合金和化合物薄膜的过程更为复杂。热力学因素包括目标薄膜的稳定性、目标产物组分的平衡电势以及溶液中的离子活度，它们都将对薄膜的沉积过程产生重要影响。要实现目标薄膜的均匀沉积，需要对离子强度和溶质浓度等因素进行精确控制。另外，在使用电沉积制备二维纳米薄膜的过程中，还有以下一些需要注意的问题。第一，电沉积法除了可以使用水溶液外，也能使用非水溶剂或熔融盐作为电解质，以避免前驱体发生水解。第二，为了能使电沉积过程持续发生，沉积物的电导率需要满足一定要求，即电沉积法只能用于生长金属、半导体、合金及导电聚合物薄膜材料。第三，除了恒电流法或恒电压法外，电沉积也可以使用包括脉冲电压或脉冲电流的沉积方式得到特殊结构组成的纳米薄膜材料。第四，从电解质溶液中取出电沉积得到的纳米薄膜材料后，还可以通过煅烧等后处理方法提高纳米薄膜的质量。电沉积法还可以用于不同二维材料间异质结构的大面积制备。Noori 等利用非水相电沉积法在石墨烯薄膜上生长了少层 MoS_2 薄膜[49]。电沉积过程发生在一个三电极体系的电化学池装置中，该装置分别将表面覆盖了石墨烯薄膜的基底、Pt 丝网和 Ag/AgCl 电极作为工作电极、对电极和参比电极，其中又以单一的[N^{n}Bu$_4$]$_2$[MoS$_4$]前驱体同时作为 Mo 源和 S 源，并且还使用[N^{n}Bu$_4$]Cl 和(CH$_3$)$_3$NHCl 分别作为非水相电解质和质子源。在工作电极上施加−0.8 V 偏压后，工作电极和对电极上分别发生反应（1）和反应（2）：

反应（1）　　　　　　　$MoS_4^{2-} + 2e^- + 4H^+ \longrightarrow MoS_2 + 2H_2S$

反应（2）　　　　　　　$MoS_4^{2-} \longrightarrow MoS_3 + 1/8\,S_8 + 2e^-$

经过 90 s 电沉积后，石墨烯薄膜表面生长了厚度为 5.8 nm 的 MoS$_2$ 薄膜，从而直接构建了 MoS$_2$ 与石墨烯的二维层状异质结构。通过调节沉积时间可以相应控制 MoS$_2$ 薄膜的厚度。

2.4.2　物理气相沉积法

物理气相沉积法可用于制备尺寸均匀、质量高且形貌可控的二维纳米薄膜材料。物理气相沉积将一个或多个源或靶材中的生长物质向基底转移，并在基底上形成薄膜，具体的制备过程可以分为以下三个阶段：①从源材料中发射出粒子；②粒子输送至基底；③粒子在基底上凝结、成核、长大和成膜。将生长物质从源或靶材中转移的方法包括蒸发和溅射两种。蒸发是以加热的方式将生长物质从源中转移出去，溅射是通过气态离子的轰击将生长物质从靶材中转移出去。由于转移生长物质和沉积的技术及条件的不同，物理气相沉积法可分为蒸发法、外延生长法和溅射法等。

1. 蒸发法

蒸发法是沉积简单薄膜最简单和实用的方法，蒸发系统由处于真空腔室的蒸发源和与之保持适当距离并且面向该蒸发源的基底组成。在沉积过程中，首先通过简单加热使蒸发源的温度升高，由此在腔室内达到期望的原材料蒸气压，并且改变源的加热温度和蒸发腔室内的载气流量可以实现对生长物质浓度的控制，生长物质随后沉积在被加热、施加偏压或处于旋转状态的基底上。在蒸发法沉积薄膜过程中，蒸发腔室内维持在 $1.33 \times 10^{-8} \sim 10^{-1}$ Pa 的低压状态。因为气相状态下的生长物质原子或分子的平均自由程远小于蒸发源与基底之间的距离，所以生长物质的气态原子或分子在到达基底表面之前几乎不会发生碰撞，并且其在源和基底之间沿直线进行输运，进而导致生长物质在基底表面的覆盖范围有限。制备大面积均匀的纳米薄膜可通过选用多点源代替单点源、旋转基底以及将蒸发源和基底装配在同一球面上等措施来实现。

2. 外延生长法

纳米薄膜生长包含基底和生长表面的成核和生长过程，初始的成核过程会对纳米薄膜的洁净度和微结构产生非常重要的影响。薄膜和基底的相互作用影响了纳米薄膜的最初成核和薄膜生长，相关实验证实主要有以下三种基本生长模式：①岛状生长（或 Volmer-Weber 生长）。当生长物质彼此之间的结合力大于生长物质与基底间结合力时会发生岛状生长，常见于许多金属体系在碱卤化物、石墨和云母等绝缘体基底上的外延生长过程初期，后续的生长会使岛状结构合并后形成连续薄膜。②层状生长（或 Frank-van der Merwe 生长）。当生长物质彼此之间的结合力远小于生长物质与基底间结合力时会发生层状生长，在第二层生长物质沉积之前，第一层完整的生长物质单层膜已经形成。③岛-层状生长（或 Stranski-Krastonov 生长）。这是介于岛状和层状生长之间的一种生长模式，这种生长模式的出现与晶核或薄膜形成时产生的应力相关。其中的层状生长最典型的例子是单晶纳米薄膜的外延生长（epitaxial growth）。外延生长可以在单晶基底上生长一层与单晶基底晶向相同的单晶薄膜，由此制得的单晶薄膜材料就像是单晶基底向外延伸生长一样。基底材料与外延生长材料一致的称为同质外延生长，不一致的称为异质外延生长。在单晶体相基底上外延生长大的晶体或外延沉积薄膜时常需要满足两个基本条件：①只有在结晶基底上沉积结晶材料并且两者具有类似的晶格大小，才会发生定向生长。②假设 a 和 b 分别是结晶基底和外延生长晶体相关联的晶格参数，那么两者间的晶格匹配度[$(b-a)/a$]的计算值需要小于 15%。分子束外延（molecular beam epitaxy，MBE）是生长纳米单晶薄膜常用的外延生长技术[50]。分子束外延设备能在超高真空（约 10^{-8} Pa）条件下实现对单个或多个源蒸发的高度控制。源容器中的固体源材料经电阻加热后达到蒸发所需温度，腔室内的源和基底排布参见图 2-18。因为蒸发出的分子（原子）的平均自由程（约 100 m）远大于沉积室中蒸发源与基底间的距离（约 30 cm），所以蒸发出的分子（原子）从源容器喷出后会以"分子束"流形式直线到达基底表面，之后撞击到单晶基底上形成外延生长薄膜。通过石英晶体膜厚仪监测，可严格控制生长速率。分子束外延的生长速率大约为 $0.01\sim1$ nm·s^{-1}，可实现单原子（分子）层外延生长，具有极好的膜厚可控性并且可以得到非常光滑的表面和界面[51]。通过调节束源和基底之间的挡板的开闭，可严格控制膜的成分和杂质浓度，也可实现选择性外延生长。分子束外延生长属于非热平衡生长，基底温度可低于平衡态温度而实现低温生长，这样可有效减少互扩散和自掺杂，因而可以用于合成多层结构纳米薄膜。另外，分子束外延设备可在其沉积室或分析室中设置包括 X 射线光电子能谱仪和俄歇电子能谱仪在内的多种分析设备，使其具备实时结构表征和化学分析的能力。但是分子束外延生长设备昂贵、维护费用高、生长时间过长，因而不适合大规模生长单晶纳米薄膜。使用 MBE 技术在 GaAs 基底上外延生长 Al$_x$Ga$_{1-x}$As（$0\leqslant x\leqslant1$）纳米薄膜的制备流程如下。首先在 $500\sim600℃$ 加热温度下，Ga 原子束从镓炉中蒸发出来并喷射到 GaAs 基底上，Ga 原子被吸附在基底上并且黏附系数达到 100%。与此同时，As$_4$（或者 As$_2$）分子束从砷喷射炉中升华出来。Ga 原子在基底上的黏附情况相应会影响砷分子在基底表面的吸附情况，基底表面没有 Ga 原子时，砷分子几乎不能在基底表面黏附。砷分子只有遇到黏附在基底表面的 Ga 原子时，才会分解为 As 原子而被吸附，进而在基底上生长出化学计量比为 1：1 的 GaAs 单晶薄膜。由于 Al 原子在基底上的黏附系

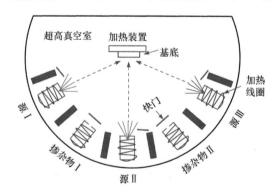

图 2-18　分子束外延装置的腔室内的源和基底排布示意图

数也是 100%，如果在生长 GaAs 单晶薄膜的过程中，打开铝炉的挡炉板即可在基底上相应生成 $Al_xGa_{1-x}As$ 薄膜，通过改变 MBE 的工作温度以及调节 Al 和 Ga 束流的强度，可以实现薄膜中 Al 和 Ga 配比（即 x 值）的调节。其他的外延技术还包括在气相状态下将半导体材料沿着单晶片的结晶轴方向生长出一层厚度和电阻率合乎要求的半导体单晶纳米薄膜的气相外延技术，以及从饱和溶液中在单晶基底上生长外延层的液相外延技术。

3. 溅射法

溅射法是利用高能粒子将作为一个电极的靶材中的组成原子或分子轰击出来，随后将这些轰击出来的原子或分子沉积在作为另一个电极的基底表面。高能粒子既可以来源于低压气体辉光放电产生的等离子体，又可以是从独立的离子源中引出的高能离子束。经电场加速后的高能粒子在轰击固体表面时会产生诸多物理效应，首先是引发靶材表面出现粒子发射，其中的粒子包括溅射出的靶材分子或原子、发射出的电子和正负离子、辐射出的光子以及解吸和分解的表面吸附杂质等。随后在靶材表面发生一系列物理和化学效应，包括表面加热、清洗、刻蚀及表面化学反应等。当然也有一部分高能粒子进入靶材的表面层成为注入离子，并且在表面层中引发级联碰撞和晶格损伤等效应。不同的溅射技术大多遵循相似的溅射原理。在一个典型的溅射装置中，靶材作为电极与基底相向放置，在溅射系统中引入气压在几帕到 13.3 Pa 范围内的惰性气体用于引发和维持电弧放电过程。在电极上引入电场强度在几千伏特每厘米的强电场或施加高直流电压时，电极间会发生电弧放电并且从此保持这种放电状态。在强电场加速下，自由电子获得足够能量后使氩原子电离，电离后的氩原子变成正离子 Ar^+。溅射装置中惰性气体的密度和压力会对溅射过程产生较大影响，太低的惰性气体密度和压力会使自由电子很难与惰性气体原子发生碰撞而直接撞击到阳极上，过高的惰性气体密度和压力会使电离形成的正离子获得的初始能量不足。在适宜的惰性气体密度和压力下，经放电产生的正离子 Ar^+ 会轰击靶材，其初始动能发生转移后，呈电中性的靶材原子从靶材表面喷射出来，随后靶材原子沉积到基底上长成纳米薄膜[52]。根据电极结构和溅射镀膜过程的不同，溅射可以被分为直流溅射、射频溅射、磁控溅射、离子束溅射和反应溅射等不同类型。直流溅射系统要求靶材有一定的导电性，射频溅射系统能用于沉积绝缘纳米薄膜，两种溅射系统的结构组成参见图 2-19。射频溅射系统在两个电极之间施加了一个射频频率在 5～30 MHz 的交变电场来产生等离子体。因为电子比正离子更容易运动并且难以随电场周期性变化，所

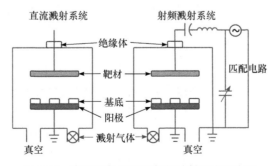

图 2-19 直流溅射系统和射频溅射系统示意图

以会导致靶材上负的自偏压产生。溅射使用绝缘体靶材时，还需与射频发生器保持电容性耦合，以防止正离子轰击基底或纳米薄膜。

溅射生长纳米薄膜过程中的沉积速率与溅射出的靶材原子数和入射粒子数的比值（溅射产额）、流向靶材的粒子流量、靶材的比表面积以及靶材和基底间的间距等因素相关。溅射产额的数值大小与入射粒子种类和携带能量大小、粒子入射角度、靶材种类和温度等有关，常规条件下元素的溅射产额为 0.01～4。通过增大靶材面积、提高溅射速率以及减小靶材和基底之间的距离等都可以在一定程度上提高溅射产额。溅射沉积到基底上的薄膜既可能处在拉应力状态，也可能处在压应力状态。这些应力可能的来源之一是薄膜和基底之间的热膨胀系数不匹配，还有高温条件下沉积材料的结晶化引起的本征应力，本征应力的大小受沉积速率、基底温度、沉积薄膜厚度及腔体内气氛组成等因素影响。相应的应力状态可由 Stoney 公式根据薄膜沉积前后基底的曲率变化计算应力大小后判定。溅射过程中使用的靶材是包括金属、绝缘体、半导体、化合物或混合物在内的多种材料。多元素混合物和化合物靶材经过溅射后，靶材的成分不会发生变化，溅射腔室内的气相成分和靶材保持一致，并且在沉积过程中不会发生变化，最终能得到组分与靶材相近且组分分布均匀的多组元纳米薄膜、合金薄膜和超导薄膜等。在直流溅射和射频溅射的基础上，研究者还开发了磁控溅射、离子束溅射和反应性溅射等技术来改善沉积工艺和提升沉积质量。

磁控溅射是在射频溅射基础上发展的新型溅射技术，该技术可以显著增大装置在低工作气压下的等离子密度。磁控溅射在溅射靶中设置了如图 2-20 所示的磁场分布方式，使得靶材部分表面上的磁场方向垂直于电场方向。在溅射过程中，二次电子原本在电场的作用下会趋于向阳极运动，但是它们会在正交磁场的作用下发生弯曲运动重新回到靶材表面。二次电子最终呈现出沿电场方向加速的同时绕磁场方向螺旋运动的复杂轨迹。这些电子进而被限制在靶材表面附近的等离子体区域内运动，由此导致其运动路程的大幅延长，可以有效地提高它们与气体分子碰撞并使气体分子电离的概率。这样就促使该区域内气体分子离化率的增加，相应轰击靶材的正离子 Ar^+ 数目增加，有利于实现高速沉积。总结下来，磁控溅射具有工作气压低、沉积速率快以及基底升温较小等特点[53]。离子束溅射是在真空条件下使用离子束轰击靶材，被溅射的靶材原子随后沉积在基底上生成薄膜。离子束中的带能粒子除了轰击靶材外，还会与基底及其表面生成的薄膜发生作用，相应出现清洗、注入和溅射等不同效应。离子轰击获得的注入层的厚度在几十到几百纳米，沉积得到的膜层厚度可以达到几微米。由于离子束溅射过程中各种物理效应的存在，最终可以在基底上获得化学成分适当、孔隙较少且与基底附着力极高的致密膜层。反应性溅射是在含有反应气体的气氛中溅射靶材，被溅射的靶材原子会与包括氮气、氧气、氢气和乙炔在内的反应气体发生化学反应，生成的化合物随后沉积在基底上形成氮化物、氧化物和氢化物等的薄膜。由溅射法得到的纳米薄膜具有纯度高、膜厚可控、膜层致密、针孔少、重复性

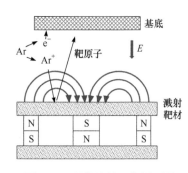

图 2-20　磁控溅射工作原理图

以及和膜层在基底上附着性好等优点，因而在各种功能纳米薄膜的制备中广泛应用。

2.4.3 化学气相沉积法

化学气相沉积是指被沉积的挥发性前驱体化合物材料与反应气体进行化学反应，由此可以在适合的平面基底上以原子层水平沉积非挥发性固体纳米薄膜材料。化学气相沉积过程涉及的气相反应（均匀）和表面反应（非均匀）同时组合发生。气相反应在反应物温度和分压较高的情况下占据主导地位，由此产生的均匀成核过程不利于高质量纳米薄膜的沉积，所以需要在化学气相沉积过程中注重对反应条件的精细调控。根据前驱体和沉积条件的不同，在化学气相沉积过程中发生的化学反应可被分为热解、还原、氧化、化合、歧化和可逆转换反应等六大类，半导体制造工业中涉及的化学反应举例如下：

（1）高温热解或热分解

$$SiH_4(g) \xrightarrow{650℃} Si(s) + 2H_2(g)$$

（2）还原反应

$$SiCl_4(g) + 2H_2(g) \xrightarrow{1200℃} Si(s) + 4HCl(g)$$

（3）氧化反应

$$SiH_4(g) + O_2(g) \xrightarrow{450℃} SiO_2(s) + 2H_2(g)$$

（4）化合反应

$$SiCl_4(g) + CH_4(g) \xrightarrow{1400℃} SiC(s) + 4HCl(g)$$

（5）歧化反应

$$2GeI_2(g) \xrightarrow{300℃} Ge(s) + GeI_4(g)$$

（6）可逆转换反应

$$As_4(g) + As_2(g) + 6GaCl(g) + 3H_2(g) \underset{}{\overset{750℃}{\rightleftharpoons}} 6GaAs(s) + 6HCl(g)$$

化学气相沉积可以使用不同的前驱体或反应物并通过不同的化学反应沉积特定的纳米薄膜材料，也可以使用相同的前驱体或反应物，但是通过不同的反应物比例和沉积条件来沉积具有不同组分和微结构的纳米薄膜。化学气相沉积中的反应腔室内的复杂几何构型和温度梯度分布会影响气体的流动结构，进而对纳米薄膜的纯度、成分均匀性和厚度等参数产生影响[54]。根据前驱体类型、沉积条件以及化学反应的激活方式不同，可以将化学气相沉积分为不同的方法，除了常规的化学气相沉积法以外，还包括使用金属-有机化合物为前驱体的金属-有机化学气相沉积法、使用激光和等离子等促进化学反应的激光辅助化学气相沉积法和等离子体增强化学气相沉积等。

1. 常规化学气相沉积法

常规化学气相沉积法中，反应气体在包含基底的反应腔室中混合，并在适宜温度下发生化学反应，将反应物分子沉积在基底表面，最终形成固态纳米薄膜。具体可分为反应物的运输过程、化学反应过程和去除反应副产物过程，而通过改变气体流量、反应气体组分、沉积温度、气压和真空室几何构型等实验条件可以实现对纳米薄膜的形貌和结构的调控。

2. 金属-有机化学气相沉积法

金属-有机化学气相沉积法使用金属-有机化合物作为前驱体,研究者利用这种方法在过去十多年里制备出包括$(Mo, W)(S, Se, Te)_2$在内的大量过渡金属硫化物的二维层状纳米材料[55]。金属-有机化学气相沉积法是一种将前驱体气相传导至加热区域后发生化学反应而实现材料非平衡生长的技术。研究者在制备上述二维层状纳米材料的过程中,需要使用到的前驱体包含作为金属源的过渡金属六羰基化合物或氯化物[如 $Mo(CO)_6$ 和 $(MoCl_5)_2$],以及作为非金属源的氢化物(H_2S 和 H_2Se)或含硫金属-有机化合物(如二甲基硫醚或二乙基硫醚)等。这些前驱体原料在室温下具有相对较高的蒸气压($10 \sim 10^4$ Pa),因此在通入恰当的载气(如 H_2 或 N_2)时,这些原料很容易变为气态后混入载气,并随之输送到反应腔室中。待反应腔室加热到特定温度时,这些原料分解并发生化学反应,反应产物在基底上成核和生长。反应腔室的形状以及载气流量等因素会改变气态前驱体原料及其分解产物在反应腔室内的停留时间,进而影响前驱体分解过程和产物的形貌及结构等[56]。Park 等通过金属-有机化学气相沉积法,分别以 $Mo(CO)_6$ 为 Mo 源和$(C_2H_5)_2S$ 为 S 源来制备高质量的单层 MoS_2 二维材料[57]。该制备过程以 Ar 作为载气,Ar 载气在到达管式炉中的石英管腔室内之前需先经过一个起泡装置,由此将 $Mo(CO)_6$ 和$(C_2H_5)_2S$ 带入反应腔室。在反应温度为 320℃,整体气压为 893 Pa,且 Ar、$Mo(CO)_6$ 和$(C_2H_5)_2S$ 的流速分别为 100 sccm、0.1 sccm 和 2.0 sccm 的条件下,得到了直径最大可达 120 μm 的 MoS_2 二维单层纳米材料。由该方法制得的 MoS_2 材料中缺陷和杂质含量较低,并且与生长基底间近乎无应力,其在室温下测得的电子迁移率高达 $68.3\ cm^2 \cdot V^{-1} \cdot s^{-1}$,是组装高性能光电装置的理想材料。

3. 等离子体增强化学气相沉积法

等离子体增强化学气相沉积中的等离子体的基本作用是促进化学反应,在等离子体中电子的平均能量是 $1 \sim 20$ eV,足以使大多数气体电离或分解。电子动能代替热能的一个重要优势是可以避免由于基底额外受热而受到损害,使各种纳米薄膜材料可以在温度敏感的基底上形成。尽管电子是离化源,但它与气体发生碰撞可以使气体激发导致自由团簇的形成。等离子体增强化学气相沉积法具有以下一些优点:①可以准确控制薄膜组分及掺杂水平,在复杂形状基片上沉积成膜;②系统不需要高真空度;③高沉积温度会大幅度改善晶体的结晶完整性;④沉积过程可以在大尺寸或多基底上进行。但是,等离子体增强化学气相沉积法也存在一些缺点,如化学反应需要在高温条件下进行,反应气体在高温下会与基底或设备发生化学反应,此外沉积设备可能较为复杂并且需要控制许多变量[58]。包括石墨烯和氮掺杂石墨烯晶体、六方氮化硼(h-BN)和 B-C-N 三元材料(BC_xN)等在内的一系列二维纳米材料均可采用等离子体增强化学气相沉积法来制备。Wei 等采用等离子体增强化学气相沉积法,借助 H_2 等离子体在不具有催化活性的 SiO_2/Si 基底表面上直接生长二维石墨烯纳米材料晶体[59]。制备过程需首先在略高于临界温度

（T_c）条件下于 SiO_2/Si 基底表面沉积成核晶种，接着在该温度下生长高质量石墨烯晶体。该晶体的生长过程遵循边缘生长模式，而 H_2 等离子体的使用可以控制成核过程并且有效去除边缘生长区域的缺陷，这就使得二维晶体的边缘区域保持原子级别的洁净和平滑，最终得到尺寸在微米级别、厚度约为 0.7 nm 的二维单层石墨烯晶体薄膜。

4. 原子层沉积法

为了制备高质量的纳米薄膜材料，研究者还开发了其他改进的化学气相沉积法，如原子层沉积（atomic layer deposition）等。原子层沉积是一种自限制型的薄膜生长方法[60]。原子层沉积的每个生长周期只能生长一个目标产物的原子或分子层，因而能够将目标产物的纳米薄膜厚度控制在纳米或微米范围内，并且所得的纳米薄膜具有光滑表面。原子层沉积结合了气相自组装和表面反应过程，可以认为是对传统化学气相沉积法的升级改进。在常规的原子层沉积过程中，基底表面首先被化学反应激活，引入到沉积室内的前驱体分子与基底表面的活性物质反应而形成化学键。沉积室内的前驱体分子之间并不会发生化学反应，所以该周期内只有一个分子层厚度的目标产物沉积在基底表面。在下一个周期中，这个沉积在基底表面的目标产物单分子层再次被化学反应激活，新引入到沉积室内的前驱体分子（可以是与前一周期相同或不同的前驱体分子）与激活后的基底表面上的目标产物单分子层发生化学反应，由此沉积新的目标产物单分子层。通过循环往复的激活—反应—沉积周期，可以在基底表面以每次一层的方式逐步沉积出更多的分子或原子层。研究者已经利用原子层沉积技术制备出包括各种单质元素、氧化物、氮化物、氟化物，以及 II-VI 族和 III-V 族化合物的外延、多晶或非晶形态的纳米薄膜。原子层沉积的关键在于选择合适的前驱体，常用的前驱体材料包括金属-有机化合物、金属醇盐、金属氯化物以及一些简单的非金属氢化物等。原子层沉积法在制备二维纳米薄膜材料方面相较其他的气相沉积有以下优点：其一是能精确控制纳米薄膜的厚度并且可以通过记录反应周期数来实现薄膜厚度的数字化。其二是原子层沉积过程因为不受反应区的非均匀气相分布或温度影响，所以只要前驱体的含量足够高和反应时间足够长，使得前驱体分子或原子在所有的反应过程和表面上达到饱和状态并且不发生分解，由此能在不同基底上实现纳米薄膜的完整保形覆盖。其三是原子层沉积还能用于制备由单晶膜层周期性交替层叠组成的超晶格结构，而复合膜的超晶格结构能表现出一些特殊的性能和有趣的量子效应。但是，原子层沉积存在沉积速度慢、完成周期反应时间长等缺点，所以研究者已经尝试发展快速原子层沉积等技术，以期其能在微电子制备等领域中发挥重要作用[61]。

原子层沉积可以制备用于组装单层或多层的高质量二维金属硫族化合物薄膜。Tan 等最早利用原子层沉积技术，分别以 $MoCl_5$ 和 H_2S 为 Mo 源和 S 源，设定反应温度为 300℃ 的条件下，在蓝宝石基底上制备 MoS_2 薄膜[62]。单个原子层沉积的周期通常包含四个步骤：脉冲和吹扫 $MoCl_5$，以及脉冲和吹扫 H_2S 等。MoS_2 薄膜的生长过程中对应发生的表面化学吸附和反应过程包括：

反应 1 　　　　　$Mo—SH^* + MoCl_5 \longrightarrow Mo—S—MoCl_4^* + HCl$

反应 2 　　$MoCl^* + H_2S \longrightarrow Mo—SH^* + HCl + S$ 　（带*为表面化学物种）

通入反应腔室的 $MoCl_5$ 既可能化学吸附在生长层表面（对应反应 1）参与表面合成反应，也可能与腔室内的 H_2S（来源于反应 2）反应而被消耗。通过控制反应 1 和反应 2 的发生次序，就可以得到厚度可控并且均匀覆盖基底的二维 MoS_2 薄膜材料。除了二维 MoS_2 薄膜外，研究者还利用原子层沉积技术制备出二维 WS_2、WSe_2 和 SnS_2 的薄膜材料，以及由这些不同二维金属硫族化合物薄膜间组装的多层异质结构材料[63]。原子层沉积还可以用于制备纳米光电装置中的超薄金属氧化物半导体薄膜或绝缘层。Xu 等使用等离子体增强的原子层沉积技术在金电极基底上制备超薄 MoO_3 氧化物层[64]。该制备过程以双（叔丁基胺）双（二甲基胺）钼（Ⅵ）为钼源，以氧等离子体为氧源，选定反应温度为 250℃时，能在金基底表面大面积生长厚度为 4.6 nm 的二维 MoO_3 晶体薄膜。由该薄膜结构组装的电化学传感器在对 N_2H_4 检测过程中表现出很高的灵敏度和选择性。

2.4.4　自组装法

纳米结构是以包括稳定的团簇或人造原子、纳米粒子、纳米管、纳米棒、纳米丝和纳米孔洞等纳米尺度的物质单元为基础，将其按照一定规律构筑起来的新体系。这种纳米结构体系不仅具有其组成单元的如量子尺寸效应和表面效应等特性，还因为这些纳米单元的组合而引发了包括量子耦合效应和协同效应等在内的新效应，借助如电、磁、光等外场还能较容易地控制这些纳米结构体系的特性，进而将这些纳米结构体系应用于组装纳米超微型器件。纳米结构自组装体系可以将原子、离子或分子等基础构成单元，通过方向性较小的弱的非共价键和弱的离子键的协同作用，连接起来构筑成一个纳米结构，该过程并非体系内各种原子、离子和分子间作用力的简单叠加，而是各种作用力的协同作用。自组装体系的形成需要满足体系能量较低并且体系内存在足够数量的非共价键或氢氧键等条件。自组装体系的形成过程可分为三步：首先是基础构成单元通过有序共价键结合而形成结构复杂的中间分子体；接着是中间分子体通过弱的氢键、范德华力以及其他非共价键的协同作用，组成具有稳定结构的大型分子聚集体；最后是一个或几个这种分子聚集体经过多次自组装排列后形成具有特定结构和功能的纳米结构体系[65]。根据自组装形成纳米结构的方式不同，可以将自组装技术（self-assembly technology）分为定向诱导自组装（directed induction self-assembly）技术和模板辅助自组装（template-assisted self-assembly）技术两大类。

1. 定向诱导自组装技术

定向诱导自组装技术是指分子间依靠包括静电作用、范德华力、疏水作用和氢键等在内的非共价键作用力，或者在流体、磁场等介质中利用液体的界面张力和毛细管作用力，自发形成具有一定结构和功能的聚集体的技术。该技术的关键在于调控组装过程的内部驱动力。定向诱导自组装技术包括 Langmuir-Blodgett（LB）膜自组装（LB film self-assembly）技术、层层自组装技术、真空抽滤自组装技术、界面诱导自组装技术、磁场诱导自组装技术等。

1）LB 膜自组装技术

LB 膜自组装技术是由美国科学家 Langmuir 和 Blodgett 建立的一种可以精确控制薄

膜厚度和分子结构的自组装技术。这种自组装技术在水-气界面上实现了不溶分子的紧密有序排列，并将由此得到的分子膜转移到固体上，这种自组装技术被认为是构筑有序分子膜的最方便和有效的方法之一。在 LB 膜自组装过程中，采用不同结构的表面活性剂可以形成不同类型的单分子多层膜。通过掺入不同结构的功能分子，可以得到具有导电性能、光学特性、生物特性或气敏特性等特殊功能的 LB 薄膜，还可以利用插入离子或改变疏水链段中碳氢基团的数目等手段来精确控制 LB 薄膜厚度。早期用于制备 LB 膜的材料包括两亲性的脂肪酸及其盐类、芳香族化合物以及一些染料物质等，这些材料一端是带有长碳氢链的疏水（亲油）基团，另一端是包含羟基、羧基和氨基在内的各种亲水基团。LB 膜自组装技术的发展使得成膜材料不限于双亲性材料，还可以用于制备聚合物和纳米材料等薄膜。

　　LB 膜自组装技术在操作过程中驱动硅片和玻璃等固体基片在单分子层与水之间的界面间匀速往返穿过，在维持单分子层的表面压不变的前提下，将分子膜逐层转移到固体基片表面。用于制备 LB 膜的装置结构如图 2-21 所示。该装置中的 Langmuir 槽用于铺展单分子层，槽表面上常涂覆聚四氟乙烯等惰性材料。该装置通过由驱动马达驱动的独立可动的挡杆来改变分子占有的面积和表面压，再通过沉积提拉机构来带动固体基片平稳地往返穿过单分子膜与水间界面。装置中的表面压测试系统包括用于检测由单分子层内表面压变化引起的表面张力变化的压力传感器。电路控制反馈系统将挡杆驱动马达、沉积提拉机构和表面压测试系统相互联系起来，用于保持拉膜过程中表面压的恒定和自动调整漂浮的单分子膜面积。如果将水槽设计成两个独立的表面区域，并使用两套反馈系统分别控制两个区域的表面压，就可以实现由两种不同材料组成的交替膜的制备。LB膜的常规制备过程可分为三步：第一步是在液面上形成单分子膜，该步骤首先将成膜材料溶解在与水不混溶的有机溶剂（如苯和氯仿等）中，随后将该溶液滴加在水面上，使得成膜材料分子被吸附在空气-水界面上。第二步是该溶液中的溶剂挥发，所有的成膜材料分子在一定的表面压下，按照成对取向排列的方式，在亚相表面下形成密集填充的单分子层。第三步是匀速放下固体基片，使得单分子层膜被转移到固体基片上。常用的固体基片可以是石英玻璃、导电玻璃、硅片、云母片、铂、金和不锈钢等金属片等，而制得的LB 膜的结构和性质会受到固体基片的表面物理化学性质的影响，所以要根据实际情况进行选择。

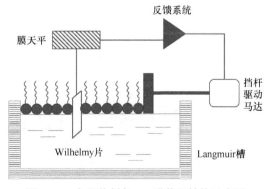

图 2-21　自组装制备 LB 膜装置结构示意图

　　LB 膜的自组装技术中主要包括垂直提拉法、水平附着法和亚相降低法等三种在固体基片表面沉积单分子层的方法。垂直提拉法（图 2-22）是在保持单分子膜的表面压恒定的前提下，将固体基片垂直插入亚相中，而后上下移动使得单分子膜贴附在固体基片表面，该方法能较容易地实现对成膜分子取向的控制。水平附着法（图 2-23）是将经表面疏水处理的固体基片，靠近滑障由上向下缓慢下降，使得固体基片与单分子膜相互接触。然后将玻璃挡板放在紧靠固体基片的左边，借助玻璃挡板来隔断单分子膜。之后再缓慢地将固体基片从亚相上提起，后续通过重复上述操作可以制得多层膜。利用这种方法成膜可以保证每次单分子层的排列整齐，从而避免薄膜发生流动和变形。亚相降低法（图 2-24）是待单分子膜形成后，先从未被膜覆盖的区域内移除部分亚相，然后亚相表面的单分子膜随着亚相液面的下降沉积到原先放置于液面下的固体基片表面。使用亚相降低法制备薄膜能有效地保持成膜材料分子在水-空气界面时的排列状态。

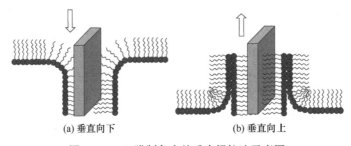

(a) 垂直向下　　　　　　　　　　　(b) 垂直向上

图 2-22　LB 膜制备中的垂直提拉法示意图

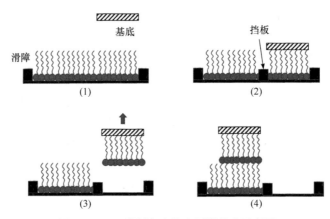

图 2-23　LB 膜制备中的水平附着法示意图

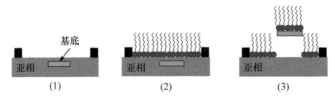

图 2-24　LB 膜制备中的亚相降低法示意图

　　由 LB 膜自组装技术制备的薄膜具有可以在分子水平上进行组装、厚度均匀和可控以及薄膜结构可设计等特点，因而其在生物/化学传感器、分子电子学、集成电路和信息科学等领域具有广泛的应用。LB 膜自组装技术不光可以制备单层纳米薄膜，还可以通过累积不同的纳米材料而制得交替或混合薄膜，进而实现多种特殊功能。相较于化学气相沉积法等常见的膜制备技术，LB 膜自组装技术可以有效地实现对膜层的厚度和均匀性的控制。由纳米材料自组装形成的 LB 膜的结构易于测定，从而便于测定纳米级别的结构与性能之间的关系。同时 LB 膜自组装技术理论上还可以制备无缺陷的纳米薄膜，因而 LB 膜自组装技术成为操纵和排列纳米材料的主要手段之一[66]。但是，LB 膜自组装技术也存在一些明显的缺点。LB 膜与固体基片之间的附着力是属于物理键力的分子间作用力，因而这类膜具有较差的机械性能。制备排列整齐且有序的 LB 膜常要求成膜材料含有两亲基团，这对成膜材料的设计提出挑战。LB 膜自组装技术中使用的制膜装置昂贵，并且需使用对人类健康和环境具有较大危害的有毒溶剂。

2）层层自组装技术

Decher 等提出了一种用于制备高分子薄膜的层层自组装（layer-by-layer self-assembly）技术，这种组装制膜技术是基于聚阴离子和聚阳离子在基底上的交替吸附，并表现出操作简单和膜组分及厚度可控等特点。这种高分子制膜技术经过多年的发展，已经可以用于在同一张薄膜上组装整合电负性相反的纳米级材料。层层自组装技术可以将许多物质整合在膜结构中，是一种制备多层结构的简便方法。这种制备方式的操作步骤如图 2-25 所示。首先是将超滤基膜浸入阴离子聚电解质溶液后保持 15～30 min，超滤基膜与聚电解质间的疏水作用使得基膜表面吸附上阴离子聚电解质并且带负电。接着用去离子水冲洗基膜上吸附的多余聚电解质。随后再将表面吸附了阴离子聚电解质的基膜浸渍到阳离子聚电解质溶液中，在静电作用下，阳离子聚电解质与阴离子聚电解质发生静电吸附，使得基膜吸附上阳离子聚电解质并且带正电。再用去离子水冲洗基膜上吸附的多余阳离子聚电解质。经过上述几步后，基膜上就生成一个聚电解质双层。重复这些步骤若干次就可以得到具有所需层数的聚电解质多层膜。

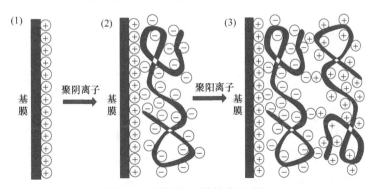

图 2-25　层层自组装技术示意图

影响层层自组装过程的关键因素如下。第一是相反电荷之间的静电吸引力或特定官能团之间的相互作用力。溶液中的物质能被成功吸附到超滤基膜的关键在于不同聚电解质中阴阳离子的相互吸引作用。成膜的驱动力除了静电作用力以外，还包括氢键、配位作用、电荷转移以及化学交联作用等其他作用力。第二是电荷过渡补偿可以使得基膜表面带上一层与之前相反的电荷，从而保证下一层吸附的顺利进行。而基膜上的电荷与溶液中聚电解质电荷之间的排斥作用，限制了电荷过渡补偿的进行。阴阳离子间较强的相互作用可以使得基膜表面吸附的聚电解质在溶液中解吸附。

层层自组装技术作为组建超分子体系的有效手段和简单高效的成膜手段，具有以下优点。第一是该方法中构建材料及机理的多样性。可供层层自组装过程使用的材料可以从无机金属和非金属材料扩展到天然/人工高分子和生物材料等几乎所有的材料范畴。而多种多样的成膜驱动力又为材料的自组装提供不同的构建机理。第二是该方法的构建过程简便。对于以静电作用作为成膜驱动力的层层自组装过程，只需要将基膜前后置于两种带相反电荷的聚电解质溶液中浸泡，再调整适宜的组装环境后即可实现自组装过程的自动进行。该方法不需要使用昂贵复杂的制备装置和高要求的基膜物质，因而可以大幅降低生产成本和制备难度。第三是该方法的构建过程可控。由层层自组装法制备得到的复合结构膜的性能可以通过简单地控制自组装的层数进行调节，由此可以得到一系列具有不同性质的膜[67]。层层自组装技术可以通过在多孔底膜上静电自组装聚电解质而制备多层分离膜，这种复合膜主要用于气体分离、渗透气化和反渗透等方面。由层层自组装技术制得的膜结构较为清晰，膜的厚度在纳米尺度范围内可调，并且膜厚和层数之间存在明确的定量关系。这样有利于对不同厚度的系列膜进行比较，从而获得具有最佳性能的厚度。层层自组装技术还可以用于自组装导电膜和制备电致发光器件中的多层膜，因而在电子和光学器件中有广泛的应用前景[68]。层层自组装技术也可以使用带有电荷的天然生物大分子（如 DNA 和蛋白质）来组装层状的超薄膜体系，从而实现蛋白质的固定和DNA 生物传感器的构筑。纳米金和银颗粒是非常理想的组装单元，不光可以用来合成具有表面等离子效应的大面积超晶格薄膜，通过层层自组装法，纳米金颗粒还可以与多壁碳纳米管和金属氧化物半导体纳米片进行多级组装，制备出的多层薄膜显现出独特的光学和催化等特性。银纳米颗粒还可以通过层层自组装法与丝蛋白结合，由此形成具有高反射特性的柔软薄膜。

3）真空抽滤自组装技术

真空抽滤自组装（vacuum suction filtration self-assembly）技术利用组装单元在真空抽滤下缓慢组装。该技术首先将微米或纳米自组装单元加入溶剂中形成悬浮液。随后在对悬浮液进行真空抽滤的过程中，悬浮液中的自组装单元会在液体流动的驱使下聚集在一个平面上。真空抽滤自组装技术可以将很多一维纳米组装单元制备成有序的无机纸状材料。日本信州大学的 Endo 课题组使用双壁碳纳米管作自组装单元，通过真空抽滤自组装技术制备出具有良好柔韧性和机械稳定性的纸状薄膜材料。这种材料也称为"巴基纸"，可被用在纳米复合材料的制备以及场发射源等电学装置的组装中[69]。美国研究者 Rinzle等从修饰了表面活性剂的单壁碳纳米管出发，利用真空抽滤自组装技术在支撑薄膜表面组装了一层均匀的单壁碳纳米管薄膜，在用有机溶剂溶解除去支撑薄膜后，即可将单壁碳纳米管薄膜转移到其他基底表面以便于后续的性能研究[70]。不只是碳纳米管，一维无机纳米材料也可以通过这种方法组装成各种功能性薄膜材料。真空抽滤自组装技术也可以用来构建仿生结构材料，如具有仿珍珠母层状结构的 PVA 或壳聚糖-黏土复合材料、PVA-氧化石墨烯材料和壳聚糖-还原石墨烯材料等。

4）界面诱导自组装技术

界面诱导自组装（interface-induced self-assembly）技术基于不同界面间的自组装过程，如疏水的纳米晶体在空气和水的界面间自发形成二维的纳米超结构，无机纳米片可以通过在水面的界面辅助自组装形成二维无机层[71]。Yu 等发明了一种新型的三相界面组装法用于将高长径比的纳米线组装成有序排列的二维薄膜。已经用于构建二维薄膜的一维超长纳米线包括银纳米线、碲纳米线、硫化铋纳米线和钼酸银纳米线等[72]。三相界面驱动了合成前混乱排列的 Ag 纳米线移动并自组装成规整的 Ag 纳米线薄膜的过程。首先是分散在水溶液中的 Ag 纳米线滴加到氯仿表面后，形成了水-氯仿-空气的三相界面，氯仿的挥发使得 Ag 纳米线沿着水-氯仿-空气的三相交界线，逐步从水-氯仿界面转移到水-空气界面。接着在水-空气界面的银纳米线开始自组装而形成连续薄膜结构，直至 Ag 纳米线薄膜最后覆盖在整个水-空气界面。

5）磁场诱导自组装技术

磁场诱导自组装（magnetic field-induced self-assembly）技术通过控制磁场的大小和方向，可以由磁性粒子很方便地制备出一维、二维和三维的有序结构材料。一维有序结构是最容易组装的，具有磁响应的线形或球形的基本磁性粒子在磁场作用下，沿着磁力线的方向排列组装成一维链状的有序结构。而磁场诱导自组装技术制备二维有序排列体系的过程与一维有序排列体系的过程有显著区别。在二维有序排列体系中，磁场方向与基体所在平面垂直，磁性粒子首先在磁场的作用下磁化成磁偶极子，这些磁偶极子随后通过静磁场力发生相互作用，进而在基体表面上组装成二维有序结构。这些二维有序结构后期还可以通过层与层之间的相互作用力组装成三维有序结构。

2. 模板辅助自组装技术

定向自组装过程中以范德华力为主的弱相互作用力发挥的促进作用有限，而自组装的有序性在大部分情况下都是由粒子形状和尺寸以及表面钝化层的厚度等因素决定的，所以该过程常需要借助模板实现大尺寸的定向自组装。模板辅助自组装技术使用模板作为主体基质，由此制备出大尺寸、结构可控的自组装结构。适用于制备宏观尺寸材料的模板辅助自组装技术可分为纳米孔道阵列辅助和自然结构辅助的自组装技术等。纳米孔道阵列辅助自组装技术使用最典型的自组装结构是由铝在酸性电解质发生阳极氧化而制得的阳极多孔氧化铝结构。这种多孔氧化铝结构由尺寸均一的圆柱形六角小腔堆积排列而成。这些模板中的纳米空间一方面为纳米材料提供了成核场所，另一方面限制了纳米材料的生长方向。除了阳极多孔氧化铝模板外，包括有机聚合物模板、冰晶模板和多孔玻璃模板等在内的自然结构也被用于纳米材料的自组装。生物模板包括 DNA、蛋白质和细菌的 S 层等多种生物结构。细菌的 S 层是由厚度为 5～15 nm 的蛋白质组成的二维晶体结构，这些二维晶体结构具有尺寸均一的微孔，并且在 3～30 nm 范围内表现出包括斜方、正方和六角在内的晶格对称性，研究者已经将这些 S 层蛋白用作有序排列二维纳米晶体的模板。利用成冰的物理现象将微米和纳米尺度的组装单元组装成多级结构的方法即为冷冻干燥技术。包含前驱体的悬浮液经冷冻结冰后，升温使冰发生升华，剩余物料的宏观块体形状得到保留，而块体内部的前驱体形成多级结构。冷冻干燥技术已经成功被用于制备有序凝胶多孔结构、具有微孔结构的高分子 PVA 材料和生物高分子海绵等。冷冻干燥技术还可以将无机纳米颗粒组装成具有仿珍珠母层状结构的二维材料。纳米结构的自组装是由无序到有序、由多组分收敛到单一组分的持续自我修复和完善的过程。由纳米结构组成的自组装体系是一个高度有序、结构化、功能化和信息化的复杂系统。通过自组装技术可以在不同形状的材料和不同大小的基底上定位或定向地有序生长纳米级的薄膜。由自组装技术制备纳米薄膜具有合成便利和低成本等优点，这些纳米薄膜常表现出特殊的物理和化学性质，从而在光学、电子学、化工、催化、航天以及传感器等领域应用广泛。未来的自组装技术将向着智能化、适用化和功能集成化等方向发展。

2.4.5 若干典型二维纳米材料的制备方法

1. 石墨烯

石墨烯（graphene）是一种由碳原子按照 sp^2 杂化方式连接形成的六方蜂窝状二维碳纳米材料。独立存在的高品质石墨烯最早是由英国曼彻斯特大学的 Novoselov 等通过机械剥离法获得的。该团队对制得的石墨烯材料进行了系统的光学和电学性能表征，并发现石墨烯不仅具有高载流子浓度和迁移率，还呈现出亚微米尺度上的弹道输运特性。除此以外，研究者对放置在特殊基底上的高质量石墨烯样品测试后发现，样品的固有强度和杨氏模量分别为 130 GPa 和 1 TPa，光吸收率约为 2.3%，热导率高于 3000 W · m^{-1} · K^{-1}。样品的某些电学性能已经与理论预测值相当，如石墨烯的电子迁移率的理论值为 $2×10^5$ cm^2 · V^{-1} · s^{-1}，而样品在室温下的测量值为 2.5×10^5 cm^2 · V^{-1} · s^{-1}。这些优异的光学、电学和机械性能使得石墨烯材料吸引了全世界范围内研究者的目光。目前主要用于制备石墨烯材料的方法包括化学气相沉积法、机械剥离法（胶带剥离法）、液相和热剥离法以及 SiC 外延生长法等。在化学气相沉积法制备石墨烯的过程中，常需使用含碳化合物（如甲烷等）作为碳源，然后利用这些碳源的高温分解在基底表面生长石墨烯，当前已经实现了在铜箔上平方米级石墨烯的生长。简单的机械剥离法首先是利用胶带的多次粘贴来层层剥离鳞片石墨，再将这些粘贴有石墨烯薄片的胶带贴在目标基底（如硅片）上，然后使用有机溶剂（如丙酮等）去除这些胶带，即可在基底上获得单层或少层石墨烯材料。这种胶带剥离法的操作过程简单但是产量低，无法应用于大面积和规模化制备石墨烯。但是该方法得到的产物质量高，研究者常将胶带剥离法的产物用于研究石墨烯的本征物理性质。液相剥离法是利用溶剂的表面张力来增加石墨烯的结晶面积，进而制得石墨烯材料。该方法首先需要将石墨烯粒料氧化，然后在水溶液中超声剥离氧化石墨烯，由此得到的石墨烯悬浮液再经离心、分散和还原后得到石墨烯材料。液相剥离法可用于石墨烯的大规模生产，但是这种方法制得的石墨烯材料相对于机械剥离法制得的材料有更多缺陷，尺寸也相对更小。SiC 外延生长法也可用来制备高质量石墨烯材料。这种方法将 SiC 前驱体材料置于 1400℃以上的高温和 10^{-6} Pa 以下的超高真空环境中，硅的高蒸气压使得 SiC 前驱体材料中的 Si 原子挥发，剩余 C 原子在 SiC 表面上经过结构重排后生成石墨烯材料。借助这种方法可以制得高质量的大面积单层石墨烯，但是该方法所需的单晶 SiC 前驱体价格较为昂贵，并且生长在 SiC 表面的石墨烯材料要转移到其他基底上较为困难。

2. 二维 MoS_2

除了石墨烯以外，具有优异光学、电学和机械性能的过渡金属二硫族化合物（TMDC），在光电子器件、能源与存储、传感器和生物医药等领域有广泛的应用前景。这些过渡金属二硫族化合物的化学通式为 MX_2，其中 M 是包括第Ⅳ、Ⅴ和Ⅵ副族元素在内的过渡金属元素，X 是包括 Te、S 或 Se 在内的硫族元素。这些过渡金属二硫族化合物中研究最为广泛的是 MoS_2 材料。研究者通过机械剥离法从块体 MoS_2 材料上剥离出单层 MoS_2 纳米片，由该单层 MoS_2 纳米片组装成的场效应晶体管表现出优异的电学性能。除了机械剥离法以外，研究者还采用化学气相沉积法和磁控溅射法来制备高质量二维 MoS_2 材料。Yu 等使用化学气相沉积法在多种基底（SiO_2/Si、石墨或蓝宝石）上制备均匀的 MoS_2 纳米薄膜材料[73]。该方法使用 $MoCl_5$ 和硫粉分别作为 Mo 源和 S 源，待体系升温至 800℃以上时，$MoCl_5$ 和 S 变为气态后发生化学反应，反应生成的 MoS_2 分子随后沉积到基底表面，最后在表面均匀生成 MoS_2 薄膜。通过调节 $MoCl_5$ 和硫粉的投入量、反应气压等实验条件，可以精确控制 MoS_2 薄膜的厚度。Tao 等利用磁控溅射技术在多种基底上制备大面积 MoS_2 薄膜[74]。该技术使用金属 Mo 靶作为 Mo 源，在溅射腔内通入气态硫作为 S 源，然后在 700℃以上的高温条件下，设定溅射功率为 6 W 进行溅射。在较低的溅射功率下，MoS_2 在不同基底（SiO_2/Si 或蓝宝石）上生长为单层或少层纳米材料。通过调节溅射功率和沉积时间，可以控制 MoS_2 薄膜的层数。在将磁控溅射技术制得的大面积 MoS_2 纳米薄膜组装成场效应晶体管后，测得空穴迁移率约为 12.2 $cm^2 \cdot V^{-1} \cdot s^{-1}$，开关比大小约为 10^3，表明该方法适用于制备高质量 MoS_2 薄膜材料。

2.5　三维纳米材料的制备

三维纳米材料是最小构成单元为纳米结构的材料。高质量三维纳米材料的制备将为纳米材料的大规模应用奠定基础。目前制备三维纳米材料的方法可以分为由下到上的合成法和由上到下的细化法。由下到上的合成法是通过烧结和压制等过程将预先获得的小尺寸纳米颗粒或纳米粉末制成三维纳米材料，具体的方法包括研磨粉末固结法、机械合金法及高压凝固法等。由上到下的细化法是使用特殊的工艺和设备将块体粗晶材料的结构细化至纳米级，具体包括快速凝固法（rapid solidification method）、严重塑性变形法、惰性气体冷凝法和粉末冶金法等。

2.5.1　快速凝固法

快速凝固法是通过传导传热或对流传热等方式加快熔体的冷却和凝固速度，在凝固过程中控制形核率和长大速率，从而获得超细晶晶粒的方法。最常用的快速凝固法包括单辊熔体激冷法和激光束辅助快速凝固法，制备装置如图 2-26 所示。单辊熔体激冷法是将熔融状态的液态金属或合金喷射到旋转的水冷铜辊上，覆盖在铜辊上的液态金属或合金薄层发生快速冷却并凝固，由此形成三维纳米材料。激光束辅助快速凝固法是用激光束快速扫过样品表面，使得样品表面非常薄的表面层发生熔化，移走激光束后，熔化的表面层发生快速凝固并形成具有无定形或纳米晶粒层的三维纳米块体材料，这种快速凝固法在增材制造（3D 打印）领域中有广泛的应用前景。

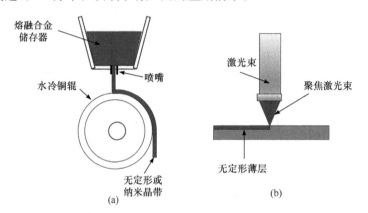

图 2-26　单辊熔体激冷法（a）和激光束辅助快速凝固法（b）装置示意图

2.5.2　严重塑性变形法

严重塑性变形法（sever plastic deformation method）是采用纯剪切大变形方法获取具有亚微米级晶粒尺寸三维纳米材料的方法，按照工艺的不同可分为高压扭转法和等通道角挤压法等。高压扭转法的装置图如图 2-27（a）所示，填充在磨具中的样品在一定温度下被施加上 GPa 级的高压后，冲头在给样品施压的同时发生转动来扭转样品，调整冲头的转数可以控制样品的变形量。样品中晶粒的位错密度以及晶界的转动和滑动随着变形量的增加而增加。样品中的晶粒在形变诱导晶粒细化、热机械变形晶粒细化和形变组织再结晶晶粒细化等细化机制作用下，其颗粒直径减小至 200 nm 以下，由此制得三维纳米块体材料。俄罗斯科学家 Isamgaliev 等采用高压扭转变形技术，将氧化铝颗粒大小为 2～3 μm 的 Cu-0.5Al$_2$O$_3$ 复合材料制成由晶粒尺寸为 80 nm 的 Cu 基体和晶粒尺寸为 20 nm 的 Al$_2$O$_3$ 纳米颗粒组成的 Cu-Al$_2$O$_3$ 纳米复合材料。这种铜基纳米复合材料不仅具有高强度和高硬度，还表现出良好的塑韧性和导电性能。等通道角挤压法的装置图参见图 2-27（b），将横截面尺寸与模具通道尺寸相近的块体原料放入润滑良好的通道入口，块体原料在外加载荷的作用下被压入通道的交截处时，块体原料内部发生近乎理想的纯剪切变形。块体原料的截面形状和面积在挤压前后不发生改变，所以多道次挤压能在块体原料内部累积相当大的应变量，待块体原料内晶粒不断细化后得到三维纳米块体材料。严重塑性变形法适用范围广，可用于制备大体积、高致密度和具有洁净晶粒界面的三维纳米块体材料，但同时存在制备成本高、晶粒度范围较大等缺点。

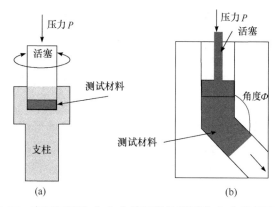

图 2-27 高压扭转法（a）和等通道角挤压法（b）装置示意图

2.5.3 惰性气体冷凝法

惰性气体冷凝（inert gas condensation）法是一种由小到大的合成法，其装置结构如图 2-28 所示。该方法首先将金属在惰性气体中蒸发得到气态金属原子，其与真空室内的惰性气体发生碰撞后，这些原子动能降低并且凝结成金属纳米团簇。这些纳米团簇经热对流运输后到达旋转的低温指针表面（经液氮冷却），由此形成疏松的金属纳米粉末。待收集上述金属纳米粉末后，将其在 $10^{-6} \sim 10^{-5}$ Pa 的高真空条件下施加高压（$1 \sim 5$ GPa）制成三维纳米金属块体材料。为了避免金属纳米颗粒的过度长大和团聚以及有效减小纳米颗粒尺寸，常将惰性气体强制性对流以提高金属纳米粉末的收集效率。同时为了防止金属纳米颗粒被氧化，三维纳米金属块体材料的制备过程需要在超高真空以及惰性气体保护的条件下进行。由惰性气体冷凝法制备的金属纳米粉末具有洁净表面，并且三维纳米金属块体材料

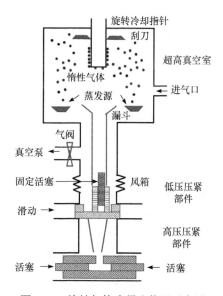

图 2-28 惰性气体冷凝法装置示意图

的纯度和相对密度都较高。但是该方法需使用真空和高压装置，因而制备难度较大，并且对设备和工艺的要求较高。另外，压制法会使得制备的三维纳米金属块体材料容易出现孔隙等缺陷并且表面可能被污染。

2.5.4 粉末冶金法

粉末冶金法（powder metallurgy method）将纳米粉末加压成块，再经烧结后获得三维块体纳米材料。纳米粉末的小颗粒尺寸和高表面能可以有效减少三维块体纳米材料中内部孔洞的形成，并且能在较低的烧结温度下制得致密的三维块体纳米材料。但是纳米粉末的晶粒尺寸在加压和烧结过程中容易粗化，从而导致三维块体纳米材料出现晶粒尺寸分布不均匀、微孔隙较多以及致密度较低等缺点。因为通过调节压力和烧结等过程参数

可以实现对三维块体纳米材料的形貌和微结构的控制，所以快速烧结等方式可被用于制备高质量三维块体纳米材料。

2.6　新型纳米复合材料的制备方法

由两种或两种以上具有不同物理化学性质的物质组合而形成的多相固态材料可称为复合材料。复合材料常包含作为基体的连续相和作为增强材料的分散相，连续相和分散相间存在相界面，分散相以颗粒、纤维或弥散填料的形式独立分布在整个连续相中。复合材料中的各组成部分相对独立，复合材料表现出的性质并非各组成部分性能的简单加和，而是在协同效应的作用下表现出相较于各组成部分更优异的性能。纳米复合材料（composite nanomaterial）是由两种或两种以上纳米材料（这些材料至少有一个维度范围在 $1\sim100\,nm$）复合而成的固相材料。这些纳米复合材料的组成部分既可以是有机、无机或有机/无机混合材料，也可以是晶体、非晶体甚至是晶体/非晶体混合材料。包含一种或多种具有纳米结构组分的复合材料也是纳米复合材料。不同于常规复合材料体系中连续相和分散相间的简单混合，纳米复合材料中的连续相和分散相间，通过共价键和离子键等化学作用以及氢键等物理作用实现纳米水平的复合。纳米材料的高比表面积赋予了这些纳米复合材料非常大的连续相/分散相间界面面积，两相间非常强的相互作用使得这些复合材料表现出与传统复合材料显著不同的结构和性能，这些特点都促进了纳米复合材料在光学、催化、传感器和能量存储等领域的研究和应用。为了使纳米复合材料稳定，防止由于组分发生相分离而造成性能弱化，纳米复合材料中两相间需要形成强相互作用，具体作用类型包括共价键、离子键、配位键以及纳米作用能的亲和作用等。纳米颗粒的表面基团与特定的目标分子发生化学反应后能形成稳定结合的共价键。将纳米材料与自身携带电负性相反的目标材料混合后，通过正负电荷的静电吸引力而形成离子键。纳米颗粒和目标材料间还可通过电子对和空电子轨道配位后形成配位键。纳米材料因其特殊表面结构的存在而形成称为纳米作用能的强亲和力，纳米颗粒在该亲和力的作用下会与目标材料间产生无选择性的强相互作用，进而生成稳固的复合体系。

纳米复合材料按照组分类型的不同，可以分为无机-无机、无机-有机以及有机-有机等多种类型。按照用途的不同，可分为结构材料、功能材料及智能材料等。根据复合方式的不同，又可相应分为混合和包覆两种类型，由此产生包括多颗粒负载/包覆结构、核壳结构、复合纤维结构、有序结构、多层结构以及三维复合结构等多种典型结构。制备纳米复合材料的第一步是单分散纳米颗粒的制备，可行的方法包括物理法、化学法和综合法等。最早使用的是包括惰性气体蒸发法、电弧法和球磨法在内的物理法，这些高能耗的物理方法将材料颗粒细化至纳米量级。化学法利用包括水热法、气相沉积法、溶胶-凝胶法和界面合成法等在内的化学合成法制得纳米材料。综合法包括激光沉积法、微波沉积法和超声化学法等，这些制备方法将物理法和化学法的优点有效结合起来，通过反应路径的设计和优化可以获得目标纳米复合材料。纳米复合材料根据基底材料（连续相）的不同可以分为聚合物基和非聚合物基复合材料。常见的非聚合物基纳米复合材料包括有机小分子-无机纳米复合材料和无机-无机纳米复合材料等不同类型。用于制备无机纳米颗粒的大部分方法经过调整和优化后也能适用于非聚合物基纳米复合材料的制备。以下是用于制备不同结构类型非聚合物基纳米复合材料的方法简介。

2.6.1 多颗粒纳米复合结构的制备

多颗粒纳米复合结构（multiple nanoparticles hybrid）主要包括负载型和包覆型两种。包覆型结构的核心可以是多个相同或不同材质的纳米颗粒，这种复合材料因其结构往往表现出特殊的光学特性。通过纳米颗粒在基底表面上的直接生长或者利用力的作用将纳米颗粒结合在基底表面后，可以得到负载型的多颗粒纳米复合结构。伴随着近年来石墨烯材料的发展，石墨烯材料和特定无机物间形成的强耦合无机物-石墨烯纳米复合材料也吸引了大量研究者的关注。包括金属单质、金属氢氧化物、金属氧化物以及相应半导体等在内的无机物与石墨烯形成的纳米复合材料因其优异的性能而在催化和能源等领域中有广泛的应用前景。

2.6.2 核壳纳米复合材料的制备

体系内原子按照"壳核包裹"这种特殊方式排列的纳米复合材料被称为核壳结构纳米材料（core-shell nanocomposite），这类材料可以用"核@壳"来表示。在以原始纳米颗粒为核心的周围添加上特定的外壳可以使得整个纳米复合结构表现出与原始纳米颗粒显著不同的新功能特性。大量实验研究结果表明，通过调控核心和壳层组成材料的原子间电子结构，可以使核壳结构纳米材料表现出独特的光、电和催化等性质，由此制备出特殊的功能器件。根据组成核心和壳层材料的不同，核壳结构纳米材料可以分为包括金属@金属、无机物@无机物、金属@无机物、金属@聚合物、金属@半导体等在内的多种材料类型，相应表现出不同的特性和具有不同的应用范围。研究者用于制备核壳纳米复合材料的方法包括直接生长法、聚合物辅助包覆法和水解包覆法等。

直接生长法是在纳米材料的表面生长另一种纳米材料进而生成核壳结构的纳米复合材料的方法。要形成完整包覆的核壳结构，需要组成该结构的核心材料和壳层材料间的界面能较小。直接生长法按照具体合成步骤的不同可以分为连续生长法和共生长法等。连续生长法制备核壳纳米复合材料的过程与"晶种生长"过程类似，该过程首先需要合成一种纳米材料 A，将其分离纯化后作为后续生长的核。接着在 A（类似于"晶种"）的表面上附着生长另一种纳米材料 B 作为壳层，这样就生成了 A@B 核壳纳米复合材料。Li 等采用直接生长法制得 Ga_2O_3@CuSCN 核壳结构微米线材料[75]。首先是通过机械剥离法获得长度为几十微米、宽度为几百纳米的 Ga_2O_3 微米线。接着将 Ga_2O_3 微米线依次在丙酮、乙醇和去离子水中超声以去除表面的有机污染物。之后将处理后的 Ga_2O_3 微米线浸渍于 CuSCN 的二丙基硫醚溶液中，再将微米线取出后在热板上加热，最后就在 Ga_2O_3 微米线表面生长出 CuSCN 壳层，由此制得 Ga_2O_3@CuSCN 核壳结构。在共生长法中，两种纳米材料 M 和 N 对应的前驱体需同时加入反应体系，在整个反应过程中，其中一种纳米材料 M 首先形核生长成内核，另一种纳米材料 N 随后在核的表面生长成壳层，在反应结束后即得到 M@N 核壳纳米复合材料。Zhao 等以 ZnO、Ga_2O_3 和石墨烯的粉末混合物为原材料，以表面沉积了厚度约为 100 nm 的 ZnO 薄膜硅片为基底，在超高温（1200℃）

和 Ar 气流保护下，通过共生长法制得了高结晶度的规整 ZnO@Ga₂O₃ 核壳结构微米线材料[76]，该材料的扫描电镜图参见图 2-29（a）和（b）。由该核壳结构制得的雪崩光电探测器的器件结构见图 2-29（c），器件表现出优异的日盲光响应和自供能特性。

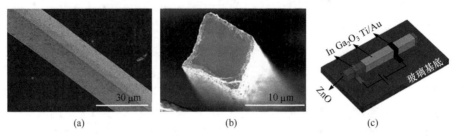

（a）　　　　　　　　　　　（b）　　　　　　　　　　　（c）

图 2-29　（a、b）ZnO@Ga₂O₃ 核壳结构微米线材料的扫描电镜图像：侧面图（a）和截面图（b）；
（c）ZnO@Ga₂O₃ 核壳结构雪崩光电探测器的结构示意图[76]

　　直接生长法要求核心材料和壳层材料是相亲的，而对于两种不相亲的材料，因为晶格不匹配和化学相互作用的缺失，两者间容易形成不完全包覆或纳米颗粒的团聚体，而很难直接生成完整的核壳纳米复合材料。通过在界面间嵌入聚合物分子来调节不相亲的两种材料间的界面能，也可实现完整核壳复合结构的制备。这种称为聚合物辅助包覆法的方法可用于在包括金属、氧化物和聚合物等纳米颗粒以及碳纳米管和氧化石墨烯等纳米材料的表面上，包覆如金属氧化物（ZnO、TiO₂ 和 Co₂O₃）、金属硫化物（ZnS 和 CdS）、稀土金属氧化物（Gd₂O₃、Tb₂O₃ 和 Eu₂O₃）以及磁性氧化物（Fe₃O₄）等多种具有不同特性的壳层纳米材料。使用水解包覆法制备核壳纳米复合材料时，需要控制壳层材料对应前驱体的水解过程，以实现在预先合成的纳米颗粒核心表面上形成包覆层。该方法适用于核壳纳米复合材料中无机氧化物壳层材料的包覆。经典的 Stober 法能通过控制氨/水/醇这一混合体系中正硅酸乙酯（TEOS）的水解过程，在纳米颗粒的表面生成 SiO₂ 包覆层，从而制得具有 SiO₂ 材料壳层的核壳纳米复合材料。Yang 等从由 Stober 法制得的 SiO₂ 微球出发，依次通过聚合物辅助包覆法和水解包覆法制得了多壳层 SiO₂@CePO₄：Tb@SiO₂ 微球[77]，具体制备流程参见图 2-30。首先将 SiO₂ 微球与有机硅烷偶联剂 MABA-Si 置于乙醇中搅拌后离心得到聚合物包覆的 SiO₂@MABA-Si 纳米复合材料。再将该材料分散在

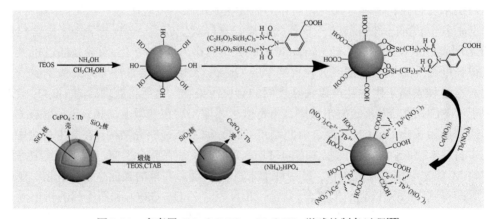

图 2-30　多壳层 SiO₂@CePO₄：Tb@SiO₂ 微球的制备过程[77]

RE(NO$_3$)$_3$（Ce^{3+}：95%，Tb^{3+}：5%）的乙醇溶液中。随后在该混合溶液中加入一定量的反应物(NH$_4$)$_2$HPO$_4$，经离心干燥后得到 SiO$_2$@MABA-Si@CePO$_4$：Tb 核壳结构微球。之后将上述核壳结构微球样品分散在乙醇和水的混合溶液中，再依次加入 CTAB 表面活性剂、氨水溶液以及正硅酸乙酯前驱体，清洗和干燥水解反应后得到的沉淀物即得到多壳层的SiO$_2$@CePO$_4$：Tb@SiO$_2$ 微球。

2.6.3　负载型纳米复合材料的制备

复合纤维结构可以被分为内嵌型和负载型两种类型。负载型复合纤维纳米材料是在纳米纤维的表面直接生长纳米颗粒或者利用特殊结合力将纳米颗粒负载在纳米纤维表面后制得。负载型纳米复合材料（load-type nanocomposite）可以通过直接生长法和异质团聚法这两条途径进行制备。直接生长法是在纳米材料载体上直接生长多种或多个纳米材料以形成负载型纳米复合结构的方法。负载型纳米复合催化剂就是通过在多种氧化物（TiO$_2$、Fe$_2$O$_3$、CeO$_2$、SiO$_2$ 和 Al$_2$O$_3$ 等）纳米材料表面上直接生长具有催化活性的金属纳米颗粒后制得[78]。Lee 等通过微等离子体辅助合成法制备出 Au 负载的 TiO$_2$ 纳米颗粒[79]。首先将提前制得的 TiO$_2$ 纳米颗粒分散在 HAuCl$_4$ 水溶液中，该混合溶液在微等离子体的作用下，吸附在 TiO$_2$ 纳米颗粒表面的 Au 离子被还原为 Au 纳米颗粒，由此得到 Au-TiO$_2$ 纳米复合颗粒。这种负载型纳米材料的高比表面积为催化反应的发生提供了大量反应位点，有效减少了催化颗粒因团聚造成的催化性能下降。

得益于碳材料易于制备和廉价以及载体和负载材料间耦合作用强等优点，无机物-纳米碳负载型纳米复合材料在近年受到广泛关注[80]。在通过直接生长法制备该类纳米复合材料的过程中，需要将包括石墨烯或碳纳米管等在内的碳纳米材料进行部分氧化，使得碳纳米材料的表面形成为无机纳米材料的成核、生长和附着提供位点的含氧官能团[81]。由此得到的复合材料中的无机纳米材料和碳纳米材料间具有强烈的化学作用力和电学耦合，对于两者间的电荷传输非常有利。相较于经简单物理混合得到的无机物与碳纳米材料的混合物，由直接生长法制得的无机物-纳米碳负载型纳米复合材料显示出更优的电化学性能[82-83]。Zhu 等通过将金属氧化物颗粒的生长以及石墨烯氧化物材料的部分还原结合起来，通过简单环保的溶剂热法制得了过渡金属氧化物纳米颗粒与还原氧化石墨烯纳米片的纳米复合材料。该方法可在分散在乙醇溶液中的还原氧化石墨烯材料的表面上生长 Fe$_2$O$_3$ 或 CoO 纳米颗粒，溶液中的氧化石墨烯材料是这些金属氧化物纳米颗粒的异质成核位点。上述制得的金属氧化物/氧化石墨烯纳米复合材料可制成锂离子电池的电极，制成的电极在性能测试过程中表现出高储锂容量和优异的充放电循环稳定性[84]。直接生长法是制备负载型纳米复合材料最常用的方法，但是在制备过程中较难实现对负载纳米颗粒的尺寸和形貌的控制。异质团聚法一方面为负载型功能纳米复合材料的合成提供低成本的制备路线，另一方面利用材料本身的物理化学性质实现纳米载体与具有优良形貌和尺寸的纳米颗粒间的有机结合。Han 等以分散了锂金属氧化物粉末和氧化石墨烯的乙醇/水混合溶液为前驱体，通过溶剂热法制得了 Li$_4$Ti$_5$O$_{12}$-rGO 纳米复合物，具体的制备过程示意图参见图 2-31（a）。该复合物的形成使得由此构建的锂离子电池的电极性能得到显著提升，见图 2-31（b）[85]。

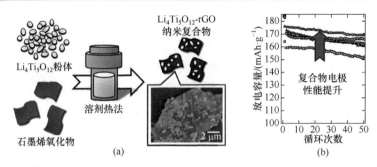

图 2-31　（a）溶剂热法制备 $Li_4Ti_5O_{12}$-rGO 纳米复合物的流程图；（b）由纳米复合物制得的锂离子电池的电极性能得到提升[85]

2.6.4　内嵌型纳米复合材料的制备

除了负载型以外，复合纤维结构还包括内嵌型结构。利用静电纺丝法和水热碳化法可以将纳米功能单元分布在纤维内部，进而获得内嵌型纳米复合纤维材料。由静电纺丝法制备内嵌型纳米复合纤维材料的途径有两条：一条是在前驱体中添加事先制备好的纳米颗粒后进行静电纺丝得到纳米复合纤维，另一条是在纺丝溶液中均匀加入用于合成纳米颗粒的前驱体，纺丝后得到包含前驱体的纳米纤维再经后处理，使得纳米纤维内部反应形成纳米颗粒。水热碳化法常用于制备碳基纳米复合纤维材料。静电纺丝法通过使用特殊设计的针头或者在前驱体溶液中加入经后处理可去除的物质，实现多通道、多孔或空心结构的电纺纤维的制备。而共轴静电纺丝技术还可用于制备具有多种功能特性的纳米复合纤维。由纳米颗粒和聚合物组成的纳米颗粒/聚合物复合电纺纤维能同时兼有两者的特性，因而在众多研究领域中具有广泛的应用前景[86]。目前用于制备这类纳米颗粒/聚合物复合电纺纤维的方法主要包括直接分散法和基于静电纺丝纤维的组合方法。在直接分散法中，需要先将纳米颗粒均匀分散在聚合物溶液中，或者将聚合物加入纳米颗粒溶液后搅拌形成均匀分散液，之后进行静电纺丝后制得复合纤维材料。直接分散法具有操作简便以及纳米颗粒材料会在纤维中呈现组装行为等优点。研究者以包括零维纳米颗粒、一维纳米线和纳米棒以及二维纳米片等在内的纳米材料为原料，通过静电纺丝法成功制得多种纳米颗粒/聚合物复合电纺纤维材料。Hu 等利用静电纺丝中的直接分散法制得 Ag 纳米颗粒/PVP 纳米中空复合纤维。先将通过超声还原法制得的球形 Ag 纳米颗粒（平均直径约 14 nm）分散在 PVP 的二氯乙烷溶液中，得到电纺丝的前驱体溶液。再在二氧化碳气体的保护下进行电纺丝，得到具有中空结构的 Ag 纳米颗粒/PVP 纳米复合纤维[87]。

如果纳米颗粒材料不能较好地分散在纺丝前驱体溶液中，可以使用基于静电纺丝纤维的组合方法来制备复合电纺纤维材料。其中一种是将静电纺丝技术与溶液还原法结合，在静电纺丝法制得聚合物电纺纤维后，先将其浸没于包含纳米颗粒前驱体的溶液中，在聚合物电纺纤维不溶于反应溶剂的前提下，使得前驱体在特定条件下发生反应后在这些电纺纤维表面上成核生长并形成纳米颗粒。举例来说，研究者在由静电纺丝制得的聚乙烯醇纤维表面修饰上硅烷偶联剂，使得这些纤维表面带正电，带负电的 Au 纳米颗粒在静电吸引力下能牢固地吸附在上述纤维表面，进而得到复合电纺纤维材料。当然也可以先将前驱体混入静电纺丝溶液中，得到的纳米纤维经过相应后处理后，分布在纳米纤维中的前驱体发生变化后得到复合电纺纤维材料。Chamakh 等使用基于静电纺丝纤维的组合方法制得 RuO_2 纳米颗粒与 sPEEK/PVP 电纺纤维的复合材料[88]。在电纺丝法制备 sPEEK/PVP 纤维的前驱体溶液中加入不同比例的水合氯化钌，随后将包含氯化钌的 sPEEK/PVP 纤维置于 300℃下退火 4 h，使得纤维中的氯化钌转变为 RuO_2 纳米颗粒，由此得到 RuO_2/sPEEK/PVP 复合电纺纤维材料。另一种方法是将静电纺丝技术与静电作用力结合起来，采用静电纺丝法制得聚合物电纺纤维后，使用特殊偶联剂对电纺纤维的表面进行处理使其表面带电荷，接着通过静电作用力使得带相反电荷的纳米颗粒吸附在这些电纺纤维的表面，由此制得复合电纺纤维材料。以合成包含 Au 纳米颗粒的复合电纺纤维为例，将静电纺丝制得的纤维浸入 $HAuCl_4$ 的水溶液中并保持一定时间，使得纤维表面吸附上 $AuCl_4^-$ 负离子，这些负离子再被还原剂 $NaBH_4$ 等还原后成为负载在复合纤维上的 Au 纳米颗粒。此外，水热法也被用于在纤维表面生长目标纳米颗粒。通过这两种方法制得的复合电纺纤维材料中的纳米颗粒，因具体处理方法不同，既可分布在复合纤维的表面，又可分布在纤维内部，甚至是嵌在纤维结构中。

2.6.5 多层结构纳米复合材料的制备

在复合的过程中，通过控制纳米构建单元的空间分布，可以形成具有有序排列的或者多级层状结构的纳米复合材料。自然界中表现出优异力学性能的木材、贝壳、骨骼和节肢动物的甲壳等是由纤维素纳米纤维、生物陶瓷纳米颗粒和软蛋白质等排列形成的复杂多尺度多级结构。研究者通过研究和学习这些复杂多级结构的结构特点和形成机制，相应也可制得具有优异力学特性的有序结构或多层结构纳米复合材料（multi-layer nanocomposite）。层层自组装法可用于制备具有多层结构的纳米复合结构。层层自组装技术可利用静电吸引使得聚阴离子和聚阳离子交替吸附在基底上。改进后的层层自组装技术利用共价键、氢键、亲疏水相互作用以及生物识别作用等，将多种带有相反电负性的不同类型材料组装成多层结构纳米复合材料。层层自组装技术还能实现对纳米复合材料的组分和结构在纳米尺度上的精准调控。该技术相较于其他常规的组装技术具有操作简单以及适用材料范围广等优点，目前已经成功用于将各种带电组分，如纳米材料（纳米颗粒、纳米线、纳米管和纳米片等）、无机物团簇、有机高分子（有机染料、卟啉类化合物）和生物大分子（多肽、核酸、蛋白质和病毒等）等，组装成有序结构。Wang 等以交联的静电纺聚乙烯醇（PVA）为基底，以壳聚糖（CTS）和海藻酸钠（SA）为聚电解质，利用层层自组装法制得 CTS/SA/PVA 复合纳米纤维膜，该复合纤维膜能应用在重金属离子吸附和海水淡化等领域[89]。

2.6.6 三维纳米复合材料的制备

三维纳米复合材料（3D hybrid nanocomposite）可通过将纳米尺寸的颗粒分散在三维基体中制得。三维基体中纳米颗粒的存在使得这类纳米复合材料表现出不同于基体材料的优异性能。石墨烯基复合材料因石墨烯材料的优异性能而受到研究者的广泛关注[90]。

适度氧化的石墨烯材料在表面产生丰富的含氧官能基团，包括金属、氧化物、硫化物、硒化物、氢氧化物以及合金等多种纳米材料的前驱体可以附着在这些反应位点上，进而实现纳米材料在石墨烯材料表面的成核和生长。制备石墨烯基三维纳米复合材料之前需要得到三维石墨烯纳米材料，研究者常选择将均匀分散的氧化石墨烯水溶液经水热处理或微波辐射处理后即可得到具有高比表面积、高电导率、结构可控以及热稳定性好的低密度多孔三维石墨烯凝胶。在氧化石墨烯水溶液中加入上述多种纳米材料的前驱体后，混合溶液经过水热处理或微波辐射处理后就能得到纳米材料与石墨烯的三维复合凝胶，再经相应后处理即可获得三维石墨烯基复合材料[91]。将纳米颗粒分散到聚合物基体中即可制得聚合物基纳米复合材料，而制备的关键在于控制纳米材料的尺寸和分散度。该类材料的制备方法可分为共混、填充、插层和溶胶-凝胶法等。共混法是将无机纳米颗粒和聚合物单体或聚合物通过物理或化学方法混合均匀后制得纳米复合材料，混合方式包括机械共混、溶液共混、乳液共混和熔融共混等。填充法制备聚合物基纳米复合材料可以分为两条途径：一条是将纳米颗粒制成的胶体溶液与高聚物溶液混合均匀后通过蒸发溶剂获得；另一条是将无机纳米颗粒分散到有机单体溶液中，这些无机纳米颗粒在单体聚合后就被包裹在聚合物基体中。插层法是将作为客体的聚合物单体或聚合物，通过溶液插层聚合和熔融插层聚合等多种方式，嵌入层状无机物主体中后即得到聚合物/无机物的纳米复合材料。溶胶-凝胶法利用高分子能形成溶胶-凝胶的特点，可以通过无机物前驱体在高分子溶液中的水解，或者通过有机化合物在无机溶胶中的聚合，得到聚合物基纳米复合材料。如果无机纳米颗粒的形成和有机单体的聚合同时发生在溶胶-凝胶过程中，就可以得到具有半互穿网络结构的聚合物/无机物纳米复合材料。

习　　题

1. 用于纳米材料制备的"自下而上"法和"自上而下"法有什么区别？

2. 在使用物理气相沉积法制备零维纳米材料的过程中，根据加热方式的不同，可以分为哪些方法？这些方法各有哪些优缺点？

3. 水热/溶剂热法合成纳米材料的过程中，有哪些影响因素？

4. 溶胶-凝胶法制备纳米材料的过程中，如何通过改变制备路线和条件来制得包括粉末、薄膜、涂层、纤维和介孔材料等在内的多种类型纳米材料？

5. 简述通过气-液-固（VLS）型生长方式制备 Si 纳米线的设计思路和过程。

6. 在纳米薄膜的制备中，分子束外延生长相较于其他外延生长方法有哪些优势？

7. 原子层沉积在制备二维纳米薄膜的过程中有哪些优点？

8. 简述自组装体系的形成过程，说明定向诱导自组装技术具体包括哪些技术。

9. 用于制备三维纳米材料的快速凝固法包括哪些？

10. 核壳纳米复合材料的制备方法有哪些？相应的制备原理是什么？

11. 负载型纳米复合材料有哪两条制备途径？

参 考 文 献

[1] Schaub T A. Bottom-up synthesis of discrete conical nanocarbons[J]. Angewandte Chemie International Edition, 2020, 59(12): 4620-4622.

[2] Kumar N, Salehiyan R, Chauke V, et al. Top-down synthesis of graphene: A comprehensive review[J]. FlatChem, 2021, 27: 100224.

[3] Rani S, Sharma M, Verma D, et al. Two-dimensional transition metal dichalcogenides and their heterostructures: role of process parameters in top-down and bottom-up synthesis approaches[J]. Materials Science in Semiconductor Processing, 2022, 139: 106313.

[4] Schulz C, Dreier T, Fikri M, et al. Gas-phase synthesis of functional nanomaterials: challenges to kinetics, diagnostics, and process development[J]. Proceedings of the Combustion Institute, 2019, 37(1): 83-108.

[5] Bhusari R, Thomann J S, Guillot J, et al. Morphology control of copper hydroxide based nanostructures in liquid phase synthesis[J]. Journal of Crystal Growth, 2021, 570: 126225.

[6] Takezawa K, Lu J F, Numako C, et al. One-step solvothermal synthesis and growth mechanism of well-crystallized β-Ga$_2$O$_3$ nanoparticles in isopropanol[J]. CrystEngComm, 2021, 23(37): 6567-6573.

[7] Amrute A P, de Bellis J, Felderhoff M, et al. Mechanochemical synthesis of catalytic materials[J]. Chemistry: A European Journal, 2021, 27(23): 6819-6847.

[8] Buonsanti R, Loiudice A, Mantella V. Colloidal nanocrystals as precursors and intermediates in solid state reactions for multinary oxide nanomaterials[J]. Accounts of Chemical Research, 2021, 54(4): 754-764.

[9] López-Martín R, Santos Burgos B, Normile P S, et al. Gas phase synthesis of multi-element nanoparticles[J]. Nanomaterials, 2021, 11(11): 2803.

[10] Zhao X H, Wei C, Gai Z Q, et al. Chemical vapor deposition and its application in surface modification of nanoparticles[J]. Chemical Papers, 2020, 74(3): 767-778.

[11] Yang R, Zheng J, Li W, et al. Plasma-enhanced chemical vapor deposition of inorganic nanomaterials using a chloride precursor[J]. Journal of Physics D: Applied Physics, 2011, 44(17): 174015.

[12] ten Brink G H, Krishnan G, Kooi B J, et al. Copper nanoparticle formation in a reducing gas environment[J]. Journal of Applied Physics, 2014, 116(10): 104302.

[13] Hansen T W, Delariva A T, Challa S R, et al. Sintering of catalytic nanoparticles: particle migration or Ostwald ripening? [J]. Accounts of Chemical Research, 2013, 46(8): 1720-1730.

[14] Ji D X, Fan L, Tao L, et al. The Kirkendall effect for engineering oxygen vacancy of hollow Co$_3$O$_4$ nanoparticles toward high-performance portable zinc-air batteries[J]. Angewandte Chemie-International Edition, 2019, 58(39): 13840-13844.

[15] Anderson B D, Tracy J B. Nanoparticle conversion chemistry: Kirkendall effect, galvanic exchange, and anion exchange[J]. Nanoscale, 2014, 6(21): 12195-12216.

[16] Mehtab A, Ahmed J, Alshehri S M, et al. Rare earth doped metal oxide nanoparticles for photocatalysis: a perspective[J]. Nanotechnology, 2022, 33(14): 142001.

[17] Rajamathi M, Seshadri R. Oxide and chalcogenide nanoparticles from hydrothermal/solvothermal reactions[J]. Current Opinion in Solid State and Materials Science, 2002, 6(4): 337-345.

[18] Shi W D, Song S Y, Zhang H J. Hydrothermal synthetic strategies of inorganic semiconducting nanostructures[J]. Chemical Society Reviews, 2013, 42(13): 5714-5743.

[19] Debecker D P, Mutin P H. Non-hydrolytic sol-gel routes to heterogeneous catalysts[J]. Chemical Society Reviews, 2012, 41(9): 3624-3650.

[20] Li W, Wang F, Feng S S, et al. Sol-gel design strategy for ultra dispersed TiO$_2$ nanoparticles on graphene for high-performance lithium ion batteries[J]. Journal of the American Chemical Society, 2013, 135(49): 18300-18303.

[21] Tartaro G, Mateos H, Schirone D, et al. Microemulsion microstructure(s): a tutorial review[J]. Nanomaterials, 2020, 10(9): 1657.

[22] Ganguli A K, Ganguly A, Vaidya S. Microemulsion-based synthesis of nanocrystalline materials[J]. Chemical Society Reviews, 2010, 39(2): 474-485.

[23] Hinman J J, Suslick K S. Nanostructured materials synthesis using ultrasound[J]. Topics in Current Chemistry, 2017, 375(1): 12.

[24] Enayati M H, Mohamed F A. Application of mechanical alloying/milling for synthesis of nanocrystalline and amorphous materials[J]. International Materials Reviews, 2014, 59(7): 394-416.

[25] Lei L X, Zhou Y M. Solvent-free or less-solvent solid state reactions[J]. Progress in Chemistry, 2020, 32(8): 1158-1171.

[26] Zhang J B, Gao J B, Miller E M, et al. Diffusion-controlled synthesis of PbS and PbSe quantum dots with *in situ* halide passivation for quantum dot solar cells[J]. ACS Nano, 2014, 8(1): 614-622.

[27] Hu T, Gao Y, Wang Z L, et al. One-dimensional self-assembly of inorganic nanoparticles[J]. Frontiers of Physics in China, 2009, 4(4): 487-496.

[28] Malekzadeh M, Swihart M T. Vapor-phase production of nanomaterials[J]. Chemical Society Reviews, 2021, 50(12): 7132-7249.

[29] Zhang S Y, Regulacio M D, Han M Y. Self-assembly of colloidal one-dimensional nanocrystals[J]. Chemical Society Reviews, 2014, 43(7): 2301-2323.

[30] Yan X H, Huang S J, Wang Y, et al. Bottom-up self-assembly based on DNA nanotechnology[J]. Nanomaterials, 2020, 10(10): 2047.

[31] Schmelz J, Schacher F H, Schmalz H. Cylindrical crystalline-core micelles: pushing the limits of solution self-assembly[J]. Soft Matter, 2013, 9(7): 2101-2107.

[32] Wu Z M, Yuan H Y, Zhang X Y, et al. Sidewall contact regulating the nanorod packing inside vesicles with relative volumes[J]. Soft Matter, 2019, 15(12): 2552-2559.

[33] Pileni M P. The role of soft colloidal templates in controlling the size and shape of inorganic nanocrystals[J]. Nature Materials, 2003, 2(3): 145-150.

[34] Pang X C, He Y J, Jung J, et al. 1D nanocrystals with precisely controlled dimensions, compositions, and architectures[J]. Science, 2016, 353(6305): 1268-1272.

[35] Lu T, Wei H S, Yang X F, et al. Microemulsion-controlled synthesis of one-dimensional Ir nanowires and their catalytic activity in selective hydrogenation of *o*-chloronitrobenzene[J]. Langmuir, 2015, 31(1): 90-95.

[36] Bai S L, Chen L Y, Chen S, et al. Reverse microemulsion in situ crystallizing growth of ZnO nanorods and application for NO$_2$ sensor[J]. Sensors and Actuators B: Chemical, 2014, 190: 760-767.

[37] Nehra M, Dilbaghi N, Marrazza G, et al. 1D semiconductor nanowires for energy conversion, harvesting and storage applications[J]. Nano Energy, 2020, 76: 104991.

[38] Nehra M, Dilbaghi A N, Singh V, et al. Highly ordered and crystalline Cu nanowires in anodic aluminum oxide membranes for biomedical applications[J]. Physica Status Solidi (a), 2020, 217(13): 1900842.

[39] Li Y, Cheng H F, Wang N N, et al. Magnetic and microwave absorption properties of Fe/TiO$_2$ nanocomposites prepared by template electrodeposition[J]. Journal of Alloys and Compounds, 2018, 763: 421-429.

[40] Pandey R K, Tsai C L, Liu C P. *Ex-situ* study on the evolution of cubic Cu$_{1.8}$S nanowires and nanobelts with two-dimensional multivariant superlattices by cation exchange[J]. The Journal of Physical Chemistry C,

2021, 125(27): 14590-14598.

[41] Azam M A, Manaf N S A, Talib E, et al. Aligned carbon nanotube from catalytic chemical vapor deposition technique for energy storage device: a review[J]. Ionics, 2013, 19(11): 1455-1476.

[42] Kobayashi Y, Nakashima H, Takagi D, et al. CVD growth of single-walled carbon nanotubes using size-controlled nanoparticle catalyst[J]. Thin Solid Films, 2004, 464-465: 286-289.

[43] Li D, Xia Y N. Fabrication of titania nanofibers by electrospinning[J]. Nano Letters, 2003, 3(4): 555-560.

[44] Hu M X, Teng F, Chen H Y, et al. Novel Ω-shaped core-shell photodetector with high ultraviolet selectivity and enhanced responsivity[J]. Advanced Functional Materials, 2017, 27(47): 1704477.

[45] Ning Y, Zhang Z M, Teng F, et al. Novel transparent and self-powered UV photodetector based on crossed ZnO nanofiber array homojunction[J]. Small, 2018, 14(13): 1703754.

[46] Qian H S, Yu S H, Gong J Y, et al. High-quality luminescent tellurium nanowires of several nanometers in diameter and high aspect ratio synthesized by a poly (vinyl pyrrolidone)-assisted hydrothermal process[J]. Langmuir, 2006, 22(8): 3830-3835.

[47] Moon G D, Ko S, Xia Y N, et al. Chemical transformations in ultrathin chalcogenide nanowires[J]. ACS Nano, 2010, 4(4): 2307-2319.

[48] Liu J W, Chen F, Zhang M, et al. Rapid microwave-assisted synthesis of uniform ultralong Te nanowires, optical property, and chemical stability[J]. Langmuir, 2010, 26(13): 11372-11377.

[49] Noori Y J, Thomas S, Ramadan S, et al. Large-area electrodeposition of few-layer MoS_2 on graphene for 2D material heterostructures[J]. ACS Applied Materials & Interfaces, 2020, 12(44): 49786-49794.

[50] Nunn W, Truttmann T K, Jalan B. A review of molecular-beam epitaxy of wide bandgap complex oxide semiconductors[J]. Journal of Materials Research, 2021, 36(23): 4846-4864.

[51] Wang X Y, Zhang H, Ruan Z L, et al. Research progress of monolayer two-dimensional atomic crystal materials grown by molecular beam epitaxy in ultra-high vacuum conditions[J]. Acta Physica Sinica, 2020, 69(11): 118101.

[52] Juma I G, Kim G, Jariwala D, et al. Direct growth of hexagonal boron nitride on non-metallic substrates and its heterostructures with graphene[J]. iScience, 2021, 24(11): 103374.

[53] Acar M, Mobtakeri S, Efeoğlu H, et al. Single-step, large-area, variable thickness sputtered WS_2 film-based field effect transistors[J]. Ceramics International, 2020, 46(17): 26854-26860.

[54] Shi Y M, Li H N, Li L J. Recent advances in controlled synthesis of two-dimensional transition metal dichalcogenides via vapor deposition techniques[J]. Chemical Society Reviews, 2015, 44(9): 2744-2756.

[55] Lee D H, Sim Y, Wang J, et al. Metal-organic chemical vapor deposition of 2D van der Waals materials: The challenges and the extensive future opportunities[J]. APL Materials, 2020, 8(3): 030901.

[56] Kim S Y, Kwak J, Ciobanu C V, et al. Recent developments in controlled vapor-phase growth of 2D group 6 transition metal dichalcogenides[J]. Advanced Materials, 2019, 31(20): 1804939.

[57] Park J H, Lu A Y, Shen P C, et al. Synthesis of high-performance monolayer molybdenum disulfide at low temperature[J]. Small Methods, 2021, 5(6): 2000720.

[58] Yi K Y, Liu D H, Chen X S, et al. Plasma-enhanced chemical vapor deposition of two-dimensional materials for applications[J]. Accounts of Chemical Research, 2021, 54(4): 1011-1022.

[59] Wei D C, Lu Y H, Han C, et al. Critical crystal growth of graphene on dielectric substrates at low temperature for electronic devices[J]. Angewandte Chemie International Edition, 2013, 52(52): 14121-14126.

[60] Zhao Y, Zhang L, Liu J, et al. Atomic/molecular layer deposition for energy storage and conversion[J]. Chemical Society Reviews, 2021, 50(6): 3889-3956.

[61] Huang Y Z, Liu L. Recent progress in atomic layer deposition of molybdenum disulfide: a mini review[J]. Science China Materials, 2019, 62(7): 913-924.

[62] Tan L K, Liu B, Teng J H, et al. Atomic layer deposition of a MoS$_2$ film[J]. Nanoscale, 2014, 6(18): 10584-10588.

[63] Xu H Y, Akbari M K, Zhuiykov S. 2D semiconductor nanomaterials and heterostructures: controlled synthesis and functional applications[J]. Nanoscale Research Letters, 2021, 16(1): 94.

[64] Xu H Y, Akbari M K, Hai Z Y, et al. Ultra-thin MoO$_3$ film goes wafer-scaled nano-architectonics by atomic layer deposition[J]. Materials & Design, 2018, 149: 135-144.

[65] Amadi E V, Venkataraman A, Papadopoulos C. Nanoscale self-assembly: concepts, applications and challenges[J]. Nanotechnology, 2022, 33(13): 132001.

[66] Zhu Y, Peng L L, Zhu W N, et al. Layer-by-layer assembly of two-dimensional colloidal Cu$_2$Se nanoplates and their layer-dependent conductivity[J]. Chemistry of Materials, 2016, 28(12): 4307-4314.

[67] Guo R, Jiao T F, Li R F, et al. Sandwiched Fe$_3$O$_4$/carboxylate graphene oxide nanostructures constructed by layer-by-layer assembly for highly efficient and magnetically recyclable dye removal[J]. ACS Sustainable Chemistry & Engineering, 2018, 6(1): 1279-1288.

[68] Choi H K, Lee A, Park M, et al. Hierarchical porous film with layer-by-layer assembly of 2D copper nanosheets for ultimate electromagnetic interference shielding[J]. ACS Nano, 2021, 15(1): 829-839.

[69] Endo M, Muramatsu H, Hayashi T, et al. Nanotechnology: "Bucky paper" from coaxial nanotubes[J]. Nature, 2005, 433(7025): 476.

[70] Wu Z C, Chen Z H, Du X, et al. Transparent, conductive carbon nanotube films[J]. Science, 2004, 305(5688): 1273-1276.

[71] Hu L F, Chen M, Fang X S, et al. Oil-water interfacial self-assembly: a novel strategy for nanofilm and nanodevice fabrication[J]. Chemical Society Reviews, 2012, 41(3): 1350-1362.

[72] Shi H Y, Hu B, Yu X C, et al. Ordering of disordered nanowires: spontaneous formation of highly aligned, ultralong Ag nanowire films at oil—ater—air interface[J]. Advanced Functional Materials, 2010, 20(6): 958-964.

[73] Yu Y F, Li C, Liu Y, et al. Controlled scalable synthesis of uniform, high-quality monolayer and few-layer MoS$_2$ films[J]. Scientific Reports, 2013, 3: 1866.

[74] Tao J G, Chai J W, Lu X, et al. Growth of wafer-scale MoS$_2$ monolayer by magnetron sputtering[J]. Nanoscale, 2015, 7(6): 2497-2503.

[75] Li S, Guo D Y, Li P G, et al. Ultrasensitive, superhigh signal-to-noise ratio, self-powered solar-blind photodetector based on n-Ga$_2$O$_3$/p-CuSCN core-shell microwire heterojunction[J]. ACS Applied Materials & Interfaces, 2019, 11(38): 35105-35114.

[76] Zhao B, Wang F, Chen H Y, et al. Solar-blind avalanche photodetector based on single ZnO-Ga$_2$O$_3$ core-shell microwire[J]. Nano Letters, 2015, 15(6): 3988-3993.

[77] Yang K S, Li Y L, Ma Y Y, et al. Synthesis and photoluminescence properties of novel core-shell-shell SiO$_2$@CePO$_4$：Tb@SiO$_2$ submicro-spheres[J]. CrystEngComm, 2018, 20(40): 6351-6357.

[78] Takahashi Y, Yamada S, Tatsuma T. Metal and metal oxide nanoparticles for photoelectrochemical materials and devices[J]. Electrochemistry, 2014, 82(9): 726-729.

[79] Lee S Y, Do H T, Kim J H. Microplasma-assisted synthesis of TiO$_2$-Au hybrid nanoparticles and their photocatalytic mechanism for degradation of methylene blue dye under ultraviolet and visible light irradiation[J]. Applied Surface Science, 2022, 573: 151383.

[80] Wang H L, Dai H J. Strongly coupled inorganic-nano-carbon hybrid materials for energy storage[J]. Chemical Society Reviews, 2013, 42(7): 3088-3113.

[81] Wu X, Xing Y Q, Pierce D, et al. One-pot synthesis of reduced graphene oxide/metal (oxide) composites[J]. ACS Applied Materials & Interfaces, 2017, 9(43): 37962-37971.

[82] Sreeprasad T S, Maliyekkal S M, Lisha K P, et al. Reduced graphene oxide-metal/metal oxide composites: facile synthesis and application in water purification[J]. Journal of Hazardous Materials, 2011, 186(1): 921-931.

[83] Park G D, Cho J S, Kang Y C. Novel cobalt oxide-nanobubble-decorated reduced graphene oxide sphere with superior electrochemical properties prepared by nanoscale Kirkendall diffusion process[J]. Nano Energy, 2015, 17: 17-26.

[84] Zhu J X, Zhu T, Zhou X Z, et al. Facile synthesis of metal oxide/reduced graphene oxide hybrids with high lithium storage capacity and stable cyclability[J]. Nanoscale, 2011, 3(3): 1084-1089.

[85] Han S Y, Kim I Y, Jo K Y, et al. Solvothermal-assisted hybridization between reduced graphene oxide and lithium metal oxides: a facile route to graphene-based composite materials[J]. The Journal of Physical Chemistry C, 2012, 116(13): 7269-7279.

[86] Pathmanapan S, Sekar M, Pandurangan A K, et al. Fabrication of mesoporous silica nanoparticle-incorporated coaxial nanofiber for evaluating the *in vitro* osteogenic potential[J]. Applied Biochemistry and Biotechnology, 2022, 194(1): 302-322.

[87] Hu X, He J Y, Zhu L, et al. Synthesis of hollow PVP/Ag nanoparticle composite fibers via electrospinning under a dense CO_2 environment[J]. Polymers, 2022, 14(1): 89.

[88] Chamakh M, Ayesh A I. Production and investigation of flexible nanofibers of sPEEK/PVP loaded with RuO_2 nanoparticles[J]. Materials & Design, 2021, 204: 109678.

[89] Wang Q Z, Wang B, Wang J N, et al. Preparation of [CTS/SA]$_{c/1}$ PVA nanocomposite film based on electrospinning and layer-by-layer assembly[J]. New Chemical Materials, 2018, 46(9): 140-143.

[90] Liu H M, Qiu H D. Recent advances of 3D graphene-based adsorbents for sample preparation of water pollutants: a review[J]. Chemical Engineering Journal, 2020, 393: 124691.

[91] Kumar R, Singh R K, Singh A K, et al. Facile and single step synthesis of three-dimensional reduced graphene oxide-$NiCoO_2$ composite using microwave for enhanced electron field emission properties[J]. Applied Surface Science, 2017, 416: 259-265.

第 3 章 纳米材料的表征

3.1 表征技术概述

材料的表征技术（characterization technique）可以分为成像（显微术，microscopy）和分析（光谱学，spectroscopy）两大类[1-2]。伴随着纳米材料与技术的发展，研究者针对纳米材料样品已经发展出多种多样的物理分析技术，但目前使用最广泛的依旧是少数几种经典的显微和分析技术[3-4]。

3.1.1 基本表征技术原理

当前已有十余种初级探照源[包括电子、X 射线、离子、原子、光子（可见、红外和紫外波段）、中子和声波等]可作用于样品的特定区域，由此激发产生用于分析和检测的次级效应（如电子、X 射线、离子、光波、中子、声和热等）。选定的次级效应会随着已知至少七种变量（如能量、温度、质量、强度、时间、角度和相位等）中的某一种或某几种的改变而发生相应变化。理论上来讲，通过改变相关变量可以组合得到大约 700 种基于单一信号的表征技术（已经排除在物理学范围内是不可能实现的一些探照源和次级效应的排列组合），以及技术难度更高的基于多种信号的复杂表征手段。研究者已经开发并应用了约 100 种物理表征技术，其中的大部分都是使用离子、电子、中子或光子作为初级探照源。当使用离子作为探照源时，样品会发射出相应的离子和光子作为后续分析的信号源，对应的分析技术包括二次离子质谱（secondary ion mass spectroscopy，SIMS）、卢瑟福背散射分析（Rutherford backscattering spectrometry，RBS）和质子 X 射线荧光分析（proton-induced X-ray emission，PIXE）。当使用电子作为探照源时，样品会发射出相应的电子和/或光子作为后续分析的信号源。电子可以由金属尖端通过热离子发射或电场发射等方式产生。这些电子与固体原子外层电子云作用时，会发生低角度相干弹性散射，散射角大小为 1°～10°。当这些带负电的电子与固体原子的原子核相互作用时，会发生高角度非相干弹性散射，散射角大小范围为 10°～180°。这些电子发生弹性散射的截面面积与固体原子的原子序数的二次方相关。入射电子发生非弹性散射的角度要小于发生弹性散射的角度，此时的非弹性散射截面面积与固体原子的原子序数呈线性相关。由电子与物质间的相互作用发展的分析技术包括扫描电子显微技术（scanning electron microscopy，SEM）、电子探针显微分析（electron probe micro analysis，EPMA）、能量色散 X 射线谱技术（energy dispersive X-ray spectroscopy，EDS）和电子能量损失谱技术（electron energy loss spectroscopy，EELS）的透射电子显微技术（transmission electron microscopy，TEM）、俄歇电子能谱（Auger electron spectroscopy，AES）、低能电子衍射（low-energy electron diffraction，LEED）技术和反射高能电子衍射（reflection high energy electron diffraction，

RHEED）技术。

当使用光子作为探照源时，样品会发射出相应的电子和/或光子作为后续分析的信号源。电磁波（如 X 射线和光波）可以被描述为系列光子聚合组成的束流，相应地，粒子（如中子、离子和电子）的状态可以用对应的波函数来描述。入射辐射的波粒二象性满足德布罗意（de Broglie）关系：

$$\lambda = \hbar/(m \times \upsilon) \tag{3-1}$$

其中，λ 和 υ 分别为波长和波速；$\hbar$ 为普朗克常量；m 为有效质量。一束入射辐射与物质相互作用后会发生散射。不同种类的入射辐射可能经历一系列不同的散射过程，每种散射过程都对应一个特定的散射截面面积 σ，即材料中与入射粒子或者辐射相互作用后使粒子发生散射的那部分区域的面积。不同散射事件发生的频率与样品的厚度相关，相应发生的概率符合泊松分布。根据入射辐射发生散射后的振幅或相位是否发生变化，可将粒子散射分为弹性散射和非弹性散射两种类型。发生弹性散射后，入射辐射的方向会发生改变，但该过程中不涉及能量转移，入射辐射散射前后的波长不发生变化。非弹性散射过程中，入射辐射的方向发生改变的同时，还涉及能量的转移，相关粒子的能量出现增减，使得入射辐射经散射后发生波长变化。由上述粒子散射物理学特征发展的分析技术包括光谱技术、X 射线衍射（X-ray diffraction，XRD）技术、X 射线荧光光谱技术（X-ray fluore-scence spectrometry，XRF）、X 射线吸收光谱（X-ray absorption spectroscopy，XAS）、红外光谱（infrared spectroscopy）、拉曼光谱（Raman spectroscopy）和 X 射线光电子能谱（X-ray photo-electron spectroscopy，XPS）。近些年来，包括原子力显微技术（atomic force microscopy，AFM）、扫描隧道显微技术（scanning tunneling microscopy，STM）和扫描隧道光谱技术（scanning tunneling spectroscopy，STS）等用来研究探针与样品表面之间相互作用的近端探针技术也在纳米材料的表面形貌表征等领域得到了快速发展。

3.1.2　纳米材料表征技术的分类

在确定使用何种特定的表征技术来表征纳米材料样品之前，需要考虑要获取纳米材料样品的何种信息以及达到何种分辨率。纳米材料需要获取的样品信息可以大致分为以下几类：①形貌（样品在微米或纳米尺度的结构构型）；②晶体结构（微结构内各化学相的详细原子排布方式）；③化学组成（样品内的元素和分子组成信息）；④电子结构（原子间化学键的本质）等。除了上述信息以外，还需要对样品的机械、热学或电学等性能进行表征。但事实上，这些性能都是上述列出的样品的四类结构因素共同作用而表现出来的结果。因此，研究者需要通过建立样品的结构与性能间的内在联系，来研究用于合成材料和制备器件的实验条件是如何对样品的结构因素产生影响的。相关结果可以作为基于计算机的模型程序的输入信号依据，由此实现对纳米结构-性能-实验条件三者关系的预测。在确定了需要获取样品的何种信息之后，下一个待解决的问题就是需要多大的样品体积和面积才能得到这种信息。某种特定表征技术的分辨率常可被分为横向分辨率/空间分辨率（即从多大样品表面面积或多大样品体积可以检出特定信号）和深度分辨率（即距离样品表面多大深度可以检出特定信号）。大部分的测试技术可以被简单地依据测试对象的范围分为表面分析或者体相分析技术。不同种类的纳米结构（即纳米薄膜、纳米点和纳米颗粒）对横向和深度分辨率提出不同要求。之后就需要根据实际需求，选择恰当的显微技术和波谱分析技术来对纳米材料样品进行多方面表征。显微技术是检测和分析纳米结构系统的表面和次表面结构以及薄层样品的主体结构的一种极其重要的技术手段，常用显微技术包括电子显微技术（扫描电子显微技术和透射电子显微技术）和扫描探针技术（扫描隧道显微技术和原子力显微技术）等。波谱分析技术包括紫外光谱、红外光谱、核磁共振波谱和质谱等，具有分析样品用量少、获取结构信息丰富等优点，因而在纳米材料的成分分析和结构测定方面发挥着重要的作用。在对纳米材料进行系统表征的过程中，往往会需要同时使用多种显微技术和波谱分析技术。综合不同表征技术得到的结果，最终获取纳米材料样品的形貌、晶体结构、化学组成和电子结构等多方面的信息。后续章节会将纳米表征技术分为显微技术和波谱分析技术两部分进行介绍。

3.2 显 微 技 术

3.2.1 显微技术概述

电子显微技术（electron microscopy）是检测和分析纳米结构系统的表面和次表面结构以及薄层样品的主体结构的一种极其重要的技术手段。电子光学与常规光学在许多方面都具有相似性，电子显微技术还有着区别于常规光学显微技术的一些特性，具体总结如下：首先，加速后电子对应的波长远小于可见光或紫外光光子对应的波长，这意味着使用电子来成像将获得极高的分辨率。其次，电子与物质间的作用强度要远高于光子，因而要求电子显微镜内的真空度保持在 10^{-4} Pa 以下。但这样带来的好处是，相较于使用其他入射辐射，仅作用在较小面积范围的样品区域就能获得很高的信号强度。再次，电子作为带电微粒可以借助磁场或者电场对其进行聚焦，而聚焦电子束可以通过使用静电场较容易地实现对样品进行扫描。最后，电子显微镜中透镜的孔径半角 α（仅为约 10^{-3} rad）要远小于光学显微镜，因而可以获得具有很大景深的图像，使其能用于对三维结构或者装置进行成像。

1. 电子束的产生

电子束可以由热电子发射得到，在此过程中，热能用于帮助电子克服发射极的表面电势势垒（逸出功），使得电子从发射极的导带中逸出，而在发射极上施加超高强度电场还能有效降低表面电势势垒高度。另外，因为表面电势势垒的宽度有限，电子还能在室温条件时借助量子隧穿在电场作用下逸出发射极，即实现冷场发射。但是场发射一般在较高温度条件下实行，此时场强要求相对要低。常规的电子枪使用金属钨丝作为阴极灯丝，电子枪在使用过程中的真空度需要达到 10^{-4} Pa 以下，钨灯丝则被加热到 2800 K 以上，此时电子获得的能量大于金属钨的功函数而从灯丝表面发射出来。这些电子经加速和栅极聚集后变成了直径约为 50 μm 的电子束。扫描电子显微镜和透射电子显微镜中的阳极加速电压范围分别为 1～20 kV 和 100～200 kV。电子枪的一个重要的参数是源的亮度（β），即单位立体角的电流密度。一方面，提高电流值带来亮度的提升，进而增强扫描电镜的灵敏度和图像的对比度。另一方面，减小电子束探照面积也可以带来更高的空间分辨率。六硼化镧（LaB$_6$）灯丝的功函数要低于钨灯丝，当源的尺寸减小至约 1 μm 时，其产生的亮度要较钨灯丝产生的亮度高 1 个数量级。另外，场发射型电子枪在半径为 100 Å 的钨针尖周围施加一个高强度电场，产生的源尺寸低至 5 nm，钨针尖在场发射模式下的亮度比其在热电子发射模式下要高出 4 个数量级。相较热电子发射模式下的钨灯丝，六硼化镧灯丝或者场发射模式下的钨灯丝具有更长的寿命，但是两者都对电子枪的真空度提出了更高的要求。这些电子源产生的发射电子的能量分布范围更窄，更低的色差使得显微镜成的像具有更高的分辨率。

2. 电子束与样品间的相互作用

图 3-1 描绘了在扫描电镜中电子束与样品相互作用后产生的各种信号类型，同时显示了薄层样品中不同电子束与样品作用体积范围和电子在样品中的不同渗透深度对应产生的不同信号类型。相互作用体积是指 95% 的入射电子与样品原子作用发生散射后直至停止前进时对应的样品体积范围，其在样品中常呈现出泪滴的形状。电子渗透入样品的纵向深度和横向宽度分别粗略地与加速电压 V 的平方和加速电压 V 的 3/2 次方成正比。相对于由低原子序数原子组成的材料，由高原子序数原子组成的材料常表现出更小的电子渗透纵向深度和更大的电子渗透横向宽度。

图 3-2 是适用于透射电镜成像的薄层样品经电子束探照后产生的各种信号类型。除初级电子以外，还有不同种类的发射电子离开样品表面，并在随后用作成像或分析。以下是这些发射电子对应的分类与简介。

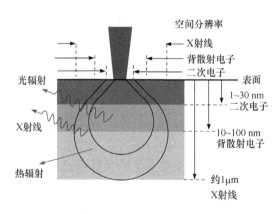

图 3-1 扫描电镜中电子束与样品相互作用产生的
各种信号类型

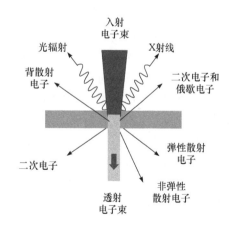

图 3-2 透射电镜中电子束与样品相互作用后产
生的各种信号类型

1）二次电子

二次电子（secondary electron）是指从样品表面逸出后动能低于 50 eV 的电子。它们可能是由样品表面附近原子的外层电子获得小部分动能后从原子外层逸出而得到，也可能是由到达样品表面的入射电子经过散射后动能大幅度减小而产生。二次电子来源十分丰富，二次电子发射系数（δ，单位入射电子对应产生二次电子的数量）与加速电压有关，并且该数值可以大于 1。二次电子因此在扫描电子显微镜中被用于成像。

2）背散射电子

入射电子中的一部分到达样品表面后发生大角度的偏转且其动能几乎没有发生变化，这些电子被称为背散射电子（back scattered electron，BSE）。背散射电子的产率（η）几乎与加速电压大小无关，且数值上要小于二次电子的产率。背散射电子主要来自于样品原子核作用于入射电子后发生的卢瑟福背散射，因而背散射电子的产率与样品原子的原子序数强烈相关。当背散射电子用在扫描电子显微镜中成像时，可以区分出由不同平均原子序数原子组成的相。

3）俄歇电子和 X 射线

在入射电子的作用下，样品原子的内壳层发生电离的同时由基态变成激发态。当原子发生弛豫时，处在高能级的电子跃迁回内壳层的空位上。该过程伴随着大小等于两个电子能级差的能量的释放，产生低能量（100～1000 eV）的俄歇电子（Auger electron），或者 X 射线，或者可见光光子（对应波长为 $\lambda = hc/\Delta E$）。除了轻元素原子以外，俄歇电子的产率虽然比较低，但是对于表面分析是非常有用的。X 射线的能量和波长可以反映出对应原子的特征，因而常被用于元素分析。

3.2.2 扫描电子显微镜

扫描电子显微镜（scanning electron microscope，SEM）是对材料表面和次表面的微结构进行成像表征的高效技术工具。扫描电子显微镜的工作原理可以简单概括为"光栅扫描，逐点成像"，具体过程如下：从电子枪中射出来的电子束在高电压的作用下经过聚光镜和物镜聚焦后形成高能细电子束。细电子束在扫描线圈的作用下在样品表面逐点扫描，细电子束与样品表面发生相互作用后产生携带各种样品信息的不同种类粒子和辐射，这些粒子和辐射被探测器接收后产生的信号经放大后用于调节显像管的栅极并由此在荧光屏上显示出不同衬度，对不同取样点扫描后得到的衬度信息经组合后形成扫描图像。扫描电子显微镜主要由电子光学系统、扫描系统、信号检测和放大系统、图像显示和记录系统、电源和真空系统等组成，其基本结构如图 3-3 所示。

电子光学系统的主要部件包括电子枪、电磁透镜、光栅和样品室，电子光学系统用于产生照射到样品表面的高能细电子束。扫描电子显微镜中的电子枪用于产生稳定的细电子束，包括热阴极电子枪和场发射电子枪两种类型。热阴极电子枪常使用钨或者六硼化镧（LaB_6）灯丝。钨灯丝具有加热温度高（2800 K）、价格便宜和更换简单等优点，但是其产生的热电子能量分布范围较宽而导致其单色性较差，并且还存在亮度较低和寿命较短等缺点。LaB_6 灯丝的工作温度（1800℃）显著低于钨灯丝并且亮度和寿命要优于钨灯丝，该灯丝产生的热电子能量分布范围较窄而显示出较好的单色性，但是其价格要显著高于钨灯丝，并且在启动过程中需要缓慢提升电流的大小。场发射电子枪具有高亮度和高相干性等特点，一般分为热场发射和冷场发射两种。热场发射电子枪一般使用由 W 单晶或者 ZrO_2 单晶制成的曲率半径在 100 nm 左右的针尖，这些针尖通电后被加热至 1600～1800℃，针尖上的电子在强电场的作用下克服势垒而发射出来，此时产生的电子

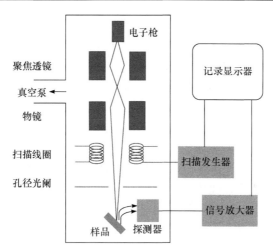

图 3-3 扫描电子显微镜的结构简图

束的单色性要显著好于使用钨或者 LaB_6 灯丝的热阴极电子枪产生的电子束。冷场发射电子枪中使用更强的外加电场,可以同时减小势垒的高度和宽度,在势垒宽度减小至 10 nm 以下后,电子发射的机制变为以量子隧穿效应为主。冷场发射电子枪中灯丝的电子借助隧穿效应穿透表面势垒,由此逸出灯丝表面的大量电子形成较大的发射电流。热场发射电子枪能稳定地维持发射电流,并且能在稍高的真空度(10^{-7} Pa)条件下运行,热场发射电子枪的亮度与冷场相当,束流相对较大,但是热场产生电子的能量分布是冷场的 3~5 倍,对应图像分辨率要差些,因而适合用于成分分析。冷场发射电子枪产生的电子束直径要小、亮度相对较高,因而图像的亮度和分辨率都要高于热场,使其更适用于观测表面形貌。扫描电子显微镜中常用两组或两组以上的聚焦透镜来汇聚缩小由电子枪产生的电子束流,进而实现对于电子束的束流密度、束斑大小以及样品平面处孔径角的调节。紧靠样品上方的物镜将电子束聚焦在样品表面的同时将探照光斑的直径限定在 2~10 nm 之间,并且形成样品的一次放大像。在聚焦透镜和物镜上方放置的光阑,不仅可以用于限量去除不必要的电子以减少对扫描图像的影响,还可以通过调节孔径来提高束流或者增大景深,进而提升扫描图像的质量。物镜光阑可以根据不同工作条件选择不同大小的光阑孔径尺寸,实现对电子束的角展度(α)的控制并有效减少球差的影响。扫描电子显微镜的样品室中最重要的部件是容纳样品的样品台。扫描电子显微镜要求样品台能在三维空间内进行较大范围且高精度的移动、倾斜和转动,样品室周围还需预留用于安装包括二次电子探测器、背散射电子探测器以及其他用于样品分析的附件的窗口。

聚焦后的电子束沿着物镜的光轴方向穿透物镜后,按照二维栅格的排布方式在样品表面上运动扫描。扫描电子显微镜中的扫描系统包括扫描信号发生器、扫描放大控制器以及扫描偏转线圈等。扫描偏转线圈可以使入射电子束发生偏转,进而在样品选定区域进行光栅扫描。扫描偏转线圈与图像显示系统中的阴极射线管的扫描线圈受控于同一锯齿波发生器,以实现入射电子束和显示系统中电子束的严格同步偏转。在入射电子束与样品的相互作用下产生的各种粒子和辐射由信号检测和放大系统进行收集、转换和放大。扫描电子显微镜中最重要的检测信号为二次电子和背散射电子,对应的检测器为二次电子检测器和背散射电子检测器。由信号检测和放大系统输出的调制信号经过图像显示和记录系统转变为呈现在显示器上的扫描图像，进而实现对样品的观察和记录。显示装置通常包含分别用于观察和记录的两个显示通道，对样品进行观察时常采用长余辉显像管和较快的扫描速度，对样品进行拍照记录时则使用短余辉显像管和较慢的扫描速度。扫描图像中像素点的亮度与入射电子束和样品表面选定的测试点间作用后产生的信号强度大小直接相关。显示器的栅格尺寸和样品选定的栅格尺寸的比值则为扫描电镜的放大倍数。扫描电子显微镜中的电源系统可以为各系统提供稳定的电力供应，真空系统则用于减少和避免电子束与气体分子间的碰撞对扫描成像的不良影响，保证电子光学系统的正常工作。扫描电子显微镜中用来实现真空的装置包括机械泵、扩散泵和离子泵或者机械泵联用等，一般扫描电子显微镜要求真空度保持在 10^{-2} Pa 以上，场发射扫描电子显微镜则需要真空度达到 10^{-4} Pa 以上。

1. 扫描电子显微镜的不同成像模式

1）二次电子成像

聚焦电子束到达样品表面后，具有宽谱分布的携带低能量的二次电子从样品的表面发射出来，从而获得具有较高信噪比的图像。这些二次电子被样品室侧边的由 Everhart-Thornley 探测器（E-T 探测器）组成的闪烁体-光电倍增管系统探测出来。环绕光电倍增管的是一圈网格罩（一种法拉第笼），网格罩上被施加一个小的正向偏压，以吸引从各个方向远离样品表面的低能二次电子。那些直接飞向探测器的高能背散射电子也会对成像有所贡献，但是因为探测器收集信号粒子的角度范围较小，所以背散射电子产生的信号强度相对较低，对后期成像影响不大。Everhart-Thornley 探测器几乎能收集到所有二次电子，使得后期成像看起来高低错落有致。正对探测器的样品区域产生的信号要强于周围区域，因而看起来图像亮度会更高，即阴影效应（shadow effect）。二次电子探测器的位置和结构参见图 3-4。

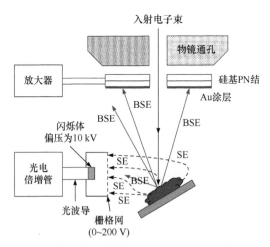

图 3-4　二次电子探测器和背散射电子探测器的位置和结构示意图
BSE：背散射电子；SE：二次电子

　　入射电子束和样品间相互作用区的形状与样品表面相关，因此二次电子的产率与入射电子束和样品表面间的倾斜角（θ_{inc}）有关，数值上与 $1/\cos\theta_{inc}$ 呈正相关。电子显微镜中倾斜效应（inclination effect）的存在使得球形颗粒的边界区域亮度看起来要比中心区域更高。为了更好地研究样品的形貌，样品常与探测器呈 20°～40° 的夹角以获得最高的信号强度。因为样品表面的尖锐边界和突起处的场强显著增强，这些区域产生的二次电子和背散射电子数量显著增加，进而在图像中呈现更高亮度，即边缘对比度（edge contrast）。因为表面特异性和对比效应的存在，二次电子成像主要被用于形成样品的形貌衬度。由二次电子获得的样品形貌图像与一个物体被漫射光照射后成像的情况类似，都没有高反差的阴影。通过体视显微镜技术获取同一样品在相同放大条件但倾斜角度略有不同（如+5°和−5°）的情况下得到的两张显微图像，进而获取样品表面形貌的定量信息。采用特殊的立体观察设备能将这两张显微图像以三维图片的方式呈现。通过对比两张图像中两处特征区域间的相对位移或者视差可以定量地确定其高度差。因为被检测的二次电子产生于距离样品表面几纳米的深度范围，二次电子在样品表面的产生区域范围也就是略大于入射电子束的照射面积。对于常规样品，二次电子图像的横向分辨率在 1～5 nm 这个量级范围内，但是该分辨率数值大小与入射电子束的光斑直径以及图像信噪比的大小显著相关。深度分辨率则与加速电压的大小有关。二次电子成像因为具有很高的信号强度和极高的横向和深度分辨率而成为扫描电镜中获取纳米结构样品形貌最常用的成像模式。

　　扫描电子显微镜的二次电子成像常用于表征各种类型纳米材料的形貌，如纳米颗粒[5]、微米棒[6]、纳米管阵列[7]等。扫描电子显微镜还能用于研究样品制备过程的形貌变化。Tian等先采用水热法在 FTO 基底上制备 WO_3 样品，随后通过化学浴法在阵列表面上生长 In_2S_3 材料，最后得到生长在 FTO 基底上的 WO_3/In_2S_3 纳米复合样品，具体实验流程参见图 3-5（a）[8]。他们随后采用扫描电子显微镜对制备过程的阶段样品的形貌进行表征。参照图 3-5（b）和（c）中 WO_3 样品的俯视和侧视扫描电镜图可知，水热法得到垂直生长

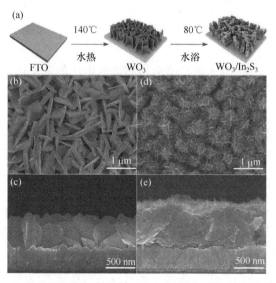

图 3-5　（a）WO_3/In_2S_3 纳米复合样品的制备流程；WO_3 样品的俯视（b）和侧视（c）扫描电镜图；复合样品的俯视（d）和侧视（e）扫描电镜图[8]

于 FTO 表面的规整三维 WO_3 纳米墙阵列，这些阵列的厚度约为 800 nm。图 3-5（d）和（e）中 WO_3/In_2S_3 复合样品的俯视和侧视扫描电镜图显示，超薄 In_2S_3 纳米片均匀地生长在三维 WO_3 纳米墙阵列表面，并且由 In_2S_3 纳米片组成的层状结构厚度约为 300 nm。

2）背散射电子成像

背散射电子携带了远高于二次电子的能量，但是其产率低于二次电子。通过在 E-T 探测器的外部栅格网罩上施加一个负的小偏压可以有效地排斥二次电子，进而实现对背散射电子的检测。但是，在实际情况下只有运动方向正对于探测器窗口的背散射电子才能通过探测器产生微弱的信号，因而产生的图像呈现出非常显著的阴影效应以及很低的信噪比。扫描电子显微镜常配备大面积的背散射电子探测器，该探测器是贴附在物镜底部的一个薄层的环状半导体装置，主体部分是施加了反向偏压的 PN 结装置，具体结构参见图 3-4。高能背散射电子到达该探测器表面后激发产生光生电子-空穴对，该电子-空穴对经分离传导后在探测器内产生一股微小电流，微小电流经过后端放置的放大器后数值变大并被检出。该探测器的响应速度相对缓慢，因而需要降低电子显微镜的扫描速度。背散射电子图像的分辨率大小范围为 25～100 nm，这种成像方式的分辨率要低于二次电子成像，这是因为背散射电子的渗透深度更大，对应取样体积也更大。尽管背散射电子的产率（η）与被测样品的原子序数显著相关，可是在要求用元素基底成像的情况下，采用表面平坦或者抛光处理的样品以有效减小形貌效应的影响仍是非常必要的。对于晶体样品，背散射电子的产率还与晶体样品相对入射电子束的朝向呈弱相关。假如电子束与晶体内的一组原子平面平行，电子就会沿着这些通道被导入晶体结构，产生非常大的渗透深度，导致背散射电子很难逃离样品表面，使得背散射电子的产率相应下降。对于表面抛光且未变形的多晶材料样品，具有不同晶粒边界朝向的晶粒会表现出不同的电子通道衬度。此外，在样品特定扫描点处可产生相应的电子背散射衍射图样（electron backscattering pattern，EBSP），通过倾斜样品并附加一个荧光屏或者闪烁体可以记录背散射电子的产率随样品倾斜角度变化的关系。当待测样品相对入射电子束偏转时，电子背散射衍射图样可用于标记微结构内的晶体取向分布，且对应分辨率大于 100 nm。

3）其他成像模式

对于半导体样品，二次电子的产率会随着表面电压的变化而变化，在表面施加正电压会减小二次电子的产生，而施加负电压可以提高二次电子的产率。附加偏压的半导体装置因而可以在扫描电镜中成像，由此产生的电压衬度使得负偏压区域呈现出更高的亮度。入射电子束可以使样品中的价带电子发生电离从而带来电子束引起的电流衬度。电子-空穴对再结合产生光子的过程称为阴极发光。半导体样品被施加偏压后会使得电子-空穴对发生分离，由此导致电流的产生。对该电流进行测量并成像后，可以获取样品导电性、载流子寿命和迁移率等相关信息，这就可以实现对处于工作模式的集成器件进行动态成像。外加漏磁场作用于样品表面可以使背离样品表面的二次电子和背散射电子发生偏转，或者样品内部产生的磁场与入射电子束相互作用后使电子束发生偏转以及电子产率发生改变，这些相互作用导致了图像中磁衬度的产生。理论上来讲，利用磁场对电子的偏转作用可以对样品中的磁畴结构进行成像，还可以运用在透射电子显微镜的洛伦兹显微技术中。

2. 环境扫描电子显微技术

环境扫描电子显微技术（environmental scanning electron microscopy，ESEM）或者变压扫描电子显微技术是在真空度显著降低的扫描电镜腔室内进行成像，而电子枪区域的真空度要求保持不变。环境扫描电子显微技术（尤其是在使用二次电子成像模式时）主要依靠腔室内的气体分子电离产生的信号经放大后成像。将气体引入腔室后会带来一些益处的同时，也会引入一些缺陷：①靠近样品表面的一些电离的气体分子或电子可以有效地减小样品的荷电效应，因而可以实现对非导体样品的成像。②可以实现对处于水合状态的样品或正在发生原位反应的样品进行成像。但是，样品在扫描电镜内真空环境下会发生脱水，进而导致其形貌发生极大变化影响表征结果。③入射和散射电子束与腔室内气体分子的相互作用会导致分辨降低。

3. 扫描电子显微镜中的可添加附件

在扫描电子显微镜中添加功能附件可以获取除样品形貌外的其他有效样品信息，从而拓展扫描电子显微镜的适用范围及用途。扫描电子显微镜中可添加的附件包括 X 射线能量分散谱仪、微区荧光光谱仪和不同功能的样品台等，以下是对这些可添加附件的简要介绍。

1）X 射线能量分散谱仪

X 射线能量分散谱仪（X-ray energy dispersive spectrometer，EDS）使用聚焦电子束轰击样品表面选定区域，再根据激发出的与样品元素组成相关的特征 X 射线的波长和强度，实现对样品表面微区组分的定性或半定量分析。配置了能谱仪的扫描电子显微镜可以同步分析样品表面微区的形貌、结构和化学组成。当前使用最多的是装配了锂漂移硅固态检测器[Si（Li）检测器]的 Si（Li）X 射线能谱仪。在仪器运行过程中，样品经聚焦电子束轰击后产生的特征 X 射线光子经过准直器并穿过薄铍窗口后到达 Si（Li）检测器，而大量产生的背散射电子则被阻挡在薄铍窗口外。到达检测器的特征 X 射线光子被其中的 Si 原子俘获后产生光电子，这些光电子在检测器中发生非弹性散射并相应生成电子-空穴对。在 Si（Li）晶体两端偏压的作用下，这些电子-空穴对发生分离后产生电荷脉冲，电荷脉冲经场效应晶体管转换以及前置放大器和主放大器多级放大后生成的电压脉冲信号被输入至多道脉冲高度分析器。多道脉冲高度分析器再将信号按照电压大小进行分类，最终输出进入能谱仪中特征 X 射线的能量和强度分布。X 射线能谱仪在运行过程中拥有点分析、线性扫描和面扫描这三种基本的工作方式。点分析是使用聚焦电子束扫描样品表面选定的待测区域或粒子，再由能谱仪收集并分析扫描过程中产生的特征 X 射线的能量和强度，进而得到用于定性或半定量分析的点分析谱。线分析则是使用聚焦电子束沿着选定的直线轨迹对样品表面进行扫描，再由能谱仪收集并分析某一元素的特征 X 射线的能量和强度，由此可以在二次电子或背散射电子图像上直接叠加显示电子束的扫描路径和该元素的特征 X 射线强度分布曲线，从而实现对扫描轨迹上样品的定性和半定量分析。面分析则是使用聚焦电子束在样品的选区表面做光栅式面扫描，由能谱仪收集某一元素的特征 X 射线信号，再根据信号强度调制荧光屏的亮度，进而获得这种元素在选定区域的 X 射线扫描像。将能谱仪在同一选定区域内收集的不同元素的 X 射线扫描像叠加，使用不同的颜色表示不同元素的分布，图像的亮度代表元素的质量分数，这样就能得到呈现出样品元素分布信息的面扫描图像，进而直观地对比分析样品选定区域的形貌像和成分像。

2）微区荧光光谱仪

在扫描电子显微镜中加装微焦点 X 射线源，以及能采集 X 射线与样品作用后产生的 X 射线荧光光谱的能谱探头，就能使扫描电子显微镜具备微区荧光光谱分析的能力，从而实现对中等至重元素范围内各种元素的检测。由于 X 射线与样品的作用深度要深于电子束，因而微区荧光光谱仪（micro-region fluorescence spectrometer）能够获取样品更深层次的信息。研究者还利用 X 射线毛细导管技术来提高入射 X 射线的强度，使得在较小的样品区域内也能获得很高的荧光强度的同时，有效地降低荧光光谱的底噪，从而提高微量元素的敏感度和高原子序数元素的检测限。

3）不同功能的样品台

能实现加热、冷冻和拉伸等不同功能的样品台的应用赋予了扫描电子显微镜在专用领域的特殊用途。配备了原位加热台的扫描电子显微镜能实现对样品在加热过程中的出现的相变、再结晶、晶粒生长和氧化等物理化学变化的动态观察。冷冻样品台则适用于聚合物和地质样品等对电子束敏感材料的低温状态下的形貌研究，还可以用于研究半导体和超导体材料的低温象限和性能。附加原位拉伸台的扫描电子显微镜可以在对金属和高分子等材料进行拉伸、挤压和弯曲等操作的同时，动态观察和分析这些材料样品的微观变形形貌和断裂机制。

4. 扫描电子显微镜中的样品制备

扫描电子显微镜在使用过程中对样品有以下要求：①样品要干燥并且必须保持样品的原始形貌；②样品表面必须清洁且不能出现电荷积累；③样品的大小和高度需要适应仪器专用的样品座。扫描电子显微镜中针对不同形态的样品有着不同的制备方法。

1）粉末样品

粉末样品在扫描电子显微镜中进行形貌观察之前需要先黏结在样品台上。样品和样品台之间的黏结介质可以选用包括银导电胶、金导电胶、碳导电胶和银导电膏在内的导电胶，在样品制备过程中需要将这些导电胶涂布在样品台上，接着将粉末样品均匀地撒在导电胶表面，最后用洗耳球轻吹干燥后的导电胶表面以除去未黏附的粉末样品。粉末样品还可以用双面碳导电胶带和铜导电胶带黏结到样品台上。借助市售的由铜、铝和铜镍等材料制成的单面导电胶为黏结介质，扫描电子显微镜不仅可以用于一维或二维纳米材料的尺度表征，还可适用于研究样品在溶液中的分散状态。相应的制样过程是首先将粉末样品分散在易挥发的溶剂中形成悬浮液，然后将悬浮液分散在黏结于样品台上的单面导电胶带上，待溶剂挥发后就能实现将粉末样品黏结在导电胶上。但是单面导电胶带表面的不平整将会对扫描电子显微镜在高倍率情况下的观察结果产生影响，这时可以根据悬浮液的溶剂种类选择经亲水（适合水为溶剂）或者疏水（适合有机溶剂）处理的导电硅片来代替。

2）块体样品

对于尺寸合适并且能安置在样品台上的块体样品，可以不经处理直接固定在样品台上进行测试。块体样品预先经过切片、冲断、掰断或液氮淬断等处理后，可获得新鲜断口，再将其黏结固定在样品台上即可观察块体样品的截面。

3）镀膜处理

对于包括高分子和生物样品在内的一些导电性不好的或者绝缘的样品，将其置于扫描电子显微镜中观察时，样品表面在入射电子的照射下容易出现电荷累积并发生放电，进而影响成像质量。为了减小累积放电效应，需要在样品表面蒸镀一层厚度在几纳米的导电金属膜或碳膜。金导电膜具有高导电性、高二次电子发射率、熔点低、不易氧化以及膜厚易于控制等优点，在进行常规的形貌观察时，在样品的表面蒸镀一层厚度小于 10 nm 的金导电膜，即可得到较好的扫描电镜成像效果。作为超轻元素的碳元素对于待测元素的特征 X 射线吸收较少，因而在对样品进行成分定性和定量分析时常在其表面蒸镀上碳导电膜。在做对比实验时，除了要求镀膜均匀并且厚度控制在 20 nm 左右以外，还需要将样品和标样同时蒸镀以确保膜厚度相同。

5. 扫描电子显微镜的应用

扫描电子显微镜不仅可以对纳米尺度范围的材料样品的形状和尺寸进行表征，附加相关附件后能实现对材料微区的成分分析，借助扫描电子显微镜的电子束还能对纳米结构进行加工。下面对扫描电子显微镜的不同应用方向进行介绍。

1）表征纳米材料的形貌及尺寸

扫描电子显微镜可以观察纳米材料的形貌、生物材料的纳米结构、纳米自组装体的形状、纳米电子器件的构造以及微纳机电系统的组成结构等，因而相应在纳米材料、纳米生物、纳米电子学和微纳机电系统等研究领域应用广泛。纳米材料的尺寸大小、外形轮廓、粒度分布以及分散或团聚状态等信息都可以通过扫描电子显微镜直接获得。在纳米材料的合成过程中，还可以借助控制扫描电子显微镜观察合成过程中的实验条件和参数对合成产品的影响，进而获取最佳的合成条件和参数。纳米薄膜材料或者多层膜结构的厚度可以通过使用扫描电子显微镜直接观测样品的截面后得出，进而研究薄膜制备过程中的镀膜速率和影响因素。利用附带原位拉伸台的扫描电子显微镜实时观察纳米增强材料的断裂过程以及断裂面，可以探究得到纳米材料的增韧增塑机理。

2）研究纳米材料中的动态过程

纳米材料的形貌和结构会随着其所处的加热、冷却或拉伸等不同动态过程发生相应变化，使用扫描电子显微镜实施动态观察并记录这些动态变化过程，进而探究纳米材料的生长机理、形变和断裂过程，以及纳米材料增强机理。扫描电子显微镜的样品室足够容纳多种纳米加工和操纵装置，因而可以放大并实时观察及记录纳米加工过程，使其成为纳米技术中强有力的观察手段。

3）分析纳米微区成分

附加了能谱仪的扫描电子显微镜可以实现对样品的组成元素分析。能谱仪采用三种不同工作方式可以对应得到三种不同方式的样品元素信息。点分析可以定性给出样品选定区域内可能存在的元素，再借助相关软件可以计算得出元素组成的近似定量结果。线分析则可以给出扫描电子显微镜图像中选定线段上样品组成元素的线分布状态。将面分析结果得到的样品微区组成信息和扫描电子显微镜得到的形貌信息结合后可以更全面地呈现样品的结构信息。

4）电子束光刻

电子束在涂覆了光刻胶的硅片上直接描画或者投影复印复杂精细图形的技术即为电子束光刻（electron beam lithography，EBL）。电子束光刻可以用于制作复杂纳米结构，包括单电子晶体管和量子电导原子开关在内的纳米器件，以及用于光刻的掩模等。现代电子束光刻技术制作的精细线条结构的分辨率可以达到 10 nm 以下。扫描电子显微镜中电子束束斑尺寸极小而样品室的空间较大，适合用于开展电子束光刻。使用球差扫描透射电子显微镜甚至可以将电子束刻蚀的精度提升至原子级别。

3.2.3　透射电子显微镜

透射电子显微镜（transmission electron microscope，TEM）是对超薄样品内部微结构成像的重要工具，其基本结构如图 3-6 所示。透射电子显微镜主要由电子光学系统、真空系统、冷却系统以及电源和控制系统等部分组成。透射电子显微镜中的电子光学系统又包括电子枪系统、成像系统、样品室以及图像观察和记录系统等。由电子枪、聚光镜和平移对中以及倾斜调节装置组成的电子枪系统，需要为成像系统提供一束孔径角小、平行度好并且束流稳定的高亮度照明源。透射电子显微镜中的电子枪常使用具有热电效应的钨灯丝或 LaB$_6$ 灯丝，不过场发射电子枪的使用也逐渐普及。透射电子显微镜采用的加速电压要大大高于扫描电子显微镜，达到 100～400 kV，甚至有些特殊的电子显微镜使用的加速电压达到 1 MV 以上。更高的加速电压意味着入射电子束的波长更短，从而带来更高的图像分辨率，并且可以用来研究厚度更大样品的微结构。透射电子显微镜中设置两组或两组以上的聚光镜，可以将入射电子束的直径缩小至 1 μm 左右，采用聚光镜-物镜组合系统还能进一步减小入射电子束的直径。聚光镜的励磁电流大小直接影响电子束的直径和会聚程度。一级聚光镜（C1）控制入射电子束的离散程度（光斑大小）。二级聚光镜（C2）控制与样品表面作用的入射电子束的直径和会聚程度，同时也控制了样品表面被电子束辐照的面积的大小。平移对中装置则用于调节入射电子束的平行度并使电子束沿着镜筒的中心轴方向照射到样品上。倾斜调节装置则可以方便电子束以特定的倾斜角度（2°～3°）照射样品。成像系统主要由物镜、中间镜、投影镜和光阑等部分组成，是透射电子显微镜的核心部分。物镜是成像系统中用于生成第一幅高分辨率电子显微图像或者电子衍射图样的透镜，物镜的成像质量直接影响了透射电子显微镜的分辨本领。中间镜则是用来进一步放大物镜所生成的电子图像的透镜，这些放大的电子图像在经中间镜之后的投影镜进一步放大后，被投射到观察屏、底片或电荷耦合装置等接收装置上。透射电子显微镜中使用的物镜、中间镜和投影镜都是利用磁场来改变电子运动方向的磁透镜，通过控制经过线圈的电流大小可以对这些磁透镜的焦距进行大范围调控，进而在多种放大倍率下观察样品图像，以及改变透射电镜的工作模式。物镜和投影镜系统组合后可以使透射电镜的放大倍数达到约 10^6 倍。透射电子显微镜中的光阑可用于遮挡旁轴束流和散射束流以限制电子束的散射，进而实现近轴光线的有效利用、球差的消除以及成像质量和反差的提升。透射电子显微镜中除了嵌入透镜中心的固定光阑，还设置了包括聚光镜光阑、物镜光阑和中间镜光阑在内的活动光阑。活动光阑常为表面纵向等距离排列了直径从数十到数百微米不等的若干光阑孔的无磁性长条金属钼薄片。聚光镜光阑的孔径大小在 20～200 μm 之间，通过变换光阑孔径可以对光斑大小和照明亮度进行调节。物镜光阑的孔径大小在 10～100 μm 之间，改变孔径大小可以显著地改变成像反差，随着孔径的减小，成像反差增大的同时，相应图像亮度和视场也变小。中间镜光阑的孔径在 50～400 μm，利用中间镜光阑可以选择最小直径约为 0.1 μm 的特定样品区域进行选区电子衍射（selected area electron diffraction，SAED），进而实现对该区域的物相分析，因而中间镜光阑也被称为选区光阑。

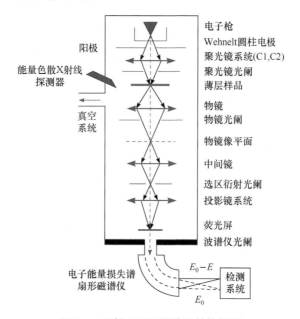

图 3-6　透射电子显微镜的结构简图

透射电镜将装载了样品的样品杆经预抽真空后，推入处于物镜的上下极靴之间的样品室中。放入透射电镜的样品杆需保持真空密封和稳定，以避免测试过程中出现抖动或漂移而影响成像质量。透射电镜中使用的图像观察和记录系统包括荧光屏、底片和电荷耦合器件等。透射电镜中使用最早、最为普及同时成像质量最高的记录手段是底片照相。电荷耦合器件（charge coupled device，CCD）可以配合计算机实现大量图像的快速记录，并且便于进行图像后处理，因而也逐渐在透射电镜中普及使用。透射电镜中的高速电子如果在真空度不高的环境下与空气分子碰撞，会发生高压放电而影响成像质量。透射电镜中为了提高高压稳定性和延长灯丝寿命以及减少样品的污染，常在不同部位设置机械泵、扩散泵和离子泵等装置以使真空度保持在 10^{-3}～10^{-5} Pa 范围内。此外，还能附加离子泵和涡轮分子泵与上述真空装置联用，为超高压和超高分辨率透射电镜提供达到 10^{-5} Pa 的超高真空度。冷却系统使透射电镜中的各部件保持在一定温度范围内，确保各部件的正常工作。透射电镜中的电源包括高压电源、灯丝加热电源、电磁透镜电流电源、真空系统电源以及其他辅助电源等，电源及控制系统则负责为这些电源稳定供电。

1. 电子衍射

不同类型材料对入射电子束的衍射作用不同，因而会得到不同形状的衍射花样。无定形材料在透射电子显微镜图像中呈现出弥散的衍射环，参见图 3-7（a），这些衍射环的径向分布函数与材料的平均原子间距有关。在晶体材料中，周期性排布的原子使入射电子以特定的角度发生衍射，该衍射过程遵从布拉格定律（Bragg's law）。因为入射电子束的波长极短（100 kV 加速电压对应的入射电子束波长 λ 为 0.0037 nm），对应布拉格衍射角（θ）都很小，数值大小在 10^{-3} rad 这个量级，所以 $\sin\theta \approx \theta$，假设发生衍射的平行晶体原子平面间距为 d，那么 $\lambda = 2d \cdot \theta$。因此只有当晶体原子平面与入射电子束近乎平行时，才会发生电子衍射，见图 3-7（b）。因为透射电子显微镜要求样品厚度较小，在垂直于样品方向上发生布拉格衍射的条件可相对放宽，即使在某些不能严格满足布拉格衍射条件的情况下，也能观察到衍射的发生。因此，当电子束入射方向与晶体的某个晶带轴平行时，属于同一晶带轴的大量（hkl）晶面具有相近的布拉格衍射角，从而产生了许多衍射电子束。特定衍射束的强度大小（g），与对应衍射晶面、相较严格布拉格衍射条件的偏差，以及样品的厚度相关。多晶样品内部的晶粒处于无序排列状态，其电子衍射花样由一系列同心圆环组成，如图 3-7（a）所示。这些圆环的半径 r 与样品内不同晶面间距 d 存在以下对应关系：

$$r / L = 2\theta = \lambda / d \qquad (3-2)$$

其中，L 为相机长度。由此可知，圆环半径 r 和对应晶面间距 d 的倒数 $1/d$ 成正比，此时的正比例系数 $L\lambda$ 即为相机常数。单晶样品呈现出的衍射花样是由一些点阵组成的，点间距也与对应晶格间距 d 的倒数 $1/d$ 成正比，点与点的连线与相应晶面（hkl）的朝向相互垂直，如图 3-7（a）所示。这些电子衍射花样是垂直于电子束方向的倒易点阵（傅里叶空间）的缩放截面，而电子束的方向则为晶面内两个倒易晶格矢量的叉积。选用不同的入射电子束方向可获得不同的衍射花样，这些代表着倒易点阵不同的投影图像，经过分析可以获取真实空间点阵，由此得到材料的晶胞结构信息。对样品的维度或者形貌的任何限制，如出现垂直于入射电子束方向排列的片状沉淀相，都会导致衍射花样形式的变化，如衍射斑点变成衍射条纹。此外，具有超细晶粒尺寸的材料产生的多晶衍射环会出现一定程度的宽化。上述特殊现象的出现可为纳米材料的结构分析提供重要参考。

晶体材料的电子衍射花样是由一些清晰明亮的斑点组成的。通过改变选区衍射光阑的位置可以选择形成这些衍射斑点的样品区域。如果去掉选区衍射光阑，将入射电子束直接聚焦在样品表面（即会聚模式），那么就会出现不同的电子束入射方向以及对应不同的布拉格衍射角，这些构成了会聚束电子衍射（convergent beam electron diffraction，CBED）技术的基础，导致常规衍射斑点发生宽化后形成衍射盘，该衍射盘的直径大小正比于入射电子束的会聚半角 α。会聚束电子衍射花样可以提供晶体三维结构、晶胞对称性以及晶体内确切晶格参数（精度可达万分之一量级）等信息。不管是使用选区衍射光阑还是聚焦电子束，透射电子显微技术都能用于确定样品微区的结构和排列方向，进而还可以获取两相邻纳米结构组成（如横截面视图下的薄层和基底或基质和分散相）间的晶体排列关系。

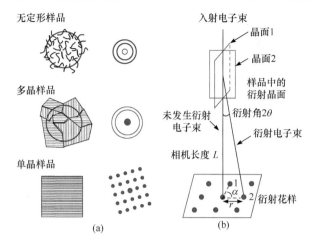

图 3-7　（a）不同类型样品经透射电镜表征得到的衍射花样；（b）透射电镜中入射电子束经晶体衍射后产生电子衍射花样的过程示意图

2. 透射电镜成像

透射电镜图像可以认为是材料内部结构的二维投影，几乎所有的透射电镜图像都包含质厚衬度（mass thickness contrast）、衍射衬度（diffraction contrast）和相位衬度（phase contrast）等三种衬度机理。

1）质厚衬度

电子在穿过薄层透射电镜样品的过程中，会发生一系列的散射过程，导致其能量和角度分布均发生变化。透射电子显微镜镜筒的内孔可以有效阻止衍射角度超过约 10^{-5} rad 的电子参与成像。样品内厚度更大或密度更高的区域对入射电子的散射更加强烈，因而电子的散射角度很大概率超过约 10^{-5} rad，使得这些区域在图像中看起来更暗。这种质厚衬度现象在无论是无定形还是高结晶度的所有样品中均会出现。例如，生物样品会特意用重金属如 Os 或 Ur 来标记，以增加生物样品中被标记特征结构的图像衬度。在物镜背焦面上放置物镜光栅可以进一步缩小允许参与成像的电子的衍射角度范围，进而有效提高图像对比度。假如物镜光阑中心与光轴中心重合，那么不放置样品时得到明视场下的图像称为明场成像（bright field imaging），具体成像原理参见图 3-8（a）。

2）衍射衬度

衍射衬度是晶体样品在透射电子显微镜中成像，特别是在中等放大倍数条件下时主要的衬度机理。衍射衬度来源于未发生衍射电子束和发生衍射电子束之间的振幅差异，导致了由不同电子束成像时的图像强度差异。假如物镜光阑选择未发生衍射电子束，则得到明场像。但是，除了质厚衬度以外，任何处在适当取向（相对入射电子束方向）而可能导致强衍射发生的样品区域在图像上看起来会更暗。相应地，采用将物镜光阑偏离光轴或者将电子束偏转使得衍射电子束与光轴重合（图像畸变更小）等措施使衍射电子束穿过物镜光阑，则得到暗场像（dark field imaging），具体成像原理参见图 3-8（b）。

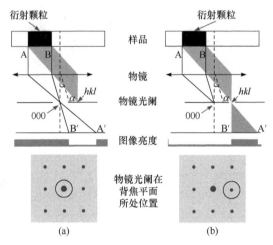

图 3-8　透射电镜中明场成像（a）和暗场成像（b）模式的原理图，以及对应物镜光阑在背焦平面所处位置示意图

　　对由特定晶体结构获得的衍射花样进行分析，可确定发生衍射晶体的结构类型。较大范围的常规微结构特征会在图像中表现出不同的图像特征以及呈现出不同的衍射衬度，具体包括等弯曲轮廓线（bend contours）、样品厚度变化产生的衬度（contrast from variations in specimen thickness）以及晶体缺陷产生的衬度（contrast from crystal defects）。等弯曲轮廓线：晶面位置越靠近布拉格衍射方向，发生的衍射越强烈，其在明场像中显得更暗，相应在暗场像中显得更亮。大部分的薄层样品都会发生一定程度变形，这其中的一些样品区域相较其他区域会更接近主晶带轴，因而在图像中形成明暗不同的区域，表现为等弯曲轮廓线。借助这种效应可通过透镜电镜图像直接观察样品中的应力场。样品厚度变化产生的衬度：当入射电子束穿透晶体时，其强度会发生周期性互补变化，变化周期与样品结构、发生布拉格衍射的晶面以及晶面偏离布拉格衍射角的程度有关。因此，楔形晶体或斜坡状的晶面边界会在透射电镜图中呈现对应周期性亮度变化，称为厚度条纹，据此可计算出样品厚度。晶体缺陷产生的衬度：晶体缺陷产生的应力场会使原子相较其晶体内原始位置发生偏移（记为矢量 R），使得衍射条件发生改变，导致晶体缺陷分别在明场和暗场图像（取决于选用哪种衍射电子束来成像）中呈现出不同衬度。晶体缺陷在使用布拉格反射电子束（记为矢量 g）得到的暗场像中亮度大小取决于 R 点乘 g 的大小。如果点积为零，则说明缺陷的存在并没有使这一组晶面发生变化，因而电子束的衍射强度并未受到缺陷的影响，所得到的暗场图像与由理想晶体（晶体缺陷不可见）得到的图像是一致的。如果点积不为零，那么在非特定条件下，图像中会出现由晶体缺陷带来的一定程度衬度的变化。假如某个晶体缺陷未在暗场图像中呈现出来，即对应点积为零，就可在已知两组或者两组以上矢量 g 的情况下，确定该缺陷对应的偏移矢量 R。不同维度缺陷会在透射电镜图像中呈现不同的图像特征。面缺陷包括晶体生长过程中的堆垛层错和晶界等。堆垛层错中的缺陷平面将该晶体分割为两部分，此时不排除有向错（disclination）现象的出现。入射电子束穿过晶体上下两部分得到的衍射电子束发生了不同的相位变化，这些具有不同相位的衍射电子束发生相干后在图像中产生一组平行于层

错面与样品表面间交线的条纹。此外，在跨越晶粒边界或者相边界的过程中，晶体的取向或者结构会发生变化，因此边界两侧的衍射条件不尽相同。假如边界处于倾斜状态，其中一侧的晶粒可能会使入射电子束发生强烈衍射并在图像中呈现出厚度条纹，而另一侧的晶粒则可能在图像中几乎不表现出衬度变化。假如两侧的晶粒都使入射电子束发生强烈衍射，那么相应图像上可能出现由两组相干条纹得到的、与单一晶粒呈现的条纹不同且条纹间距相对更大的莫尔条纹（Moiré fringe）。线缺陷的典型示例是位错。如果某个晶体不满足布拉格衍射条件，那么在刃型位错或者螺型位错的中心部分的晶格平面处于严重弯曲状态，并且在某些位点处会达到布拉格衍射条件，从而使入射电子束发生衍射，那么位错的中心部分会在明场像中以暗线的形式显示出来。体缺陷包括沉淀相、孔隙及通孔等。因为沉淀相的晶体取向、结构因子和密度等与基质存在差别，非贯穿沉淀相会使得电子束发生衍射并且呈现出质厚衬度。连贯沉淀相会因为布拉格衍射后的电子束的相干作用，进而可能产生莫尔条纹。连贯或者非连贯沉淀相都可能在基质中产生应力，导致透射电镜图像中显现出与位错结果类似的衬度。孔隙也会在图像中产生质厚衬度并且该区域呈现出较高亮度。假如孔隙内有多个晶面，那么孔隙内会存在厚度差异，进而产生等厚条纹。此时的等厚条纹具有较高亮度，而孔隙部分则在图像中看起来较暗。

3）相位衬度

具有不同相位的电子发生干涉后在透射电镜图像中显示出相位衬度。这种现象存在于所有的透射电镜图像中，但是一般只有在较高放大倍数下作为点噪声背景出现。通过将样品放置在垂直于其主晶带轴方向并且使得包含未发生衍射的（000）透射电子束在内的至少两束电子束穿过物镜光阑的情况下，相位衬度可被用于生成具有单个原子分辨率的晶格像。这些电子束之间相互干涉，重现了被测样品内的晶格周期性，即观察到的晶格条纹和样品内的晶格面存在一一对应关系。假如同时有多束电子束穿透物镜光阑，那么图像中就会观察到多组相互交叠的晶格条纹，由此产生的交点组成了样品的结构图像，即为样品内原子结构的二维投影。

透射电镜常用于获取合成的纳米材料组成和微结构信息[9-11]。Li 等采用水热法制备得到 $CuGaO_2$ 微米片，随后采用透射电子显微镜对微米片进行表征[12]。图 3-9（a）中 $CuGaO_2$ 微米片样品的透射电镜图表明了制备的 $CuGaO_2$ 样品为较规整的六边形微米片。图 3-9（b）的高分辨透射电镜图中出现清晰的晶格条纹，晶面间距均为 2.5 Å 的两组晶格条纹分别对应于六方 $CuGaO_2$ 晶体的（10$\bar{1}$）和（0$\bar{1}$1）晶面。图 3-9（c）的点阵状的选区电子衍射

（a）　　　　　　　（b）　　　　　　　（c）

图 3-9　$CuGaO_2$ 微米片样品：（a）透射电镜图；（b）高分辨透射电镜图；（c）选区电子衍射图样[12]

图样连同高分辨透射电镜图中清晰的晶格条纹表明，水热法制得的 $CuGaO_2$ 微米片为高结晶性的单晶样品。

3. 透射电镜中的可添加附件

与扫描电子显微镜类似，透射电镜也是利用电子束与样品之间相互作用后产生的信号来对样品进行定性或定量分析，因而扫描电子显微镜中的探测附件同样适用于透射电镜，研究者不仅得到样品的透射电镜图像和衍射图样，而且还能获得样品的其他有用信息。

1）扫描透射电子显微镜

扫描透射电子显微镜（scanning transmission electron microscope，STEM）的工作原理与扫描电子显微镜类似，区别在于其电子探测器放置在透射电子显微镜样品的下方。由场发射电子枪和一个聚光镜-物镜透镜系统组合产生的微细电子束（直径为几埃）在样品表面扫描运动，产生的信号经探测后在显示屏中显像。图像的分辨率主要取决于电子束在样品上照射区域的直径大小，其数值通常在几纳米左右。通过对相关透镜进行球差校正后，分辨率已经提高至次埃量级。许多常规的透射电子显微镜配备了单独的扫描模块，可以实现扫描透射电子显微镜的基本功能。但是具有更高精度的扫描透射电镜需要在超高真空环境下运行。明场扫描透射电镜采用一个轴向探测器来检测散射角相对较小的电子，得到的图像包含衍射衬度。暗场扫描透射电镜一般为非相干成像，并且采用一个环形的探测器来检测具有更大散射角的电子。高角环形暗场（high-angle annular dark-field，HAADF）像的图像亮度与样品原子的原子数的平方成正相关（即为 Z 衬度），由此可以实现对样品的不同相进行超高分辨率成像。

2）电子能量损失谱

带电的入射电子深入样品内部后会破坏样品局部区域的电中性环境，入射电子出现部分能量损失，而样品这部分区域的价电子发生集体振荡后发生等离子激发。因为等离子体的激发能量是量子化的，所以入射电子损失的能量大小是固定数值，并且该数值大小因样品的组成元素和成分的不同而各不相同，该现象即为特征能量损失。透射电镜中配置的能量分析器可以将穿透样品的透射电子按照所携带能量的不同区分开来，进而绘制成电子能量损失谱（electron energy loss spectrum，EELS）。入射电子与样品中轻元素作用后损失的能量要大于其与重元素作用后损失的能量，所以电子能量损失谱对于轻元素更加敏感。而能量分散 X 射线光谱仪则更适用于检测重元素，两种方法配合使用就能实现对样品的全面和高灵敏度检测。电子能量损失谱不光可以检测样品的元素组成，还能测量样品中组成原子的电子态密度、原子最邻近分布以及样品的能带结构。由不同能量电子的测量结果可以得到 EELS 的能量过滤像，进而获取样品组成元素信息。

3）样品台

根据测试样品和测试目的的不同，透射电镜中不仅可以使用单倾台和双倾台，还能使用多倾样品杆、多头样品杆、加热或冷却样品杆以及三维重构样品杆等，甚至可以施加磁和光信号的原位样品杆也被研究出来。

4. 透射电镜中的样品制备

透射电镜中不仅要求制备的样品能如实反映样品的相关特征，还要求样品对入射电子束是透明的，因而样品制备是透射电镜分析技术中的关键环节，样品制备质量的好坏关乎是否能得到高质量的透射电镜图像和衍射谱。加速电压的大小、样品的厚度以及样品组成元素的原子序数等因素都会对电子束穿透固体样品的能力产生影响。透射电镜使用的加速电压越高、样品组成元素的原子序数越低，入射电子束在样品中的穿透能力越强。加速电压在 100～200 kV 时，样品的厚度需控制在 50～100 nm 范围以内，要得到高分辨率的透射电镜图像，样品的厚度则需要越薄越好，最好要小于 15 nm。透射电镜可以用于分析纳米粉末样品、纳米薄膜样品以及具有纳米结构的块体材料。不同类型的纳米材料的制备方法简介如下。

1）纳米粉末样品

对于颗粒尺寸小于 200 nm 的纳米粉末材料，样品制备过程较为简单，首先将纳米粉末材料分散在适合的溶剂中，然后再将分散的溶液转移到带有支撑薄膜的铜网上。对于脆性的块体材料样品，可以先将其粉碎成粉末样品，之后再按照相同的步骤进行制样。铜网上的支撑薄膜按照种类的不同可以分为无碳/普通碳/超薄/多孔碳支撑膜和微栅等。透射电镜中低倍率观察颗粒轮廓时选用普通碳支撑膜，对零维纳米材料进行高倍率观察则选用超薄碳支撑膜，超薄高倍率观察一维、二维纳米材料以及纳米材料团聚物时选用微栅。为了观察颗粒尺寸大于 200 nm 的纳米粉末材料的内部结构，一种方法是将大颗粒尺寸的纳米粉末材料或纤维材料与高分子聚合物混合和成型后，使用超薄切片机将其切片后分散在溶剂中，再用带有碳支撑薄膜或微栅的铜网捞起溶剂中的切片并干燥后完成制样。另一种方法是将纳米粉末材料通过金属络合离子电泳沉积法包埋在金属基质中，打磨后切取厚度在几微米的薄片，再用氩离子减薄仪将薄片的厚度减小至入射电子束可以穿透的大小完成制样。

2）纳米薄膜样品

纳米薄膜样品根据是否有基底需要采用不同的制样方法。使用透射电镜从垂直于薄膜厚度方向观察无基底且厚度在电子束工作厚度范围以内的纳米薄膜样品时，制样方法和纳米粉末样品相同，只需将纳米薄膜样品分散在溶剂后滴在铜网的微栅，待干燥后即可用于透射电镜表征。假如透射电镜从平行于薄膜方向来观察无基底纳米薄膜样品，那么就可以采用与大颗粒尺寸的纳米粉末材料相同的包埋法来制样。透射电镜中有基底的纳米薄膜样品的制样方法则略有不同。如果要从垂直于纳米薄膜方向观察样品，并且薄膜样品的厚度在电子束的工作厚度范围内，则可以先将纳米薄膜样品的基底去除，然后参照纳米粉末样品的制样方法取样。如果从平行于纳米薄膜的方向进行观察，就需要采用特殊的对黏法对薄膜样品进行特殊制样。首先是将两层膜相对放置后，用胶黏合起来并确保膜层处在样品的中心位置，随后沿着垂直于黏结面位置的方向切下厚度为几纳米的薄膜，再用氩离子减薄仪对薄膜样品进行局部减薄，最后使用金属包埋法制得适合电子束穿透的测试样品。

3）具有纳米结构的块体材料

具有纳米结构的不同类型块体样品需要选用不同的制样方法。金属和陶瓷等块体样品适用于由切割到研磨到凹坑再到离子减薄的常规透射电镜样品制备流程。制备适用于透射电镜测试的生物样品则一般需要经过取样、固定、脱水、浸泡、包埋聚合、切片及染色等过程。高分子样品在透射电镜测试前则需要使用超薄切片机进行常温或液氮冷却切片。聚焦离子束技术是一种新兴的制样技术，该技术使用聚焦的镓离子束沿着预先设定的路线轰击样品而得到样品薄片，并且具有轰击位置准确等优点。

5. 透射电子显微镜的应用

1）观察样品形貌和晶体结构

在纳米材料和技术发展的推动下，研究者已经可以对纳米粒子的结构进行分子或原子尺度的设计和构建。透射电子显微镜不仅可以用于直接观测纳米材料样品的尺寸大小、薄膜厚度及形状等形貌信息，还能表征包括多层结构、核壳结构、空心结构以及介孔结构或组合结构在内的样品内部结构，由此探究纳米材料的生长机理、纳米复合材料的增强机理以及材料性能与结构之间的关系等。样品的透射电子显微镜观测结果还可以用于调控样品制备过程的工艺参数，进而优化样品形貌和结构。透射电子显微镜在衍射模式下得到的样品衍射图样可以用于分析晶体样品的物相组成、解析样品的晶体结构、表征样品的结晶性、研究有序介孔结构的电子学特性等。常用于物相和晶体结构分析的 X 射线衍射技术在样品量较小或者样品中某种晶相成分含量较低时无法进行测试或得到结果不准确。使用透射电镜的电子衍射对样品进行结构表征时，极低的样品量也能得到准确的测试结果，并且还能在获取样品内微观组织结构图像的同时，分析判断出图像中样品各部分的物相和对应的晶体结构。除了常规纳米晶体外，透射电子显微镜还能利用电子衍射技术来研究有序介孔或微孔纳米结构的结晶学。直接通过透射电子显微镜的选区电子衍射，或者间接将透射电子显微镜得到的高分辨晶格图像进行傅里叶变换，都能获得纳米晶体和孔材料的电子衍射花样。

透射电子显微镜的分辨率可以达到原子级别，因而可以得到纳米晶体的一维晶格条纹像、二维晶格像和单原子像等高倍率晶格图像。当利用物镜光阑选择后焦平面上的两个相互干涉的衍射波成像时，可以得到在一个方向上呈现周期性变化的一维晶格条纹像。借助该图像可观察纳米层状材料的层结构和纳米晶体材料中的晶界、孪生等，同时还能测定晶粒中的晶面曲线和晶面间距等。当电子束入射方向与某晶带轴平行时，满足二维衍射条件的透射波和衍射波干涉后形成二维晶格像。通过晶格像可以观察到纳米晶体材料内的位错和晶界结构，也可清楚得到分层结构内的各部分组成和排列情况。透射电子显微镜还能得到纳米晶体材料的单原子像，进而直接看到原子所处位置。单原子像的获取对样品的要求极高，并且常适用于已知结构的纳米样品。透射电子显微镜获取的单原子像一般需要和计算机模拟的理论图像对比，从而方便确认样品中各组成原子的相对位置。透过上述这些晶格图像，研究者可方便地研究纳米晶体中选定区域的晶体结构和晶面方向，直接地观测纳米晶体中的结构缺陷并且确定包括位错、层错、晶格畸变和掺杂在内的缺陷种类和比例，研究纳米尺度上的负载颗粒和负载量，观察多孔材料中微孔的排列方式，甚至是探究纳米结构的自组装过程和有序组装原理等。

2）分析微区成分

装配有电子能量损失谱仪和能量分散 X 射线光谱仪的透射电子显微镜具备分析微区成分的能力。透射电子显微镜中电子枪的加速电压要远高于扫描电子显微镜，并且样品的厚度要求较薄，因而透射电子显微镜中配置的能量分散 X 射线光谱仪具有更高的空间分辨率，并能实现对样品中纳米尺度微区的成分分析以及特殊异质结构的研究。电子能量损失谱仪更适合用于样品中轻元素的分析，并且对入射电子束提出了较高要求，因而常配置在使用场发射电子枪的超高分辨率透射电镜中。分析样品的电子能量损失谱中的高能损失区可以实现对组成元素的定性和定量分析，而分析低能损失区则可以获取样品厚度、样品微区化学组成以及电子密度和电子结构等信息。通过对比电子能量损失谱仪的能量过滤像和透射电镜图像，可以直观地获取所观察样品区域的元素组成和分布信息。

3）电子束对纳米材料的影响

透射电子显微镜中的入射电子在非常高加速电压的作用下通常具有很高的动能，当电子束集中地照射某个很小的纳米材料样品区域时，区域内的纳米粒子很可能因为受到高能电子辐照而发生变形，进而导致样品的晶体结构被破坏。为了减少电子束对样品的损伤，可以在待观察的纳米材料表面蒸镀碳膜。不过有时也可以借助电子束辐照获取良好的拍摄效果，还有研究人员专门研究电子束对纳米材料的影响，进而利用这种效应来合成特定材料或者进行表面修饰等。

3.2.4 扫描隧道显微镜

扫描隧道显微技术是所有扫描探针技术的基础，该技术可以对样品表面进行原子级分辨率成像，成像过程不使用任何的辐射源和透镜。扫描隧道显微镜的装置结构如图 3-10 所示。作为阳极的导电探针（常用钨针）针尖在测试过程中与作为阴极的样品表面相互接触。针尖和样品间施加了大小在 1 mV～1 V 之间的偏置电压。样品表面上是表面原子形成的电子云，当针尖与样品表面的距离小于 1 nm 时，电子经量子隧穿可以横跨两者间隙，电子的移动导致了电流的产生。电子的量子隧穿方向取决于外加偏压的方向，由此产生的隧穿电流可以用于表面成像。隧穿电流的大小随着针尖和表面间距的变大而呈现指数下降规律。针尖或者样品在压电驱动器的作用下进行水平扫描运动，由此得到的扫描隧道显微图像可以反映出样品表面形貌的变化。假如扫描隧道显微镜系统具有良好的隔振效果，得到的表面形貌图像在垂直方向的分辨率可达次埃级别，在水平方向的分辨率则为原子级别。隧穿电流的大小还和样品表面的原子种类以及表面原子所处的化学环境有关。除去研究样品表面存在吸附物种等特殊情况外，扫描隧道显微镜一般并不需要在真空环境下运行。但是，因为氧化物或者污染物会对隧穿电流产生影响，所以很多扫描隧道显微镜都选择在超高真空环境下运行。此外，值得特别注意的是，扫描隧道显微镜不能直接对绝缘材料进行表面成像。但如果该绝缘材料在高温条件下表现出可观的导电性，也还是能用扫描隧道显微镜来成像的。

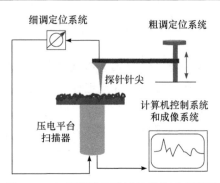

图 3-10　扫描隧道显微镜的结构示意简图

1. 扫描隧道显微镜的装置结构

扫描隧道显微镜主要由探针、压电控制扫描器、距离控制器和扫描装置、反馈和计算机控制处理系统以及减震系统等部分组成。扫描隧道显微镜在纳米尺度上运行，因而对仪器的各个组成部分的控制精度和整体的刚性提出很高要求。探针是扫描隧道显微镜中最精细的组成部分，探针的形状、化学组成以及稳定性不仅会影响扫描测试过程中样品的电子态，还会影响扫描图像的形状和分辨率。扫描隧道显微镜要求探针具有很高的弯曲共振频率，以减少扫描过程中相位滞后，提升采集速度。为了获得稳定的隧道电流以及原子级分辨率的图形，常要求探针针尖顶部是单原子并且具有很高的化学纯度。在空气中较稳定存在的如钨、铂和铂-铱合金等金属材料可用于制作扫描隧道显微镜中的探针。钨探针具有较高的刚性而被广泛使用，但是钨探针针尖表面在水溶液或者空气中容易形成氧化物，而铂-铱合金丝既具有铂材料不易氧化的特性，其刚性相对铂材料又得到显著增强，因而更适用于制备针尖材料。应用于扫描隧道显微镜中的钨探针和铂-铱合金探针可分别用电化学腐蚀法和机械成型法制备得到。由电化学腐蚀法常制得圆锥状针尖，相应获取的扫描图像能较好地反映样品的真实表面形貌。由机械成型法则常制得针尖底部有一处原子特别突出的斜锥形针尖，此处在扫描过程中产生的隧道电流显著增大，借此可获取原子级分辨率的扫描图像。使用斜锥形针尖对较粗糙表面扫描时，容易在多个位置同时产生大小相当的隧道电流，即"多针尖效应"。该效应不利于获得清晰的扫描图像，因而需要使用软件进行矫正。扫描隧道显微镜中使用的探针针尖很容易吸附某些杂质或生成表面氧化层，使得扫描过程中产生的隧道电流不稳定、干扰噪声增大以及扫描图形不可预期等，因而在扫描样品前，常需要清洗去除针尖表面氧化层和杂质以确保针尖导电性良好。压电控制扫描器、距离控制器和扫描装置同属于扫描隧道显微镜的机械部分。为了获取高分辨率和高精度的扫描隧道显微图像，扫描隧道显微镜对上述机械装置提出了较高要求。压电控制扫描器在 x 和 y 方向的扫描范围要大于 1 μm×1 μm 且精度控制在 0.01 nm 左右，其在 z 方向上的伸缩范围需大于 1 μm 且精度控制在 0.001 nm 左右。距离控制器则要求 z 方向上进行机械调节的范围要大于 1 mm 且精度要大于 0.1 μm。压电控制扫描器依靠装置内部压电陶瓷在施加电压后产生的非常细微的收缩或伸长形变，来控制探针针尖在水平方向上的位置 (x, y) 和垂直方向上的位置 (z)。压电控制扫描器的核心部件是由包括锆钛酸铅和钛酸钡等在内的多晶压电陶瓷材料制作而成的条形或者管形扫描器。扫描隧道显微镜主要使用管形扫描器，管形扫描器包括压电陶瓷管内连续的内电极和管外沿着轴线平行方向被等分为四份的外电极。通过在压电陶瓷管中相对的外电极上（x 和$-x$，y 和$-y$）施加一定偏压，就会使压电陶瓷管向预定方向偏转，进而实现 x-y 平面内定向移动。通过在压电陶瓷管中内电极上施加一定偏压，就会使压电陶瓷管伸长，进而实现 z 方向上的移动。除了具有结构简单和紧凑等特点，管形扫描器的对称结构可以有效减小 x 和 y 方向上的热漂移，并且易于补偿纵向漂移。距离控制器和扫描装置利用爬行、机械调节和螺杆与簧片结合等方式对针尖-样品间距进行粗调，有效弥补了压电控制扫描器对针尖-样品间距进行细调时调节范围有限的不足。扫描电子显微镜必须配备相应的减振系统来减小微小震动对于测量精度和装置稳定性的影响，常要求由 1~100 Hz 的低频振动或者冲击引起的针尖-样品间距的变化不大于 0.001 nm。扫描电子显微镜中的减振系统主要由减振台和悬吊系统组成，将探针和样品放置在金属罩内还可以有效地屏蔽外界电磁扰动和空气振动等干扰，进而提高探测准确性。

在扫描过程初期，探针在由计算机控制的步进电机的驱动下接近样品表面，后续的扫描和数据采集过程则依靠计算机中的多功能卡来开展。反馈电路则负责根据实时测得的隧道电流大小，采用数字反馈控制来调节实际电流接近设定值，具体控制流程为：首先比较扫描点 (x, y) 处的采样电流值与设定值之间的差值，代入反馈公式计算得到新的高度值后，计算机将该数值输出到管形扫描器，管形扫描器相应驱动探针移动，由此完成一次反馈控制。相关流程经过多次重复，待采样电流值接近或等于设定值后，该数字反馈控制流程结束。计算机相应记录下该状态下的电流值 $I(x, y)$ 或高度值 $H(x, y)$，再经软件处理后得到测试样品表面形貌的二维平面图和三维立体图。后期还可借助计算机软件对得到的图像数据进行分析和处理。扫描隧道显微镜能以两种模式对样品进行表征——恒高或恒流模式。选择恒高模式时，针尖在样品表面上的一个水平面内扫描运动，隧道电流的大小随着样品的表面形貌以及样品的局域表面电子态的变化而变化。在样品表面特定坐标点以及在该样品点测得的隧穿电流数值构成的数据集，可用于绘制样品的表面形貌图。选择恒流模式时，扫描隧道显微镜依靠一个反馈系统，通过调节每个样品测量点处扫描器的高度，使得隧穿电流的大小维持恒定。例如，当系统检测到隧穿电流增大时，系统相应地调节施加在压电扫描器上偏压的大小，使得针尖与样品间距离增大。在恒流模式中，压电扫描器的运动轨迹与样品点的坐标可构成数据集，同样可用于获取样品表面形貌图。假如系统稳定隧穿电流大小的误差在百分之几以内，那么测得针尖与样品间距的误差小于 0.01 nm。对比这两种工作模式，系统在恒高模式时不需要使扫描器上下移动，因而测量速度更快。但是这种模式只适用于相对平滑的样品表面。恒流模式测量不规则样品表面时虽然测量时间较长，但是具有相对更高的准确度。

由扫描隧道显微镜中隧道电流的数据集可大致得到样品的表面形貌图。但是，因为隧道电流与样品表面的电子态密度有关，所以该图像实际描绘出了具有恒定电子隧穿概率的表面，代表的是表面的局部电子结构和隧穿势垒随空间的变化，而并非直接反映表面原子核的位置。事实上，扫描隧道显微镜可以直接测量表面特定坐标点 (x, y) 处费米能级附近的填充或者未填充电子态的数量，能被检出的电子态的能级范围由外加偏压大小决定。但是如果样品表面被氧化或污染后，隧道电流出现显著下降，测量结果变得不准确。所以对图像分辨率有较高要求的情况下，需要对样品进行冷却并且要在超高真空条件下进行测量。鉴于扫描隧道显微镜具有检测样品表面电子态的能力并且分辨率能达到原子量级，由此可以得到不同类型的扫描隧道谱。扫描隧道谱图能够记录不同外加偏压下样品表面的形貌图像（即恒流模式），之后直接进行比较分析，或者记录在不同探针高度（z）下的隧穿电流图像（即恒高模式）。将针尖定位在有待研究的特定表面结构上，扫描隧道谱通过记录隧穿电流随偏置电压变化的曲线，得到样品表面特定坐标点（x, y）处表面电子结构的电流-电压（$I\text{-}V$）曲线特性。如果将扫描隧道谱设定用于记录每个样品点处的电流-电压（$I\text{-}V$）曲线，即可获得整个样品表面电子结构的三维图像。相较于其他比表面分析技术只能获取单位平方厘米或者单位平方毫米范围内的平均电学特性参数，扫描隧道谱可获取接近原子级别分辨率的电学特性参数，还可以获得待测物体表面的化学组成、成键状态、能隙、能带弯曲效应和表面吸附等信息。

2. 扫描隧道显微技术中样品的制备

扫描隧道显微技术对于样品制备和测试环境的要求并没有电子显微技术中那么严苛。作为一种表面分析技术，扫描隧道显微技术适用于导电样品的表面分析，常规测量要求样品的体电导率要大于 $10^{-9}\ S \cdot m^{-1}$。不同种类样品的导电性不同，对应的样品制备方法存在明显差异。金属样品在避免来自环境污染物的前提下，可以直接在大气环境中进行扫描隧道显微成像。对于高度有序热解石墨、层状过渡金属二硫化物以及过渡金属硫族化合物等半金属样品，可以用刀片轻轻剥离或者用胶布黏附等方式除去样品的表面原子层，使得样品露出新鲜表面后进行扫描隧道显微测试。用扫描隧道显微技术表征半导体表面时需要将半导体样品置于超高真空环境中。研究者常使用分子束外延或者等离子溅射等方法来制备结构确定且清洁的半导体表面，或者将薄膜制备装置与扫描隧道显微测试装置联用，在制备样品过程中进行实时观察从而有效避免样品表面被污染。生物样品本质上是非导体，但是置于导电培养基（常用材料为石墨）的薄膜上的生物样品在扫描隧道显微测试中能产生微弱的隧道电流。生物样品在制样过程中先被分散在 0.1% 甘油溶液中，然后将混合溶液滴加在石墨上，再经自然或者冷冻干燥后即可用于扫描隧道显微测试。

3. 扫描隧道显微镜的应用示例

扫描隧道显微镜可用于获取导电材料的表面形貌信息，同时还能用于对纳米结构生长机理的研究。Becker 等利用扫描隧道显微镜来研究生长温度对于生长在锗晶体（001）上的石墨烯样品形貌的影响[13]。图 3-11（a）的扫描电镜图显示，生长温度为 930℃时，石墨烯的覆盖区域出现了典型的刻面生长现象。对应图 3-11（b）中的扫描隧道显微镜图像表明，刻面区域的谷区和脊区分别处在周围未被石墨烯覆盖的基质水平面的下部和上部。样品表面生长石墨烯后测得的表面形貌图说明，这些晶面是由石墨烯层覆盖下的基底材料重新组织而成。而在 850℃生长温度下得到的石墨烯/Ge （001）复合材料的表面形貌参见图 3-11（c）和（d）。此时的复合材料表面出现了不明显的刻面生长现象以及在石墨烯覆盖下的基底重组行为。

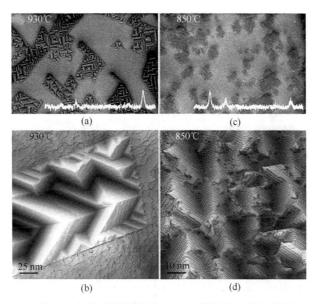

图 3-11　在锗晶体（001）晶面上生长石墨烯样品：930℃样品的扫描电镜图（a）和扫描隧道显微镜
图（b）；850℃样品的扫描电镜图（c）和扫描隧道显微镜图（d）[13]

3.2.5　原子力显微技术

原子力显微技术是在扫描隧道显微技术问世五年后开始发展起来的。扫描隧道显微技术只能用于获取导电样品的表面信息，原子力显微镜则能用于分析导体材料，也能对包含绝缘体或者半导体在内的非导体材料进行表面表征。原子力显微镜的结构如图 3-12（a）所示。原子力显微镜也使用末端尖锐的针尖（针尖长度约为 2 μm，直径最小低至 20 nm），针尖在扫描过程中紧贴于样品表面。不同于扫描隧道显微镜中检测隧穿电流，原子力显微镜中主要测量原子间作用力的大小随探针在样品表面不同位置的变化。原子力显微镜可在超高真空或者常温常压大气环境下运行，甚至能用于检测浸入液体池中的固体样品表面，进而在生物系统表征中应用广泛。为了保证原子力显微镜的高分辨率、高图像准确度和广泛适用性，理想的原子力显微镜针尖需要具有较高的纵横比和尽可能小的曲率半径，还需要有确定的分子结构、表现出较强的机械性能和稳定的化学性能，使其在不同环境下成像过程中保持稳定。原子力显微镜的针尖位于一个长度为 100～200 μm 的微悬臂的自由端，针尖与样品表面间的作用力使得微悬臂发生弯曲或偏转。由针尖和微悬臂组成的一体化结构探针是原子力显微镜的核心部件，直接影响了显微镜的灵敏度和成像分辨率。为了准确反映针尖和样品表面间相互作用力的变化并且准确获取样品表面形貌，常要求微悬臂具有较低的力学弹性系数，使得微悬臂在很小的力的作用下就能产生可观测的位移。微悬臂的长度要尽可能小，力学共振频率和横向刚性要高，保证针尖和样品表面摩擦不会使针尖发生弯曲。另外，微悬臂的一端还需要带有反射面或电极，使得其动态位移便于用光学、电容或隧道电流等方法检出。原子力显微镜常使用由硅、氧化硅和氮化硅材料制成的，典型长度为 200 μm 和宽为几十微米的 V 字形或长方形微悬臂。

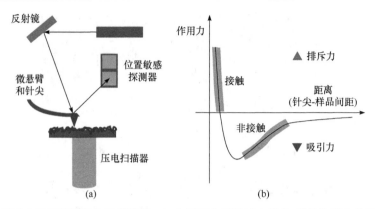

图 3-12 （a）原子力显微镜的结构示意简图；（b）原子力显微镜中针尖-样品作用力类型和大小与两者距离间的关系

当针尖在样品表面上扫描运动或者样品在针尖下扫描运动时，原子力显微镜使用多种方法来测量微悬臂的偏转量（常为竖直方向上偏移量 z）。第一种方法是隧道电流法，见图 3-13（a）。与扫描隧道显微镜类似，该方法在微悬臂的上方设有一个隧道电极，通过测量微悬臂与扫描隧道显微镜针尖间隧道电流的变化检测微悬臂的偏转。该测量方法的灵敏度可达到纳米级，但当微悬臂上产生隧道电流的部位被污染后，测量精度将降低，因而适合在高真空环境中使用。第二种方法是光学干涉测量法，见图 3-13（b）。当使用原子力显微镜在样品表面扫描时，样品和针尖原子之间的排斥力会使微悬臂发生微小偏转，这就使得探测光程产生变化，进而使得参考光束和探测光束之间的相位出现移动。这种相位移动的大小直接反映了悬臂偏转角度的大小，并且与微悬臂上受到的原子力成正比。该测量法对微悬臂上微小污染物不敏感，不要求微悬臂面有特别光滑的反射面，其测量精度最高可达 0.001 nm。但是该测量法要求设置在微悬臂前段的光纤有很高的定位精度。第三种方法是光束偏转测量法，见图 3-13（c）。该方法在微悬臂梁的顶部设置了一枚微小反射镜子，通过检测镜子上反射光束的偏转就可以测出微悬臂梁的偏转信息。该方法具有很高的测量精度，在使用氦氖激光器发出的 670 nm 红光作为检测光束时，探测精度可达 0.003 nm。为了达到高探测精度，该方法要求微悬臂上有光滑的光学反射表面，因而通常需要在微悬臂前端部位镀上对红外线几乎完全反射的金膜。第四种方法是电容测量法，见图 3-13（d）。微悬臂构成平行板电容器其中一块平板，而另一块平板置于微悬臂电容器上方。微悬臂梁的偏转会使得电容器极板间距发生变化，通过测量电容值的变化就能测得微悬臂梁的偏转量。该方法的垂直位移检测精度相对较低，仅达到 0.03 nm。

根据原子力显微镜装置结构以及对样品测量精度要求的不同，相应选择适合的测量方法。由原子力显微镜在不同取样点获得的微悬臂偏转量数据经计算机收集后绘制成样品表面形貌图。类似于扫描隧道显微镜，原子力显微镜可以通过恒高或者恒力模式获取样品表面形貌的数据。在恒高模式下，在扫描运动过程中，扫描器的高度保持恒定，仪器记录下各取样点处微悬臂偏转量的变化。恒高模式可被用于记录处于变化状态下样品表面的实时图像，这就对扫描速度提出了较高要求。恒高模式还能用于获取原子级平整表面的原子级别图像，此时的微悬臂偏转量以及针尖-样品间作用力的变化都较小。而在恒

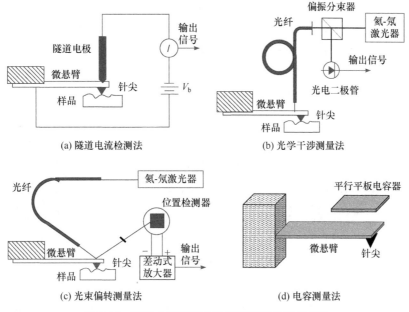

图 3-13　原子力显微镜中微悬臂偏转的测量方法

力模式下，微悬臂的实时偏转量作为反馈电路中的输入信号，输出的反馈信号用于控制扫描器在 z 轴方向上进行上下移动，使得微悬臂针尖在样品表面扫描运动时，针尖-样品间作用力和微悬臂的偏转量都保持恒定。恒力模式下的数据集由扫描器在 z 轴方向上的运动产生。恒力模式下的扫描速度由反馈电路的响应时间决定，但是针尖施加在样品表面的压力是可控的，因而大部分情况下都优先选择恒力模式。

1. 不同工作模式

很多种类的力都可能使得原子力显微镜的微悬臂发生偏转，最常见的是相对较弱的范德华吸引力和静电排斥力。这些力的大小与样品和针尖间的距离大小之间的关系如图 3-12（b）所示。当针尖与样品表面间的距离小于几埃时，针尖原子与样品表面原子的电子云发生部分重叠，此时的微悬臂与样品的原子间作用力主要是排斥力，即为接触模式（contact mode）。在非接触模式（non-contact mode）时，针尖与样品表面的距离在十几到一百埃之间，此时的针尖与样品的原子间作用力为吸引力，大部分情况下是长程的范德华吸引力。介于两者之间的则为轻敲模式（tapping mode），以下是对三种工作模式的详细介绍。

1）接触模式

在接触模式下，原子力显微镜的针尖与样品表面间存在轻柔的物理接触，该模式的示意图参见图 3-14（a）。针尖处于微悬臂的自由端，微悬臂的弹性系数要低于样品内束缚原子的有效弹性系数。因此，当扫描器跟随针尖在样品表面扫描运动时，原子间排斥力使得微悬臂发生偏转以适应样品表面形貌的变化，而非迫使针尖原子进一步靠近样品表面原子。假如微悬臂不易弯曲（即拥有更大的弹性系数），那么在接触过程中，针尖很容易使样品表面发生变形。除了上述提及的静电排斥力以外，接触模式下的原子力显微镜中还有两种其他形式的力出现。第一种是毛细吸引力，这种力因常温常压下针尖与样品间存在水分子薄层而产生，其大小与针尖-样品的间距相关（约 10^{-8} N）。第二种力由微悬臂自身产生，这种力既可能是排斥力也可能是吸引力，这取决于微悬臂的偏转量及其弹性系数的大小。那么针尖施加在样品表面的合力是毛细力和微悬臂力的加和（大小在 $10^{-8} \sim 10^{-6}$ N 之间），当原子力显微镜采用接触模式时，这些合力会被静电排斥力所平衡。

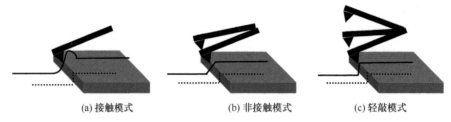

(a) 接触模式　　　　　　　(b) 非接触模式　　　　　　　(c) 轻敲模式

图 3-14　原子力显微镜的不同工作模式示意图

2）非接触模式

在非接触模式下，刚性的微悬臂在样品的表面以接近微悬臂自身共振频率的方式振动，这种模式的示意图参见图 3-14（b）。针尖和样品的间距在十几到几百埃之间，这个距离和针尖的振幅相当。当针尖接近样品表面时，会检测到针尖共振频率或针尖振荡幅度的变化，由此可以获取垂直分辨率达到次埃级的表面形貌图像。探测系统实时监测微悬臂的共振频率或振幅的变化，在反馈系统的协助下，驱动扫描器带动样品上下移动，最终使得针尖-样品的平均间距维持恒定。非接触模式在尽量减少针尖与样品间接触的情况下，提供了样品表面形貌图像。相对于接触模式，非接触模式能有效消除测量过程中对样品表面的污染和破坏。非接触模式下，针尖与样品间的作用力非常弱（约 10^{-12} N），这种模式因而适用于研究软物质或弹性物质的表面形貌。对于刚性样品来讲，在接触模式和非接触模式下获取样品表面形貌图理论上是一致的。但是，样品表面上液体分子层（如水分子层）的存在会使得非接触模式下的表面形貌图反映出液体分子层的信息，而针尖可在接触模式下穿透液体分子层，得到的表面形貌图只包含液体分子层下样品表面的信息。

3）轻敲模式

除了接触模式和非接触模式以外，原子力显微镜还可采用一种中间模式，即轻敲模式。该模式与非接触模式较为接近，区别是发生振动的微悬臂针尖要更加接近样品，针尖在向下振动过程会与样品表面接触，该模式的示意图参见图 3-14（c）。这种模式大大减小了针尖与样品之间的横向作用力（摩擦或拖拽），所以不像接触模式那样可能会对样品造成较大损伤。此外，对比于非接触模式，轻敲模式可对表面形貌具有较大变化的样品表面进行成像。

原子力显微镜还可用于表征二维纳米材料的厚度和组成信息[14-15]。Li 等通过离子交换和剥离等过程制备得到 $Sr_2Nb_3O_{10}$ 纳米材料，系列样品的原子力显微镜图像见图 3-15（a）[16]。从该图中可以确认所得的 $Sr_2Nb_3O_{10}$ 材料具有二维微米片形貌。对不同微米片样品的厚度进行测量并参考相关文献，可以获得不同微米片的层数与其厚度间的对应关系，参见图 3-15（b），由此进一步研究了二维微米片的层数对其光电性能的影响。原子力显微镜还可以用于测量样品表面单个取样点乃至整个样品表面的弹性性能。原子力显微镜可以测量微悬臂针尖在 z 方向上所受的力的大小随压电扫描管在 z 方向的位置的变化关系。由此得到的力-距离曲线关系会因样品表面不同取样点的弹性性能的不同或者污染物和润滑剂的出现而发生相应改变。原子力显微镜常规情况下只能提供样品表面的信息，而与样品形貌和微结构有关的次表面信息只能通过扫描电镜或透射电镜等手段获得。但是通过有选择地用合适的溶剂溶解去除混合物中的某个组分，原子力显微镜也可以被用来反映混合物的部分结构信息。

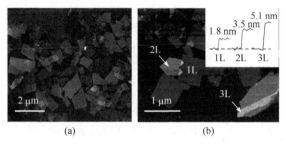

图 3-15　（a）硅片基底上 $Sr_2Nb_3O_{10}$ 二维微米片的原子力显微镜图像；（b）由原子力显微镜测得的 $Sr_2Nb_3O_{10}$ 微米片的不同层数与厚度对应关系图[16]

2. 其他扫描探针技术

在常规的扫描隧道显微技术和原子力显微技术基础上发展的其他扫描探针技术可以提供样品表面形貌以外的额外信息。但是这些探针技术可能会因为针尖与样品间作用方式的不同而使得测量结果的空间分辨率相应降低。力调制显微镜（force modulation microscope）一般采用接触模式，常使针尖或样品发生周期性的振动，然后观测微悬臂的振幅变化及时间相位的滞后情况，由此反映出样品的弹性性能。横向力显微镜（lateral force microscope）主要检测横向形变，如在平行于样品表面的方向上施加于微悬臂的作用力引起的微悬臂在水平方向上发生的偏转。横向力显微镜可以有效地研究由表面不均匀性引起的表面摩擦力的变化。磁力显微镜（magnetic force microscope）可以用于研究样品表面的磁力空间分布（如磁性材料中的磁畴结构），磁力显微镜使用的针尖表面覆盖了一层铁磁薄膜。磁力显微镜常采用非接触模式，通过探测微悬臂振动频率的变化，依据长程磁场强度与针尖-样品间距的对应关系，获取样品表面的磁场强度分布图。在针尖与样品接近的情况下也能同时获得样品的表面形貌信息。静电力显微镜（electrostatic force microscope）可以对样品（如微处理器）表面的电荷域进行成像，此时在针尖和样品间施加了外加偏压，而微悬臂在非接触模式下发生振动。扫描电容显微镜（scanning capacitance microscope）则对样品表面电容的空间分布进行成像，在针尖上同样施加了外加偏压，并采用了一个特殊的电路来测量样品与针尖间的电容值。扫描电容显微镜可以被用来表征样品表面的介电特性，而该特性受样品层厚以及次表面中电荷载流子的影响。扫描热显微镜（scanning thermal microscope）通过使用依靠电阻加热的沃拉斯顿线（Wollaston wire）作为探针，测量样品表面导热特性。为了使探针的温度保持恒定，需要调节加热电流的大小，由此可以获得样品表面热导率（或热扩散率）的分布图。此外，如果保持加热电流恒定，探针的电阻值随温度发生变化，由此获得样品表面的温度分布图。另外，探针固定在样品特定的取样点，通过检测该样品点的热学和力学性能随温度的变化，可以开展对样品表面的微区热分析。

3. 原子力显微镜中的样品制备

原子力显微镜的制样流程相较于扫描电镜和透射电镜更简单。常规样品先在溶剂中分散后滴加到成像载体上，待吸附稳定后采用多种方法去除多余溶剂，随后即可将分散在成像载体上的样品直接置于空气或真空环境下扫描成像。为了保持生物样品的活性，生物样品的原子力显微镜测试常需要在溶液中进行，因而生物样品的制样流程中需要选择合适的固定方法，在避免样品漂移的前提下得到理想的扫描测试结果。

3.2.6　扫描探针技术的应用

包括扫描隧道显微技术和原子力显微技术在内的扫描探针显微技术拥有类似的工作原理，需要控制针尖为单原子大小的探针在被测样品表面进行扫描，记录扫描过程中探针针尖与样品表面间作用力作为检测信号，再根据样品表面上检测信号的分布状态得到样品的表面信息。这类显微镜装置中的探针针尖的形状和大小以及扫描系统的定位精度都会对扫描探针显微镜的分辨率产生决定性影响。扫描探针显微镜不仅可以用于直接观测样品表面结构和表面原子进而分析样品的表面物理化学性质，还能利用探针对样品表面进行纳米尺度上的加工处理，甚至能实现对单个原子的操纵。这项特定应用将微细加工技术从微米尺度推进到纳米甚至是原子尺度，必将成为未来纳米器件加工的重要技术手段之一。

1. 观察表面结构

扫描探针显微技术作为一种新型的先进表面分析技术，可以在真空、大气、溶液和低温等多种实验环境下实现对导体和半导体表面结构的实时和高分辨率观察。扫描隧道显微镜的应用极大地推动了金属和半导体表面的几何和电子结构等相关研究的发展。研究者使用扫描隧道显微镜来实时观察具有或不具有周期性结构的金属表面上的表面原子重构现象，通过对比不同气氛条件下金属表面的扫描隧道显微图像来研究化学吸附诱导金属表面重构的成核和生长机理。扫描隧道显微镜还可以用来直接观察清洁金属表面上与表面原子位置相关的表面势垒形状和表面原子台阶的信息，进而获取金属表面的几何结构和原子排列状态。因为样品的表面物理化学特性与其表面原子排列状态和表面电子行为密切相关，所以扫描探针显微技术在表面科学、材料科学、微电子科学技术以及生命科学等领域具有广泛的应用前景。

2. 纳米材料的形貌表征

扫描探针显微镜和电子显微镜均可用于观测各种纳米材料的尺寸、形状以及纳米材料的粒径分布等，而扫描探针显微镜能获取纳米材料的三维微观信息，进而得到材料表面的三维立体图像。扫描隧道显微镜受限于样品的导电性而只适用于导电样品，原子力显微镜则既能用于表征导体和半导体，又能用于观察绝缘样品的形貌。扫描探针显微镜能够将样品表面的高低起伏状态转换为具体的数值，通过分析样品表面整体图像，可以获取样品的表面颗粒度、粗糙度和平均梯度以及孔结构和孔径分布等信息；通过分析样品的小范围表面图像，能得到样品表面的高度、形状、表面积和体积等尺寸信息以及表面晶型结构、聚集状态和表面分子结构等结构信息。研究者还可以借助软件来对样品表面进行三维模拟，并通过等高线显示法或者亮度-高度显示法来直观地多角度展示其表面形貌。原子力显微镜在轻敲模式下可以使用相位成像技术来提供样品表面的纳米级信息。相位成像技术通过记录样品扫描过程中的微悬臂振动的相位角变化，来检测样品表面成分以及黏弹性和黏附性等特性的变化。使用原子力显微镜对样品扫描的同时进行相位成像时，扫描速度和图像的分辨率都不会受到影响，不仅能用于研究合成物质的特性，还能对样品表面摩擦力和黏着力成像，以及辨别表面污染物等。

3. 表面物理或化学变化过程研究

不同于电子显微镜需要在高真空环境下工作，扫描探针显微技术可以在不同气氛和温度条件下运行，从而用于研究各种表面吸附和表面催化、原位研究表面化学反应以及研究溶液中的电化学沉积和电化学腐蚀过程。扫描探针显微技术不仅能被动地观察样品表面的物理和化学反应，还能主动诱导样品表面上局域物理或化学反应的发生，从而实现纳米尺度加工。扫描探针显微技术可以利用探针针尖直接诱导在以针尖为中心的微小空间范围内发生表面化学反应，进而用于制备信息存储器件。扫描探针显微技术还可以在探针针尖上施加脉冲电流，由此产生的局域电场诱导有机物气氛中的气体分子发生分解，接着分解产物在基底上沉积后产生具有较高纵横比的半导体或绝缘体的纳米结构。扫描探针显微技术使用置于电解质溶液中的探针针尖为纳米电极，利用局域电化学沉积或腐蚀反应在基底上制备纳米结构。研究者还尝试在探针针尖上施加偏压脉冲以在金属或半导体表面诱导发生局域化学反应，进而在表面形成纳米尺寸的氧化物结构，由这种方法制备的单电子晶体管可以观察到室温单电子隧穿效应。扫描探针显微技术还可以利用探针针尖蘸取包含少量反应分子的溶液，针尖受控在基底表面运动后即可形成特定纳米图案。

4. 原子操纵和纳米加工技术

研究者不仅可以利用扫描探针显微技术观察纳米材料表面微观形貌及其结构并分析材料表面的物理和化学性质，还能利用探针在各种样品表面直接刻写、诱导沉积和刻蚀，甚至通过提取、放置和移动纳米材料特定位置上如单个原子、原子团以及金属颗粒等吸附物质来形成预先设计的表面纳米结构。在常规的扫描探针显微技术的扫描成像过程中，探针与待测样品之间的相互作用力很小因而不会对待测样品造成损伤。此时如果加大探针-样品间作用力，探针即能实现基底表面原子操纵(atom manipulation)和纳米加工(nano-fabrication)。原子操纵是扫描隧道显微技术在基底上进行原子尺度结构和器件构建的基本技术，具体包括单原子的移动、提取和放置等过程。原子操纵因探针针尖与样品表面间距的不同而遵循不同的物理机制，当探针针尖与样品表面间距大于 0.6 nm 时，原子操纵主要依靠针尖与样品间的电场或电流效应，而当探针针尖与样品表面间距小于 0.4 nm 时，针尖与样品表面相近原子的电子云发生部分重叠，此时借助针尖与样品表面原子间化学相互作用实现原子操纵。依据材料表面原子搬运的机理，可在纳米材料表面施展刻蚀、修正和局部改性等纳米加工工艺。利用扫描隧道显微镜的探针在纳米表面刻蚀图形的线宽精度已经达到 10 nm。将刻蚀技术与分子束外延生长技术结合后可用于制造三维纳米量子器件。分子操纵则是借助特殊实验装置整理、剪切和排布样品表面分子进而得到有序分子图案的技术。扫描探针显微镜可以依靠针尖-样品表面分子间相互作用，直接操纵单分子实现表面纳米结构的构筑。除了操纵样品表面原子和分子以外，探针-样品间作用力还能用于实现样品表面纳米材料的操纵。研究者对碳纳米管和 DNA 等柔性一维纳米材料进行包括拉直、弯折、修剪和切割等各种可控操纵。这种操纵可以用于测试碳纳米管的特性并且利用碳纳米管构筑纳米电子器件，还可以借用 DNA 分子完成单分子有序化基因组测试。

5. 纳米材料的性能研究

除了观察样品表面形貌，原子力显微镜还能用来检查和测量表面粗糙度，以及研究包括硬度、塑性、黏弹性、压弹性等在内的力学性能以及表面选区的摩擦性能。原子力显微镜能利用探针与样品表面有机物或生物分子之间的结合拉伸来研究这些分子的聚集状态、空间构型和拉伸弹性等物理化学特性。当在探针表面修饰上蛋白受体或其他生物大分子后就赋予了探针特定的分子识别功能，由此检测样品表面上特定分子的种类和分布。原子力显微镜中表面镀上导电层的探针或导电探针可以作为以纳米精度进行移动的微电极，借助原子力显微镜的精准定位能力和超高空间分辨率特性可以测量纳米结构的局域电学性质。原子力显微镜的电学性质测量能力结合纳米材料操纵技术，可以按照电学性质需求制备相应的纳米器件结构。

3.3　波谱分析技术

波谱分析技术（spectral analysis technology）包括紫外光谱、红外光谱、核磁共振波谱和质谱等，具有分析样品用量少、获取结构信息丰富等优点，因而在纳米材料的成分分析和结构测定方面发挥重要的作用。

3.3.1　紫外光谱

电子光谱由材料吸收能量激发价电子或外层电子跃迁而产生，其波长范围在 10～800 nm。按照电子光谱波长范围的不同，可以将其分为可见光区（400～800 nm）、近紫外区（200～400 nm）和远紫外区（10～200 nm）。不同材料呈现不同的光吸收特性，有色物质常在可见光区有吸收，具有共轭体系的物质如芳香族化合物常在近紫外区有吸收，而空气中的氮气、氧气、二氧化碳和水蒸气在远紫外区表现出吸收，所以远紫外光谱需要在真空条件下测量以排除这些物质的干扰。材料研究中使用最广泛的是波长在 200～400 nm 的近紫外光谱。紫外光谱（UV spectroscopy）是材料分子在入射光作用下发生价电子跃迁产生的。将待测样品用一定波长范围的紫外光连续照射时，样品吸收特定波长的光子后改变透射光的强度，进而产生由吸收谱线组成的紫外吸收光谱。样品的紫外吸收光谱的横坐标为照射光波长（λ），纵坐标为透光率（$T\%$）或吸光度（A）。因为价电子跃迁的同时还伴随振动能级和转动能级的跃迁，因而紫外光谱中表现出的并非尖锐的吸收峰，而是一些平滑峰包。最大吸收波长（λ_{max}）为最大吸收值所对应的波长，而鉴定材料的标志包括紫外吸收光谱的位置、强度和形状等。

1. 朗伯-比尔定律

样品的光吸收一般遵循朗伯-比尔定律（Lambert-Beer law），这是吸收光谱的基本定律和定量分析的理论基础。根据朗伯-比尔定律，入射光被吸收的分数与光程中吸光物质的分子数目成正比。对于溶剂不吸收入射光的溶液，被溶剂吸收的入射光的分数与溶液的浓度和光在溶液中经过的距离成正比。该定律对应的公式如下：

$$A = \lg \frac{I_0}{I_l} = \lg \frac{1}{T} = \varepsilon c l \tag{3-3}$$

其中，A 为吸光度（absorbance），数值上是入射光强度（I_0）与透过光强度（I_l）的比值的对数，表明单色光透过测试溶液后被吸收的程度；T 为透光率（transmittance），数值上是透过光强度与入射光强度的比值（I_l / I_0）；l 为入射光在测试溶液中经过的距离，常为吸收池厚度；ε 为摩尔吸光系数，代表处于厚度为 1 cm 的吸收池中物质的量浓度为 1 mol·L^{-1} 的溶液在一定波长下表现出的吸光度。ε 为各种物质在特定波长下的特征常数，表明物质对光能的吸收程度，其数值可从几变化到 10^5，该特征常数是材料鉴定的重要依据。吸光度可以进行加和，当测试溶液中包含多种对特定波长的入射光有吸收的吸光物质时，该测试溶液的吸光度是溶液中所有吸光物质的吸光度之和，这种加和性是利用紫外光谱进行多组分测试分析的依据。朗伯-比尔定律只适用于单色光，因而要求入射光波长范围越窄越好，并且通常要求样品浓度在一定的低浓度范围。样品的紫外吸收还会受到温度、溶液 pH 和放置时间等因素影响，定量测试时需要注意。

2. 紫外光谱仪

紫外光谱仪（UV spectrometer）常由光源、分光系统、吸收池、检测系统和记录系统等五个部分组成。①光源：紫外光谱仪要求光源能够提供在所需光谱测量范围内所有波长的连续辐射光，以及在该光谱测量范围的光强度足够大且不随波长发生显著变化。紫外光谱仪可使用连续光谱的氢灯或氘灯作为 160～390 nm 波长检测范围的光源，而使用钨灯作为 350～800 nm 波长检测范围内的光源，其在测试过程中根据测试波长的改变自动切换相应光源。②分光系统：分光系统由入射狭缝、准直镜、色散元件（棱镜或衍射光栅）和出射狭缝组成。分光系统将来自光源的复色光按照波长顺序分解为单色光，并且可以实现对出射单色光的波长、光强和波长纯度的调节。③吸收池：紫外光谱仪的吸收池包括可用于紫外光区和可见光区的石英池和只用于可见区的玻璃池，按用途不同可分为气体吸收池、液体吸收池、微量吸收池和流动池等。定量分析要求参比光路和样品光路中的吸收池的吸收性能和光程长度严格一致，在测试过程中需要注意清洁和小心取用。④检测系统：紫外光谱仪的检测系统将吸收后的光信号转变为电信号后测量其光强度。常用的检测器包括光电池、光电倍增管以及新兴的自扫描光敏二极管阵列检测器等。⑤记录系统：紫外光谱仪的记录系统包括数字电压表、示波器和数据台等。与仪器配用的数据台可直接记录测试数据后得到实时的紫外光谱图，后期还能通过不同的数据处理软件对数据进一步处理和分析。

3. 紫外光谱的应用

利用紫外光谱可分析有机物质的分子骨架是否存在共轭体系，还可以用来检验一些具有大型共轭体系或发色官能团的材料。通过光谱图的特征吸收峰，以及最大吸收波长 λ_{max} 或摩尔吸光系数 ε 等特征参数，可以实现对材料组分的鉴定。若待测材料在紫外区无吸收，则说明该材料中不存在共轭体系。若待测材料在 210～250 nm 波长范围内有强吸收（即出现 K 吸收带），则该材料可能含有两个双键的共轭体系。若待测材料在 260～300 nm 波长范围内有中强吸收（即出现 B 吸收带），则该材料可能含有苯环。若待测材料在 250～300 nm 波长范围内有弱吸收（即出现 R 吸收带），则该材料可能包含简单的非共轭并含有羰基等生色基团。若待测材料的紫外光谱表现出许多吸收带，并且延伸至可见光区，则该材料内可能包含长链共轭体系或多环芳香生色基团。需要注意的是，材料的紫外光谱结果反映的不是整个材料分子的特性，而是材料中的发色基团和助色基团的特性。紫外光谱结果能提供包括发色官能团、结构共轭关系、共轭体系内取代基等相关信息，但是其不能用于完全确定材料内的分子结构。紫外光谱结果还需要与红外光谱、核磁共振波谱和质谱等测试结果配合分析，才能得出关于分子结构的可靠结论。

紫外光谱用于材料样品组分分析的途径有两种：第一种是将样品的紫外光谱与标准物的标准谱图对照。这需要将样品和标准物以相同浓度分散在同一溶剂中，再将样品溶液和标准物溶液在同一条件下测定。如果两者的紫外光谱一致，那么可以判断两者为同一物质；第二种是比较样品的吸收波长和摩尔消光吸收。具有相同发色基团的不同材料也可能表现出相同的紫外吸收波长，但是通过对比它们的摩尔消光吸收可将其区别开来。如果吸收波长和摩尔消光吸收都相同，那么可以认为它们具有相同的结构单元。紫外光谱分析技术具有准确性好、灵敏度高、重现性好和应用广泛等优点。能吸收近紫外光的材料一般可以用紫外分光光度法进行测定。程年寿等以苯酚为模拟污染源，考察了纳米二氧化钛催化剂在以紫外灯为光源条件下的光催化降解苯酚过程中，pH、苯酚初始浓度以及纳米二氧化钛的用量等因素对其光催化活性的影响[17]。为了某一时刻反应溶液中苯酚的质量浓度，研究者每隔 20 min 取一定量的反应溶液，经离心分离后取上层清液，然后用紫外光谱仪测量该上层清液的吸光度，接着根据吸光度-苯酚浓度标准曲线获得该时刻内反应溶液中未发生反应的苯酚的质量浓度，最后借此研究纳米二氧化钛在紫外光照射下催化降解苯酚的催化活性。

3.3.2　红外光谱

红外光谱（IR spectroscopy）是研究分子运动的吸收光谱，红外光谱研究的波长范围在 2～25 μm 之间，在该红外光谱区测得的谱图是材料内分子的振动和转动运动的加和表现，因而红外光谱也被称为分子振转光谱。材料中单个种类分子的各原子间的振动形式是十分复杂的，这就使得组分简单的材料也呈现出复杂且具有分子所带官能团特征的红外光谱。通过分析红外光谱获得分子中官能团信息后，即可鉴定材料的分子结构。研究者根据红外光谱中吸收峰的位置和形状可以推断材料的化学结构，根据特征吸收峰的强度可以测得材料中各组分含量，甚至还可以测定材料分子的键长和键角，由此推知材料分子的立体构型和化学键强弱。

1. 红外光谱基本原理

材料在一束连续波长红外光的照射下，其分子吸收一定波长的红外光光能后将其转换为分子的振动和转动能量。材料的红外吸收光谱的横坐标为波长或波数，纵坐标为百分透过率或吸收率。红外光谱按照波长的不同可以分为近红外区、中红外区和远红外区。远红外区常用于研究分子的转动能级的跃迁和晶体的晶格振动。中红外区则覆盖绝大多数有机和无机材料的振动吸收，所以该区域主要用于研究分子的振动能级跃迁。近红外区主要集中了 C—H、N—H 和 O—H 键的倍频吸收或组频吸收，但是该区域内对应的吸收峰强度较弱。因此，红外光谱最常使用的是中红外区。红外光谱的横坐标常用入射红外光的波长或波数表示，波长 λ 与波数 $\bar{\nu}$ 换算公式如下：

$$\bar{\nu}\left(\mathrm{cm}^{-1}\right) = \frac{10^4}{\lambda(\mu\mathrm{m})} \tag{3-4}$$

红外光谱的纵坐标为吸收强度，红外吸收强度是材料定性分析的重要依据，吸收强度在一定浓度范围内遵从朗伯-比尔定律因而可用于定量分析。红外吸收强度大小与材料分子振动过程中偶极矩变化相关，只有在振动过程中发生偶极矩变化才会使材料产生红外吸收，并且偶极矩变化幅度越大，对应红外吸收强度也越大。此外，包括基团极性、电极性、振动耦合和氢键作用等因素均会对振动过程的偶极矩变化产生影响，进而影响材料的红外吸收强度。基团极性越强的材料分子一般在振动过程偶极矩变化强度和红外吸收强度也越大。电效应中的诱导效应会对材料分子的极性产生影响，如果诱导效应使极性增强，那么红外吸收强度增强，反之则减弱。振动耦合是指材料分子内位置相邻且振动频率近似相同的两种或两种以上的振动基团产生的混合振动。振动耦合可分为红外吸收在较低波数处且吸收强度较小的对称耦合和红外吸收在较高波数处且吸收强度较大的不对称耦合。氢键作用的存在会大幅提高化学键的极化程度，导致伸缩振动产生的峰变宽并且峰强度增强。红外光谱中吸收峰的位置与材料分子结构相关，有机材料中多原子分子振动的情况复杂，简单地将所有吸收峰都归因于分子内某种振动是不合理的。研究者通过大量测试结果总结出相关规律，即具有特定官能团的材料分子会在红外光谱中表现出一定的特征吸收，而样品的分子结构可以综合这些特征吸收峰的波数（最重要因素）、强度和峰形等信息进行推测。不同材料中的同一种官能团在红外吸收谱中的吸收峰的位置并非固定不变的，特征吸收峰的位置受质量效应、电子效应和空间效应等因素影响，因而会在一个特定的波数范围内变动。因此在分析红外光谱图时，需要注意测试条件，最好能在相同条件下与标准谱图对比。

2. 红外光谱仪

红外光谱仪按照发展历程不同分为三代，第一代和第二代为色散型红外光谱仪，区别在于第一代以棱镜作为单色器，第二代则以光栅为单色器。第一代红外光谱仪测量范围不超过中红外区，而第二代红外光谱仪采用先进的光栅刻制和复制技术，提高了仪器分辨率，拓宽了测量波段。第三代是干涉型红外光谱仪（傅里叶变换红外光谱仪），这种光谱仪利用经迈克尔逊干涉仪产生的干涉光照射样品后得到干涉图而非红外吸收光谱，干涉图再经计算机进行傅里叶变换后才得到实际的红外吸收光谱。利用原理不同的两种类型的光谱仪得到的红外光谱的特征吸收峰的位置和峰形是相似的，并且未来红外光谱仪和计算机技术的发展都将带来谱图分辨率和精确度的提升。色散型红外光谱仪基本都包含光源、样品池、检测器、放大器和记录装置等五个部分。光源产生的两路光分别通过样品槽和参比槽，通过参比槽的光束通过光梳后，与经过样品的光束在切光器处会合，再经切光器和单色器后交替地照射在检测器上。样品吸收了经过样品的光后，使两条光路上的光吸收产生差别，引发检测器产生信号。干涉型红外光谱仪包含光源、迈克尔逊干涉仪、检测器和计算机等组件。迈克尔逊干涉仪是整个光学系统的核心组件，从红外光源发出的红外光经迈克尔逊干涉仪后输出两束光，两束光通过样品后到达检测器。两束光存在光程差而发生干涉，并且光程差大小会对干涉光强度产生影响。光程差为波长的整数倍或零时，干涉光最强；光程差为波长半整数倍时，干涉光最弱。不同波长单色光的干涉图周期和振幅都不相同，复色光则在零光程差处发生强干涉且光强最强，光程差的增大会导致各种波长的干涉光相互抵消而强度降低。复色光干涉图上的每个点都包含各种单色光的光谱信息，通过计算机处理的傅里叶变换即可将干涉图转换为红外光谱图。干涉型红外光谱仪的光学部件简单，但是其波长测量覆盖范围广（45000～6 cm^{-1}），光通量大且灵敏度高。该类型红外光谱仪的扫描速度快、对杂散光不敏感、对温度湿度要求不高，还可以与气相和液相色谱联用。上述优点使得干涉型红外光谱仪正逐步取代色散型红外光谱仪，并成为广泛应用的分析化学仪器之一。

3. 红外光谱的特征

材料分子中包括 C—H、C=C、C—N 和 C—X 等各种基团都有特定的红外吸收区域，因而在红外光谱中产生具有较高强度或特定峰形的并且能代表某种基团存在的吸收峰。该吸收峰被称为特征峰，峰所在的位置称为特征频率，研究者可以通过红外光谱中出现的各种吸收峰推断出材料分子内的相关结构。取红外光谱之前需要进行样品的制备，不同类型样品的处理方法大不相同。固体样品常使用溴化钾压片法、糊状法、溶液法、薄膜法、显微切片法和热裂解法制备。不易挥发、无毒且有一定黏度的液体样品可直接涂在 NaCl 或 KBr 晶片上，易挥发液体样品则可灌注于液体池中。气体样品则常灌注于气体样槽中。不同类型的材料在红外谱图中呈现不同的特征吸收。饱和烃的红外吸收主要是由 C—C 骨架振动以及 C—H 伸缩振动和弯曲振动引起的。甲基和亚甲基的伸缩振动在 3000～2800 cm^{-1} 范围内，C—H 弯曲振动在 1475～700 cm^{-1} 范围内，甲基的对称变形振动出现在 1375 cm^{-1} 处，可用于证明甲基存在。烯烃的红外吸收主要是由 C=C 伸缩振动、C—H 伸缩振动和弯曲振动引起的，烯烃的 C=C 伸缩振动吸收位于 1680～1620 cm^{-1} 范围内。炔烃的红外吸收主要是由 C≡C 伸缩振动和端基炔的 C—H 伸缩振动引起的，炔烃的 C≡C 伸缩振动吸收常出现在 2140～2100 cm^{-1} 区间内。芳香烃产生的红外吸收与芳环内的 C—H 伸缩振动、C=C 伸缩振动和 C—H 弯曲振动相关。芳环的 C—H 伸缩振动在 3100～3000 cm^{-1} 区间内，芳环的 C—H 弯曲振动位于 900～650 cm^{-1} 范围内并且其中的面外弯曲振动最具代表性，由此可以检验苯的衍生物，并且不同的取代情况会出现不同的峰形和位置。苯环的 C=C 伸缩振动特征峰则位于 1650～1450 cm^{-1} 范围内，常包括 4 个位置分别在 1600 cm^{-1}、1585 cm^{-1}、1500 cm^{-1} 和 1450 cm^{-1} 附近的特征吸收峰，这些吸收峰并不一定同时出现并且具体的位置受取代基的影响。判断材料中是否存在芳环结构，可以先观察 3100～3000 cm^{-1} 和 1650～1450 cm^{-1} 范围内是否同时存在吸收峰，再由 900～650 cm^{-1} 范围内吸收峰的情况判断取代形式。

　　醇和酚类样品的红外光谱则包括羟基 O—H 伸缩和弯曲振动以及 C—O 伸缩振动等三个特征吸收。醇和酚在非极性溶剂稀溶液中时，在 3640～3610 cm^{-1} 范围内出现尖锐的游离羟基伸缩振动吸收峰。醇和酚的 C—O 伸缩振动使其在 1200～1000 cm^{-1} 范围内出现强而宽的吸收峰，伯、仲、叔醇和酚的 C—O 振动吸收峰分别位于 1050 cm^{-1}、1100 cm^{-1}、1150 cm^{-1} 和 1230 cm^{-1}。羟基 O—H 包括峰形较宽的 650 cm^{-1} 处的面外弯曲振动峰、宽而散的 1500～1300 cm^{-1} 处的面内弯曲振动峰（液态或浓溶液中）或 1250 cm^{-1} 处的面内弯曲振动尖峰(稀溶液)。非闭环醚的 C—O—C 反对称伸缩振动特征吸收峰常处于 1275～1060 cm^{-1} 范围内，对称醚则无 C—O—C 对称伸缩振动吸收。芳香醚样品的红外吸收峰在 1275～1060 cm^{-1} 之间，烷基乙烯基醚的吸收峰在 1225～1200 cm^{-1} 之间。甲氧基的对称伸缩振动吸收峰在 2850～2815 cm^{-1} 范围内。具有—C—O—C—O—C—的多醚型结构的缩醛和缩酮常包含位置分别在 1190～1160 cm^{-1}、1143～1125 cm^{-1} 和 1190～1160 cm^{-1} 的三个强吸收峰。缩醛中的与氧相连的 C—H 弯曲振动吸收会在 1116～1105 cm^{-1} 范围内出现一个特强的吸收峰，这是区分缩醛与缩酮的主要判断依据。羰基的伸缩振动使得含羰基的材料的红外光谱在 1900～1600 cm^{-1} 范围内出现强特征吸收峰。醛和酮类样品的 C=O 伸缩振动吸收位置接近，但是醛基的 C—H 伸缩振动峰位于 2820～1105 cm^{-1} 范围内，与其他化合物的存在较大差别，因此将醛和酮区分开来。材料中游离羧酸的 O—H 伸缩振动峰在 3550 cm^{-1} 左右出现，二聚体的形成使得羟基在 3200～2500 cm^{-1} 区域内出现宽而散的吸收峰。二聚体中 O—H 的非平面摇摆振动会在约 920 cm^{-1} 处呈现一个较强的宽峰，此为羧酸的特征峰。羧酸盐离子的红外谱图一般包括位于约 1400 cm^{-1} 处的对称伸缩振动峰和 1610～1500 cm^{-1} 范围内的反对称伸缩振动峰。酯类材料的红外谱图中包括羰基伸缩振动峰，以及 C—O—C 结构的对称和非对称伸缩振动吸收峰。研究者可以通过 C—O—C 结构的伸缩振动吸收峰将酯类样品与其他含羰基样品区别开来。酯类材料中位于 1210～1160 cm^{-1} 范围内的 C—O—C 非对称伸缩振动峰往往是其强度最大的特征吸收峰。酰类样品的羰基伸缩振动峰出现在 1670～1570 cm^{-1} 范围内，酸酐则包含分别位于

1750 cm^{-1} 和 1800 cm^{-1} 左右的两个羰基的对称伸缩振动峰和反对称伸缩振动峰。包含酰胺的材料在红外谱图中呈现包括羰基的 C=O 伸缩振动吸收峰和氨基的 N—H 伸缩或弯曲振动吸收峰。伯酰胺材料的 C=O 伸缩振动吸收峰位于 1690～1650 cm^{-1}，—NH$_2$ 的剪式振动吸收峰位于 1640～1600 cm^{-1} 范围内。仲酰胺材料中 C=O 伸缩振动吸收峰位于 1680～1655 cm^{-1} 范围内，—NH 的伸缩振动吸收峰在 3470～3400 cm^{-1} 之间。叔酰胺材料中不含 N—H 键，而是在 1670～1630 cm^{-1} 范围内出现 C=O 伸缩振动吸收峰。其他材料红外光谱中的特征吸收峰可以参照各种波谱数据库或文献进行分析。

4. 红外光谱的解析和应用

根据样品的红外光谱中呈现的吸收峰特征，可以推测样品可能的分子结构。但即使是简单化合物材料，红外光谱也较为复杂，并且红外光谱中吸收峰的位置、数目、强度及形状等特征受到很多因素的影响，使得红外光谱的解析具有很强的经验性。在解析红外光谱前，需要较好地把握特定官能团的特征吸收峰和相关因素对振动吸收频率的影响。首先观察谱图的高频区，确定样品中可能存在的官能团，再结合指纹区确定大致结构。由于红外光谱的复杂性，并非每个红外吸收峰都能找到对应的归属。但是如果某些特定区域没有出现吸收峰时，就可以大致判断材料分子中不包含这些官能团。而当某些特定区域出现一些吸收峰时，却不能直接断定材料分子中一定包含某种官能团，这也可能是其他官能团的特征吸收峰的位置受到影响而迁移至此，即不同官能团可能在相同区域出现特征吸收峰。此时就需要结合指纹区的吸收峰位置和形状来具体情况具体分析。仅通过红外光谱并不能准确地确定材料内分子结构，还需要结合材料的自身特性以及包括紫外、核磁和质谱在内的其他谱图来确证具体结构。红外光谱分析技术具有样品用量少、操作简单、分析快速、样品损伤小等特点。根据红外光谱中吸收峰的位置和强度可以反映出样品中化学键类型和晶体结构等信息。材料中不同的官能团在红外光谱中呈现不同的特征吸收峰，由此可以将样品与结构已知的化合物的红外光谱进行对比，以此判断所提出的化合物的可能结构是否合理，进而实现对样品的鉴定。通过研究样品在红外光谱中的特征吸收谱带，推测样品中存在的官能团，借此确定样品的类别。再结合其他谱图提供的信息，测定样品的分子结构。红外光谱也可以利用朗伯-比尔定律进行定量分析，但是定量的精度要低于紫外光谱。红外光谱可以利用混合物中各组分化合物官能团的特征吸收来测量混合物中各组分的百分含量，但如果杂质在相应位置存在吸收的话也会影响测量的准确度，所以在分析过程中需要避开杂质吸收峰并且同时测量两个以上特征吸收峰的强度。红外光谱还能较好地运用于无损伤的宝石鉴定、高聚物鉴别、肿瘤的鉴别和分级以及药物晶型分析等领域。段红珍等利用溶胶-凝胶自燃烧合成法制备了纳米锶铁氧化体样品，并使用红外光谱研究纳米锶铁氧化体样品的生长过程[18]。由柠檬酸经溶胶-凝胶法制得的硝酸盐-柠檬酸干凝胶的红外光谱如图 3-16（a）所示。该红外谱图中 3300～2500 cm^{-1} 的伸缩振动带和 1600 cm^{-1} 附近的反伸缩振动峰属于柠檬酸的特征吸收峰，而位于 1385 cm^{-1} 和 835 cm^{-1} 的吸收峰来源于 NO$_3^-$，这也说明 NO$_3^-$ 参与了胶体的形成。图 3-16（b）是干凝胶在不同温度下煅烧后得到的纳米样品的红外谱图。未经煅烧的样品（1）的红外谱图中，在 400～800 cm^{-1} 波数范围内的 440 cm^{-1} 和 551 cm^{-1} 附近出现红外吸收峰，说明了样品（1）中存在 γ-Fe$_2$O$_3$ 相，而在 1400 cm^{-1} 处出现的吸收峰，表明生成样品中的 NO$_3^-$ 并未完全除去。随着煅烧温度从 600℃逐步升高至 700℃和 850℃，相应样品（2）（3）（4）中的杂相峰强度减少至几乎消失，最后得到样品的表面几乎全为 SrFe$_{12}$O$_{19}$ 相。

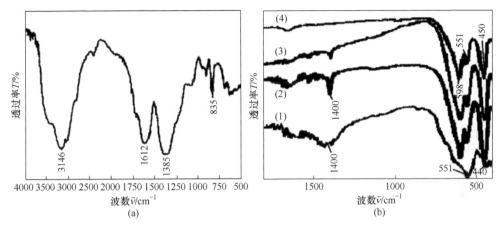

图 3-16 （a）硝酸盐-柠檬酸干凝胶的红外谱图；（b）在不同温度下煅烧干凝胶后制得的纳米锶铁氧化体样品的红外谱图

（1）未经煅烧样品；（2）600℃下煅烧样品；（3）700℃下煅烧样品；（4）850℃下煅烧样品

3.3.3 拉曼光谱

一束单色光入射样品后会发生透射、吸收和散射等现象。散射在经典理论中被认为是入射光的电磁波使得样品的原子或分子发生电极化后产生的。大部分入射光经样品散射后波长不会发生改变，少部分入射光在样品中分子振动和分子转动的作用下得到的散射光的波长发生改变。在量子理论中，入射光的光量子与样品分子碰撞时，既可能发生弹性碰撞散射，也可能发生非弹性碰撞散射。弹性碰撞散射过程中的入射光的光量子和样品分子间不发生能量交换，因而入射光经散射后的频率保持不变。非弹性碰撞散射过程中的入射光的光量子和样品分子间存在能量交换，使得散射光的频率发生改变。光量子既可能转移部分能量给发生散射的样品分子，也可能吸收发生散射的样品分子的部分能量，而这部分转移或吸收的能量数值只能等于样品分子的两种定态能量差值，即 $\Delta E = E_1 - E_2$。当入射光量子（频率为 ν_0）的能量转移给发生散射的样品分子后，得到频率较低的散射光（斯托克斯线），这些样品分子接受的能量被转变为分子振动或转动能量，使得分子处于激发态 E_1，而散射光的频率则变为 $\nu' = \nu_0 - \Delta\nu$。当样品分子已经处于振动或转动的激发态 E_1 时，入射光量子就会从这些发生散射的样品分子中吸收这些振动或转动能量 ΔE，得到频率较高的散射光（反斯托克斯线），此时的散射光频率变为 $\nu' = \nu_0 + \Delta\nu$。一般来讲，入射光和样品分子间发生弹性碰撞时不发生能量交换，只有入射光光子的前进方向发生改变而散射光前后光子的频率未发生变化的过程称为瑞利散射。入射光和样品分子间发生非弹性碰撞时存在能量交换，入射光光子的前进方向和散射光的光子频率都发生改变的过程称为拉曼散射。拉曼散射可以分为共振拉曼散射和表面增强拉曼散射两种。在共振拉曼散射中，当样品中的某个化合物被频率处于该化合物的电子吸收谱带以内的入射光激发时，化合物内发生电子跃迁和分子振动的耦合，使得归属该化合物的某些拉曼谱线的强度得到显著增强。表面增强拉曼散射是指吸附到如金、银或铜表面的一些分子的拉曼谱线显著增强的现象。利用拉曼散射测试可以对样品的化学组成进行分析。

1. 拉曼散射光谱

使用探测仪测定用激光照射到样品后产生的不同散射光的波长，并记录散射光的强度，即可得到样品的拉曼散射光谱（Raman scattering spectroscopy），也称为拉曼光谱。拉曼光谱以散射光的频率（也称为拉曼频率或拉曼频移）为横坐标，常用波数（cm^{-1}）表示，纵坐标常为散射光强度。拉曼光谱中常包含三种类型的散射线：处于中央位置同时强度也最高的是瑞利散射线，该散射线对应的频率（ω_0）与入射光频率相同；低频一端是强度大概为瑞利散射线的几百万分之一或万分之一、与瑞利散射线频率差为 $\Delta\nu$ 的斯托克斯线；高频一端是与瑞利散射线频率差为 $\Delta\nu$ 的反斯托克斯线，反斯托克斯线与斯托克斯线对称分布在瑞利散射线的两侧，其强度相较斯托克斯线要弱很多，以至于常规条件下较难观察到，但是随着测试温度的升高，反斯托克斯线的强度会随之迅速增大，使其在拉曼光谱中变明显。拉曼光谱中的反斯托克斯线与斯托克斯线通称为拉曼线，这些拉曼线对应的频率大小可表示为 $\nu_0 \pm \Delta\nu$，其中的 $\Delta\nu$ 为拉曼频移。拉曼频移是表征分子振动能级的特征物理量，这一数值只与样品分子的振动能级有关，而与入射光的频率无关。不同物质具有不同的拉曼频移量，并且拉曼散射线的强度随着入射光强度以及样品分子的浓度增大而增加。拉曼光谱利用拉曼效应和借助拉曼散射光与样品分子结构间的关系，实现对样品的定性和定量表征及结构分析。拉曼光谱具有区别于其他光谱的一些基本特征。首先是频率特征，改变拉曼测试中的入射光频率并不会改变散射光的频率，并且拉曼光谱中的斯托克斯线和反斯托克斯线频率的绝对值相等。接着是强度特征，拉曼散射光的强度只有入射光强度的 $1/10^6 \sim 1/10^{12}$，拉曼光谱中的斯托克斯线的光强（I_S）又要显著高于反斯托克斯线的光强（I_{AS}），两者间比值关系可表示为：$I_S / I_{AS} \propto e^{\frac{\hbar\omega}{k_B T}} \gg 1$。最后是偏振特征，使用偏振光作为入射光照射样品中方位确定的分子和晶体时，散射光表现出的偏振特征与入射光的偏振状态相关，相应遵循偏振选择定则。基于拉曼光谱不同于其他光谱的基本特征，拉曼光谱可以获取与其他光谱不一样的样品信息。研究者可以根据拉曼光谱中的斯托克斯线和反斯托克斯线之间的强度比值 I_S / I_{AS}，计算得出拉曼光谱取样点的原位温度。偏振拉曼散射还能用来快速测定样品中分子振动的固有频率，以及表征分子的对称性和分子内部作用力等，甚至还能获取纳米材料排列的对称性质等信息。拉曼光谱测试具有不同于其他测试手段的优点，拉曼光谱测试过程不与样品接触，样品经测试后不发生损失，并且对样品制备无特殊要求。拉曼光谱测试可以在不同温度及高压条件下开展，光谱成像具有简便、快速及高分辨率等特点，能够实现材料与结构的快速鉴别分析。拉曼光谱测试装置还具有操作简单、维护成本低等特点。

2. 拉曼散射仪

入射光与样品分子作用后发生光散射时，拉曼散射的光强要远小于瑞利散射的光强度，并且强度大小与入射光的强度成正比。因而在设计和组装用于检测拉曼散射光的拉曼光谱仪时，一方面可以尽量增加入射光的光强并对散射光进行最大限度地收集，另一方面需要抑制和消除瑞利散射带来的背景杂散光，从而实现仪器信噪比的提升。拉曼散射光谱仪（Raman scattering spectrometer）根据仪器将经过样品的拉曼散射光随频谱分散方式的不同可以分为滤光器型、分光仪型和干涉仪型。滤光器型拉曼散射仪利用滤光器将拉曼散射光分散，但是这种散射仪只能检测有限几种波长的光，其应用范围大为受限而被逐渐淘汰。分光仪型拉曼散射仪中，穿过狭缝的光照射在衍射光栅后得到衍射光，这些衍射光经聚焦后到达装置了多元件探测器的光谱仪输出平面上，由此实现对衍射光中不同波长光束的强度检测。干涉仪型拉曼散射仪利用干涉仪对经过样品的衍射光的波长和强度进行检测。下面对以光栅光谱仪为代表的分光仪型拉曼散射仪和以傅里叶变换光谱仪为代表的干涉仪型拉曼散射仪进行简要介绍。

1）光栅型拉曼光谱仪

光栅型拉曼光谱仪（grating-type Raman spectrometer）主要包括激发光源、样品光路、分光光路、光探测器和光谱读取等模块。①激发光源：拉曼光谱仪要求光源能提供单色性好并且能在多波长下工作的大功率且强度稳定的入射光，因而一般使用输出功率稳定的激光器作为激发光源（excitation light source），实验室用拉曼光谱仪中采用的激发光源包括波长为 514.5 nm 的氩离子激光器和波长为 785 nm 的半导体激光器等。②样品光路：拉曼光谱仪中的样品光路（sample optical path）及其之后的分光光路被分别称为外光路和内光路。样品光路沿着入射光的前进方向依次分为入射光聚焦、样品架和散射光收集这三部分，各部分之间还会按照测试需要增配用于衰减光强和改变偏振的元件。拉曼光谱仪常利用数量合适的会聚透镜来实现对照射到放置于聚焦光腰部的样品上的入射光的辐照功率密度的显著增强。待测样品需要被正确而稳定地放置在样品架上，样品架的设计需要与聚光和收集光路相匹配，并且应当被合理放置在样品光路中，以保证经聚光的入射光到达样品时具有最大的激发功率和最小的杂散光干扰，同时避免入射光不经过样品直接进入分光光路。散射光收集部分则具有高效收集来自样品散射光的同时抑制杂散光的作用。样品光路中配置的光强衰减元件，一方面可以衰减入射激光的光强而避免样品被强激光损伤或破坏，另一方面可以衰减入射激光的等离子线和瑞利散射等杂散光从而减弱杂散光信号对拉曼信号的干扰。样品光路中配置偏振元件可以用于偏振谱测量。③分光光路：拉曼光谱仪的核心部分是能将散射光按照能量进行分解进而实现散射光的微分散射截面测量的分光光路（splitting optical path）。光栅型拉曼光谱仪中的分光光路按照散射光的前进方向依次分为准直、色散和聚焦这三部分。准直部分中的准直镜将由入射狭缝进入光谱仪的散射光压缩发散后转变为平行光束，使得分光元件能被最大限度地均匀照亮。色散部分则负责将转换为平行光束的散射光，在几何空间内依据波长的不同进行分散，分散后的光以不同的角度进行传输。聚焦部分是利用聚焦镜，将已经按照不同角度分开的不同波长的散射光在接收面上的不同位置上成像，以便于后续光探测器的接收和检测。④光探测器和光谱读取：经过分光光路的光信号可能同时包含有用的光谱信息和不必要的干扰信号。光探测器是负责接收和检测包含有用光谱信息光信号的元件，按照接收类型的不同，光探测器（light detector）可以分为单通道接收的光电倍增管和多通道接收的电荷耦合探测器。光谱读取是指利用直流电流放大、选频和光子计数等电子学处理方法将探测器输出的信号通过记录仪和计算机软件转化为拉曼光谱。

2）干涉型拉曼光谱仪

以傅里叶变换拉曼光谱仪为代表的干涉型拉曼光谱仪（interferometric Raman spectrometer）利用光的干涉原理进行工作，主要分为光源、干涉仪、光探测器以及放大和数据处理系统等部分。傅里叶变换拉曼光谱仪使用的光源包括 Nd：YAG 近红外激光器（1064 nm）和二极管泵浦固体 Nd：YAG 激光器（1300 nm）。傅里叶变换拉曼光谱仪的核心部件是迈克尔逊干涉仪，不同频率的光通过迈克尔逊干涉仪后各自发生干涉，通过逆傅里叶积分，就可以从干涉光的光强得到进入干涉仪的入射光亮度谱，因而利用迈克尔逊干涉仪和傅里叶变换技术就可以组成不需要使用光栅进行分光的光谱仪。傅里叶变换拉曼光谱仪常使用经液氮冷却的具有近红外光响应的锗二极管和铟镓砷探测器作为光探测器。光探测器收集干涉光信号后输出电信号，电信号经过放大后再经过数据处理系统进行傅里叶变换后得到散射光的光谱图。光栅型拉曼光谱仪的分辨率常受限于衍射效应，因而需要使用多个单色器或减小入射狭缝宽度来提高分辨率，但是通光本领也会相应降低。傅里叶变换拉曼光谱仪的分辨率在理论上可以随着光程差的无限增大而无限提高，其通光本领只与干涉仪中平面镜大小有关，其通光本领要远大于达到同等分辨率的光栅型拉曼光谱仪。傅里叶变换拉曼光谱仪可以较容易地消除和抑制噪声信号以及杂散光的干扰，因而能达到很高的信噪比。该类光谱仪还表现出扫描速度快和波束精度高等优点，通过单次扫描就能实现散射光的全波段测量。

3. 拉曼光谱的应用

拉曼光谱具有灵敏度高、方便快速及对样品无损伤等优点，目前已经发展成为材料研究的常规光谱测量技术。拉曼光谱是表征分子振动能级的指纹光谱，可以对材料组分进行检测，因而被广泛应用在物理、化学、生物及材料等多领域中。拉曼光谱作为一种非弹性散射光谱，可以用于表征待测材料的电子性质和振动特性。此外，纳米材料因颗粒尺寸减小引起的光谱迁移和体系内纳米粒子的引入导致光谱增强的现象都能在拉曼光谱中反映出来，并且除了对纳米材料进行定性鉴别，拉曼光谱还能用于对纳米材料的电子结构、分子结构、键态特征和颗粒粒度等的分析，这就使得拉曼光谱成为纳米材料的重要研究方法之一。拉曼光谱根据测试需求和试验条件可以分为不同类型，除了常规的振动拉曼光谱外，偏振拉曼光谱是使用具有确定偏振方向的激光光源以及散射光后得到的光谱，角分布拉曼谱则是使用传播方向确定的激发光束并记录不同散射方向的光谱，高温、低温和高压拉曼光谱则是记录样品在高低温和高压等极端条件，以及样品在外部电场或磁场作用下产生的光谱，瞬态或时间分辨拉曼光谱是使用脉冲激光或瞬时接收方法得到的光谱，利用表面拉曼增强效应和非线性光学效应可以相应得到表面增强拉曼光谱和非线性拉曼光谱。振动拉曼光谱是最为常见并且应用最广泛的拉曼光谱，拉曼光谱中不同原子或分子的振动频率与它们自身性质、在空间内所处位置和形态，以及它们相互之间或与外部环境之间相互作用等多种因素相关，因而具有不同成分和微观结构的样品会得到不同的拉曼光谱，并且样品中不同组分分子会相应在特征拉曼光谱（指纹谱）中产生特征峰。作为研究分子转动和振动能级的两种光谱技术，红外光谱要求样品分子的偶极矩变化，而拉曼光谱则要求样品分子的极化率变化，两种光谱技术可以配合使用，进而更准确地定性和定量分析样品的组成和结构信息。

　　纳米材料在拉曼光谱中表现出明显的尺寸效应，对于粒径小于 10 nm 的纳米颗粒，其拉曼光谱中低频峰向高频方向移动或出现新的拉曼峰，并且拉曼峰的半峰宽出现显著宽化。通过对比纳米晶粒和常规晶粒的拉曼光谱的差别，可以表征纳米材料的结构特征或者测量纳米晶粒的尺寸大小。纳米晶粒的平均粒径可以由拉曼散射法测量得到，相应计算公式为

$$d = 2\pi\sqrt{B/\Delta\omega} \tag{3-5}$$

其中，B 为常数；$\Delta\omega$ 为纳米晶体与其对应块体材料的拉曼谱中同一振动峰的峰位偏移量。拉曼光谱还能用来表征材料成分、制备方法、成型条件以及热处理条件等因素对于纳米材料晶体结构的影响。当使用拉曼光谱技术来测定吸附在胶质金属金、银或铜颗粒表面或者上述金属片的粗糙表面的样品时，常能观察到被吸附样品的拉曼光谱的峰强度是未吸附时的 $10^3 \sim 10^6$ 倍，这被归因于与粗糙表面有关的表面增强效应。表面拉曼增强主要使用金、银和铜这三种金属作为基底，这是因为相对于其他一般过渡金属，这三种ⅠB 族金属的 d 电子和 s 电子的能级间隙要更大而不易发生带间跃迁。在适宜的激光波长激发下，这三种金属体系不发生带间跃迁而避免将吸收激发光的能量转变为热能，由此实现高效的表面等离子体共振散射过程。表面增强拉曼的灵敏度相较于常规拉曼得到显著提高，因而可以用于研究样品的表面和界面状态，获取化合物在表面和界面的吸附取向、吸附态变化和界面信息，还可以用于探究生物分子的构型、构象、结构和界面取向等。拉曼光谱技术在石墨烯结构表征中具有非常重要的应用[19]。图 3-17（a）是 514.5 nm 激光激发下单层石墨烯的典型拉曼光谱图。单层石墨烯有两个典型的拉曼特征，分别为位于 1582 cm^{-1} 附近的 G 峰和位于 2700 cm^{-1} 左右的 G′峰，而对于含有缺陷的石墨烯样品或者在石墨烯的边缘处，还会出现位于 1350 cm^{-1} 左右的缺陷 D 峰，以及位于 1620 cm^{-1} 附近的 D′峰。图 3-17（b）是 SiO$_2$（300 nm）/Si 基底上 532 nm 激光激发下 1～4 层石墨烯的典型拉曼光谱图。单层石墨烯的 G′峰强度大于 G 峰，并具有完美的单洛伦兹峰形，随着层数的增加，G′峰半峰宽增大且发生蓝移。因为多层石墨烯中会有更多的碳原子被检测到，所以不同层数石墨烯的 G 峰的强度也随着层数的增加而近似线性增加。因此可以通过区分 G 峰强度、G 峰与 G′峰的强度比以及 G′峰的峰形来判断石墨烯的层数。拉曼光谱的测试结果不依赖于所用的基底，给出的是石墨烯的本征信息，因而相对于其他测试技术在层数测定方面有一定的优越性。拉曼光谱还可以用于分析石墨烯样品的缺陷类型和缺陷密度，以及指认石墨烯的边缘手性等。

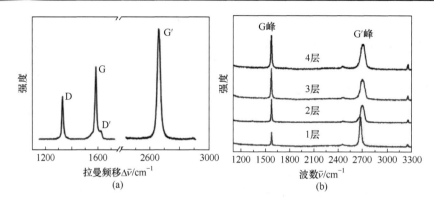

图 3-17　（a）514.5 nm 激光激发下单层石墨烯的典型拉曼光谱图；（b）SiO₂/Si 基底上 532 nm 激光激发下 1～4 层石墨烯的典型拉曼光谱图

3.3.4　X 射线衍射

X 射线是波长范围在 0.01～10 nm 之间的电磁波，其在电磁波谱带上的位置介于紫外线和 γ 射线之间。X 射线具有波粒二象性，其波长较短而表现出更明显的粒子性，也可以将其看作是携带一定能量的光量子流。微观结构中相近原子和分子之间的距离大小（0.1～1 nm）正好处在 X 射线的波长范围内，X 射线穿过晶体材料产生的衍射和散射光能携带物质微观结构的相关信息。继劳厄于 1912 年以晶体为光栅发现晶体的 X 射线衍射现象后，X 射线衍射已逐步发展成研究物质微观结构的重要手段之一。

1. X 射线与物质的相互作用

X 射线与物质相互作用后会产生多种复杂的过程，从能量转换方面讲，X 射线穿过物质后，一部分 X 射线被散射，一部分 X 射线被吸收，剩余的部分在穿透物质后，射线束强度降低的同时继续沿着初始入射方向前进。以下是对 X 射线与物质作用时发生的多种过程的简要介绍。

1）X 射线的吸收

X 射线照射到物质表面后，会与物质中的原子发生相互作用，X 射线的部分能量被物质吸收后，X 射线的强度相应发生衰减。相关实验证实，X 射线通过任何均匀材料时，其强度衰减的程度（dI_x / I_x）正比于 X 射线在该材料中的传播距离，相应的公式可以表示为

$$dI_x / I_x = -\mu_m \rho dx \qquad (3\text{-}6)$$

其中，ρ 为物质的密度；μ_m 为用于表现物质对于 X 射线本质吸收特性的质量吸收系数。物质的质量吸收系数与组成物质原子的原子序数和入射 X 射线的波长有关，通常组成原子序数越大的物质对于 X 射线的吸收能力越强，同一物质对于波长越短的 X 射线的吸收能力越小。在对物质进行 X 射线衍射分析时，为了获取高 X 射线衍射强度和低背景噪声衍射谱，应当尽量减少物质对 X 射线的吸收。

2）X 射线的激发

X 射线光子与物质中原子发生碰撞后，会将其部分能量传递给与其发生作用的原子，

这些原子的内层电子获得能量后发生电离成为光电子，并在内层原子层留下空穴，处于激发态的原子会相应发射出 X 射线（荧光）或俄歇电子。随着入射 X 射线的强度及样品中特定元素的原子含量的增加，由这些原子发射出的荧光 X 射线的强度也相应增加，这也是利用荧光 X 射线对样品的化学元素组成进行定性和定量分析的依据。X 射线光电子谱和俄歇电子能谱可以分别利用 X 射线激发出的光电子和俄歇电子获取有用的样品信息。

3）X 射线的散射

X 射线的部分光子经过物质后会发生前进方向的改变，即 X 射线发生散射。当入射 X 射线的光子与物质组成原子的内层电子碰撞，并且 X 射线光子的能量不足以使内层电子脱离所处能级时，两者间的碰撞近似认为是刚性体的弹性碰撞，X 射线的光子能量无损耗、波长不改变而只有传播方向发生改变，经散射的 X 射线的波长不发生改变而会发生干涉，因而称为相干散射。这也是晶体产生 X 射线衍射的基础。当入射 X 射线的光子与物质组成原子的外层电子碰撞，并且 X 射线光子的能量大于这些电子与原子间的结合能时，X 射线光子在碰撞过程中会将部分能量传递给这些电子，使得电子脱离原子成为反冲电子的同时，X 射线光子发生前进方向的改变。但在散射过程中，不同的 X 射线光子损失的能量不同，因而 X 射线光子的波长会发生改变，此时发生的是不相干散射。不相干衍射 X 射线的能量小于入射 X 射线，波长相应增大。

2. 晶体中的 X 射线衍射

照射在晶体上的 X 射线将会被晶体内原子的电子散射，晶体具有周期性的结构，因而与入射 X 射线波长相同的散射 X 射线相互之间会发生相干干涉，使得散射 X 射线在特定方向上相互增强而产生衍射。晶体产生 X 射线衍射的方向由晶体的微观结构类型（如晶胞类型）和包括晶面间距、晶胞参数等在内的基本晶体尺寸所决定。而晶胞中组成原子的元素种类和各元素原子的分布排列坐标决定了 X 射线衍射强度的大小。布拉格方程就是从平面点阵出发来表明 X 射线衍射方向和晶体结构之间的关系。一系列平行且等间距的平面点阵（hkl）构成了晶体的空间点阵，晶体可以看作是由这些平面点阵（或称为晶面）按照一定序列堆垛而成。同一晶体内的不同晶面具有不同的空间取向，一般也表现出不同的晶面间距 $d_{(hkl)}$。假设晶体内有一组晶面间距为 $d_{(hkl)}$ 的晶面族，当一束与该晶面族夹角为 θ 的平行 X 射线入射到晶体上时，根据衍射条件，光程差为入射 X 射线波长（λ）整数倍的相干散射光能发生相互增强而产生衍射，该晶面族使 X 射线发生衍射时需要满足：

$$2d_{(hkl)}\sin\theta_n = n\lambda \tag{3-7}$$

其中，n 为衍射级数，取 1、2、3 等整数；θ_n 为对应某一 n 值的衍射角。上述衍射条件即为布拉格方程。符合布拉格衍射方程的条件才能发生衍射，要求进行晶体衍射时采用的 X 射线波长 λ 小于 2 倍的晶面间距数值，同时为了获得能满足观测要求的衍射角，X 射线的波长不宜过小。实际测试过程中使用的 X 射线的波长在 0.05～0.25 nm 之间。

3. X 射线衍射装置

针对不同的样品和用途，研究者发展出不同类型的 X 射线衍射仪，如单晶衍射仪、粉末衍射仪、薄膜衍射仪和小角衍射仪等。典型的 X 射线衍射装置由 X 射线光源（X-ray source）、样品台、测角仪、X 射线探测器和记录系统等四部分组成。

1）X 射线光源

不同的测试样品适用于不同的 X 射线光源。只有具有高能量的 X 射线才能穿透那些密度和体积较大以及组成元素的原子序数较高的样品，用于研究生物样品和人体的 X 射线的穿透能力要求不高，相干性较高的 X 射线可以用于全息成像。实验室常使用的普通 X 射线是由高能电子束激发金属靶后产生的，对应的 X 射线光源装置的核心部件是 X 射线管。X 射线管包含发射电子的热阴极、使电子束聚焦的聚焦套和处于负高压状态的接地阳极靶等部分。当电子束经过高压加速后轰击阳极靶时，电子束的大部分能量转化为热量，而只有百分之一的能量被转换为 X 射线后从靶面射出。这些 X 射线在约 6° 的方向上具有最高强度，因而常在此方向上开窗口引出用于样品测试的 X 射线。

2）样品台

作为固定样品装置的样品台通常装配在 X 射线衍射仪的测角仪上。普通样品台一般固定在测角仪的衍射仪轴上，并会在测量过程中随着测角仪一起旋转。旋转样品台主要用于样品的旋转测量，这类样品台不仅会随着测角仪旋转，还会沿着圆盘的中心，在垂直于测角仪旋转平面的平面内转动。目前还有一些多样品样品台、温度湿度可控的样品台和自动换样样品台可供选择。

3）测角仪

X 射线测角仪（X-ray goniometer）作为 X 射线衍射仪的核心部件，常采用反射模式和透射模式两种不同结构。采用反射模式下测角仪的结构示意图参见图 3-18。这种结构

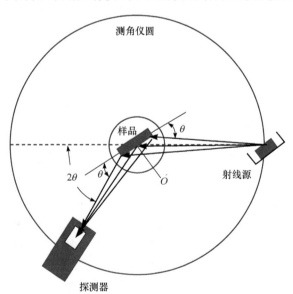

图 3-18　反射模式下测角仪的结构示意图

的测角仪包含中心装有样品台的小转盘和装有探测器及其前端接收夹缝的摇臂所在的大转盘。这两个同轴大小转盘围绕共同的衍射仪轴进行转动。位置固定的 X 射线光源和摇臂上的接收夹缝都处在以衍射仪轴为中心且半径大小为 185 cm 的衍射圆上。探测器和样品台都分别跟随大小转盘进行转动，相应转动的角度可以由记录装置以 0.01°以上的精度进行读取。采用这种结构的衍射仪可以使样品台和摇臂保持固定的转动关系，在样品台转动角度为 θ 时，相应摇臂转动的角度为 2θ。当从 X 射线光源窗口引出的 X 射线照射到样品上时，经过满足布拉格方程的晶面衍射后形成 X 射线衍射光束。待摇臂上的探测器转动到合适的位置上就可以接收这些 X 射线衍射光束，并记录这些光束的强度。随着样品台和探测器的连续转动，测角仪就能获取样品的 X 射线衍射强度随 2θ 的变化关系。

4）X 射线探测器和记录系统

X 射线衍射仪中使用多种探测器来检测样品的衍射花样和衍射强度，具体包括盖格计数器、闪烁计数器、能量探测器及阵列探测器等。X 射线粉末衍射仪可通过添加不同配件来扩展其应用范围。在 X 射线光源中配置平行光束和汇聚光束附件，即可将入射的发散光分别转变为平行和汇聚光束，进而分别用于薄膜样品的掠入射衍射和厚样品的透射衍射。

4. X 射线衍射仪的工作模式

常规的 X 射线衍射仪采用连续扫描和步进扫描两种工作模式来测定样品的 X 射线衍射强度随 2θ 的变化关系。在连续扫描模式中，探测器在选定的角度范围内，以一定的角速度进行连续扫描，探测器则相应记录衍射 X 射线的强度并形成衍射图谱。连续扫描采用很小的取样宽度，因而能快速而方便地获得连续且完整的衍射图谱。该扫描模式适用于全谱测量和物相的定性分析。步进扫描则是以固定的角度间隔逐步增加探测器的转动角度，由此对不同 2θ 对应的 X 射线衍射光束的强度进行测量。探测器每转动一次就会相应停留一段时间，较长的检测时间能相应获取较高的测量精度。但因为费时较长而不适用于全谱测量，通常适用于 2θ 变化范围不大的局部光谱的测量。

5. X 射线衍射仪的应用

X 射线衍射仪在材料研究领域具有十分广泛的应用。采用 X 射线衍射仪可以定性和定量分析晶体样品的物相组成，测定晶体样品的晶格参数和非晶体样品的晶化和结晶度，以及表征短程有序结构和介孔材料等。X 射线衍射仪可以实现对粉状、薄膜和块状材料的分析，表征的是材料的宏观状态，区别于前面介绍的显微分析技术。X 射线衍射分析对制样的要求不高，并且特别适合用于纳米材料的成分分析，其在纳米材料的应用具体分为以下部分。

1）分析物相

样品的晶胞形状和大小（即各晶面的晶面间距大小）决定了样品的 X 射线衍射图谱中衍射峰的位置，样品的晶胞内原子的种类、数目及排列方式决定了衍射峰的强度。不同的晶态物质都有各自的结构特征，既可能是不同的晶胞大小和形状，也可能是不同的排列方式，相应产生各自特有的衍射图谱。由多个晶相组成的混合物的衍射图谱中会同时呈现各个晶相的衍射图样，并且这些衍射图样并不发生干涉。这就使得 X 射线衍射分析不仅能够用来计算晶胞参数，还能用来分析样品的物相组成。X 射线衍射分析可以鉴别包括单质、化合物和固溶体在内的多种类型固体样品中的物相组成，还能用于区分同种物质的多种同分异构体。使用 X 射线衍射进行物相鉴定的一般流程如下：首先是测定物相未知样品的完整 X 射线衍射图谱。接着是测定图谱中各衍射峰对应的衍射角，根据布拉格方程计算晶面间距大小，再将未知样品的衍射角和晶面间距等特征参数与已知物质的标准衍射图谱进行对照，由此确定未知样品的相结构。相关组织和机构已经收集和编辑了几万种已知物质的标准谱图，并建成了标准数据库以供用户查询和使用。X 射线衍射分析得到的混合相的衍射图谱由各相衍射花样的物理叠加组成，而混合相中单一相相对含量越大，这种相的衍射强度会相应增大，研究者可以根据混合相样品中的各相物质的衍射强度对各相物质的相对含量进行定量分析。在进行定量测量的实验中，需要先利用实验测量或理论计算方法确定各相的衍射强度随其含量变化的工作曲线，然后根据样品中测得各相的衍射强度确定其相对含量。这种定量分析适用于传统的精确分析，纳米材料的小尺寸效应会使衍射峰宽化而影响积分强度的计算，因而使用 X 射线衍射分析得到的纳米材料含量的定量分析结果的精度和准确度较低。

2）表征微晶晶粒尺寸

根据布拉格方程，单个晶面间距 d 对应单个的衍射角 2θ，理想情况下的完美晶体的衍射花样应当是由多条衍射组成。但在实际测量过程中，晶界、位错、表面张力及微观应力的存在都会使晶粒中相同指数晶面间距 d 在平衡状态下晶面间距值（d_0）附近分布，进而造成谱图中的衍射峰变宽。晶体样品中参与衍射的晶胞数 N 越多，对应衍射峰的角宽度越大，衍射峰的宽化程度越明显。假设衍射峰宽化只是由晶粒大小变化引发的，就可以使用谢乐公式表述晶粒尺寸与衍射峰峰宽的关系：

$$D_{(hkl)} = \frac{K\lambda}{\beta\cos\theta} \qquad (3\text{-}8)$$

其中，$D_{(hkl)}$ 为垂直于（hkl）晶面的晶粒尺寸；λ 为测试用 X 射线的波长；β 为由晶粒尺寸减小带来的对应衍射峰的宽化度；K 为与宽化度 β 相关的常数。当 β 代表 2 倍的衍射峰半高峰宽（$\beta_{1/2}$）时，K 的取值为 0.89。当 β 代表衍射峰的积分强度除以峰高得到的衍射峰积分宽度时，K 的取值为 1。在使用 X 射线衍射仪测量衍射峰宽度时，需要先使用标准样品进行校正。谢乐公式测定的是晶粒度，而非电镜中测得的颗粒度，并且谢乐公式使用的前提是认为衍射线的宽化只来源于晶粒粒径变小。而在实际测试过程中，样品晶粒中的堆垛层错和微应力也会带来这种变化。

3）测量纳米薄膜的厚度

除了对样品进行物相分析和晶粒尺寸研究以外，X 射线衍射还能用于测量纳米薄膜的厚度。当使用 X 射线照射纳米薄膜时，散射过程中会产生条纹周期与纳米薄膜厚度相关的干涉条纹，X 射线衍射峰强度会随着纳米薄膜厚度的增加而增强，X 射线衍射峰会随着纳米薄膜厚度的降低而变宽。根据这些效应，研究者可以从衍射峰宽度、强度和干涉条纹这三个方面实现对纳米薄膜厚度的测定。

4）表征孔结构

当孔材料中具有尺寸均匀或有序排列的介孔和微孔时，其 X 射线衍射谱图中会表现出相应的衍射峰。介孔材料中的最小单元为孔，这些周期性单元的间距都远大于晶体中的原子间距，因而孔材料的特征衍射峰都出现在小角度区。介孔材料在小角度 X 射线衍射仪中测试得到的衍射图谱中，测量相应衍射峰对应的 2θ 角度和衍射峰的强度可以得到对应材料的介孔尺寸大小和孔的含量。苏秋成等利用 X 射线多晶粉末衍射仪对水热法制得的纳米二氧化钛样品进行表征[20]。图 3-19 是该样品（S1）和经 500℃煅烧 2 h 后得到的样品（S2）的 X 射线衍射图谱。样品 S1 和 S2 在衍射角（2θ）为 25.428°、37.71°、48.07°、53.84°和 55.13°等位置上出现了特征衍射峰，分别对应正方晶系二氧化钛的（101）、（004）、（200）、（105）和（211）等晶面的衍射。两样品的衍射峰数据和标准 JCPDS 卡片（21-1272）中相符，表明该纳米二氧化钛样品属于典型的正方晶系锐钛矿型 TiO_2。此外，S1 和 S2 样品的特征衍射峰都出现了明显的宽化现象，它们在 2θ 为 25.28°处的衍射峰处对应半峰宽分别为 1.94°和 0.77°。S2 样品拥有更为尖锐的衍射峰和更高的衍射强度，说明样品经煅烧后的晶化程度相应变高。根据谢乐公式还可估算出 S2 样品的结晶颗粒大小为 11.2 nm。

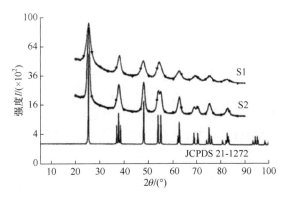

图 3-19　水热法制得纳米二氧化钛样品（S1）和经高温制得样品（S2）的 X 射线衍射图谱

3.3.5　核磁共振

核磁共振和元素分析、紫外光谱、红外光谱及质谱等，均为材料结构鉴定的有效技术手段。通过核磁共振可以获得材料分子结构的相关信息，氢谱中可以区分处于不同化学环境的烷基氢、羟基氢、氨基氢、醛基氢和烯氢等，通过积分高度和峰面积可以测定各组中质子的数量比。碳谱可以区分饱和碳、烯碳、芳环碳和羰基碳等。还可以依据峰形和耦合常数判断各组磁性核的化学环境以及与核相连的基团的归属，两组核磁的空间相对距离还可以通过双共振技术表征。核磁共振不损伤样品，由单个样品可以测得多种数据，并且有机和无机材料都适用。核磁共振既能测试单一样品，也能表征彼此信号不重叠的混合物样品。核磁共振技术在有机化学、生物化学、无机化学和高分子化学等领域中有重要的应用，并且大大促进了这些学科的发展。具有磁矩的原子核在外加磁场的作用下的自旋取向是量子化的，核自旋的不同空间取向可以用磁量子数 m 表示。^1H 核的自旋量子数 $I = 1/2$，对应有 $m = +1/2$ 的顺磁场排列取向（低能态）和 $m = -1/2$ 的反磁场排列取向（高能态）。核磁矩总是力求与外磁场平行，并且能级分裂随着外加磁场的增强而变大，导致高低能级差也越大。置于外磁场 B_0 中的 ^1H 核会相应发生能级分裂，相邻能级间的能量差为：$\Delta E = E_{-1/2} - E_{+1/2} = h\gamma B_0/2\pi$。此时使用频率为 $\nu_{射}$、能量大小为 $E_{射} = h\nu_{射}$ 的射频波照射 ^1H 核时，如果射频波频率 $\nu_{射}$ 与 ^1H 核的回旋频率 $\nu_{回}$ 相等时，^1H 核吸收射频波的能量后，其自旋取向由低能态跃迁到高能态。核磁共振发生的条件是 $E_{射} = \Delta E$，即 $\Delta E = h\nu_{射} = h\nu_{回} = h\gamma B_0/2\pi$，或 $\nu_{射} = \nu_{回} = \gamma B_0/2\pi$，也就是说引发共振的射频波频率与磁场强度成正比，磁场强度越高，要求射频波的频率越高。

核磁共振波谱仪按照不同的射频源和扫描方式可分为连续波核磁共振波谱仪和脉冲傅里叶变换核磁共振波谱仪。连续波核磁共振波谱仪包括磁体、样品管、射频振荡器、扫描发生器以及信号接收和记录系统。核磁共振测试可分为扫场和扫频两种方式。扫场是保持射频波频率固定，通过扫描发生器线圈改变磁场强度，实现从低场到高场的扫描。扫频是保持磁场强度固定，通过改变射频频率进行扫描。待测样品中处于不同化学环境的同类磁核在扫描过程中，会依次满足核磁共振条件后相应产生核磁共振吸收。吸收的信号由信号接收和记录系统放大并绘制成核磁共振图谱。这种连续波核磁共振波谱仪虽然廉价、稳定、易于操作，但是只能测定天然丰度大的原子核，其还存在对样品需求量大并且测量灵敏度低等缺点。脉冲傅里叶变换核磁共振波谱仪与连续波核磁共振波谱仪的区别在于信号观测系统。在计算机的控制下，这种核磁共振波谱仪能发射脉冲，使处于不同化学环境的同类磁核同时激发而共振，每种磁核都能对脉冲中的单个频率成分进行吸收。脉冲停止后的弛豫过程产生了宏观磁化程度的自由感应衰减信号（FID 信号）。多种磁核的 FID 信号为复杂的干涉波，再经计算机的模数转换后获得 FID 数据，FID 的时间函数经过傅里叶变换运算后转变为频率函数，再经数模转换成常见的核磁共振图谱。这种脉冲傅里叶变换核磁共振波谱仪具有强信号累计能力和高灵敏度，因而对样品需求量不高，能对天然丰度很低的磁核进行测定。其对 ^1H 核的分辨率高达 0.45 Hz 并且信噪比大于 600：1，因而在材料结构研究中有重要应用。

核磁共振谱图的横坐标是用化学位移表示的吸收峰的位置，纵坐标是吸收峰强度。图的左边部分是低磁场高频率区，右边部分是高磁场低频率区。图中的阶梯曲线是积分线，对应各组吸收峰的积分高度，借此可以得到各组吸收峰对应的质子数的比例。化学位移是材料分子中处于不同化学环境的各组质子，分别在不同的磁场中产生共振吸收的现象。质子的共振磁场差别一般在 10 ppm 左右，这种差别来源于质子周围电子和附近基团的影响而产生的屏蔽效应。质子化学位移的绝对值通常仅为所用磁场的百万分之几而不能准确测定，研究者常以标准物质[如四甲基硅烷（TMS）]的共振峰为原点（即化学位移为 0），其他物质的化学位移值 δ 可由化学位移公式计算得到：

$$\delta(ppm) = (\nu_{sample} - \nu_{TMS}) \times 10^6 / \nu_{TMS} \qquad (3\text{-}9)$$

相对化学位移值可以准确测定并且与仪器使用的磁场强度大小无关，由此保证处于同一化学环境的质子具有相同的化学位移值。影响样品中质子的化学位移值的因素包括诱导效应、共轭效应、各向异性效应、范德华效应、氢键效应和溶剂效应等。化学位移作为材料分子结构测定的重要参数，与分子结构关系密切并且具有很好的重现性。研究者可以通过化学位移规律推断官能团的种类，进而推测材料分子的化学结构。核磁共振氢谱解析的第一步是检查谱图是否规则，以及四甲基硅烷的信号是否在零点，基线和积分曲线是否平直，样品信号大小、信噪比和分辨率是否符合要求等。第二步是将非待测样品的信号识别出来，具体可能包括杂质峰、溶剂峰、卫星峰和旋转边峰等。杂质峰通常为积分曲线中高度比不是一个氢的峰，杂质峰需要考虑样品内部杂质和处理过程中带入杂质，再结合谱图中积分曲线的高度来指认。卫星峰是对称分布于主峰两侧的由 ^{13}C 和 ^1H 耦合产生的氢核裂分峰，一般对谱图解析的影响不大。旋转边峰是因样品管旋转而在正常峰两端产生的一对小峰，通过加快样品管的旋转速率可以使旋转边峰远离主峰的同时，峰强度降低。第三步是利用积分曲线得到各组信号峰的相对峰面积。依据材料分子式中的氢原子数目确定各组信号峰包含的质子数目。第四步是根据各组信号峰的化学位移、峰形和耦合常数等结构信息，推断材料分子中可能包含的结构单元。这一步可以先从单峰和强峰开始识别出低场信号，再根据其他偶合峰获取基团的键合状态和空间关系。第五步是解析二级图谱和识别谱图中的一级裂分谱，由此解析复杂的谱峰和验证推测结构的合理性。最后一步是仔细核对由推测结构产生的各组信号峰的化学位移和耦合常数是否与上述实验结果相符，结合样品元素分析、紫外光谱、红外光谱、质谱等分析结果，最终确定样品的分子结构式。

核磁共振氢谱最重要的应用之一是鉴定有机化合物的结构。核磁共振氢谱可以提供有机化合物中氢原子所处的不同化学环境，以及不同种类氢原子间相互关联信息，进而确定有机化合物的组成和空间结构。又因为核磁共振氢谱中的谱峰强度和谱峰对应元素之间存在对应关系，共振峰的积分面积与该谱峰对应的质子数成正比，直接测定这些共振峰的质子数之比就可以获得各对应基团的定量结果，因而在研究共聚物组成时，可以不借助已知标样就能实现对共聚物组成比的直接测定。核磁共振氢谱还可用于研究反应动力学，通过对比核磁共振氢谱中反应物或产物对应的某些特征峰的高度，因反应时间、反应温度、反应溶剂和催化剂的不同而产生的变化，实现反应动力学参数的计算和反应进程的追踪。配位反应前后核磁共振氢谱的变化，可用来研究配合物的组成和结构。在一定测定条件下，化合物的每个氢核产生的积分曲线高度与其物质的量成正比，测定相对分子质量未知的物质和已知相对分子质量的标准物的核磁共振氢谱后，选取互不干扰的特征基团进行积分曲线高度的测量，通过公式换算即可求得未知物质的相对分子质量。近年来核磁共振技术不断发展，核磁共振氢谱和碳谱以外的一些新型核磁共振谱陆续出现。其中的二维核磁共振谱能将化学位移和耦合常数这两种不同的核磁共振参数在二维坐标轴上分别表示，由此可以同时观察这两个变量对磁核信号强度的影响。二维核磁共振谱的发展将为有机材料和生物大分子等复杂化合物的研究贡献重要力量。

3.3.6 质谱

质谱法（mass spectrometry，MS）是在高真空系统内测量样品的分子离子以及碎片离子质量，由此确定样品的相对分子质量和推断样品分子结构的方法。质谱法的测量对象是同位素、有机物、无机物、聚合物甚至生物大分子等。与紫外光谱、红外光谱及核磁共振谱相比，质谱具有极高的灵敏度（高达 10^{-15} mol），并且是这几种表征技术中唯一可以确定分子式的方法（精度达 10^{-4}）。质谱技术因其优异的特性被广泛应用在化学、生物化学、生命科学及药物学等领域中。质谱仪常包含进样系统、离子源、质量分析器、检测器、真空系统和计算机控制系统等六部分。质谱仪的核心组件是离子源和质量分析器，离子源负责将原子电离生成离子，而质量分析器则将这些离子按照质荷比大小的不同进行分类。不同的离子源使样品电离的方式不同，具体分为电子轰击（electron impact，EI）源、快原子轰击（fast atom bombardment，FAB）源、化学电离（chemical ionization，CI）源、电喷雾电离（electrospray ionization，ESI）源和基质辅助激光解吸电离（matrix-assisted laser desorption ionization，MALDI）源等。质量分析器按照运行原理的不同分为扇形磁场、四极分析器、离子阱、飞行时间质量分析器和傅里叶变换离子回旋共振等，不同的质量分析器将获得不同的灵敏度和分辨率。

质谱图以质核比（m/z）为横坐标，以离子峰相对丰度为纵坐标。不同的竖线型质谱峰代表具有不同质核比的离子，最高的质谱峰为基峰，其相对丰度定为 100%，其他质谱峰的强度以相对基峰的百分数表示。质谱图解析的第一步是由分子离子峰获取样品的相对分子质量和元素组成的信息。样品的分子离子对应质量最大的质谱峰，即为基峰，而后借此获得样品的相对分子质量。由分子离子经过合理丢失中性碎片后产生的离子，在谱图中形成其他质谱峰。通过分子离子的质量和原子组成可以判断样品分子结构是否包含奇数氮原子以及其含杂原子的情况，甚至还可以计算简单样品分子的不饱和度并推测出分子式。第二步是根据分子离子峰和附近这些离子峰的质核比的差值推断中性碎片和样品的结构类型。第三步是根据碎片离子的质量和相应的化学通式判断碎片离子可能的结构特征片段或官能团种类。第四步是综合前期得到的相对分子质量、碎片离子结构特征和官能团种类以及不饱和度等信息，将可能的结构单元拼接成完整的分子结构。之后还需要核对主要碎片离子，判断主要碎片离子的产生是否符合质谱裂解规律，如果不合理则需要重新推测样品的分子结构。最后还有必要集合其他谱图和元素分析结果对样品的结构做最终确定。现今的质谱仪还配备了质谱数据库，能根据测试结果自行检索谱图并给出可能的样品结构信息，这给推测样品正确的分子结构提供了较大启发和帮助。随着计算机技术、色谱分离技术和质谱技术的发展，质谱与色谱联用的仪器得到了飞速发展。这类装置能够同时实现复杂组分样品的快速分离和分析鉴定，因而在有机化学、环境学、药物和毒物学等领域有非常重要的应用。另外，近几十年来的基质辅助激光解吸电离飞行时间质谱（MALDI-TOF MS）和电喷雾电离质谱（ESI MS）等高灵敏度和低检测限质谱技术的发展，使得质谱分析进入生命科学研究领域并被用于研究测定多糖、多肽、核酸和蛋白质等生物大分子。

3.4　纳米材料表征的示例

纳米材料的制备完成以后，需要对这些纳米材料的组成、形貌和结构等进行表征和测试。除了使用 X 射线衍射、扫描电镜、透射电镜、原子力显微镜、拉曼光谱等表征技术以外，用于组装光电器件的半导体纳米材料还需要使用 X 射线光电子能谱、紫外-可见光漫反射光谱、荧光谱、紫外光电子能谱等表征方法来获取材料的元素组成、光吸收特性和半导体禁带结构等相关信息。下面就以用于组装高性能紫外光探测器的石墨炔/ZnO纳米复合物为例，介绍纳米材料表征的典型流程。

Jin 等首先利用六炔基苯单体在吡啶辅助下发生交联偶合反应，由此在铜片表面生长出石墨炔纳米颗粒，接着将这些颗粒超声分散在氯苯中得到石墨炔纳米颗粒溶液。同时再利用乙酸锌的水解反应制得 ZnO 纳米颗粒（直径约 8 nm），将其从反应溶液中分离后，再将其分散在氯苯中得到 ZnO 纳米颗粒溶液。如图 3-20 所示，为了制备石墨炔/ZnO 纳米复合物，需首先将正丙胺（n-propylamine，PrA）加入到上述 ZnO 纳米颗粒溶液中，使得氨基基团连接到纳米颗粒表面。随后加入预制的石墨炔纳米颗粒溶液，表面带负电性的石墨炔纳米颗粒在静电作用力下吸附在表面带正电性的 PrA 修饰的 ZnO 纳米颗粒表面上，并在表面上发生自组装后形成稳定的石墨炔/ZnO 纳米复合物[21]。

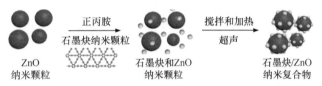

图 3-20　石墨炔/ZnO 纳米复合物的制备过程

样品制备完成后，他们首先采用透射电镜对 ZnO 纳米颗粒、石墨炔纳米颗粒和石墨炔/ZnO 纳米复合物的颗粒尺寸和形貌进行表征，各样品的透射电镜图像参见图 3-21。由 ZnO 纳米颗粒和石墨炔纳米颗粒样品的透射电镜图像可知，这些纳米颗粒具有较为均匀的粒径分布，ZnO 纳米颗粒和石墨炔纳米颗粒的直径分别为 4.5 nm 和 3 nm 左右。而在由两者形成的石墨炔/ZnO 纳米复合物的高分辨透射电镜图像中，一组晶格间距约为 0.26 nm 的晶格条纹源于 ZnO 晶体的（0002）晶面，也就说明该晶格条纹由 ZnO 纳米颗粒产生，确认了纳米复合物中 ZnO 的存在。覆盖在 ZnO 颗粒周围的直径约为 3 nm 的纳米颗粒被认为是纳米复合物中的石墨炔部分。此外，研究者还采用 X 射线光电子能谱技术和拉曼光谱进一步表征石墨炔/ZnO 纳米复合物的元素组成和组成元素的价态。纳米复合物的 X 射线光电子能谱和拉曼光谱表征结果如图 3-22 所示。

图 3-21　ZnO 纳米颗粒（a）、石墨炔纳米颗粒（b）和石墨炔/ZnO 纳米复合物样品（c）的透射电镜图像

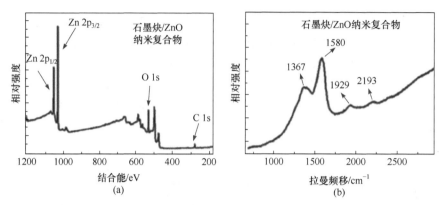

图 3-22　石墨炔/ZnO 纳米复合物样品的 X 射线光电子能谱（a）和拉曼光谱表征结果（b）

石墨炔/ZnO 纳米复合物的光电子能谱中出现了 Zn 2p、O 1s 和 C 1s 的结合能峰，表明纳米复合物中存在 Zn、O 和 C 元素，并且这些元素在该复合物中分别以正二价 Zn、负二价 O 和零价 C 的形式存在。而在该复合物的拉曼光谱主要呈现出石墨炔组分的特征峰，包括在 1367 cm^{-1} 附近的 D 带吸收峰和在 1580 cm^{-1} 附近的 G 带吸收峰，以及由共轭二炔键在 1929 cm^{-1} 和 2193 cm^{-1} 附近产生的振幅动吸收峰。研究者还使用 X 射线衍射和 X 射线光电子能谱分别对石墨炔/ZnO 纳米复合物的原材料、ZnO 纳米颗粒和石墨炔纳米颗粒进行表征，结果参见图 3-23。ZnO 纳米颗粒样品的 X 射线衍射图谱中出现了对应六方相 ZnO 的（100）、（002）和（101）等晶面的特征衍射峰，而且因为颗粒粒径较小，这些衍射峰发生宽化。石墨炔纳米颗粒的光电子能谱中的 C 1s 结合能峰经分峰后，在 284.8 eV 处得到 sp 杂化碳的结合能峰，确认了该样品中碳碳三键的存在。接着还对 ZnO 纳米颗粒、石墨炔纳米颗粒和石墨炔/ZnO 纳米复合物样品的光学特性进行表征，表征结果参见图 3-24。分散良好的石墨炔纳米颗粒的紫外-可见光吸收图谱中显示较强的光吸收，但是 ZnO 纳米颗粒和石墨炔/ZnO 纳米复合物的光吸收图谱并无显著区别，其光吸收范围集中在紫外光区域，并且在 ZnO 纳米颗粒的带边吸收的作用下，纳米复合物的吸收截止波长在 375 nm 处。石墨炔纳米颗粒与 ZnO 纳米颗粒复合后，对整体光吸收几乎无贡献的原因可能是复合物中石墨炔纳米颗粒含量较小。表面氧空位的存在使得 ZnO 样品在 330 nm 激发光下，产生中心波长在 537 nm 的荧光峰。而石墨炔纳米颗粒与 ZnO 纳米颗粒间的复合使得 537 nm 处荧光峰的强度下降，表明两者间复合可以有效减小氧空位，并将有利于减少载流子复合的概率，进而有利于器件的性能提升。

在完成对石墨炔/ZnO 纳米复合物的组成、形貌、结构以及光吸收特性的表征后，研究者将 ZnO 纳米颗粒和石墨炔/ZnO 纳米复合物按照不同的排列方式和电极结构组装成一系列光电探测器。第一种是结构如图 3-25（a）所示的 ZnO 纳米颗粒膜基光电探测器，第二种是结构如图 3-25（b）所示的石墨炔/ZnO 纳米复合薄膜基光电探测器。第一种探测器需要首先在基底上制得厚度为 100 nm 的 ZnO 纳米颗粒膜，样品扫描电镜图参见图 3-25（c），图中可见薄膜是由粒径相近的颗粒紧密堆积而成。第二种探测器由石墨炔/ZnO 纳米复合颗粒堆积形成的致密薄膜组装而成，其扫描电镜图参见图 3-25（d）。纳米复合颗粒薄膜相较于 ZnO 纳米颗粒薄膜的表面更为规整和光滑。借助原子力显微镜对两

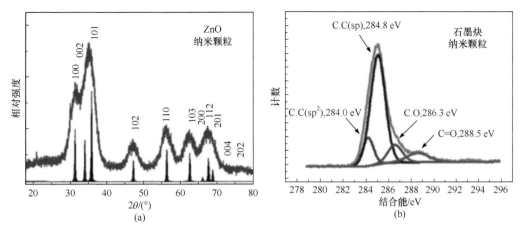

图 3-23　ZnO 纳米颗粒样品的 X 射线衍射图谱（a）和石墨炔纳米颗粒的光电子能谱（b）

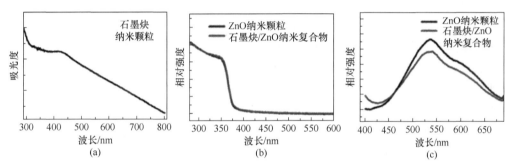

图 3-24　（a）石墨炔纳米颗粒的紫外-可见光吸收图谱；ZnO 纳米颗粒和石墨炔/ZnO 纳米复合物的紫外-可见光吸收图谱（b）和荧光谱（c）

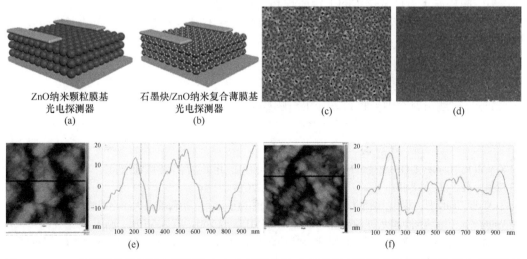

图 3-25　ZnO 纳米颗粒膜基光电探测器（a）和石墨炔/ZnO 纳米复合薄膜基光电探测器（b）的装置结构示意图；ZnO 纳米颗粒膜（c）和石墨炔/ZnO 纳米复合薄膜（d）的扫描电镜图像；原子力显微图像（e、f）

种薄膜样品进行表征能获取薄膜表面形貌和结构信息。图 3-25（e）和（f）是不同薄膜的原子力显微图像，由对应表面纵深扫描结果可知，ZnO 纳米颗粒薄膜的表面粗糙度约为 9.4 nm，而石墨炔/ZnO 纳米复合颗粒薄膜的表面粗糙度为 6.2 nm，该测量结果与扫描电镜表征结果一致。后续可以根据不同样品的组成、形貌和结构表征结果，相应改进样品制备和器件组装过程，进而构建高性能的光电器件。

在纳米材料的表征过程中，需要根据样品的状态或用途以及不同表征手段的适用范围选择匹配且适宜的表征手段。除了上述介绍的表征方法外，研究者还发展了动态光散射、N₂吸附脱附等温线分析、差热分析等技术来获取纳米材料的粒度、孔径分布和热学等方面的信息。

习　　题

1. 使用离子、电子和光子作为探照源的表征分析技术分别有哪些？
2. 对纳米材料进行表征时，一般需要获取哪几类信息？
3. 显微技术和波谱分析技术在纳米材料表征中分别起什么作用？
4. 显微技术中，电子和样品间发生相互作用后可能产生哪些类型的信号？这些信号分别有什么用途？
5. 简述扫描电子显微镜的工作原理和扫描电子显微镜装置的主要结构组成。
6. 扫描电子显微镜有哪些成像模式？扫描电子显微镜有哪些应用方向？
7. 简述透射电子显微镜的工作原理和透射电子显微镜装置的主要结构组成。
8. 透射电子显微镜成像包含哪些衬度机理？透射电子显微镜有哪些应用方向？
9. 扫描隧道显微技术的工作原理是什么？简述扫描隧道显微镜的装置结构。
10. 简述原子力显微技术的工作原理和装置结构。
11. 原子力显微镜用来测量微悬臂偏转量的方法有哪些？有哪些不同的工作模式？
12. 扫描隧道显微技术和原子力显微技术有什么异同点？
13. 简述紫外光谱和红外光谱在纳米材料表征中的应用。
14. 拉曼光谱相较其他测试手段有哪些优点？
15. X 射线衍射在纳米材料表征中有哪些应用？

参 考 文 献

[1] Kelsall R, Hamley I, Geoghegan M. 纳米科学与技术[M]. 北京：科学出版社, 2007.

[2] 姜山, 鞠思婷. 纳米[M]. 北京：科学普及出版社, 2013.

[3] 张亚非, 刘丽月, 杨志. 纳米材料与结构测试方法[M]. 上海：上海交通大学出版社, 2019.

[4] Wang Z L. Characterization of Nanophase Materials[M]. New York: Wiley-VCH, 2000.

[5] Teng F, Ouyang W X, Li Y M, et al. Novel structure for high performance UV photodetector based on BiOCl/ZnO hybrid film[J]. Small, 2017, 13(22): 1700156.

[6] Chang Y, Chen L, Wang J Y, et al. Self-powered broadband Schottky junction photodetector based on a single selenium microrod[J]. The Journal of Physical Chemistry C, 2019, 123(34): 21244-21251.

[7] Zheng L X, Hu K, Teng F, et al. Novel UV-visible photodetector in photovoltaic mode with fast response and ultrahigh photosensitivity employing Se/TiO₂ nanotubes heterojunction[J]. Small, 2017, 13(5): 1602448.

[8] Tian W, Chen C, Meng L X, et al. PVP treatment induced gradient oxygen doping in In_2S_3 nanosheet to boost solar water oxidation of WO_3 nanoarray photoanode[J]. Advanced Energy Materials, 2020, 10(18): 1903951.

[9] Zhao B, Wang F, Chen H Y, et al. An ultrahigh responsivity (9.7 mA · W^{-1}) self-powered solar-blind photodetector based on individual ZnO-Ga_2O_3 heterostructures[J]. Advanced Functional Materials, 2017, 27(17): 1700264.

[10] Yang T, Chen S L, Li X X, et al. High-performance SiC nanobelt photodetectors with long-term stability against 300℃ up to 180 days[J]. Advanced Functional Materials, 2018, 29(11): 1806250.

[11] Han S C, Hu X Y, Yang W, et al. Constructing the band alignment of graphitic carbon nitride (g-C_3N_4)/copper(Ⅰ) oxide (Cu_2O) composites by adjusting the contact facet for superior photocatalytic activity[J]. ACS Applied Energy Materials, 2019, 2(3): 1803-1811.

[12] Li Y M, Song Y, Jiang Y C, et al. Solution-growth strategy for large-scale "$CuGaO_2$ nanoplate/ZnS microsphere" heterostructure arrays with enhanced UV adsorption and optoelectronic properties[J]. Advanced Functional Materials, 2017, 27(23): 1701066.

[13] Becker A, Wenger C, Dabrowski J. Influence of temperature on growth of graphene on germanium[J]. Journal of Applied Physics, 2020, 128: 045310.

[14] Su L X, Chen H Y, Xu X J, et al. Novel BeZnO based self-powered dual-color UV photodetector realized via a one-step fabrication method[J]. Laser & Photonics Reviews, 2017, 11(6): 1700222.

[15] Su L X, Zhu Y, Xu X J, et al. Back-to-back symmetric Schottky type UVA photodetector based on ternary alloy BeZnO[J]. Journal of Materials Chemistry C, 2018, 6(29): 7776-7782.

[16] Li S Y, Zhang Y, Yang W, et al. 2D perovskite $Sr_2Nb_3O_{10}$ for high-performance UV photodetectors[J]. Advanced Materials, 2020, 32(7): 1905443.

[17] 程年寿, 陈君华. 纳米二氧化钛光催化降解苯酚废水[J]. 河南科技, 2010, 436(2): 93-94.

[18] 段红珍, 李巧玲, 蔺向阳. 溶胶-凝胶自燃烧合成法制备纳米锶铁氧体及红外光谱研究[J]. 分析测试技术与仪器, 2004, 10(2): 72-74.

[19] 吴娟霞, 徐华, 张锦. 拉曼光谱在石墨烯结构表征中的应用[J]. 化学学报, 2014, 72(3): 301-318.

[20] 苏秋成, 张少鸿, 常萌蕾, 等. 纳米二氧化钛的X射线衍射与扫描电镜分析[J]. 分析测试学报, 2010, 29: 246-250.

[21] Jin Z W, Zhou Q, Chen Y H, et al. Graphdiyne: ZnO nanocomposites for high-performance UV photodetectors[J]. Advanced Materials, 2016, 28(19): 3697-3702.

第4章　纳米电子学

纳米材料特殊的物理化学效应，如小尺寸效应、表面效应、量子尺寸效应和量子隧穿效应等，使得纳米材料和纳米器件在从电子、传感、能源、新材料到生物医学等领域都有极其广泛的潜在应用。但是，不同应用领域对纳米材料和纳米器件有明显的差异化要求，需要利用不同的纳米效应和组装不同的纳米器件来应对不同挑战[1-5]。微电子技术领域在过去的半个多世纪以来经历了两场重大的技术变革，第一场是真空电子管被晶体管代替，第二场是由导线连接晶体管的传统电路被集成电路代替。超大规模集成电路的发展，推动了以计算机、信息技术和自动控制为基础的工业技术发生飞跃，使得微电子器件朝着体积更小、处理速度更快和能耗更低的方向迈进。但是如果不能从根本上改变微电子器件的结构原理，超大规模集成电路的微型化将面临众多技术难题：①材料的限制。微电子器件的制造以单晶或多晶硅材料等为主要原料。单晶或多晶硅等原料的介电常数、载流子迁移速率、导热能力等决定了由此组装的微电子器件的实际应用性能。而处于高度集成状态的微电子器件会受到上述因素的限制，导致微电子器件的应用和发展受限。②工艺的限制。光刻技术是微电子器件制造采用的主要工艺，但是目前光刻设备分辨率和焦深等都限制了光刻技术的发展，使得电子器件的小型化受阻。③电子器件内的电子行为受限制。以芯片微处理器为例，正常工作时的处理器内有数百个或上千个电子流动，芯片的集成度和时钟频率的提高要求正常工作时的电流电子数要相应增加。但是芯片微处理器尺寸减小会相应减小内部线宽，使得允许流过的电流减小，即单位时间内流过逻辑门的电子数减少。当流过电子束减小到数十个电子级别时，逻辑门开和关的状态变得难以判断而不能正常稳定工作。④电子器件的功耗大和芯片发热限制。当前的电子器件往往因为工作电流大而功耗和发热量也大。虽然可以通过用铜线代替铝线或者使用芯片SOI（silicon on insulator，硅晶体管结构在绝缘体之上）技术来一定程度地降低芯片的功耗，但是当芯片的集成度和时钟频率进一步大幅提高时，芯片的功耗将随着电子在电路中的流动速度加快而成倍增大，相应产生的热量会使芯片快速升温，这将使得芯片的寿命缩短、工作可靠性变差，严重时会导致芯片不能正常工作甚至损坏。⑤尺寸效应的限制。微米电子器件的尺寸缩小到纳米尺度后会表现出显著不同的特性。在量子效应的作用下，微电子器件遵守的传统运行操作规律将不适用于线宽小于 8 nm 的集成器件。

以量子电子器件和分子电子器件为代表的纳电子器件和传统的微电子器件在工作原理和特性上存在显著差别。微电子器件中的电子传输需遵守常规的电子学原理，并且电子传输过程可用玻尔兹曼方程描述。纳电子器件中的电子运动需遵循量子力学原理，因而需要使用量子力学理论对其进行描述。另外，微电子器件中的电子更多地表现出粒子性，纳电子器件中的电子行为以波动性为主并且起主要作用的是量子效应。纳米电子器件和微电子器件在工作原理以及期间的设计、制备和使用等方面都存在显著差别。随着微电子器件向纳米电子器件发展，新一代的纳米电子器件不断被研发出来。图 4-1 是微电子学中晶体管和纳米电子学中的单电子晶体管的示意图。处于纳米尺度的单电子晶体管是纳米电子学中的基础元件，而对包括量子电子器件、原子电子器件以及分子电子器件在内的众多纳电子器件的研究正不断发展和进步。在纳米科学与技术发展的推动下，微电子技术正在从微电子发展到纳米电子的过程中，纳米电子学中包括量子电子器件、纳米电子器件、分子电子器件和原子电子器件在内的多种器件正处在初步发展阶段，下面依次对这些重要器件做介绍。

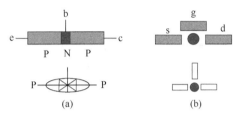

图 4-1　微电子学中的晶体管（a）和纳米电子学中的单电子晶体管（b）示意图
（a）中 P、N 对应区域半导体的极性，e、b、c 分别为晶体管中的发射极、基极和集电极；（b）中 s、g、d 分别为单电子晶体管中的源极、栅极和漏极

4.1　量子电子器件

　　微电子器件和超大规模集成电路的发展正在接近其物理极限，这些尺寸减小到纳米尺度的电子器件的运行原理与微电子器件的电子学原理和传统的运行操作规律存在明显差别，相应呈现出显著变化的器件特性。根据相关实验和理论分析可知，当电子器件的物理长度所处数量级与自由电子的德布罗意波长所处数量级相当时，电子器件的运行将服从量子效应规律，这些电子器件也被称为量子电子器件。纳米功能电子器件的物理长度在 10～100 nm 之间，正好与自由电子的德布罗意波长处于同一数量级，因而纳米功能电子器件以及尺度范围更小的分子电子器件和原子电子器件都属于量子电子器件（quantum electronic device）。量子电子器件相较于微米级电子器件，常表现出高响应速度、低功耗、经济可靠以及可实现高集成度等优点。利用量子电子器件组装成的高密度存储器和超大规模集成电路，将能突破当前存储器和集成电路的发展极限，实现功能、运行速度和数据通过率的显著提升，由此带来电子学和电子器件的革命性飞跃。

4.1.1　量子电子器件特征

1. 电子的平均自由程

　　纳米电子学是立足于纳米尺寸材料的量子效应这一显著物理特性发展起来的。纳米电子器件中自由电子的德布罗意波长大小可由以下公式计算得到：

$$\lambda = 2\pi \sqrt{\frac{\hbar^2}{2m^*E}} \tag{4-1}$$

其中，E 和 m^* 分别为自由电子的动能和有效质量。半导体材料的导带底上电子的动能 E 小于 100 mV，电子的有效质量 m^* 小于 1/10 的自由电子质量 m_0，由此计算得到的德布罗意波长λ所处的数量级为10～100 nm，与纳米功能器件的特征长度大小所处数量级一致。当纳电子器件的物理长度与电子平均自由程（mean free path of electron）长度可比拟时，该类电子器件将表现出非常显著的量子尺寸效应，具体包括库仑阻塞效应、量子干涉效应（quantum interference effect）、量子霍尔效应（quantum Hall effect）、海森伯不确定性效应（Heisenberg uncertainty effect）、普适电导涨落效应（universal conductance fluctuation effect）、弹道输运（ballistic transport）和振荡效应等。此外，当势垒宽度小于势垒材料中电子的德布罗意波长时，这些电子就有很大概率能隧穿该势垒。

2. 量子电导和量子电阻

由 Kubo 的量子力学理论和 Drude-Smimerfield 的经典电磁理论可知，决定了电流密度大小的电子局域速度分布可以由局域电场的平衡态导出得到，金属的电导率大小（σ）相应可由以下公式计算得到：

$$\sigma = 2k_F \times l \times \frac{e^2}{\hbar} \qquad (4\text{-}2)$$

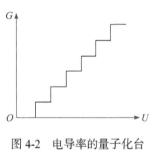

图 4-2　电导率的量子化台阶曲线

其中，k_F 和 l 分别为费米波矢和器件的物理长度。由式（4-2）可知，电导率大小 σ 与 $e^2/\hbar$ 因子相关。单电子传输时的电子表现为阶跃性流动，$e^2/\hbar$ 因子等于量子化的台阶值，此时电导率的大小是 $e^2/\hbar$ 因子的整数倍。对应的电导率的量子化台阶曲线如图 4-2 所示，$e^2/\hbar$ 因子也被称为量子电导（quantum conductance）。Landauer 等对此的解释为：每个台阶对应于一个打开的传输通道，其高度由该通道的透射概率决定。同时还推导出一维纳米体系中的电导率 σ 和跃迁概率存在以下关系：

$$\sigma = C\frac{T}{1-T} \times \frac{e^2}{\hbar} \qquad (4\text{-}3)$$

其中，C 为与系统结构和特性相关的常数；T 为电子的穿透概率。在无杂质散射并且穿透概率为 1（即 $T=1$）的条件下，由公式计算得到的电导率数值为无穷大（即电阻为 0）。通过对量子电导取倒数可得到量子电阻（quantum resistance），其数值为 $\hbar/e^2$。对于单电子器件的特性以及量子点接触和纳米线中的电子传输等理论研究，都是基于上述量子电导特性。

3. 量子霍尔效应

量子霍尔效应是在无序的二维电子体系中观察到电子在强磁场中的不寻常的运动行为以及普适的霍尔电导效应。霍尔电导（σ_H）的数值大小与材料的种类和能带结构无关，其计算公式为

$$\sigma_H = \sigma_{xy} = -\frac{n_s \cdot e}{B} \qquad (4\text{-}4)$$

其中，σ_{xy}、n_s 和 B 分别为电导率张量的横向分量、电子面密度和磁场强度。随着电子面

密度的增加，霍尔电导率出现一系列台阶，台阶处对应电导率数值的大小严格遵循以下规则，并且台阶精度高达 10^{-7}。

$$\sigma_H = \frac{i \cdot e^2}{\hbar} \tag{4-5}$$

其中，i 为整数，说明霍尔电导的数值大小是量子电导的整数倍。

4. 电子弹道输运

当电子器件的特征长度远大于电子的弹射平均自由程时，电子的输运主要依靠多方向扩散。而当电子的弹射平均自由程与电子器件的特征长度相当时，杂质的多方向散射近似可以忽略，边界散射成为限制电流大小的主要因素，此时的电子输运被限制在一维方向，这种电子输运方式被称为弹道输运，对应的电导率计算公式为

$$\sigma = T \cdot \frac{e^2}{\hbar} \tag{4-6}$$

弹道输运最早见于具有高迁移率的半导体异质结二维电子气系统中，如 GaAs/AlGaAs 异质结器件中的电子就被限制在一维方向运动，这种情况就属于一维弹道的电荷输运。

5. 普适电导涨落

在量子化的电体系中，电子波函数干涉效应的无规则变化会引起电导的涨落。电导的涨落是普遍存在的，因而也被称为普适电导涨落。每种特定的量子化电体系都会对应自身固有的电导涨落图谱，因而该因素在分析和测量纳米电体系的过程中需要引起注意。

6. 量子比特

宏观统计平均性不适用于纳米系统中，纳米系统以量子效应和统计涨落为主要特性。相互作用的简单量子系统在运行过程中会产生分别对应于经典的"0"和"1"两个态的两种不同状态，称为量子比特（qubit）。量子比特中常包含粒子的自旋和光子的偏转以及相对相位的信息。量子比特中固定的一对正交态可用于表示经典的"0"和"1"态，而量子比特中还同时存在叠加态，因而量子信息可以携带比经典理论大得多的信息量，同时表现出极强的信息传递和加工能力。

7. 孤子为信号载流子

在由纳电子器件经超高密度集成组装而成的电路中，除了电子和空穴以外，光子、孤子（soliton）和极化子等也可以作为信号载流子（signal carrier）。由纳米电子器件组成的一维阵列中的孤子参见图 4-3。作为一种晶格畸变的结果，孤子可以是电中性的，也可以是带电的，因

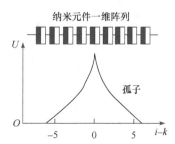

图 4-3　由纳米电子器件组成的一维阵列中的孤子

而可以携带信号传输。作为集成电路的一种载流子，孤子的激发能量要低于电子和空穴，因而更容易产生。作为准粒子的孤子具有特殊的传输特性。当某一空间存在一个孤子时，另一个相同的孤子将不能同时存在，即孤子之间是相干的。体系中注入的第一个孤子在未被除去之前，第二个孤子就不能注入。孤子在由纳电子器件组成的二维阵列中，可以取不同方向的传输路径，进而表现出复杂的传输行为。具有不同荷电情况的两个孤子间，既可能相互耦合，也可能相互排斥。在由纳电子器件组成的超高密度集成电路中往往存在多种具有复杂行为的载流子，因而纳米电子学需要对这些载流子的传输和相应的信号加工进行重点研究。

4.1.2　量子电子系统中的基础元件

作为遵循量子效应的电子系统，量子电子系统（quantum electronic system）将量子的隧道效应和电子间的库仑作用有效结合起来。量子电子系统极小的物理尺寸约束了电子的运动。不同于微电子体系在充放电过程中连续的集体的电子传输，量子电子系统在充放电过程中，电子只能一个接一个地进行传输。电子在进入或离开量子电子系统中极小的空间尺度时，前后两个电子之间存在库仑力排斥作用。处于相同费米能级的电子间因不能兼容而发生相互排斥，这个量子电子系统此时只允许处于更高能级的电子进入，而不同费米能级电子库的电子跃进将会使该量子电子系统呈现出量子化的台阶电导率。服从量子效应规律的电体系和电子器件即为量子电子器件，构建量子电子器件的基础元件必须遵循量子效应规律，这些基础元件即为量子元件，具体包括量子点、量子线、二维量子阱以及由它们组建的晶体管等。导体或半导体中的电子如果在三个方向的自由度都受限，就会形成量子点（即零维电子气）；导体或半导体中的电子如果在两个方向的自由度受限而只有在一个方向上有自由度，就会形成一维量子线；导体或半导体中的电子如果只在一个方向上的自由度受限，就会形成二维电子阱（即二维电子气）。包括纳米电子器件、分子电子器件和原子器件在内的量子电子器件大多是由量子点和一维量子线组成的。

1. 量子点

具有足够小尺寸的金属或半导体颗粒会产生量子化效应，这种电荷和能量都量子化的微小颗粒被称为量子点。量子点在三个方向上的尺寸都非常小，并且在三个方向上的电子态都是量子化的。量子点中的电子拥有零维自由度，并且量子点中具有分立数目的电子和分立的电子能级。量子点特殊的电子结构使得其表现出若干特殊性能。例如，在量子点体系中增加或减少一个或几个电子时，流经量子点体系的电流会发生一个或几个数量级的变化。当电子的能量低于势垒高度时，电子仍有一定概率隧穿势垒而进入或离开量子点。为了成为具有库仑阻塞和电子隧穿等量子效应的量子点体系，微粒的库仑阻塞能首先需要大于热扰动能，才能避免电子的隧穿过程被热噪声超过。接着是要求隧道结的电容极小，以及隧道结的电阻要大于量子电阻，这就要求隧道结的面积极小，即微粒的物理尺寸极小。对于粒径为 1 μm 且由 10 个原子组成的微粒，其隧道结的电容值（C）要远大于 10^{-18} F，该微粒即使在液氮温度下也未能观测到库仑阻塞现象。粒径为 10 nm 并且组成原子个数同为 10 的微粒，其隧道结的电容值大小为 10^{-18} F，即使在高温条件下也能在该微粒中观测到库仑阻塞现象。上述对比表明，粒径在纳米尺度范围内的微粒有可能成为量子点。在单电子晶体管或其他量子电子器件中，与基体绝缘的量子点通过隧道结、电引线或电极等进行耦合，这些量子电子器件中的量子点也被称为中心岛或库仑岛。金属或半导体量子点可以通过电化学方法或半导体加工技术等制备出来，甚至还可以按照要求在这些量子点外修饰一层绝缘层。

2. 量子线

具有足够小直径的金属或半导体丝中的电子不能在垂直于轴线的方向上运动，电子运动被限定在轴线方向上而只具有一维自由度，这些金属和半导体丝形成了量子线（quantum wire）。量子线具有分立数目的电子和分立的电子能级。电子在量子线的轴向运动遵循量子效应，因而可以观察到库仑阻塞效应。通过隧道结、导线或电极进行耦合的量子线间可以产生电子隧穿效应。类似于量子点，具有量子效应的量子线可以用作单电子晶体管中的中心岛。具有较大长度的量子线还可以作为极细的导线将外部元器件和量子器件连接起来。因而量子线被认为是组成量子电子器件和量子电路的基础元件。由单分子组成的量子线被称为分子导线，对于分子导线的研究，可以根据单分子的组成不同相应分为纳米丝和纳米管分子导线以及有机大分子分子导线。纳米丝和纳米管分子导线当前主要的研究对象是具有小直径、大长径比以及既可以是导体也可以是半导体的碳纳米管。有机大分子分子导线的研究对象包括 DNA 分子导线、π共轭导电高分子分子导线以及盘状液晶型分子导线等。量子线可由多种方法制备得到，如利用改进后的离子束刻蚀技术刻蚀极细的线条、使用扫描探针显微镜进行刻蚀加工，或者采用分子自组装法生长等。为了量子电子器件中的量子线与基板绝缘，可以在附加了绝缘层的基板上直接加工量子线，或者在制备好的量子线外层附加绝缘层结构。以纳米管为模板，还能制造出纳米丝或纳米同轴电缆结构。作为量子电子器件基础元件的量子晶体管可以分为具有放大功能和量子效应的二极和三极量子晶体管，以及具有开关功能的量子晶体管等。

4.2　纳米电子器件

当构成电路的基础元件的尺寸小于 10 nm 时，电路的集成度将能达到 10^{12} B·cm^{-2} 数量级。这些纳米级别基础元件的物理长度已经和电子的自由程的长度相当，并且这些元件的操作接近单电子行为，因而这些纳米器件将表现出显著的量子效应。纳米电子器件（nanoelectronic device）中主要研究的纳米结构包括零维量子点、一维量子线和二维电子气等，由这些纳米结构组装成的纳米电子器件包括量子点接触器件、纵向库仑阻塞结构、纳米单电子晶体管、纳米单电子存储器、二维电子气晶体管、量子阱共振隧穿二极管以及分子级单电子逻辑电路等。以下是对纳米单电子晶体管和单电子存储器等的详细介绍。

4.2.1　纳米单电子晶体管

纳米单电子晶体管（nano-single electron transistor）的基本结构及等效电路如图 4-4 所示。纳米单电子晶体管由两个隧道结和连接两隧道结的中心岛组成，对应晶体管内源极

（source electrode）、漏极（drain electrode）和栅极（gate electrode）等三个极。在总电势 U 的作用下，构成隧道电流的电子从源极出发，一个接一个地穿过隧道结 R_1、中心岛和隧道结 R_2，直至最后到达漏极。栅极通过电阻或电容与中心岛耦合，改变外加栅极偏压 U_g 将有效改变中心岛的电子状态，从而实现对隧道电流大小的控制。纳米单电子晶体管与集成电路中的金属氧化物半导体场效应晶体管（metal oxide semiconductor field effect transistor，MOSFET）中源、漏、栅极的器件结构非常类似。MOSFET 是通过 p-n 结来控制电子的流动，装置内电子流动是连续的。但是，纳米单电子晶体管中通过两个隧道结和中心岛来控制电子的隧穿过程，装置内的电子流动不连续，单个电子的流动是量子化的。假如纳米单电子晶体管中包含两个非对称的隧道结，使得 R_1 和 R_2 以及 C_1 和 C_2 都不相同，那么该纳米单电子晶体管得到的电流-电压曲线中有可能会出现等间距的库仑台阶。满足以下两个条件的纳米单电子晶体管在室温下可能出现库仑阻塞效应：第一个条件是隧道结的电阻 R_1 和 R_2 都要大于量子电阻，即电子隧穿需要克服量子扰动和电导涨落。第二个条件是热噪声不能超过晶体管中电子的量子隧穿过程，即库仑阻塞能需要大于热扰动的能量，这也要求晶体管中隧道结的总电容 C（$C = C_1 + C_2$）要尽可能减小。

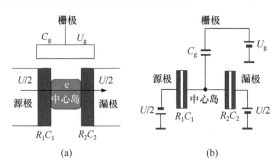

图 4-4　纳米单电子晶体管的结构示意图（a）和等效电路图（b）

图 4-5 是具有不同尺度中心岛的纳米单电子晶体管是否出现库仑阻塞现象的示意图。假设图 4-5（a）中尺寸大小为 1 μm 的中心岛中包含 10^{10} 个原子，那么该纳米单电子晶体管的隧道结电容值 C 要远高于 10^{-17} F 这一数量级，所以即便在液氮温度下也难以观察到库仑阻塞现象。假设图 4-5（b）中所示中心岛的尺寸大小为 10 nm 并且包含 10^5 个原子，那么该纳米单电子晶体管的隧道结电容值 C 的大小在 10^{-16} F 这一数量级。图 4-5（c）中的中心岛由单个分子（尺寸大小在 1 nm）组成，该纳米单电子晶体管的隧道结电容值 C 要低于 10^{-19} F 这一数量级。在极限条件下，晶体管的中心岛仅由单个原子组成，如图 4-5（d）所示，其隧道结电容值 C 甚至还要低于 10^{-20} F 这一数量级。相关实验和理论都证实，后面三种类型的纳米单电子晶体管即使在室温条件下也能观察到库仑阻塞现象，即说明纳米单电子晶体管需将中心岛的尺寸缩小至纳米数量级。日本工业技术院电子技术综合研究所的科学家 K. Matusmoto 和 M. Ishii 于 1994 年使用硅和二氧化钛材料成功构建了层状纳米单分子晶体管，其具体的结构参见图 4-6（a）。该纳米单分子晶体管的源极（S）和漏极（D）分别与沉积在 SiO$_2$/Si 基板（SiO$_2$ 层厚度为 100 nm）表面的钛金属薄膜（厚度为 3 nm）相连，栅极与硅基板直接相连并且用 SiO$_2$ 层隔开上层器件。两条长度为 30 nm、宽度为 15 nm 的 TiO$_x$ 纳米线间隔 35 nm 放置后，构成了晶体管中的两个隧道结，晶体管

中电子隧穿隧道结需要越过高度为 285 meV 的 TiO_x/Ti 势垒。被两条 TiO_x 纳米线围住的金属 Ti 区域成为单分子晶体管的中心岛区域。隧道结的面积（即 TiO_x 纳米线的侧面积）对影响晶体管工作状态的隧道电阻和电容具有重要影响。对上述纳米单电子晶体管在室温和栅极偏压为 2 V 的条件下进行性能测试，可以获得纳米单电子晶体管的漏极电流-漏极电压（I_d-U_d）特性曲线以及电导曲线。测试结果显示，当漏极电压 U_d 从 –0.75 V 变化到 0 V 时，漏极电流曲线中存在四个等间距（150 mV）的库仑台阶，对应在电导曲线为四个等距离的库仑振荡峰值。上述结果表明，纳米单电子晶体管中的电子流动是量子化和非连续的。通过减小栅极的氧化层厚度，可以实现纳米单电子晶体管尺寸的进一步缩小，这也是未来发展单电子晶体管的关键方向。这种单电子晶体管只需要一个电子就可以实现"开"和"关"状态，相当于电子计算机中的"0"和"1"，因而单电子晶体管是未来分子计算机的理想构件。美国匹兹堡大学的研究小组在 2011 年宣布制造出一种库仑岛直径只有 1.5 nm 的超小型单电子晶体管[6]，具体结构如图 4-6（b）所示。他们通过原子力显微镜，使用一种极为尖锐的电导探针就能将钛酸锶晶体界面上一层厚度为 1.2 nm 的铝酸镧"蚀刻"成所需的晶体管。这种单电子晶体管的制造技术受到蚀刻素描画板（Etch A Sketch）的启发，由此制造的这种超小型单电子晶体管也被命名为"Sketch SET"。Sketch SET 是第一个完全由氧化物制成的单电子晶体管，并且其库仑岛内能容纳两个电子。经过库仑岛的电子数量可以是 0、1 或 2，而不同数量的电子将决定其具有怎样的导电性能。

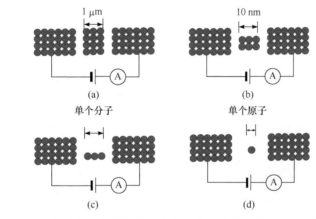

图 4-5　纳米单电子晶体管的中心岛大小对库仑阻塞现象的影响

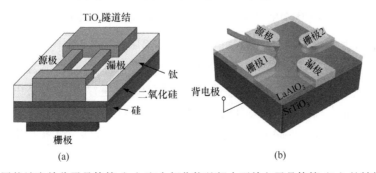

图 4-6　层状纳米单分子晶体管（a）和全氧化物基超小型单电子晶体管（b）的结构示意图

这种单电子晶体管对电荷极为敏感，且所使用的氧化物材料具有铁电效应，该晶体管还可制成固态存储器。除此以外，这种晶体管对压力的变化也极为敏感，根据这一特性可用其来制成纳米尺度的高灵敏度压力传感设备。这种单电子晶体管是制造下一代低功耗、高密度超大规模集成电路理想的基本器件，因而具有极为广泛的应用价值。

4.2.2　纳米单电子存储器

日本工业技术院电子技术综合研究所的科学家 K. Matusmoto 利用阳极氧化加工法成功制得基于单电子隧穿效应的纳米单电子存储器（single-electron memory），该器件的结构原理和等效电路参见图 4-7。该纳米单电子存储器的主要组件包括一个用于存储电子的电容（C_{gt}）、一个由 5~7 个宽度和长度都为 15 nm 的单隧道结构成并用于控制单个电子隧穿的多隧道结（C_{tt}）、一个用于检测存储电子数量的单电子晶体管的中心岛，以及一个将中心岛与电子储存节点耦合相连的存储器栅极电容（C_g）。该纳米单电子存储器中的存储器栅极电容 C_g 要远小于存储电容 C_{gt}，因而耦合连接存储器栅极电容 C_g 之后，并不会影响节点处存储的电子数。该纳米单电子存储器需要施加包含用于测量单电子晶体管的源极电压（U_s）、漏极电压（U_d）和栅极电压（U_g），以及用于控制电子存储的电极电压（U_{MEM}）。在纳米单电子存储器运行过程中，存储节点的电势大小 U_t 随着存储偏压 U_{MEM} 的增高而增高，两电压数值大小满足以下关系：

$$U_t = U_{MEM} \times \frac{C_{gt}}{C_{tt} + C_{gt}} \tag{4-7}$$

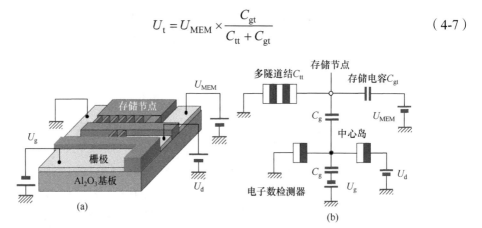

图 4-7　纳米单电子晶体管的结构示意图（a）和等效电路图（b）

当存储节点电势 U_t 大于多隧道结的库仑间隙偏压 U_0 时，单个电子可以穿过多隧道结后到达储存节点处。电子的进入使得存储节点的电势大小 U_t 降低值为 $e/(C_{tt} + C_{gt})$，进而使得存储节点电势 U_t 变得小于多隧道结的库仑间隙偏压 U_0。下一个电子就会因为库仑阻塞效应而不能进入存储节点。此时如果增高存储节点的电势 U_t，上述过程将重复发生，下一个电子就能进入存储节点。重复上述过程至存储节点中有 n 个电子后，存储节点电势 U_t 变为

$$U_{t} = \frac{U_{\text{MEM}} \cdot C_{\text{gt}} - ne}{C_{\text{tt}} + C_{\text{gt}}} \tag{4-8}$$

依据上述公式，存储节点电势 U_t 会随着存储偏压 U_{MEM} 的降低而减小。如果 $U_t <$ 多隧道结的库仑间隙负偏压 $-U_0$，单个电子就可以反向穿过多隧道结后从电子储存节点中流出，这就使存储节点中的电子被逐个释放出来。存储器中的单电子晶体管部分起着电子数检测器的作用，用于检测存储节点中电子的数量变化。与存储节点连接的中心岛的电势变化可以由单电子晶体管的漏极电流 I_d 的变化反映。在对该纳米单电子存储器进行实际电学性能测试后发现，当控制电子存储的电极电压 U_{MEM} 从 0 V 逐渐增加到 10 V 时，25 个电子被逐个存储到存储节点中。而当该电压 U_{MEM} 从 10 V 逐渐减低到 0 V 时，存储节点中的这 25 个电子又被逐个释放出来。

硅纳米线能表现出较好的库仑阻塞效应，相应的该单电子存储元件电路在温度略高于绝对零度的条件下能有效地工作。相较于传统存储器件只能存储两位数值，这种利用纳米线制造的电子存储器甚至能存储两位以上的数值，这种非二进制形式的纳米线存储器可能大大增加未来存储器件的存储密度。碳纳米管在纳米存储器中有很大的发展潜力，由碳纳米管制造的随机存取存储器能更好地控制数据，并且比当前的非永久性存储器更快速。纳米尺度的聚苯胺类有机刚性分子可以被制成新型有机薄膜，用于实现超高密度的信息存储。研究者利用扫描隧道显微镜制得信息点大小为 0.6 nm、0.7 nm 和 0.8 nm，并且信息点的间距最小为 1 nm 左右的信息储存薄膜。这种新型有机薄膜存储器具有很高的稳定性，经过连续 2000 次读取后没有发生显著变化。该存储器在写入信息记录点后，可以通过施加反向电压脉冲引起微米尺度上薄膜晶体结构的变化，由此擦除信息点。未来晶态有序有机材料薄膜的大面积制备将有效推动该类有机薄膜存储器的实用化。

4.2.3　纵向库仑阻塞结构

组装纵向库仑阻塞结构（vertical Coulomb blockade structure）需要在基底为硅膜的器件表面上覆盖硫醇，然后再在表面上组装直径为 3 nm 的纳米金球，器件的结构参见图 4-8。在使用扫描隧道显微镜对器件进行检测时，其电流-电压曲线表现出库仑阻塞和库仑台阶现象。这是因为扫描隧道显微镜的针尖与纳米金球，以及纳米金球和硅膜基底，两两之间形成了两个隧道结，进而构成纵向的量子点双隧穿结系统。系统的纵向排列方式有效地降低了分布电容，当隧道结的电容小于 10^{-18} F 时，即使是在常温条件下也能出现类似单电子隧穿的库仑阻塞现象和库仑台阶。对测试得到的电流-电压曲线进行微分后得到一条接近周期变化的微分电导曲线。在这种垂直排列的双隧道结体系中，单电子隧穿的速率可通过改变控制隧道结上的电压进行调控。这类系统具有很高的信噪比，因而可以用作纳米电子器件的基础结构件。

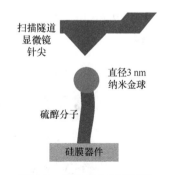

图 4-8　纵向库仑阻塞结构
示意图

4.2.4 纳米发电机

美国佐治亚理工学院的王中林教授于 2006 年发明了世界上首个纳米发电机（nanogenerator），相应开辟了纳米压电电子学的新研究领域[7]。纳米发电机是利用特殊的氧化锌纳米材料制成的纳米阵列芯片。不同于传统的基于电磁感应原理的发电机，纳米发电机利用的是氧化锌的半导体性能和压电效应，氧化锌纳米线在受到压力、振动或发生形变时，内部被压缩而外部被拉伸，这就使得处于弯曲状态的纳米线的内外表面产生了极性相反的极化电荷。由半导体氧化锌纳米线和金属尖端间形成的肖特基势垒可以将电能暂时存储在氧化锌纳米线内部。将该电源与外部导电极板相连通时，芯片上每平方厘米上百万根纳米线产生的电流经聚集后输出，可为各种各样的纳米级装置供电，从而实现在纳米尺度内将机械能转化为电能。该研究小组在 2007 年又研发出使用超声波、机械摆动、血液流动等来持续产生直流电的纳米发电机[8]，在 41 kHz 的超声波作用下，该纳米发电机产生了电流密度达到 1 nA·cm^{-2} 的连续直流电，这将有效地推动纳米发电机的技术转化和应用进程。除此以外，该研究小组在 2008 年研发出一种输出功率最高可达 80 mW·m^{-2} 的新型纳米纤维织物，可为小型便携电子设备供电[9]。该研究组于 2012 年将聚对苯二甲酸乙二酯（PET）和 Kapton 两层薄膜叠加后组装成纳米摩擦发电机[10]，两种薄膜间的相对摩擦运动使得两者的接触面上产生了等量但是符号相反的电荷，进而在界面处生成了摩擦电势层，参见图 4-9（a）。与该装置相连的外电路系统中如果存在电容变化，该摩擦电势层就可作为"电荷泵"来驱动电子在外电路的流动。该装置能提供的输出电压最高可达 3.3 eV，对应的功率密度为 10.4 mW·cm^{-3}。2020 年，该研究组报道了一种可拉伸、耐清洗且超薄仿皮肤的摩擦纳米发电机（SI-TENG）[11]，其可以收集人体运动能量，并作为一种高度敏感的自供电触觉传感器。通过静电纺丝法和电喷涂法制备成由银纳米线与热塑性聚氨酯均匀缠绕而成的可拉伸复合电极纳米纤维网络，并由此组装成摩擦纳米发电机，参见图 4-9（b）。在对面积大小为（2×2）cm^2 的摩擦纳米发电机施加力为 8 N 和 1 Hz 的负载频率时，其开路电压、短路电流和功率密度可以分别达到 95 V、0.3 μA 和 6 mW·m^{-2}。这种摩擦纳米发电机具有可拉伸性高（800%）、超薄（89 μm）、轻便（0.23 g）等优点，其能与人体皮肤很好地相适应，且不影响人体皮肤接触。

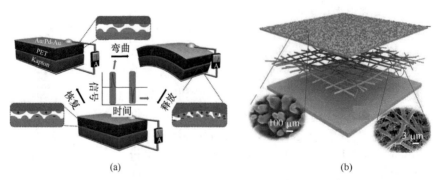

(a)   (b)

图 4-9 （a）薄膜型摩擦发电机的结构和工作原理图；（b）超薄仿皮肤摩擦纳米发电机的结构示意图

4.3　分子电子器件

分子电子器件（molecular electronic device）一般是指包含单个分子的电子元件，由单个分子组成的量子点和量子导线、中心岛为单个分子的单电子器件，以及单个分子组成的二极和三极晶体管等，都属于分子电子器件。近年来对分子电子学和分子电子器件的研究都取得了较大进展，相关研究成果表明，即使单个分子都能实现量子点、量子导线、量子晶体管及量子开关的功能，这也说明单分子电子器件能成为具有实际应用前景的量子电子基础器件。

4.3.1　分子导线

分子导线（molecular wire）既是联系分子元件和外部的导线，又是量子化元件，因而成为分子电子学和分子电路中不可或缺的基础电子元件。组成电子导线的分子需要满足以下要求：首先是该分子具有较大的长度，接着是分子本身能导电但是又必须与周围绝缘，然后是分子需要包含能与系统功能单元连接的端点，并且在连接的端点处能允许氧化还原反应的发生。在任何一个量子化结构中，电子都是从较高能级流向较低能级。为了使电子从分子导线的一端传输到另一端，组成分子导线的分子需要具有空的低能级轨道，并且该低能级轨道需要贯穿整个分子。典型的分子导线可以是分子共轭体系，相邻分子间通过电子云的重叠形成共轭，进而提供低能级电子轨道。当前包括π共轭导电高分子（π-conjugated conducting polymer）、盘状液晶型分子（discotic liquid crystal polymer）、碳纳米管分子以及 DNA 分子等被用于组装分子导线。

1. π共轭导电高分子

具有共轭π键的导电高分子经过化学或电化学掺杂后会从绝缘体转变为导电体。π共轭导电高分子需要包含由单双键交替组成的重复单元构成的高分子主链。这些π共轭导电高分子的电导率可以在 $10^{-9} \sim 10^5$ S·cm^{-1} 范围内变化，即这些导电高分子可以从绝缘体转变为半导体甚至是金属态导体。但是由常规方法制备得到的π共轭导电高分子大多是颗粒状，如何将π共轭导电高分子聚合成满足要求长度的分子导线是亟须解决的关键技术问题。

2. 盘状液晶型分子

具有π电子共轭特性的盘状液晶型分子在按照一维有序排列形成柱状相后，体系内沿着分子柱轴的方向形成了准一维的共轭电子云分布，因而使得具有一定长度的盘状液晶分子体系在柱轴方向表现出高导电性，所以盘状液晶材料被认为是组成分子导线的重要材料。

3. 碳纳米管分子

碳纳米管因制备方法和条件不同，既可能呈现出金属导电性，又可能表现出半导体特性。当其直径小于 1 nm 时，纳米管内的电子运动被限制在管轴的长度方向，这样的碳纳米管因显著的量子限域效应而可被用作一维量子导线。具有导电特性的碳纳米管具有高电导率，可用作传输较大电流的分子导线。而碳纳米管的量子效应特性使其还能被组装成包括晶体管、振荡器和电子开关在内的多种类型分子器件。碳纳米管还可以用作合成π共轭导电高分子的反应模板。此外，Si 纳米管、BN 纳米管以及 C_2F 纳米螺旋管等也被用于分子器件的研究中。

4. DNA 分子

由磷酸和四种包含不同核酸碱基的 β-脱氧核苷酸组成的 DNA 主链具有独特双螺旋结构。这种特殊的组成和结构使得 DNA 分子可以借助内部碱基堆积来实现电子传输，再加上其直径不足 2 nm，使其成为组装分子器件的优选材料。不同种类 DNA 分子在导电性能测试中，可能会分别表现出接近结晶导体、绝缘体、半导体甚至是超导体材料的导电特性，甚至单个分子的不同区域也分别呈现出导体和绝缘体的导电特性。二价金属离子与 DNA 分子间形成的复合物也能表现出分子导电行为。在 DNA 分子表面上覆盖金属原子可使整个分子具有导电性。而将吸附在 DNA 模板表面的银离子还原后可制得微米级银线。

4.3.2　中心岛为单个分子的单电子晶体管

当单电子晶体管中的中心岛由单分子或单原子组成时，可以使单电子晶体管实现小型化。液晶分子、碳纳米管和 C_{60} 等均可以作为单电子晶体管中心岛的组成材料。以单分子碳纳米管为中心岛的单电子晶体管最早由 S. Tan 于 1998 年制得，其结构如图 4-10（a）所示。在组建该晶体管的过程中，需首先在基底表面制得两个金属 Pt 电极，然后在两电极之间生长碳纳米管。由两个金属电极和碳纳米管间形成的两个接触点即为隧道结，在实验测试过程中观察到组成的器件表现出电子隧穿的库仑阻塞效应，因而可将该器件视为单电子晶体管。后续荷兰学者 Dekker 将碳纳米管横向放置在硅基底上的电极之间，由此制得以横向碳纳米管为中心岛的单电子晶体管。随后测得该单电子晶体管在低温条件下（4 K）的栅极电压 U 与源极-漏极间电流 I_s 之间的对应关系。测试结果表明，源极-漏极间电流 I_s 随着栅极电压 U 的增加而呈现出台阶状变化，这种呈现出量子特性的电流变化说明该器件确实具有单电子晶体管的特性。北京大学的研究者借助扫描透射显微镜，将单壁碳纳米管组装在探针针尖后，使得碳纳米管和与之垂直的基底组装成纵向单原子晶体管，晶体管的器件结构参见图 4-10（b）。这种垂直的放置方式有效地减小了环境因素对器件性能的影响。实际测试结果显示，该晶体管在室温条件下就能测得带库仑台阶（即呈现量子特性）的电流-电压（I_s-U）曲线。

除了碳纳米管以外，C_{60} 分子也能用作单电子晶体管的中心岛组成材料。典型的 C_{60} 基单电子晶体管如图 4-11（a）所示，该器件中的源极和漏极均为金电极。这两个金电极和与它们间隔为 1 nm 的 C_{60} 分子间形成两个隧道结，在测试过程中，该器件表现出显著的电子隧穿的库仑阻塞现象。厦门大学于 2019 年在富勒烯基全碳电子器件方面取得重要进展。这项工作基于改进的单分子器件构筑仪器和新型的石墨烯电极芯片，制备了一系

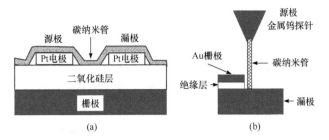

图 4-10　以单分子碳纳米管（a）和以竖直碳纳米管分子（b）为中心岛的单电子晶体管的结构示意图

列尺寸在 1 nm 左右的石墨烯/富勒烯/石墨烯器件，其结构如图 4-11（b）所示，并且系统地表征了其电输运性质。研究人员从实验上证明采用不同的富勒烯材料可实现对该器件的能带调节，从而实现达一个数量级以上的电导调控[12]。他们在国际上首创了制备具有原子级规整结构的富勒烯基全碳电子器件的技术，从而将碳基电子器件推进至亚纳米的极限尺寸，对于全碳电子学的发展具有重要意义，有望发展成为下一代碳基芯片技术的核心材料与器件。这些碳材料单分子优异的电学特性，使得它们能够用于构建包括电子存储器、电子开关、振荡器和放大器等在内的新型纳米器件，而这些新型纳米器件还将能用于制造自动控制器、纳米集成电路和未来计算机等。

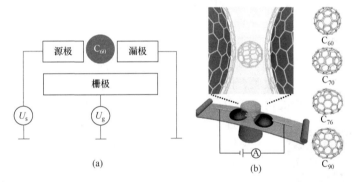

图 4-11　以 C_{60} 为中心岛的单电子晶体管（a）和尺寸接近 1 nm 的石墨烯/富勒烯/石墨烯单分子电子器件（b）的结构示意图

4.3.3　单分子晶体管

研究者利用微观尺度内的量子能级分立特性，依据分子器件工程设计出能够控制轨道特性的分子，再将这些分子组装成单分子晶体管（single molecule transistor）。常规的晶体管利用半导体材料的特性有效控制电路中电子的流动，单分子晶体管利用组成分子轨道的变化实现对电子流动的控制，当组成分子的轨道发生重叠时，晶体管允许电子流过。当组成分子发生扭曲或构型发生变化而使得轨道重叠受阻时，晶体管中的电子流动受阻。这样就可以通过对组成分子间轨道重叠情况的控制，实现对单分子晶体管中流过组成分子低能级轨道的电子数量进行有效调控。单分子晶体管可由包括有机大分子、碳纳米管等具有特殊电学特性的分子材料组成，对应构成的分子电子器件包括分子开关（molecular switch）、分子继电器（molecular relay）、分子电子存储器（molecular electronic memory）、碳纳米管逻辑电路和单分子三极管等。

1. 分子开关

具有半导体特性的有机大分子在纳米尺度范围内能表现出量子效应，因而可被用于组装分子开关。美国惠普（Hewlett-Packard）公司和加利福尼亚大学早在 1999 年就发现由"旋转烷"分子组成的分子膜可实现电子开关功能，再将若干个分子膜连接后，可以初步实现基本逻辑计算功能。Tour 等将一个由三个苯环相连组成的链状共轭分子制成分子开关装置。该共轭分子中的苯环间以一种非刚性的方式进行连接，若能控制分子结构的扭曲程度，就有可能改变分子轨道共轭程度，进而实现该分子开关装置对于电流大小的控制。Tour 尝试将氨基（—NH$_2$）和硝基（—NO$_2$）引入处于该分子中部的苯环结构上，由此产生不对称的构象。修饰后分子的电子云容易受到外电场的影响而发生微扰动，进而使分子发生扭曲变形。对相应分子器件施加电压时，该分子在电场作用下发生扭曲，使得流经分子器件的电流受阻。当撤去施加电压后，该分子恢复初始状态，相应分子器件又允许电流通过。该分子装置的灵敏度要高于已有固态开关器件。如果只在该分子的中间苯环上保留单个硝基基团（—NO$_2$），该分子中分子轨道的敏感性将发生改变。这样的分子可用作组装记忆器件。该分子中分子轨道是处于分散化还是局域化状态将由内部基团的荷电状态决定。当硝基基团不带电荷时，分子表现出较高的导电性而处于导通状态，可视为二进制中的"1"。硝基基团带电荷时，分子导电性极差而处于阻断状态，可视为二进制中的"0"。基于上述原理，可以将这种由有机大分子组成的分子开关转变为分子记忆器件。经测试后发现，制得相关器件的二进制数字的存储时间长达 10 min，但由于目前三极管型分子器件的制备较为困难，该类分子器件的实用化还有很长一段距离。北京大学与中外科学家协同攻关，于 2016 年利用二芳烯分子作功能中心、石墨烯作电极，实现了国际首例稳定可控的可逆单分子光电子开关器件的构建（图 4-12）[13]。科研人员

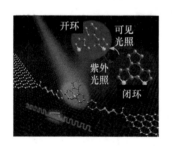

图 4-12　基于二芳烯分子的可逆单分子光电子开关器件的结构示意图

通过理论模拟预测和分子工程设计，在二芳烯功能中心和石墨烯电极之间进一步引入关键性的亚甲基基团，这一新体系实现了分子和电极间优化的界面耦合作用，突破性地构建了一类全可逆的光诱导和电场诱导的双模式单分子光电子器件。单分子电子开关在紫外光照射下，二芳烯分子发生关环反应使得电路导通；再用可见光照射时，二芳烯分子又会打开使得电路断开。石墨烯电极和二芳烯分子稳定的碳骨架以及牢固的分子-电极间共价键链接方式使这些单分子开关器件具有空前的开关精度、稳定性和可重现性，在未来高集成度信息处理器、分子计算机和精准分子诊断技术等方面具有巨大的应用前景。

2. 分子继电器

分子继电器是一种基于原子运动的高可靠两态器件，该器件通过旋转异构体或一个旋转基团来控制系统中的电子流动。图 4-13 是一个基于旋转异构体的作用原理的分子继电器的模型示意图。该分子继电器中的旋转基团在栅极附近电场的作用下发生旋转，使

得旋转基团上的开关原子相应旋进或旋出原子线，进而实现开关作用。旋转基团 X 上同时连接一个开关原子 A 以及两个其他基团 B 和 C。当旋转基团 X 上的开关原子 A 被旋转进入原子线的空缺部位时，被补充完整的原子线会表现出高电导率并使器件处于开态。当开关原子 A 被旋出原子线空缺部位后，B 基团会占据原子线中空缺的位置，流经原子线的电流受阻而使器件处于关态。与旋转基团 X 相连的 C 基团被用于阻止基团 X 在热作用下发生不可控的自由旋转。这种基于类甲基旋转异构体的分子器件因为存在三种不同的开关状态，而不能较好地满足分子开关仅在"开"和"关"两种状态间来回切换的要求。有研究者尝试将能弯曲成两种不同形态的环己烷用作分子继电器中的旋转异构体。环己烷在栅极电压的作用下实现两种形态的转变，从而实现对原子线导电状态的调控。利用基团的空间排斥或化学吸引作用还能有效减小热作用对开关动作的影响。这种分子继电器中分子的旋转速度决定了器件的开关速度，虽然速度一般慢于原子开关，但能表现出更高的工作可靠性。

图 4-13　分子继电器模型的结构示意图

3. 分子电子存储器

分子电子存储器是通过在分子中引入一种在外加电压下能捕获电子的基团，实现对电子的存储。电子的存储相应会改变分子的电导率，通过改变外加电压就可以实现对器件中分子对电子流动阻力的调节，进而使得分子在导通和中断这两种导电状态间来回反复变动。最早的分子电子存储器是由数以千计的三联苯分子（包含氨基、巯基和硝基等基团）组成的单分子层以及与其上下表面紧密接触的两片金属片组成。当器件由捕获电子变为保持电子状态时，该器件就相应转变为一个记忆元件。通过重新设计器件中组成分子的结构，还可以反复改变分子的导电性。南京大学等联合团队于 2020 年发布了一个三端子的新型 $Gd@C_{82}$ 单分子存储器（结构参见图 4-14），该单分子存储器以单个 Gd 原子在 C_{82} 原子笼中的位置作为信息的存储方案，并被认为是一种用电偶极子而不是磁偶极子在单分子水平上存储信息的新型存储设备[14]。研究人员首先在已经加工好的三端器件上沉积 $Gd@C_{82}$ 分子，然后在低温下利用负反馈电迁移的方法在 50 nm 宽的金电极中用电流断裂出大约 1 nm 宽的间隙，并成功构造了几个 $Gd@C_{82}$ 单分子器件。通过改变栅极电压，使得 $Gd@C_{82}$ 的分子能级被依次调至源极和漏极的电势窗口中，因而在电流上便会出现一系列与 $Gd@C_{82}$ 分子结构相关的库仑振荡峰。通过施加较大栅极电压可控地将器件调至某一套振荡峰位，这也就说明可以通过栅极调控 $Gd@C_{82}$ 分子的结构。既然可以通过栅极将分子可控地调至双稳态，便可以利用在同一测量环境下，分别处在库仑振荡的导通区和阻塞区的两个结构在电流上表现出的巨大差异来

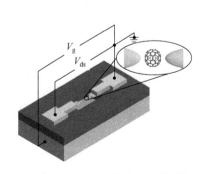

图 4-14　$Gd@C_{82}$ 单分子存储器的结构示意图

实现信息的存储。

4. 碳纳米管分子逻辑电路和单分子三极管

最早的分子逻辑电路是由美国 IBM 公司以碳纳米管为基础制得的，该逻辑电路具备信息处理功能。在制备逻辑电路之前，需要先从具有半导体特性的碳纳米管分子出发来制造碳纳米管晶体管。IBM 公司将这些碳纳米晶体管组装成分子逻辑电路，并将其用作一种具有有源和无源晶体管两种功能的 NOT 通道。该通道可作为一种可实现二进制中"1"和"0"之间转变的开关，因而使得该逻辑电路可以实现信息处理。这种碳纳米管逻辑电路能输出强度足以驱动其他通道或电路的信号，由此制造出的更为复杂的电路将为未来分子计算机芯片奠定基础。以中国科学院金属研究所研究员刘畅为首的国际合作团队开展了碳纳米管手性改造与分子结晶体管研究。研究人员首先通过同时施加一个力和低电压来加热少壁碳纳米管，直到外管壳分离并只留下一个单层碳纳米管，由此制备出沟道长度仅为 2.8 nm 的金属-半导体-金属型碳纳米管分子结晶体管，结构如图 4-15 所示，并观察到其室温量子相干输运性质和法布里-珀罗干涉效应[15]。之后利用球差校正电镜图像和纳米束电子衍射图谱对变形前后碳纳米管的手性进行分析，在近 30 次连续手性转变过程中发现碳纳米管的手性角具有向高角度转变的明显趋势，并结合原位测量以碳纳米管为导电沟道的悬空晶体管的电学输运性质，实现了金属性碳纳米管向半导体性碳纳米管的可控转变。该研究为碳纳米管的手性及导电属性调控提供了新途径，显示了碳纳米管分子结晶体管的优异性能。

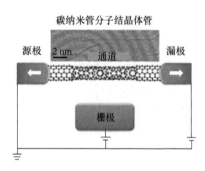

图 4-15　碳纳米管分子结晶体管的透射电镜图片与示意图

碳纳米管单分子三极管以倒 T 形碳纳米管结构为基础。这种倒 T 形碳纳米管是由一根管径较细的（4，0）结构碳纳米管生长在另一根管径较粗的（11，11）结构碳纳米管上形成，其结构示意图参见图 4-16。管径较粗的（11，11）结构碳纳米管呈现出金属导电特性，其两端可分别用作单分子三极管中的源极和漏极。而管径较细的（4，0）结构碳纳米管具有半导体特性，可作为单分子三极管中的栅极，两种碳纳米管间的连接处作为单分子三极管中的隧道结。在隧道结的耦合作用下，改变单分子三极管的栅极电压大小就能实现对源极-漏极间电流（I_{d}）的控制，由此实现电流信号的放大。这些 T 形碳纳米管基单分子三极管也属于单电子晶体管，在量子力学效应的作用下，这些分子三极管表现出库仑阻塞效应，相应的漏极电流会呈现阶跃台阶性。这种具有控制放大功能的 T 形碳纳米管基单分子三极管，不光可以作为分子电子器件的最基本组成元件，还能通过合理组合成具有复杂功能的分子电子器件，为未来分子电子器件集成电路奠定基础。

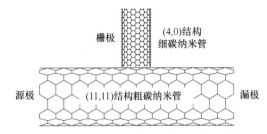

图 4-16　倒 T 形碳纳米管基单分子三极管的结构示意图

4.4　原子电子器件

原子电子器件（atomic electronic device）一般是指基于单个原子的电子元件，中心岛为单个原子的单电子晶体管，以及单个原子组成的原子开关、原子继电器和原子存储器等，都可以认为是原子电子器件。

4.4.1　中心岛为单个原子的单电子晶体管

由单个原子组成的单电子晶体管具有最小尺寸的中心岛，同时也有最小的隧道结电容（小于 10^{-20} F）。这种单电子晶体管要求将一个与外界不相连的单原子放置在源极和漏极之间。在将扫描透射电镜中的钨针尖放置在与试件非常接近的位置时，钨针尖末端非常突出的单个原子可以当作中心岛，钨针尖和试件可分别作为源极和漏极，这就组成了单原子单电子晶体管的基本结构，该结构见图 4-17。作为中心岛的针尖单个原子与针尖剩余部分之间的连接（C_1，R_1），以及针尖单个原子与试件表面之间的间隙（C_2，R_2），就形成了可用于控制电子隧穿的双隧道结。该单原子单电子晶体管结构中的单原子针尖可以用单晶钨（111）线或单晶钨（110）线进行制作。由单晶钨（111）线制得的针尖末端的第一、第二和第三层分别有 1 个、3 个和 6 个原子，层间距为 0.091 nm。由单晶钨（110）线制得的针尖末端的原子层间距相同，但是第一、第二和第三层分别有 1 个、4 个和 10 个原子。这使得由单晶钨（111）线制得的针尖更为尖锐，相应形成的隧道结电容 C_1 也更小。由单晶钨（111）线组成的单电子晶体管表现出的间距值更大的库仑台阶和明显的库仑振荡。该单电子晶体管中的单原子中心岛与间距为 0.091 nm 的针尖第二层原子间的电阻和电容分别为 R_1 和 C_1，单原子中心岛与间距为 0.5～1.0 nm 的试件表面间的电阻和电容分别为 R_2 和 C_2，这两个隧道结间的电阻和电容大小关系满足以下关系：$R_1 << R_2$ 和 $C_1 >> C_2$。因而影响库仑阻塞现象和控制电子隧穿的主要是隧道结（R_1，C_1）。隧道结（R_2，C_2）中原子中心岛与试件表面间距离的改变，几乎不会对单电子晶体管的库仑台阶和库仑振荡产生影响。

澳大利亚科学家于 2012 年研制出一种由蚀刻在

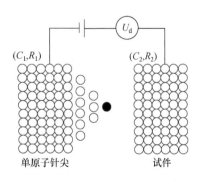

图 4-17　以单原子为中心岛的单电子晶体管的基本结构示意图

硅晶体内的单个磷原子组成的单原子晶体管，结构参见图 4-18（a），该晶体管拥有控制电流的门电路和原子层级的金属接触[16]。他们首先在硅薄片表面制造出该单原子晶体管的初始结构，并在其表面覆盖上一层不发生反应的氢原子。接着利用扫描隧道显微镜的针尖来选择性转移特定区域的氢原子，使得两对相互垂直的硅带外加一个由 6 个硅原子组成的小长方形区域暴露出来。随后在反应腔室内添加 PH_3 气体，这些气体分子在加热条件下分解，产生的一个 P 原子依附到上述暴露出来的小长方形区域，放大图参见图 4-18（b）。由此在该区域内得到四个相互垂直的电极和一个 P 原子，在间距为 108 nm 的电极对上施加电压后，电流流过单个 P 原子，并在另外一对间距为 20 nm 的电极之间流动，P 原子此时所起的作用与晶体管相当。通过调整这种单原子晶体管内的门电路电压以及原子层级的金属接触情况，可以实现对通过晶体管电流的调节，这就使其有望成为下一代量子计算机的基础元件。

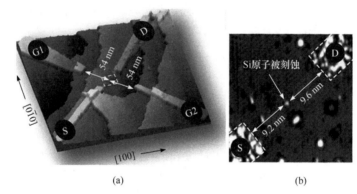

(a)　　　　　　　　　　(b)

图 4-18　（a）基于单个磷原子的晶体管的结构示意图；（b）局部区域放大图
D：漏极；S：源极；G1、G2：两个栅极

4.4.2　原子开关

使用扫描透射显微镜中探针尖端原子对准或接近试件表面某个原子时，电子将会通过以上两个相对的原子产生隧道电流。在探针针尖和试样间施加电场偏压，就能控制隧道电流的截止或导通，由此构成一个原子级别电子开关的基本模型。这种原子开关（atomic switch）能够控制单个电子通过隧道的行为。当单个电子在隧道效应的作用下进入一个封闭体系（由势垒与周围隔开）时，体系中的静电能量就会相应发生变化。这个变化量也被称为体系的充电能量，该能量的标度值为 $e^2/2C$，其中，C 为体系的电容值。当电容值 C 较小时，体系中充电能量的作用非常重要，若电子从外界获得的能量不足，则该电子无法进入体系中。原子开关通过利用上述原理对通过隧道的单电子进行操纵和控制。D. Eigler 等从 Xe 原子的单原子操纵出发，构建了一个由 Xe 原子组成的超高速双稳态电子开关。研究者在使用扫描透射电镜针尖对 Xe 原子进行操纵时发现，在扫描透射电镜针尖和 Ni（110）表面的间隙中移动的 Xe 原子趋于向带正极性的一端移动。当 Xe 原子与扫描透射电镜针尖接触时，靠近扫描透射电镜的隧道结变为高导电状态，而当 Xe 原子与 Ni（110）表面接触时，该隧道结则变为低导电状态。图 4-19 是该 Xe 原子开关的工作原理图。在原始状态下，参见图 4-19（a），扫描透射电镜针尖与试件 Ni（110）表面间保持 0.38 nm

的隧道间隙并在两者间施加−0.02 V 的外加偏压，Xe 原子吸附在带台阶试件的 Ni（110）表面上，此时的隧道结处于低导电状态。在图 4-19（b）中，当在针尖上施加大小为 +0.8 V、持续时间为 64 ns 的脉冲偏压时，Xe 原子从试件表面上被吸引到探针针尖上，此时的隧道结转变为高导电状态。在图 4-19（c）中，当在针尖上施加大小为−0.8 V、持续时间为 64 ns 的脉冲偏压时，Xe 原子又从探针针尖上回到试件表面上，那么隧道结又回到低导电状态。就这样通过改变针尖上脉冲偏压的正负性，就能使 Xe 原子来回跳动在探针针尖上和试件表面间，隧道结也在高低导电状态间来回切换，这就实现了高速双稳态电子开关功能。上述单原子开关的组装开创了单原子器件新的研究方向。德国科学家团队开发出一种利用电流控制单个原子位移实现开关的单原子晶体管，结构如图 4-20 所示。该团队在只有单一金属原子宽度的缝隙间建立两个微小金属触点，通过电控脉冲移动单个银原子到此缝隙而完成电路闭合，再通过电控脉冲将银原子移出缝隙使电路被切断[17]。这项工作实现了世界上最小晶体管在接通电源情况下单个原子的受控可逆运动。区别于需要在接近绝对零度的低温条件下工作的传统量子电子元件，这种单原子晶体管可以一直在室温下工作并且消耗很少的电能，使其在未来信息技术领域应用中占据重要优势。

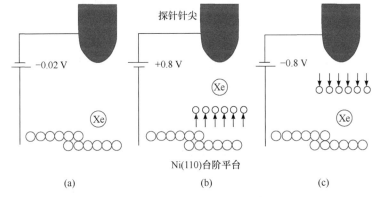

图 4-19　Xe 原子开关的工作原理示意图

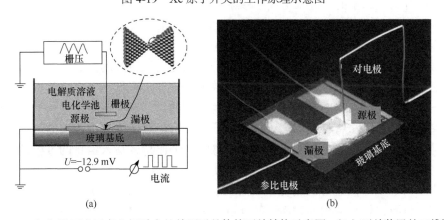

图 4-20　（a）置于准固态电解质中的单原子晶体管开关结构示意图；（b）开关装置的三维图像

4.4.3　原子继电器

日本研究人员以单个原子尺度的两态电子开关模型为基础，构建了如图 4-21 所示的原子继电器（atomic relay）。上述器件包含两条相互垂直的原子链，其中一条原子导线可作为另一条与之垂直原子链的栅极。两个垂直原子链的中心位置存在一个可移动的开关原子。在栅极电压控制下，该开关原子在两个不同位置间来回移动。当开关原子进入如图 4-21（a）所示位置时，开关原子填入原子导线的中心位置使得原子导线被连通，系统处于导通状态。当开关原子进入如图 4-21（b）所示的位置时，原子导线从中间断开，系统转为截止状态。这种原子继电器可由栅极控制器导通或截止，因而具有晶体管类似功能。这种原子继电器的尺寸大小在 100 nm 数量级，具有由原子本征振荡频率（约 10^{14}）决定的超高开关速度，其振荡频率比半导体晶体管高几个数量级，并且表现出极低能耗。单个原子在外界提供较低能量时，会较容易从基底或原子链中发射出来并进入或脱离原子链的平面，这样会导致开关系统发生畸变而使原子继电器被干扰。原子的位置在极低的温度下才能保持相对稳定且不易发生移动，因而这种原子继电器需要在极低温度环境下才能正常工作。

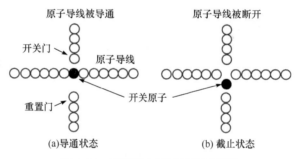

图 4-21　原子继电器的结构示意图

4.4.4　原子存储器

原子级开关中原子的"进入"或"移除"可被视为信息的"写入"和"存储"，所以这些原子级开关可以被改造成原子存储器（atomic memory）。电子器件中的存储器需要至少具备以下一些基本功能：能写入信息并且删除已经写入的信息，阅读写入的信息，能抗拒信号噪声使得所存储的信息不失真。基于单原子操纵原理的存储器可通过两种方案来实现上述基本功能。第一种方案是将表面单原子的空穴视作用于存储信息的最小信息单位——比特（bit），信息的写入是使用原子操纵法将原子移走形成单原子空穴，信息的删除是使用原子操纵法将移走的原子填回原子空穴后使原子空穴被去除的过程。第二种是将试件表面上放置的单个原子视为存储信息的一个比特，写入信息的过程是使用原子操纵法将原子添加到试件表面，删除信息是使用原子操纵法将原子从试件表面移走。再使用扫描透射电镜等仪器可以实现存储器中信息的读取。当使用单个原子作为一个比特单位存储信息时，较小面积的表面可实现巨大信息量的存储。但目前原子存储器的研究仍然处于原理性探索，其实际应用还有赖未来的深入研究。荷兰的研究团队于 2016 年设计了一款"原子级"的存储器，利用原子的排列和移动进行信息记录[18]。他们使用扫描隧道显微镜的针尖在氯原子封端的 Cu（100）表面特定位置制造 Cl 空位。将一个氯原子和它旁边的一个空位作为一个比特，从 Cl 空位到 Cl 原子的排列顺序（V-Cl）代表状态"0"，从 Cl 原子到 Cl 空位的排列顺序（Cl-V）代表状态"1"。按照特定的顺序放置 Cl 空位，即可实现"0"和"1"状态的排列组合。研究人员用这些氯原子和空位组成的基本原件构成原子存储器，借此将信息进行二进制编码后进行存储。在该纳米尺度的存储器上，单个小方块包含 8 个字节，也就是 64 个比特。同时，在每一个小方块上还加入了起定位作用的特定标记。研究者最后在长为 126 nm、宽为 96 nm 的点阵范围内写入了节选自物理学家理查德·费曼的著名演讲"There's plenty of room at the bottom"的相关段落信息。这段信息的容量大小为 1016 byte，实际的容量密度为 0.778 bits·nm^{-2}。

4.5 各种电子器件的集成和纳米集成电路

包括量子电子器件、原子电子器件和分子电子器件等在内的纳米电子器件常表现出高速、低功耗和高集成度等优异性能。相较于目前的集成电路和存储器，由纳米电子器件组装而成的超大规模集成电路和高密度存储器，可以实现功能、运转速度和数据通过率等多方面的提升，进而带来电子学和电子器件领域的飞跃发展。发展纳米电子器件集成电路的关键在于纳米电子器件间导线连接和集成。电子束刻蚀或扫描隧道显微镜针尖刻蚀可用于加工纳米电子器件以及电子器件间连线，但往往因为器件加工效率较低而不能实现批量生产。碳纳米管或其他分子导线可作为纳米器件之间的连线，而分子导线和相关纳米电子器件的连接还有赖于高效率、高可靠性的方法和连接技术的发展。相关尝试包括化学和物理的分子自组装技术以及将原子束刻蚀与自组装技术结合等。分子自组装运用特定的物理化学过程将大量分子器件与同一表面（常为金属）相连，连接的分子在表面上规整有序地排列；再通过光刻或相关技术将金属表面加工成密集的金属连线网络，接着使用绝缘沉积等技术加工出电学连接点和其他元件，最后经整合形成密集的分子元件集成电路。2022 年 6 月，澳大利亚硅量子计算公司（Silicon Quantum Computing，SQC）宣布推出世界上第一个量子集成电路[19]。该电路包含经典计算机芯片上的所有基本组件，但体量却是在量子尺度上。这种量子处理器被用于准确模拟一个有机聚乙炔分子的量子态，最终证明了新量子系统建模技术的有效性。

4.6 量子计算机

基于纳米技术和纳米材料的量子计算机（quantum computer）因具有超快运算速度、超小体积和可用于密码破译等优异特性，成为高新技术研究的热点。量子计算机的发展将会使计算机产业迎来突破性变革，也将对国防军事和信息通信等领域产生巨大影响。电子计算机以比特为信息单位，而量子计算机使用量子比特作为信息单位。量子比特既可以是单个电子，也可以是二能级原子，量子比特包含光子的偏转和粒子的自旋以及相对相位信息。电子计算机中经典的 1 和 0 态可对应量子比特中一对固定正交态，相应可

以约定：$|0\rangle = |\leftrightarrow\rangle$；$|1\rangle = |\updownarrow\rangle$。但是量子比特还存在叠加态，叠加态与经典的 1 和 0 态存在以下关系：$|\nearrow\rangle = (|0\rangle + |1\rangle) / \sqrt{2}$；$|\searrow\rangle = (|0\rangle - |1\rangle) / \sqrt{2}$。

电子计算机以电子作为信号载流子，而量子计算机可以使用包括电子/空穴、光子、极化子和孤子在内的多种信号载流子。孤子是集成电路中激发能量低于电子/空穴的一种载流子。孤子可以取不同的方向而具有复杂的传输路径。不同孤子可能表现出不同的荷电情况，并且孤子间既有可能复合也有可能排斥，使得孤子会出现时空相关，进而使量子计算机中的电路信号包含大量信息和存在复杂行为。量子计算机可能采用量子计算方法或神经网计算方法来加工电子/空穴、光子、极化子和孤子等信号载流子。相应量子计算机可以由不同的原理或构造组成，并且存在多种复杂原理和行为。传统电子计算机使用二进制位来存储数据，但是每位只能储存单个数据 0 或 1。量子计算机中的数据则是使用具有叠加性的量子比特来存储。因为单个量子比特可以同时存在两个状态，所以 1 个传统二位寄存器可以编码包含 00、01、10 和 11 在内的四个不同数字，但是在特定时刻只能有其中一个数字存在。量子计算机中的二位量子寄存器可以利用量子比特的叠加性来实现特定时刻中 4 个数字的同时存储，因而两个量子比特就能存储 8 个不同数字，最终使得量子计算机的存储量远超普通电子计算机。

量子计算机的本质特征是量子叠加性和相干性，因而能实现真正的并行计算功能。量子计算机的每一次叠加变量实现的变换就类似于一种经典计算，而这些经典计算的完成和计算结果的给出，即为量子并行计算。量子并行计算的实施将大幅提高量子计算机的效率，使得其能胜任一些经典计算机不能完成的工作。例如，n 个量子比特位的量子计算机进行单次操作，相当于传统计算机进行 n^2 次操作，这将大幅提升量子计算机的运算能力。量子计算机是由纳米电子器件或分子电子器件等元器件作为硬件以及包括量子算法和量子编码在内的软件组成，这使得其整体体积相对传统电子计算机大幅度减小，又因为在这些元器件中流动的电子需要服从量子效应，所以计算机中流动的电子束较少，对应能耗、产生的热量以及温度升高都较小。2009 年 11 月 15 日，美国国家标准技术研究院研制出可处理两个量子比特数据的量子计算机。2020 年 12 月 4 日，中国科学技术大学宣布成功构建 76 个光子的量子计算原型机"九章"，求解数学算法高斯玻色取样只需 200 s，当时世界最快的超级计算机要用 6 亿年时间[20]。2021 年 11 月 15 日，IBM 公司宣称研制出一台能运行 127 个量子比特的量子计算机"鹰"，这是当时全球最大的超导量子计算机。量子计算机理论上具有模拟任意自然系统的能力，同时也是发展人工智能的关键。由于量子计算机在并行运算上的强大能力，它有能力快速完成经典计算机无法完成的计算。未来量子计算机将在天气预报、药物研制、交通调度及保密通信等领域有重要的应用前景。

习　题

1. 纳米电子器件和传统微电子器件在工作原理和特性上有什么区别？
2. 量子电子系统包含哪些基础元件？分别有什么用途？

3. 举例说明典型的纳米电子器件有哪些相应的用途。

4. 什么是分子电子器件？有哪些类型？可被组装成分子导线的分子有哪些？

5. 原子电子器件有哪些？都有什么用途？

参 考 文 献

[1] 鲍久圣. 纳米科技导论[M]. 北京：化学工业出版社，2021.

[2] 陈乾旺. 纳米科技基础[M]. 北京：高等教育出版社，2014.

[3] Kelsall R W, Hamley I W, Geoghegan M. 纳米科学与技术[M]. 北京：科学出版社，2007.

[4] 袁哲俊，杨立军. 纳米科学技术及应用 [M]. 哈尔滨：哈尔滨工业大学出版社，2019.

[5] 王荣明，潘曹峰，耿东生，等. 新型纳米材料与器件[M]. 北京：化学工业出版社，2020.

[6] Cheng G L, Siles P F, Bi F, et al. Sketched oxide single-electron transistor[J]. Nature Nanotechnology, 2011, 6: 343-347.

[7] Wang Z L, Song J H. Piezoelectric nanogenerators based on zinc oxide nanowire arrays[J]. Science, 2006, 312(5771): 242-246.

[8] Wang X D, Song J H, Liu J, et al. Direct-current nanogenerator driven by ultrasonic waves[J]. Science, 2007, 316(5821): 102-105.

[9] Qin Y, Wang X D, Wang Z L. Microfiber-nanowire hybrid structure for energy scavenging[J]. Nature, 2008, 451: 809-813.

[10] Fan F R, Tian Z Q, Wang Z L. Flexible triboelectric generator! [J]. Nano Energy, 2012, 1: 328-334.

[11] Jiang Y, Dong K, Li X, et al. Stretchable, washable, and ultrathin triboelectric nanogenerators as skin-like highly sensitive self-powered haptic sensors[J]. Advanced Functional Materials, 2021, 31(1): 2005584.

[12] Tan Z B, Zhang D, Tian H R, et al. Atomically defined angstrom-scale all-carbon junctions[J]. Nature Communications, 2019, 10: 1748.

[13] Jia C C, Migliore A, Xin N, et al. Covalently bonded single-molecule junctions with stable and reversible photoswitched conductivity[J]. Science, 2016, 352(6292): 1443-1445.

[14] Zhang K K, Wang C, Zhang M H, et al. A Gd@C_{82} single-molecule electret[J]. Nature Nanotechnology, 2020, 15: 1019-1024.

[15] Tang D M, Erohin S V, Kvashnin D G, et al. Semiconductor nanochannels in metallic carbon nanotubes by thermomechanical chirality alteration[J]. Science, 2021, 374(6575): 1616-1620.

[16] Fuechsle M, Miwa J A, Mahapatra S, et al. A single-atom transistor[J]. Nature Nanotechnology, 2012, 7: 242-246.

[17] Xie F Q, Peukert A, Bender T, et al. Quasi-solid-state single-atom transistors[J]. Advanced Materials, 2018, 30(31): 1801225.

[18] Kalff F E, Rebergen M P, Fahrenfort E, et al. A kilobyte rewritable atomic memory[J]. Nature Nanotechnology, 2016, 11: 926-929.

[19] Kiczynski M, Gorman S K, Geng H, et al. Engineering topological states in atom-based semiconductor quantum dots[J]. Nature, 2022, 606: 694-699.

[20] Zhong H S, Wang H, Deng Y H, et al. Quantum computational advantage using photons[J]. Science, 2020, 370(6523): 1460-1463.

第5章 纳米加工技术

半导体材料在常温下的导电性介于导体和绝缘体之间，其在家电、通信、工业制造和航空航天等诸多领域应用广泛。半导体纳米材料是尺寸在 1～100 nm 的人工制造的新型材料，也是纳米电子器件中极其重要的组成材料。半导体通常具有连续能带结构，而半导体纳米材料中至少有一个维度上的尺寸小于激子玻尔半径，使得其电子态密度不再连续。这就能在材料化学组成不变的前提下，通过调控材料的尺寸和形状来改变半导体纳米材料的能带结构。半导体能带结构的可调性使得其纳米材料表现出特殊的电学和光学性能，因而在太阳能电池、光电探测器、热电器件、发光器件和生物探针等纳米电子器件中发挥重要作用。半导体纳米材料可以按照维度大致分为零维（量子点和纳米颗粒等）、一维（纳米线和纳米管等）以及二维（纳米片和量子阱等）纳米材料等。通过精准控制半导体纳米材料的组分和结构，可以获得能实现特定功能的半导体纳米材料[1-2]。

量子点是一种重要的低维半导体材料，其三个维度上的尺寸都不大于其对应的半导体材料的激子玻尔半径的 2 倍。根据几何形状的不同，量子点可为球形、箱形、四面体形、柱形等，其直径常为 2～20 nm。量子点的能级为分立结构，量子点能级结构与量子点的尺寸、形状和应变等因素相关。量子点的制备方法包括胶体化学法、水相合成法、微波法等。通过准确控制量子点的生长条件和加工工艺，可以调整量子点的尺寸、形状和应变等，由此实现对量子点光电性质的调控。目前量子点在光电器件中的应用可以分为两个方向，一个是用于制造量子点激光器、量子点光电探测器和量子气体传感器等传统的光电子器件，另一个应用方向是包括单电子器件、单光子探测器和光存储器等在内的量子计算和量子通信装置。相较于量子点和碳纳米管等低维纳米材料，半导体纳米线具有一些独特的优点。半导体纳米线是电荷传输的最小载体，其化学成分选择多样。纳米线还表现出显著的表面效应和尺寸效应，纳米线一方面既可以作为复杂纳米结构和纳米器件的理想构造单元，也可以作为器件之间的互联导线。半导体纳米线的相关研究一直以来都广受学术界和工业界的关注。随着半导体纳米线的可控合成技术的逐步发展，研究者已经能对半导体纳米线的组分、形貌和结构等进行精细调控，并且将半导体纳米线应用在电子器件、激光、能源储存与转化等领域中。二维层状纳米材料（如石墨烯、磷烯、硅烯和过渡金属二硫族化合物等）常表现出优异的电学、光学及机械性能，因而在高性能纳米电子器件、光电子器件、高性能光电探测器、能源与存储器件，甚至在新兴柔性可伸展电子器件等领域都有广泛的应用。二维纳米材料相较于块体材料表现出更为优异的电学性能，相较于一维纳米材料具有更好的加工性。石墨烯作为零带隙的纳米材料有高导电性、高透明性等优异的电学和光学性能，因而常被称为半金属或零带隙半导体。相较于零带隙的石墨烯在电子元件中的应用受限，具有半导体特性的过渡金属二硫族化合物、磷烯和硅烯等二维纳米材料在光电器件中的应用前景广阔。作为当前最受关注的二维半导体材料，过渡金属硫化物（transition metal dichalcogenide，TMDC）的化学通式是 MX_2，其中 M 是包括第 IV、V 和 VI 副族元素在内的过渡金属元素，X 是指 S、Se 或 Te。研究者将用液相剥离法和球磨法等制备的过渡金属硫化物纳米材料用于能源存储和印刷电子器件，而将通过气相沉积技术、热分解技术和磁控溅射法等制备的过渡金属硫化物的大面积薄膜为高性能纳米电子器件的实用化奠定基础。在制备完成半导体纳米材料后，后续还需要使用包括微细机械加工技术、微细电火花加工、微细高能束加工技术、光刻技术、微纳压印技术等在内的各种加工技术对纳米材料进行加工，将其组装成特定的结构或装置以实现相应的功能[3-4]。

5.1　微细机械加工

微细机械加工（micro-machining）是指加工特征尺寸达到亚毫米以下或加工精度达到纳米级别的机械加工方式。微细机械加工在微纳制造中的突出优点包括加工零件的材料来源广泛、形状体积多样并且加工精度高等，缺点在于不能进行大面积和图形化的表面加工，只能通过逐点去除余量的方式得到特定的结构和表面。对于非硅材料，微细机械加工是不可或缺的加工方式。伴随微小型系统的发展，微细机械加工也逐渐用于加工基于硅材料的微小型结构件。微细机械加工以多种微细切削加工技术为主[5-6]。微细切削加工（micro-cutting）利用配备了高分辨率实体微小刀具的精密及超精密切削机床，通过机械力对工件材料进行微量去除加工或者纳米级精度的极微细切削。微细切削加工通过切削力和切削变形实现余量去除，工件的加工形状和精度由刀具和机床保证。该技术具备加工材料广泛、加工形状复杂和加工精度高等特点，使得高质量的亚毫米级零件尺度、微米级特征结构和纳米级精度的表面微细切削加工易于实现。由于较小尺寸的刀具难以加工，刀具易发生变形和折断，以及使用微小刀具切削速度慢和切削能力差等缺点的存在，阻碍了微米尺度零件的微细切削加工。但是随着微细切削加工中刀具的精细化、设备的高速化以及工艺的复合化发展，该技术的加工极限将会不断向下突破。微细切削加工中要求刀具和工件的直径小于 1 mm，加工特征尺度处在亚微米到数十微米之间。微细切削按照刀具类型和切削方式的不同可以分为微细车削、铣削、磨削、钻削和车铣复合加工等多种形式。微细切削是微量切削，刀具和工件特征尺寸的减小，使得其表现出与常规尺度的切削不同的摩擦学、传热学和表面力学的特点和切削机理。微细切削中切削尺度的急剧减小使得尺寸效应不可忽视并且位错问题凸显，微细切削的主要切削方式变为非自由切削，此时刀刃的切应力来自于晶体内部的原子或分子结合力。刀刃的几何参数将会对后续加工质量产生重要影响，也将成为建立切削模型和理解切削过程的重要依据。微细切削中的切削深度仅为数微米，在切削开始的瞬间承受的无限大应力以及切削过程的持续进行将会使得刀刃的锋利性逐渐减弱甚至丧失。微细切削过程存在反映微细切削能力的重要参数——极限切削深度，小于极限切削深度将不能产生切屑。微细切削过程刀刃的几何参数、工件材料的表面回弹以及工艺系统的变形都会对极限切削深度产生影响。提高微细切削能力的关键在于尽可能减小极限切削深度。

5.1.1　微细切削过程模型

切削过程中一个刀刃从不能产生切屑到能产生切屑的过程称为过渡切削过程。通过切削深度从零逐渐增大的斜面过渡切削过程实验可相应地建立切削模型（cutting model），具体参见图 5-1。首先当刀刃的切削深度（a_0）小于弹性接触临界深度（a_p），即 $a_0 < a_p$ 时，工件的加工表面只出现弹性变形，无塑性变形发生而不能实现切削，此时的表面回弹量（δ）与切削深度（a_0）相等。接着当刀刃的切削深度大于弹性接触临界深度但是又小于塑性接触临界深度（即临界切削深度，a_c），即 $a_p < a_0 < a_c$ 时，工件的加工表面出现弹性和塑性变形，但是仍然无法实现切削，也就无法产生切屑。材料塑性变形的出现使得表面回弹量小于切削深度（$\delta < a_0$）。只有当切削深度大于塑性接触临界深度时（$a_0 > a_c$），工件加工表面的弹性变形的进一步增大使得切削得以实现并相应产生切屑，此时的表面回弹量会稳定在固定值（δ_0）。极限切削深度在数值上与产生切屑时的临界切削深度（a_c）相等，该数值可以通过切削实验或者有限元计算分析等手段精确得到。同时通过切削实验发现，微细切削过程的材料变形状态和刀具的刃口钝圆半径（r_n）紧密相关，切削过程中的刀具前方隆起的累积高度在大于刃口圆角中心高度时形成切屑，为了简便理论分析，近似认为当刀刃的切削深度等于刀具的刃口钝圆半径（$a_0 = r_n$）时切削过程开始。过度切削过程中的临界深度切削模型从理论上描述了切屑形成的必要条件，实际操作过程中的切削深度还与系统的感性和材料特性等因素相关。为了进一步提高微细切削能力，一方面可以极尽减小刀刃的钝圆半径，但是刀具参数的改进受制于刀具加工技术的发展，并且无法制造出完全锋利的刀刃。另一方面可以增大系统的刚性，日本的隈部纯一郎等发明了超声振动切削技术，其刚性化特点为系统刚性的提高提供了可能的解决方案。超声振动切削技术在大幅降低系统弹性变形对切削影响的同时，还能有效抑制材料的弹性回复，使其表现出明显强于普通切削的微细切削能力。

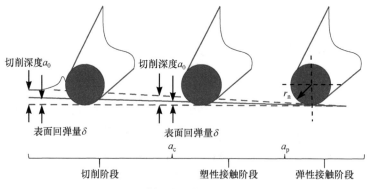

图 5-1　斜面微细切削过程模型

微细切削加工技术的高加工精度对切削刀具提出了多方面要求，首先是刀具的刃口足够锋利且刃口的圆弧半径要小到 10 nm，越小的刃口半径对应被切削表面的弹性回弹和加工变质层越小。其次是要求刀刃无缺陷并且切削刃的粗糙度较小，刀刃还需要具有高强度、高硬度和耐磨损等特点。最后是要求刀具和工件材料具有较好的抗黏结性、较小的化学亲和性和较低的摩擦系数。该技术中最常使用的刀具材料包括天然金刚石、聚晶金刚石和化学气相沉积法制得的金刚石等。天然金刚石是目前材料中硬度最大的，这类材料具有极低的摩擦系数并且不易发生腐蚀。天然金刚石沿着晶向能打磨出具有纳米级刃口半径的锋利刀具，这些刀的平刀性极高，打磨刃口可以得到无缺陷的超光滑镜面。单晶金刚石沿着特定晶向刃磨也能得到适用于制作超精加工刀具的单晶刀片。天然金刚石作为无可替代的优良超精密切削刀具材料，虽然价格昂贵，但是如果由此制造的刀具在使用过程中切削条件正常且无意外损伤的情况下，也能保持很高的耐用度，正常切削条件下的切削长度可以达到数百千米。在实际使用金刚石刀具的过程中常出现因切削时振动或刀尖碰撞引起的微小崩刀而发生破损，因此在使用中需要特别注意。聚晶金刚石可用于切削多种非铁类金属和非金属材料，但是由它制造的刀具的刃口材质不均匀，无法用于纳米级加工。由化学气相沉积法制得的金刚石没有单晶方向和黏结相，其在很多方面的性质与天然金刚石类似。由该类材料制造的多晶刀片的刃口材质均匀，适用于超精加工。

5.1.2　不同微细切削加工方式

1. 微细车削

微细切削中的微细车削技术（micro-turning technology）可以用于加工包括微细圆柱轴、台阶轴、端面、螺纹和螺旋槽等在内的回转体，车削过程中使用成形车刀还可以对各种微小型的异型结构进行加工。微细车削加工中需要解决的关键难题不仅在于工件的弱刚性，还在于保证零件的圆柱度和优异的表面质量。微细车削主要采用超声椭圆振动切削的方法，该方法可以车出具有很大长径比的细轴和表面几乎无毛刺的微细槽。不同于普通单向超声振动切削中刀具的直线振动轨迹，超声椭圆振动切削中的刀具切削刃上各点在常规切削运动外附加了一个椭圆形轨迹的运动，实现了刀具的前刀面和切屑的分离以及刀具的后刀面和工件已加工表面的完全分离。后刀面由此不会对已加工的表面进行反向熨压，使得车削的吃刀抗力呈现脉冲力的特征，由此呈现出显著的刚性化效果。

2. 微细铣削

微细切削中的微细铣削技术（micro-milling technology）在微结构制作和材料去除加工过程中表现出较高的加工效率和良好的工件表面质量。微细铣削根据工艺中不同的特点和加工条件可以被分为微雕刻、微细飞切和超声微铣削等。微细超声振动铣削过程中的超声振动使得刀尖与工件间的相对运动关系变复杂，对应的切削厚度形成机理也与普通的铣削工艺大不相同。微细超声振动铣削中的工件表面粗糙度、毛刺和刀具磨损等都与主轴转速和每齿进给量以及超声振动的频率和振幅强烈相关。由于刀刃锋利化和动态切削力小，微细超声振动铣削的切削能力大幅提升，其实际切削厚度与理论值接近，由该技术加工后的表面不发热、无绒毛、无碎屑和无溃边。普通雕刻通过借助雕刻机模仿手工雕刻来制作平面或三维的微细图形，但是该技术较难完成对硬脆材料的加工。微细超声振动雕刻以微细超声振动铣削为基础，利用超声振动的特殊轨迹来提高雕刻精度和加工能力，因而可以获得更加规则有序的加工形貌。该技术如果使用极微小的刀具，就可以加工得到纳米级别的微细图形和零件。微细飞切是一种广泛使用的微细铣削方法，该技术利用安装在飞切刀盘上的成形飞刀来逐层逐级对高速旋转的工件进行加工。微细飞切技术具有刀具切削形式多样并且切屑排出顺畅、工作角度调节方便并且回转半径大以及对铣削主轴的转速要求低等诸多优点，因而适用于成形加工多种类型的微小型槽和自由曲面。微细铣削的技术难点之一在于微细铣刀的制作，目前可行的微细铣刀制作技术是离子束加工、离子铣削、刻蚀法以及它们的组合工艺。Masato 等使用微细铣削技术在芯片上加工出 4 列 28 个直径为 0.8 mm、高度为 2 mm 的微柱阵列[7]，所得样品如图 5-2 所示。

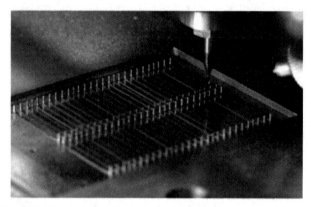

图 5-2　使用微细铣削在芯片上加工出 4 列 28 个直径为 0.8 mm、高度为 2 mm 的微柱阵列

3. 微细车铣复合加工

微细车铣复合加工（micro-turn-milling technology）是基于车铣原理的微细加工方法，该方法利用铣刀的旋转和工件的旋转两者的合成运动来对回转体工件进行切削加工，使得制造的工件满足形状精度、位置精度和已加工表面完整性等多方面要求。微细车铣复合加工中铣刀的旋转运动是主切削运动，切削速度与铣刀直径和转速等因素相关。工件的旋转运动是配合表面加工的范式运动，会影响加工过程的进给速度，而不考虑其对切削速度的影响。加工过程中，只要铣削头转速的变化范围足够宽，无论工件直径多小，都可以正常实现对微小零件的切削加工。微细车铣复合加工通过铣削主轴的高转速和工件-刀具的速度合成实现高速切削，同时提高了生产效率和微细表面加工的质量。

4. 微细钻、攻加工

微细钻、攻加工技术（micro drilling & tapping technology）是重要的微细孔加工工艺，加工的孔径小到 20～30 μm，精度可达 10～20 μm，表面粗糙度达到 0.2 μm 左右。这些微细孔加工工艺呈现出加工深径比大、表面质量好、生产效率高并且不受材料导电性能限制等优点，适用于对低碳钢、铜、铝以及一些非金属材料的加工，具体加工对象包括钟表底板、印刷电路板中微孔、化纤喷丝孔和油泵喷嘴等，因而在钟表、电子、精密机械和仪器仪表等行业中应用前景广阔。微细钻、攻加工技术的发展也使得所使用的加工工具向微型化发展，图 5-3 是以精细碳化钨（WC）纳米颗粒为原料制造出的超细微型钻头[8]，钻头的直径缩小至 10 μm，这将为加工更小孔径的微孔提供可能。

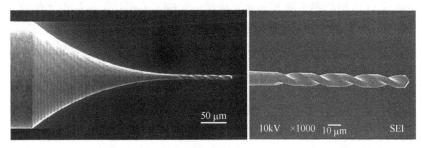

图 5-3　由碳化钨（WC）材料制造的直径为 10 μm 的超细微型钻头

5. 微细磨削、微细研磨和微细磨料喷射

微细磨削、微细研磨和微细磨料喷射加工（micro grinding & abrasive jet machining）能够用于加工不适宜使用金刚石刀具加工的钢和铁材料以及玻璃和陶瓷等硬脆材料，其加工精度很高，可以实现亚微米级甚至是纳米级的加工。微细磨削是一种切屑厚度极小的极薄切削。如果磨削深度小于晶粒粒径，那么在晶粒中进行的磨削就要求磨削力大于晶体内部的原子力和分子结合力，此时磨粒上承受的切应力急剧增大并可能会达到被磨削材料的剪切强度极限，磨粒材料必须具有很高的高温强度和硬度以抗衡磨粒切削刃处的高温高压作用。微细磨削加工常表现出精度高、切屑小、磨轮自锐性和应用范围广等优点，加工过程中的被加工材料种类、机床精度和工作环境等因素均会对最终的加工质量产生影响。微细研磨加工则通过刚性研具与工具的相对运动，借助研具中磨粒（极微小的氧化铝或碳化硅等）的微切削作用，除去微量的工件材料后可达到高几何精度和优良表面粗糙度。微细磨料喷射加工将混合了微细磨料和粉末的高压气体经过专门设计的喷嘴，由此形成的高速喷射流向工件喷射，工件表面在高压气体中的磨粒的高速冲击下实现表面清理、材料去除或修饰性加工。微细磨料喷射加工属于精细的微细加工方法，因而并不适用于材料的大量去除。这种方法可以用于加工导电或非导电材料制成的工件，但是对韧性材料的去除效率低，因而适合用于加工包括淬硬金属、玻璃和陶瓷在内的脆性材料，此外还可以用于清理各种沟槽、螺纹和异型孔等。

5.1.3　微型加工设备

为了加工出微纳米尺寸级别的零部件，微细加工需要借助具有相应精度的微型加工机床，微型加工机床由此构建成“桌面工厂”。作为微纳米加工的目标之一，制造设备等微机械的微小型化对于节省空间和能源以及结构重组等非常有利。日本曾于 1996 年研发出世界首款用于切削黄铜的微型机床，证实了微细切削加工技术可以适用于各种微米尺度零件的加工。日本产业技术综合研究所（AIST）于 1999 年设计并制作出世界上首台桌面微型工厂样机，该样机包含微型车床、微型铣床和搬运机械手等组件，还成功展示并试生产了外径为 900 μm、长度为 3 mm 的枢轴球轴承。对于微细切削车床，越小的机床尺寸并不代表加工得到的工件的尺度越小或精度越高。微细切削车床一方面正朝着微型化和智能化的方向发展，一方面还需提高系统的整体刚度和强度以适用于加工硬度大、强度高的材料。2016 年，西安交通大学联合国内超精密加工领域的优势单位，首次采用阶梯梁结构成功研制出 1500 mm 非球面超精密车磨复合加工机床，实现了典型加工件的面型精度优于 5 μm，粗糙度小于 10 nm。同时，项目组研制出 1500 μm 大尺寸工件等应力支撑夹具和高精度工作转台，开发了测量范围可达 1000 mm 的大尺寸非球面测量装置，重复测量精度达 1 μm。

5.1.4　微细切削加工的技术特点

微细切削技术以直接去除材料为特征，相较于其他微细加工技术，微细切削技术具有以下优势。第一是应用范围广泛。该技术适用的加工对象伴随着超精密切削机床和刀具系统等技术的成熟而不断扩大并向工程化方向前进，该技术将主要在微小型结构件较为集中的场合应用，如微机械陀螺和微惯性器件等微小型导航系统，以及微小型飞行器、机器人、航天器和水下航行器等微小型无人系统等。第二是适用于加工多种工程材料。只要刀具材料拥有足够高的强度和硬度，并且刀具和工件间不发生热化学反应，微细切削从理论上就可以对金属和合金材料、石墨、陶瓷、玻璃和硅等无机材料、塑料和复合材料等多种材料进行加工。第三是三维加工能力强。微细切削不仅能从横向上加工平面的图案和轮廓，还能使用大长径比的刀具并且通过合理规划加工策略和刀具路径等，实现沿着工件纵深方向的大范围加工。这样的三维加工能力使其适用于高深宽比或长径比的微小型结构件的制作。第四是加工单位小。加工单位表示一个最基本的加工操作所能去除材料的大小，是衡量微细加工能力的一项重要评价指标。微细切削机床定位精度的提高以及刀具最小特征尺度的减小，都有效地推动了加工单位的持续减小。该技术现今的加工单位最小可达数十纳米，足以满足结构件特征尺寸持续小型化的要求。第五是加工精度高。微细切削通过刀具和工件之间关系明确的相对运动，能将刃口特别锋利的刀具的特征准确地复刻到工件表面，使得加工后工件的形状精度达到亚微米级、表面粗糙度达到数十纳米级。微细切削中直接去除材料的工艺流程少，使得加工误差的积累和传递减少并且公差的波动范围较小，由此表现出很高的相对加工精度和重复加工精度，进而满足批量加工的要求。第六是相对较高的材料去除率。微细切削的材料去除率范围为 1～100 $\mu m^3 \cdot s^{-1}$，该数值远小于常规尺度的切削，但是显著高于其他微细加工方式。微细切削的加工方式可控，通过调节进给量和切削深度等参数，工件的加工时间可以限定在数分钟到数小时之间。该工艺的高加工效率可以用于快速研制和生产微小型结构件。第七是微细切削能对脆性材料进行延性域加工。当切削厚度小于临界切削厚度时，微细切削以塑性变形的方式去除材料，产生连续带状的切屑，可以有效地避免脆性材料中加工表层的裂纹和微观缺陷的产生，进而保证单晶硅、玻璃和陶瓷等脆性材料的加工表面的完整性。

5.1.5　微细切削的局限性和技术难点

微细切削技术当然也存在一些局限性及技术难点。第一是相对较低的切削线速度。微细切削机床为了获得尽可能高的回转速度而常采用高速电主轴技术，但是因为微细切削中的回转刀具或工件的直径非常小，即使主轴回转速度很高，相应能达到的切削线速度还是远低于常规切削中数值，这将不利于工件材料的去除并且不能获得良好的加工表面质量。第二是状态监控困难。微细切削中的切削振动、冲击和噪声等物理现象变得非常不明显，用于反映切削状态的特征信号的幅值小和信噪比低。因为切削力和切削振动等特征信息对于深入了解微细切削的动态特性非常重要，所以有必要通过高灵敏度的测量仪器来建立高可靠性的实时监控系统，进而在线监控切削状态。第三是刀具制备技术的滞后。实现微米级别的微细切削需要使用特征尺度极小的刀具，而刀具制备技术的滞后限制了微细切削水平的提升。此外，由微细磨削工艺批量化生产的微细刀具存在最小直径受限、几何参数的一致性难以保证并且成品率低等缺点。这些问题将有赖于包括聚焦离子束溅射工艺在内的最先进的微细刀具制备技术的发展来解决。第四是加工过程中刀具磨损和破损严重。微细切削过程中刀具呈现出不规则的磨损形态和特征，并且当前并没有建立微细切削的磨钝标准体系。微细切削过程中的以整体折断为代表的刀具破损问题非常突出，首先微细刀具中相对严重的制造误差和制造缺陷使得刀具的可靠性低，其次微细刀具因其直径小、长径比大和悬伸量大等特点而整体强度和刚性不足，最后切削过程中可能因为切屑堵塞而导致切削前角减小，由此引起的切削力倍增会导致刀具的快速折断。第五是加工精度和能力受限。微细切削的刀具在制造过程中的刃磨工序会在刀具上形成刀面划痕和刃口缺陷，刀具在使用过程中的磨损、切削力作用在刀具和工件上引发的弹性变形等，都会影响加工的几何精度和表面粗糙度。第六是难以适应大批量生产需求。微细切削技术适用于多品种微小型结构件的中小批量生产，但因为工艺的自动化程度不高以及采用工序集中的组织生产方式，该技术不适用于批量生产。微细切削技术作为适用于制造微小型系统中各种微小型结构件的一种微细加工方法，是一项实现器件和系统微型化发展的基础性技术。微细切削中逐步提高的加工能力和分辨率，以及不断增强的工艺稳定性，使得该技术在微制造体系中的占比逐步提高，并在未来有望成为批量精密微细加工任意形状三维微小型结构件的主导技术。

5.2　微细电火花加工

微细电加工技术具有设备简单、真三维加工能力和可实施性强等特点，该技术不仅适用于加工各种性能优良的金属和合金材料，还能用于加工半导体和陶瓷等材料。作为应用最为广泛的特种加工方法，微细电加工方法在易于实现能量控制的同时，能够较简便地进行去除加工。微细电加工技术可以分为电火花加工和电化学加工两种类型。微细电火花加工（micro-electrical discharge machining，micro-EDM）包含电火花成型加工和切割加工等，电化学加工包括电镀、电铸和电解加工等。电火花加工作为一种机械加工技术，加工表面的尺寸精度高于 0.1 μm，表面粗糙度小于 0.01 μm。

5.2.1　微细电火花加工原理

微细电火花加工的原理和普通电火花加工类似，相应的过程参见图 5-4。加工后工件的表面质量与由单个放电脉冲的能量决定的电蚀凹坑的大小和深度相关，工件的加工精度受电极损耗和伺服稳定性等因素影响。电火花加工的火花放电过程中，电极材料在电磁力、磁力、热力、流体动力、电化学和胶体化学等综合作用下被蚀刻而除去。在工具和工件电极之间施加脉冲电压后，由极间介质被击穿而形成的等离子体在极间电场的作用下分离为电子流和离子流，两种流分别对阴极和阳极表面进行高速冲击，进而在电极放电点产生温度高达 10000℃的瞬时热源。火花放电过程中的电流会相应产生磁场，由此出现的磁压缩效应和惯性力压缩效应将会给极间带来很大阻力，在高温热膨胀下产生高达上百千帕的初始压力。在非常短暂（持续时间为 $10^{-7}\sim10^{-4}$ s）的火花放电过程中，工件材料在热效应、光效应、声效应、电磁效应以及宽频的电磁辐射和爆炸冲击等的综合作用下被蚀除。

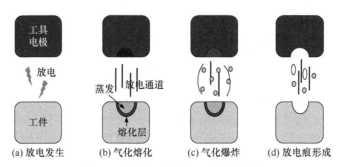

图 5-4　微细电火花加工过程原理图

微细电火花的加工过程是非接触式的，并且表现出的宏观加工力很小，因而可以有效减轻工件和工具的力学负担。为了满足微细加工中尺寸精度和表面质量的要求，微细电火花加工中的加工对象和所用的加工工具的尺度需微型化，并且可能出现微能放电现象，因而会表现出不同于常规电火花加工的特性。微细电火花加工中放电凹坑中的两个关键的几何尺寸分别为放电凹坑的直径 D 和深度 H，两者常存在以下关系：$H/D = 0.1\sim0.2$。微细电火花加工中的工件尺寸在数十到数百微米之间，要求加工时的放电凹坑要小并且由此形成的表面粗糙度要低，相应要选择合适的单发放电脉冲能量数值。微细电火花加工要求脉冲电源输出能量值数值小（$10^{-8}\sim10^{-7}$ J）且可控的单脉冲放电，使得单次脉冲的去除量限制在 $0.01\sim0.1$ μm 之间。当前微细电火花加工的主流加工技术是用简单的微细电极来加工微细孔和微三维结构。因为微细电极的复杂形状和高制作难度，并且电极在加工过程中损耗严重，所以微细电火花加工中精密而高效地制造电极显得非常重要。常规的微细电极的制作有两条途径，其中一条是将矫正后的冷拔金属丝安装到电火花机床上，另一条是采用切削和磨削等方法制作电极。微细电火花加工已经发展出成熟的机床产品，并进入工业应用阶段。精密多功能的微细电火花加工机床类似于加工中心，可以完成从微细电极的制作到微细零件的加工的全流程。微细电火花加工设备目前有两大发展趋势，一是实现加工装置的小型化，二是开发新型机床用于微小型零件的加工。

5.2.2　微细电火花加工方式

微细电火花切削加工包括铣削和车削加工等方式。微细电火花铣削的加工方式与普通数控铣削加工方式相似，都是通过分层去除工件材料，但是电火花加工过程中的电极会存在损耗。微细电火花铣削实现分层去除的关键在于基于电源损耗等原理来合理规划电极的运动轨迹，而保证加工精度的重点在于电极的轴向补偿进给。微细电火花铣削相对传统的电火花加工的优点在于，它采用简单电极就能实现传统电火花加工中需要复杂形状电极才能完成的加工过程，还可以用于加工传统电火花技术难以加工的复杂形状的长深窄槽。微细电火花铣削能避免传统电火花加工中可能出现的电弧放电和短路现象，同时能减少电容效应的发生，最终获得更好的工件表面质量。微细电火花车削加工除了在电极和工件之间电火花加工以外，还在两者间附加了类似传统车削的相对运动，即工件做旋转运动而电极做往复运动和进给运动，由此以类似车削的方式去除材料。微细电火花车削加工中电极和工件的运动类似于普通车削，但是两者并不发生接触。电火花过程产生的放电凹坑决定了工件的表面粗糙度，由此加工出高质量的工件表面。微细电火花车削虽然工艺相对简单，但加工效率较低，不适用于加工大批量微小工件。

微细电火花技术还可以借助由钨合金或气压材料制成的直径范围在 10～50 μm 的微细电极丝来切割轮廓尺寸范围在 0.1～1 mm 的工件。这项微细电火花线切割加工技术将按照预定轨迹运动的工件切割成所需的形状和尺寸的基本原理是电化学腐蚀。操作过程中需要在相邻的两个电脉冲之间保留足够长的时间间隔，使得电极和工件间只发生火花放电而不出现破坏性的电弧放电。微细电火花线切割是一种无切削力的非接触式加工，该加工技术具有诸多特点。首先是不需要提前制作复杂成形电极，就可以便捷地实现具有窄槽或异型孔等复杂结构的微小齿轮或微小花键模具的加工，并且在加工长宽比较大的极薄零件上显示出独特优势。其次脉冲电源具有较窄的脉冲宽度和较小的加工电流，因而不会出现持续的拉弧放电，同时常用不易引燃的水基乳化液为工作液，提高了加工的安全性。该技术具有较低的加工成本、较高的加工速度以及较广的加工对象和加工范围等特点，因而便于实现工件的自动化加工。该技术还同时具有很高的加工精度，加工后的工件具有较好的表面质量。但是，随着电火花加工过程的进行，电极丝直径的减小会使得电极丝能承载的电流和张力都变小，由此可能出现的磨损和断丝现象都会严重限制电火花加工的持续稳定运行。Chen 采用批量微细电火花加工法制备出高密度的微孔阵列[9]。在进行微细电火花加工之前，需要制备微电极阵列。研究人员在直径为 800 μm 的碳化钨材料表面上加工出 10×10 排列的高纵横比方形柱状微结构阵列，每个柱状微结构的长度为 700 μm，直径为 21 μm，相邻柱状微结构的间距为 24 μm，具体的微阵列电极的结构如图 5-5（a）所示。接着再借助这种柱状微阵列电极对厚度为 30 μm 的不锈钢（SUS304）

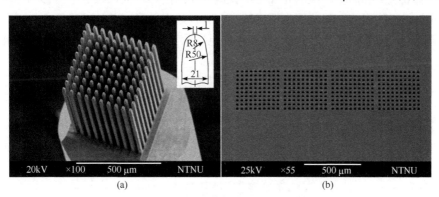

图 5-5　（a）用于微细电火花加工的微电极阵列扫描电镜图；（b）采用该电极在不锈钢薄板上加工出微型通孔阵列

薄板进行微细电火花加工，加工时施加的电压为 100 V，最后在该薄板上快速加工出 400 个尺寸大小完全一致且边长为 24 μm 的微细方形通孔阵列，参见图 5-5（b）。

5.3　微细高能束加工

利用激光、电子束和离子束等具有高能量密度的微细束流对材料或工件进行微细加工的方法称为微细高能束流加工技术（micro high-energy-beam machining technology），根据采用的高能束流种类的不同又可以分为微细激光加工、微细电子束加工和微细离子束加工。这些微细束流具有能量密度高、束流可控性好以及可调范围大等特点，使得这类非接触式的加工技术可以用于加工大部分材料，并且加工的材料无变形。

5.3.1　微细激光加工

激光光源性能的提高推动了微细激光加工技术（micro laser machining technology）的快速发展。采用大光子能量准分子激光的微细激光加工技术具有冷加工和直写加工特性，能对加工材料进行高分辨率的适应性微细加工。长脉冲激光中的脉冲持续时间要长于材料的热扩散时间，使得被材料吸收的光束能量扩散到激光照射点的周围区域，因而不能对材料进行精细加工。超短脉冲激光目前已经发展到飞秒激光水平并正在朝着阿秒水平前进，基于超短脉冲激光的微细加工技术的加工精度不受衍射极限的限制，已经实现了三维微结构加工，正朝着亚微米级甚至是纳米级精度方向发展。飞秒激光的激光脉冲宽度要小于加工材料中的电子-声子耦合时间，在极其短暂的脉冲持续时间（< 10 ps）中，电子通过辐射声子进行冷却和热扩散的过程可被忽略，电子吸收入射光子的激发和储能过程占据了激光与物质间作用的主导地位。当激光脉冲入射在加工材料表面时，材料吸收光子产生的能量迅速聚集在厚度仅为几纳米的吸收层内。在极其短暂的时间内产生的电子温度远超材料的熔点或沸点，由此形成达到超热和高压的高密度等离子体状态，进而实现对材料的非热熔性加工（图 5-6）。飞秒激光呈现的超短持续时间和超强能量密度使得飞秒激光微细加工技术表现出优于传统激光加工的特点。首先是加工的非热熔性，加工过程中可有效避免和消除传统激光加工中普遍存在的由热效应带来的不良影响。其次是加工中激光与材料作用的空间范围大幅度减小，有效地提升了加工的准确性。加工过程中产生的离子会向外膨胀和喷发,但这些离子在静电排斥作用下并不会重新凝结成液滴而洒落,

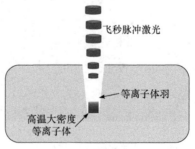

图 5-6　飞秒激光微细加工原理图

因而也不会对加工的表面造成污染。另外，其加工尺寸具有亚微米特性和三维空间分辨性。该技术能实现亚微米甚至纳米操作，在加工过程显示出严格的空间定位选择能力，操纵入射激光能对材料内部三维空间上任意部位实现超精细加工。该技术可以用于精细加工、修复和处理不同种类和特性的材料。最后，该技术中脉冲能量大小在毫焦耳或微焦耳级别，其能耗相对传统激光加工技术要显著降低。

微细激光加工包括激光打孔、激光切割和激光直写加工等多种形式。微细激光打孔几乎可以在各种材料上加工微小孔，孔径可以小至 0.01 mm，深径比超过 50。微细激光打孔具有极高的加工效率，可用于自动化连续加工。微细激光打孔的加工效果由所用的激光束特性和加工材料的热物理性质决定，具体包括激光输出功率与作用时间、激光束焦距与发射角、激光光斑内能量分布和工件材料等多种影响因素。微细激光打孔加工中常采用高效率的单脉冲加工法，但是这种方法中单个脉冲的去除量较低，因而适用于加工厚度较低的材料或较浅的盲孔。要加深微孔的深度则需要连续施加多个脉冲，即使用叩击式加工。微细激光切割的机理与激光打孔类似，通过控制工件和激光束间的相对运动，使用气化切割、融化切割和氧助燃切割等方式，来切割出具有不同形状和尺寸的窄缝或工件。

微细激光直写加工是利用激光束流直接在工件上制造出微型图形和结构。微细激光直写加工中的激光诱导刻蚀和直接刻蚀等方式均属于干法刻蚀工艺，相较于湿法刻蚀工艺有更高的刻蚀图像精度，因而在半导体工业中有广泛的应用前景。激光刻蚀中激光的波长和能量密度、被刻蚀材料的性质以及诱导气体的种类和压力等因素都会对加工质量产生影响。作为一项三维微纳制造技术，飞秒激光直写已经实现多种类材料三维微纳结构的可控加工，并且显示出易于集成、无掩模版、任意形状可设计、高分辨率、适用于非平面基底等独特优势。飞秒激光直写技术的快速发展极大地促进了功能金属微纳器件的制备和应用研究。Huang 等利用飞秒激光微细加工技术，在高性能摩擦纳米发电机的铜和PDMS 摩擦面上直写加工了微/纳条形、微/纳角锥的"凸"结构以及微碗的"凹"结构[10]。这些加工出的各种微/纳结构的形貌表征如图 5-7 所示。由该技术加工出的各种微/纳结构

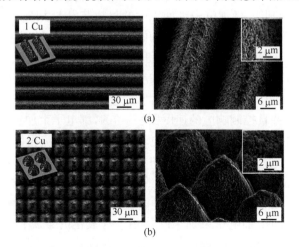

图 5-7　使用飞秒激光微细加工技术在摩擦面上直写加工出：（a）微/纳条形；（b）微/纳角锥的"凸"
结构；（c）微碗的"凹"结构

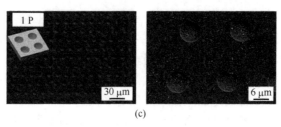

图 5-7　（续）

形貌完整且具有良好的一致性，并且利用飞秒激光在面积为（8×8）mm² 的 PDMS 表面上加工出微碗结构仅耗时 40 min。

5.3.2　微细电子束加工

　　微细电子束加工（micro electron beam machining）是近年来发展迅速的一种亚微米加工技术，目前已经在工件的打孔、窄缝、焊接及大规模集成电路的光刻化学加工等领域有重要应用。微细电子束加工中除了主要利用化学效应的低能密度微细电子束加工，还包括主要利用热效应的高能密度微细电子束加工。微细电子束加工在真空条件下使用能量密度高达 $10^5 \sim 10^9$ W·cm^{-2} 的聚焦电子束，以极短的时间（几分之一微秒以内）、极高的速度和极小的作用面积冲击到工件表面，电子束的能量大部分转变为热能后使得工件被冲击表面的温度达到几千摄氏度以上，工件表面相应出现局部融化和气化而完成材料加工和去除。图 5-8 是微细电子束加工的装置示意图。微细电子束加工中的电子束经过一级或多级聚焦后，电子细束所维持的最小直径的长度可以达到断面直径的几十倍以上，从而能胜任高分辨率和高深度精细加工。微细电子束加工在实际应用过程中呈现出以下特点：①电子束的束径极小。微细电子束加工中的电子束经聚焦后直径可小至 0.1 μm，功率密度可达到 10^9 W·cm^{-2}，因而适用于加工微小尺寸的高熔点材料。②微细电子束加工可加工的材料范围较广。该技术加工过程中不施加机械力，因而不会在工件中产生宏观应力或使工件发生变形。微细电子束加工中的材料蒸发和去除只出现在被电子束照射的区域，工件其他部分则维持相对较低的温度，因而电子束能够对脆性、韧性、导体、半导体或非导体材料进行骤热或骤冷加工。③电子束的高能量密度赋予微细电子束加工很高的加工效率，有利于实现快速和大批量加工。④微细电子束加工中利用装置中配备的磁场或电场来直接控制电子束的聚焦、强度和位置，加工装置对于电子束位置的控制精度可以达到 0.1 μm，并且控制响应的速度极快。⑤微细电子束加工易于实现对加工温度的控制。电子束的功率密度可以通过改变电子束的电压和电流得以调节，由此实现对加工温度的控制使得电子束既能用于高能热加工，也能用于低能化学加工。借助控制电路实现电子束的瞬时通断还能实现微细加工的骤热或骤冷操作。⑥微细电子束加工在真空条件下进行，加工过程中产生的污染小。同时加工过程隔绝了氧气，使得加工表面不容易发生氧化，因而微细电子束加工既能用于易氧化的金属和合金材料，也能用于加工极高纯度的半导体材料。微细电子束加工也存在一些缺点，如加工需要较高的真空条件，因而需要配置昂贵的专用加工设备和真空系统，这将在一定程度上限制电子束加工的应用。

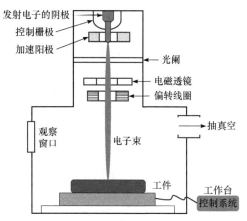

图 5-8　微细电子束加工装置图

　　高能电子束加工过程中入射电子束的能量在 30 keV 到几百千电子伏特之间，入射电子束的动能在到达材料表面后转化为热能，然后利用由此产生的热效应对材料进行加工。高能电子束加工根据照射到工件表面的束流斑点的功率密度不同，可以被分为适合不同用途的加工方法。电子束热处理加工中使用的束流斑点的功率密度在 $10\sim100$ W·cm^{-2} 之间，工件表面在加工过程中不发生熔化。电子束焊接和熔炼加工过程中使用的束流斑点的功率密度在 $10^2\sim10^5$ W·cm^{-2} 之间，工件表面在加工过程中会发生熔化，甚至出现少量的气化现象。Uno 等采用电子束加工技术对钢材进行表面抛光[11]。表面处理过程使用的电子束的直径约为几百微米，照射到金属工件表面的电子束的能量密度足以使该工件表面区域产生大量小型熔融池，在表面张力的作用下，钢材的表面经熔融和凝固后变得更为光滑（图 5-9），该工件的表面粗糙度（R_z）也从 4.77 μm 减小至 0.49 μm。应用于电子束打孔、切缝、刻槽、雕刻和镀膜等加工过程中的束流斑点的功率密度在 $10^5\sim10^8$ W·cm^{-2}，工件表面在加工过程中会发生气化。在电子束打孔过程中，处于束流斑点中心的材料在如此大功率的高密度电子束的照射下发生熔化，当材料熔化产生的气泡的压力大于表面熔化层的表面张力时，熔化的材料从束流斑点中心处排出，由此实现了打孔过程的不断加深。电子束打孔加工出的小孔直径最小可达 1 μm 左右，进行深小孔加工时的最大孔深可以超过 10 mm。电子束加工每秒可以加工几十个至几万个孔，显示出极高的打孔效率。电子束加工还可以通过电子束扫描实现切割加工，在加工过程中附加磁场还可以使电子束在工件内部发生偏转，进而加工出弯孔和曲面结构。

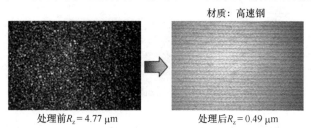

处理前R_z = 4.77 μm　　　　　　　　处理后R_z = 0.49 μm

图 5-9　电子束加工处理钢材前后的表面粗糙度

5.3.3 微细离子束加工

微细离子束加工（micro ion beam machining）是一种现代纳米加工技术中的基础工艺，其加工尺度可以达到分子甚至是原子能级，是未来极具发展前途的精细加工、亚微米甚至是纳米加工主流技术。离子束加工的原理与电子束加工类似，由离子源产生的离子束在真空条件下经过加速聚焦后打到材料表面，进而对材料进行成形和表面改性加工。微细离子束加工与微细电子束加工的区别在于，离子束加工中被加速的粒子是带正电的离子，而非电子束加工中带负电的电子。离子束中带正电离子的质量是电子束中电子质量的数万倍，因而当带正电离子和电子被加速到相同的较高速度时，离子束会产生比电子束更大的撞击动能。不同于电子束加工主要依靠热效应，离子束加工主要依靠离子经加速后撞击工件材料表面产生的机械作用，通过破坏、分离或将离子注入等方式实现对工件材料表面的加工。离子束入射到材料表面而产生的撞击效应、溅射效应和注入效应是离子束加工的基础。离子束加工中的撞击和溅射效应常出现在携带一定动能的离子轰击到工件表面后将表面原子撞击出来的过程。使用离子轰击作为靶材的工件后，离子会对工件表面进行刻蚀，该过程也被称为离子铣刻。具有足够大能量的离子垂直撞击工件表面后也会钻入工件表面，即为离子的注入效应。当将工件放置在离子轰击的靶材附近时，靶材原子被离子轰击后从靶材表面溅射出来，随后沉积吸附到工件表面，由此在工件表面上镀上一层薄膜。离子束加工装置与电子束加工装置的区别在于离子源系统，其结构参见图 5-10（a）。离子源系统通过使原子电离产生离子束流，首先是将金属蒸气或惰性气体等待电离的气体原子注入电离室，随后这些气体原子经过高频放电、电弧放电、等离子体放电或电子轰击后发生电离成为等离子体。接着再借助相对于等离子体为负电位的电极，将离子束流从上述等离子体中引出并使其向工件或靶材加速运动。

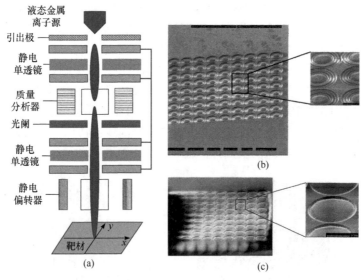

图 5-10　（a）微细离子束加工的装置示意图。离子束加工用于：（b）在硅基板上加工微型衍射透镜阵列；（c）在玻璃基底表面加工微型折射透镜阵列

微细离子束加工在实际应用过程中呈现出以下特点。首先是微细离子束加工具有高加工精度并且易于精确控制，是当前最精密和微细的特种加工方法之一，也是一项基础的纳米加工技术。微细离子束加工中的离子刻蚀和离子镀膜的加工精度可以分别达到纳米级和亚微米级，而离子注入的浓度和深度都可以非常精确地进行控制，因而聚焦离子束不仅可以用于修补一般的光学工艺掩模版、X 射线掩模版和光学移相掩模版等，还可以用于修补相位缺陷在内的多种类型缺陷。接着是适合使用微细离子束加工的材料范围较广，不仅可以加工脆性材料、半导体材料和高分子材料，还可以在真空条件下加工高纯度的半导体材料和易于氧化的金属或合金材料等。最后是微细离子束加工能实现高质量表面加工，离子束加工中离子对材料表面的轰击是一种宏观压力较小的微观作用，由此在材料表面产生极小的加工应力和热变形，因而能实现对多种材料和低刚度工件的高质量加工。Fu 等在 2000 年提出了使用聚焦离子束直写技术来一次成型加工微光学元件，制备得到的微光学元件包括微型衍射、折射、折衍混合、柱面及椭球面透镜等[12]。图 5-10（b）是使用聚焦离子束直写技术在硅基板上加工出的微型衍射透镜阵列，而图 5-10（c）是用该技术在玻璃基底表面加工出单元直径大小为 60 μm 的微型折射透镜阵列。该法解决了常规微光学元件制作方法难以实现的微光学元器件集成一体化问题，为光学系统紧凑化和小型化，以及微光学系统的研究开发提供了一条新的有效途径。但是，微细离子束加工也相应存在与电子束加工类似的一些缺点，如加工需要较高的真空条件，因而需要配置昂贵的专用加工设备和真空系统，离子束加工还存在成本高和加工效率低等缺点，这将在一定程度上限制离子束加工的应用。

5.4　光刻技术

光刻技术（photoetching technology）是伴随着半导体工业的蓬勃发展而出现的一种非常重要的常用微纳加工工艺。作为各种集成电路的主要制备方法，光刻技术的提升驱动着集成电路工艺的发展，推动了芯片性能的不断进步。常规的光刻技术类似于乳剂照相技术，通过在基底表面涂覆一层光刻胶后，经过一次或多次可控曝光后，在基底上形成图形化的二维或三维纳米结构。光刻技术利用可见光或紫外光、X 射线、电子或粒子束透过特定的模板投射到涂覆了光刻胶材料的基底表面。这种方法需要预先制备一个在平行辐射使光刻胶显影之前可供平行辐射透过的模板。另外，使用聚焦离子束、电子束或 X 射线都可以对光刻胶进行初步图形化（或直写），该过程中要么是聚焦辐射束，要么是光刻胶按照预先设定好的样式进行扫描运动。这些不同的光刻技术按照使用辐射种类的不同可以被分为 X 射线光刻、电子束光刻及离子束光刻等。光刻胶材料常包含聚合物、溶剂、感光剂和添加剂等四种基本成分，其在辐射照射下会发生化学变化，进而改变其化学组成和其在显影溶液中的溶解度。光刻胶可分为正性光刻胶和负性光刻胶两种。正性光刻胶常用苯酚-甲醛聚合物，并以乙氧基乙醛乙酸盐或二甲基氧乙醛为溶剂，经辐照后的区域相对于未经辐照的区域在溶剂中的溶解度更高而可被溶解后去除。反性光刻胶常用聚异戊二烯，并以二甲苯为溶剂，经辐照的区域会发生交联硬化，由非聚合状态变为聚合状态后变得难溶而不会被除去。光刻胶中的化学光敏剂可用于聚合物特定反应的产生和控制，正性和负性光刻胶中常用的化学光敏剂分别为重氮醌（diazoquinone）和双芳基重氮化合物（bis-aryldiazide）。选用光刻胶时需要考虑包括分辨率、敏感度、黏附性和抗腐蚀性在内的多项重要参数。光刻胶既可以作为刻蚀掩模版，又可以作为沉积模板，相应的技术路线参见图 5-11。当光刻胶作为刻蚀掩模版时，可以通过干法刻蚀直接刻蚀基底表面，从而获得图形化的表面结构。另外，光刻胶也可以被用作后续沉积样品的模板或刻蚀下层基底的蚀刻遮罩，而在基底表面上自组装生长光刻胶单层的研究也正在进行中。使用图案化光刻胶进行图案转印的过程可分为液相湿化学刻蚀法、反应性等离子体干法刻蚀法、离子注入掺杂技术或薄膜沉积法等。干法刻蚀是包括反应离子刻蚀（reactive ion etching，RIE）和化学辅助离子束刻蚀（chemically assisted ion beam etching，CAIBE）在内的一系列技术的统称，干法刻蚀被广泛用于高分辨图案转移，无论是以直接还是间接的方式，反应离子物种会与基底材料中的某些元素结合，由此形成的挥发性反应产物会经真空系统排出。

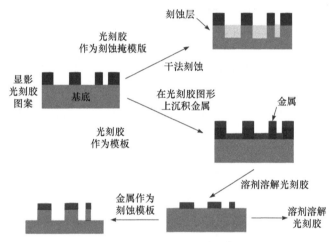

图 5-11　不同类型光刻技术的技术路线示意图

5.4.1　光刻流程

　　光刻工艺较为复杂，一般包括底膜处理、涂胶、前烘、对准及曝光、显影检验、坚膜、刻蚀和去胶检验等多个步骤。底膜处理就是对晶片（常为硅片）的表面进行处理，使其能与光刻胶粘接牢固。涂胶是在晶片表面涂布一层光刻胶。常用涂胶方式包括旋转涂胶和喷涂等。前烘是为了去除光刻胶的部分溶剂、增强光刻胶膜的黏附性、释放光刻胶膜的内应力以及防止光刻胶污染设备等。对准及曝光可以根据是否使用掩模版以及光源和对准方式的不同分为掩模对准式曝光、步进投影式曝光、激光直写和电子束直写等方式。在进行曝光工艺流程时，需要根据光刻胶的种类和技术资料等选择合适的曝光剂量，以提高曝光精度和成功率。后烘是指对曝光后还未显影的光刻胶膜进行烘烤，该工艺并非所有光刻过程的必要步骤，但是在使用化学方法胶、图形反转胶和交联型负胶，以及在高反射率基底上进行单色光源曝光等情况下很有必要进行。显影检验是在显影液作用下，去除正胶薄膜中的曝光区域或是负胶薄膜中的非曝光区域的光刻胶。坚膜是进一步去除光刻胶中的溶剂，通过加温烘烤使光刻胶与晶片粘接得更加牢固。刻蚀是在光刻胶的掩模下，用化学和物理方法去除光刻窗口处的光刻胶薄膜层，由此实现图形转移。去胶检验是待图形转移后，去除晶片表面的光刻胶，然后检验晶片表面薄膜的光刻图形。

5.4.2　不同类型光刻技术

光刻技术在半导体工业中被广泛而频繁地用于集成电路、光电组件和显示器等的制造以及电子产品的封装中。光刻过程不仅要求制备过程的规整性和可重复性，还需要考虑对平面装置给定面积区域进行图案化所花费的时间（面积通量，即每小时能对多大平方微米的芯片面积进行图案化）。未来集成电路和微机电系统的制造需要使用更高分辨率的光刻技术。光刻技术中使用的辐射源的波长值决定了是否能实现光刻胶的精准曝光，进而决定了最后得到的纳米结构的精细程度。提高光刻技术的精度，还需要考虑投影光学的极限以及辐射与光刻胶间的相互作用。使用光辐射源的光刻技术的精度可到几百纳米，而电子束光刻技术的精度可达数十纳米。光刻技术的分辨率和面积通量之间大致满足幂律关系，假设 A 是面积通量值，那么分辨率的大小近似为 $23A^{0.2}$。常规的紫外光刻是快速的平行曝光技术，能达到微米或次微米级分辨率。为了实现纳米尺度光刻，提高分辨率成为光刻技术目前最为重要的核心技术问题。光刻技术的分辨率与其使用曝光光源的波长成正比，提高分辨率可以从使用波长更短的曝光光源着手。通过使用波长范围处于深紫外、真空紫外和极紫外等波段的曝光光源，光刻技术能达到的最小光刻线宽从几百纳米迅速减小至几纳米。深紫外光刻技术与常规光刻技术有近乎相同的工艺流程，但是需要使用特殊的光刻胶。应用于深紫外光刻技术的光刻胶需要使用化学放大技术来大幅增加线型酚醛树脂对于更短波长的深紫外光的敏感度。极紫外光刻技术使用的是波长范围在 $10\sim14$ nm 的极紫外光源，光源发出的极紫外光束到达用于扫描图形的反射掩模版后被多次反射，该光束经数倍缩小后在光刻胶表面成像。该技术可将最小光刻线宽降低至 32 nm 以下，因而是未来使用的主流光刻技术之一。波长范围在 $0.1\sim10$ nm 的软 X 射线可用于 X 射线光刻。X 射线的波长很短，其在经过掩模版时不会出现衍射干涉效应，最终得到的图形和掩模版保持一致，因而高分辨率的 X 射线光刻技术对高分辨率掩模版的制作提出了很高要求。电子束和离子束的波长远小于 X 射线，因而电子束和离子束光刻技术理论上具有更高的分辨率，并且能达到更小的光刻线宽。电子束光刻技术一方面可以用于制造应用于常规光刻、极紫外光刻和 X 射线技术中的掩模版，另一方面可以在不使用掩模版的情况下，直接轰击基底形成细微结构。离子束光刻技术使用聚焦离子束进行曝光控制。相较于电子束光刻技术，离子束光刻中离子与光刻胶作用的散射范围比电子小，离子束对应光刻胶具有比电子束更高的灵敏度。离子束甚至还可以用于物质的溅射沉积，因而可用于修复掩模版。但是离子束也存在离子源亮度低、能量过于分散等缺点，并且离子束的聚焦和偏转质量要差于电子束，导致离子束光刻的聚焦成像质量低于电子束光刻。此外，电子束和离子束光刻技术虽然能达到纳米级别分辨率，但是其当前的运行速度较为缓慢，这是因为这些光刻技术需要操控由计算机辅助设计软件（CAD）控制的扫描聚焦探头来实现连续曝光流程。研究者通过使用平行投影电子束系统和 X 射线贴近式曝光法来制备具有高分辨率和大通量的掩模版。该类光刻技术目前主要用于在实验室中研发各种新型结构和器件，其未来重点发展的方向是利用独立控制的原子力显微镜针尖或扫描隧道显微镜针尖组成的大规模阵列在平面基底上实现并行原子操纵。而由微处理器控制的微机电系统能以合理的通量水平实现光刻胶的直接图形化（自组装单层）或直接使基底图形化。

5.5　微纳压印技术

微纳压印技术（micro-nano imprint lithography）将传统模具复型原理推广到微纳制造领域，该技术利用模具或印章使聚合物发生物理变形后实现纳米图形的复制。微纳压印技术有效避免了在常规光刻技术中因辐射衍射极限、投影或扫描光学、散射过程以及光刻胶材料的化学性质等引起的固有分辨率限制，去除了制备光学光刻掩模版和使用光学成像设备的成本，使得该技术在大规模制造过程中有巨大的成本优势和高产出的经济优势。微纳压印工艺流程可分为压印填充和固化脱模这两个基本流程。压印填充是指液态聚合物在外力或外场的作用下在发生流变并填充在模具的微纳结构腔体中的过程，外力和外场的施加方式、模具微纳腔体的尺寸和结构以及聚合物黏度等因素均会影响聚合物的流变填充行为，进而对压印效率、复型精度和工艺稳定性产生重要影响。固化脱模过程是将固化后的聚合物微纳结构从模具中分离脱模，该过程的工艺参数会影响生成微纳结构的成型质量、模具的寿命及工艺效率等。微纳压印工艺流程的重点在于聚合物和模具间四个表面和两个界面的控制，其中四个表面包括模具和基底的两个表面以及压印薄膜的上下两个表面，两个界面为聚合物分别与模具和基底形成的界面。不同的表面和界面以及同一个界面在微纳压印工艺流程的不同阶段会被要求具有不同的甚至是相反的特性。在压印填充阶段，聚合物和模具间的界面需要拥有良好的浸润性，使得聚合物能快速且完全地填充入压印模具的微纳腔室中。在脱模阶段，固化后的聚合物上表面和模具表面间形成的界面需要拥有良好的非浸润性而便于脱模，固化后的聚合物下表面和基底表面需要维持良好的浸润性，使得脱模后的聚合物微纳结构不发生变形的同时不从基底上分离。如何控制好微纳压印系统中的这四个表面和两个界面的特性是微纳压印技术要解决的核心问题。微纳压印技术目前发展出包括紫外常温压印光刻技术、热压印光刻技术以及微接触压印技术等在内的三种典型技术，同时也在此基础上创新发展出包括电场诱导微结构图形化工艺和分子印迹技术在内的新型微纳压印技术，以下是对这些技术的简要介绍。

5.5.1　热压印技术

热压印技术（hot embossing lithography）首先将旋涂在基板表面的聚合物材料（热压印胶）加热到玻璃化转变温度以上，再利用具有微纳结构特征的模具来模压具有一定流动性的聚合物材料，由此在聚合物材料上得到与模具相反的图案，残留的聚合物材料薄层可通过氧等离子体刻蚀技术等除去。热压印技术是一种使用单个模具就能实现大批量和高精度地复制复杂微纳结构的方法，具有成本低、速度快和高分辨率（可达 5 nm）等特点，因而成为研究和应用最为广泛的主流压印技术。常规的热压印过程包括压印模板制备、压模、脱模和刻蚀等四步，具体过程参见图 5-12。

（1）第一步是需要通过光刻、微纳加工和微机械加工等方法来制备分辨率高、稳定性好并且可以重复使用的图案化热压印模板。合乎工艺要求的热压印模板需要具备高硬度、低膨胀系数和压力收缩系数以及高抗黏性等特点。高硬度保证模板在压模和脱模过程中受力不易发生变形和受损，用于制作图案化热压印模板的材料包括常用的 Si 和 SiO$_2$，以及能满足特殊功能要求的新型材料如金刚石和 Si$_x$N$_y$ 等。低膨胀系数和压力收缩系数则保证压印模板在受热和加压过程中不因受热膨胀和受压变形而出现变形和损坏。高抗黏性则能避免在

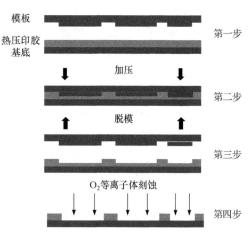

图 5-12　热压印过程原理示意图

脱模过程中因聚合物和模板材料间的作用力导致聚合物黏附在模板上，污染模板进而破坏模板上的图形。此时就需要在压印模板上进行表面修饰，一方面使聚合物在压模时能完全浸润模板表面，另一方面使模板在脱模时能完全从固化后的聚合物基底上分离。在特定聚合物材料的热压印过程中，常要求模板的表面自由能尽可能小以减少聚合物材料和模板间的黏附。为了提高后续脱模过程的完成质量，在使用压印模板前常在其表面涂覆一层抗黏层，抗黏层可以是对聚合物表现出疏水性和化学惰性的金属薄膜，也可以是具有较低表面能和很强化学惰性的含氟聚合物薄膜，抑或是由长链硅烷自组装形成的超薄有序单分子膜。

（2）第二步是聚合物（热压印胶）升温压模。基底上的热压印胶被加热到其玻璃化转变温度以上，此时聚合物材料中的大分子链段能充分展开运动，聚合物转变为高弹性状态的同时流动性增加，使其在模板施压下快速发生形变并填充模板内孔隙。这一步中的升温过程可分为加热区和恒温加压区两个阶段。加热区内控制最高温度（压印温度，T_{emb}）略高于玻璃化转变温度（T_g），温度太高会破坏热压印胶内聚合物分子链自身结构，导致图形区域出现过多缺点；温度太低会使得热压印胶内聚合物流动性不足，脱模后的图形发生较大变形。恒温加压区内保持压印温度 T_{emb} 恒定，施加在模板上的压力需控制在 0.5~5 MPa。再根据热压印胶的种类和厚度以及模板和模板图形的尺寸等参数来确定施加压力的持续时间。对于纳米级图形尺寸，压印时间持续 3~5 min 即可实现平衡。对于微米级图形尺寸，热压印胶填充模板的时间较长，压印时间设置在 10 min 或更久。用作热压印胶的一类聚合物除了要对压力敏感以外，还需要满足以下要求。第一是要求聚合物是非晶态的，它们在外力的作用下发生形变后流动。这些聚合物链的流动性受加热温度的影响很大，因而热压印过程中的温度控制至关重要。热压印过程中期望的理想流体行为是，在加热温度高出玻璃化转变温度足够高时，聚合物链在压印时间内完全不可逆地流动。此时的不可逆流动的占比越大，最后得到的图形缺陷越少。第二是要求聚合物的热膨胀系数和压力收缩系数较小，并且聚合物在压印加热过程中的化学性质稳定且不发生分解。第三是要求在热压印的后续刻蚀过程中，残留聚合物相对于基底更容易在干法刻蚀中被除去。热压印胶分为热塑性和热固性两种。热塑性压印胶包括聚苯乙烯、聚

碳酸酯、聚甲基丙烯酸甲酯和一些有机硅材料。这类材料在热压印过程中只存在物理变化，材料在加热到玻璃化转变温度以上的升温过程中由固态转换为黏流态，在降温到玻璃化转变温度以下后则由黏流态变回固态。这类热塑性热压印胶也存在一些缺点，包括压印周期较长，因黏度和模量较大而需要在热压印过程使用较高的压印温度和压力，以及稳定性较差导致其在后续干法刻蚀过程中出现变形和坍塌等。热固性压印胶的原料包括丙烯酸树脂、酚醛树脂和聚二甲基硅氧烷等。这类材料在热压印过程中出现化学变化，即预聚物发生热聚合反应。材料中的预聚物具有黏度较低、流动性好和填充模板速度快等优点，因而压印时所需施加的压力较小并且压印后无需冷却就可以脱模，这将有利于减少压印周期，进而提高生产效率。

（3）第三步是热压印胶的降温冷却和脱模。在压模结束、热压印胶填充达到稳定状态后，需要保持一段时间，等待聚合物冷却到玻璃化转变温度 T_g 附近。然后需要在热压印胶图案固化后实施脱模。处在玻璃化转变温度 T_g 的热压印胶聚合物对机械力表现出软弹性行为，选择在此温度附近脱模可以减少对模板上图形的磨损以及压印后聚合物图形的损伤。选择脱模温度通常要比玻璃化转变温度 T_g 低 30℃，脱模温度过高会造成图形发生较大变形，进而影响图案转移的精度，同时还需要避免用力过度导致磨具损伤。

（4）第四步是刻蚀。待热压印胶在基底上形成不同厚度的压印图形后，图形化区域还可能残余热压印胶。使用反应离子刻蚀技术能均匀减薄压印图形厚度，或者除去残余热压印胶。反应离子刻蚀的时间需要精细控制，过长可能会拓宽图形的线宽并且降低图形的分辨率和陡直度。待除去残留的热压印胶层后，就可以进行图案转移了。图案转移包括剥离技术和刻蚀技术两种主要方法。剥离技术采用常规的揭开-剥离工艺方法。刻蚀技术以热压印胶图案为掩模版，对热压印胶的下层进行选择性刻蚀，进而得到相应图案。

5.5.2　紫外压印技术

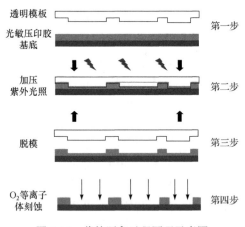

图 5-13　紫外压印过程原理示意图

与热压印过程类似，紫外压印技术（UV imprint lithography）也包含模板制备、压印、固化、脱模和刻蚀等步骤，具体原理参见图 5-13。

（1）第一步是高精度模板的制备。根据实施紫外光照方式的不同，对模板材料的要求也不同。如果需通过模板来实施光照，那么就要求模板采用紫外光透光材料，常选用石英材料。如果通过基板来实施光照，那么模板就可以使用非透光材料来制作。模板制作完成后，就可以在基板上涂布一层液态的光刻胶，光刻胶需要满足黏度低和对紫外光敏感等条件。紫外压印光刻胶以可紫外固化聚合物为主。较高速率的光固化反应可提高生产效率。根据光引发反应机理的不同，紫外压印光刻胶可分为自由基和阳离子聚合两种类型。自由基型光刻胶具有技术成熟、反应速率快、性能易于调节等优点，缺点是这种光刻胶的引发剂在空气中反应时会发生严重的氧阻聚效应。阳离子型光刻胶具有固化收缩体积小、无氧阻聚效应并且在空气气氛中可完全聚合等优点，但缺点是固化速度缓慢。自由基型光刻胶的预聚物体系常用丙烯酸酯，阳离子型光刻胶常用乙烯基醚化合物和环氧化合物等。丙烯酸酯类自由基型光刻胶具有产品种类多和反应速率快等优点，通过使用不同型号的丙烯酸酯可以调配出各方面性能良好的光刻胶。乙烯基醚类阳离子型光刻胶的反应速率较快，但是商业化产品较少，并且较大的结合力不利于脱模。环氧树脂类阳离子型光刻胶具有优良的机械性能，但是固化速度较为缓慢。紫外压印光刻胶的涂布方式包括旋涂式、步进式和滚动式等，不同类型的光刻胶适用于不同的涂布方式，需要根据紫外材料的特性、组成成分和压印光刻胶的性能要求进行匹配和选择。

（2）第二步是压印，即施加较低压力将模板压在光刻胶上，使得液态光刻胶填满模板的间隙。然后是紫外光固化，该步骤是从模板背面或基板底部用紫外光照射模板和基板间的光刻胶层，使得光刻胶固化。

与热压印技术相似，紫外压印技术的最后两步也是脱模和刻蚀，这两步完成后即可将图案由模板转移到基板上。紫外压印技术相较热压印技术的不同之处在于：紫外压印中的模板或基板需要选用石英板等对紫外光透明的材料。透明模板或基板易于实现层与层之间的对准，相应的对准精度可以达到 50 nm。紫外压印通过紫外光辐射成形，而非热压印中利用聚合物材料的热固成形或冷却固化成形。紫外压印在常温环境下就可以达成，因加热而导致基底变形概率和程度都大大减小，同时压印时间也由此缩短。紫外压印技术存在显著缺点：一方面是紫外压印技术使用的制造设备昂贵并且对工艺和环境要求较高；另一方面是紫外光刻胶在没有经过加热的情况下会很难排出其中的气泡，给微细结构带来缺陷。

5.5.3　软刻蚀技术

软刻蚀技术（soft lithography）既可以使用弹性印章实现图形的复制和转移，也可以使用印章作为掩具进行“软刻蚀”，其最早由美国 Whitesides 教授的研究组在 20 世纪 90 年代提出。软刻蚀技术包含弹性印章制作、浇注、复制和图形转移等操作流程，除了弹性印章制作需要使用复杂昂贵的电子束刻蚀或其他先进装备以外，其他的操作流程都较为简便。软刻蚀技术中使用的弹性印章经过一次模塑成形即可多次重复使用，这样可以显著地降低生产成本。该技术可以在单次生产流程中制作大面积的图形，便于大面积和成批量生产。该技术中并没有涉及与光相关的设备或操作，理论上只要制作的弹性印章足够精细，获得图形的分辨率就可至 100 nm 以下。软刻蚀技术不仅可以在平面基底上，还可以在曲面基底上制作二维图形和三维微结构。软刻蚀技术根据流程和操作的不同可以分为微接触压印（microcontact imprinting）、溶剂辅助微模塑（solvent-assisted micro-molding，SAMIM）、毛细管微模塑（micro-molding in capillaries，MIMIC）、转移微模塑（micro-transfer molding）等，以下对这些不同技术做简要介绍。

1. 微接触压印

微接触压印技术由微纳压印技术演化而来，不同于微纳压印技术中使用的硬质模具，微接触压印技术使用软模具，因而也被称为软印模技术。微接触压印技术的具体工艺流程如图 5-14 所示。该技术首先采用光学或电子束光刻技术将主要成分为低表面能高分子聚合物（常为聚二甲基硅氧烷，PDMS）的材料制作成模具。接着将制作好的模具浸泡在含硫醇的试剂中，待取出后在模具表面形成一层硫醇膜。随后将模具按压在表面镀金的基底上，维持按压过程 10～20 s 后移开模具。随后留存在表面的硫醇会与基底上的镀金层发生反应，这些硫醇发生自组装后生成单分子层（self-assembled monolayer，SAM），这样就成功地将模具上的图形转移到基底上。实现图形转移后，该技术的后续处理可以分为两种工艺流程。其中一种工艺流程是湿法刻蚀，在将整个基底浸入到包含氰化物的溶液中后，未被硫醇单分子层覆盖的镀金层将会与氰化物反应而溶解，从而实现图案转移。另一种是利用镀金层上覆盖的硫醇单分子层来连接特定的有机分子，使得这些分子在其表面完成自组装，这种处理工艺常用于表面性质研究和生物传感器的制备，由该工艺获得的图形分辨率最小可达 35 nm。微接触压印技术具有模具尺寸大和生产效率高等优点。该技术使用 PDMS 作为压印模具时，PDMS 良好的黏弹性使得压印模具与基底间的平行度误差和表面的平面度误差问题得到较好的解决。但这相应也带来一些棘手的技术问题。如果 PDMS 模具上的浮雕图形的深度/宽度比过大，浮雕图形会在重力/黏附力和毛细管作用的影响下发生配对塌陷。如果深度/宽度比过小，PDMS 模具容易向基底方向下垂。也正是因为 PDMS 模具的固有弹性，在使用微接触压印技术制备多层结构的过程中，很难实现层与层结构间的精确对准。此外，PDMS 固化后出现的体积收缩，以及其在无极性溶剂中发生的体积膨胀都会对最后制备得到图形的精度产生影响，在使用过程中需要相应留意。

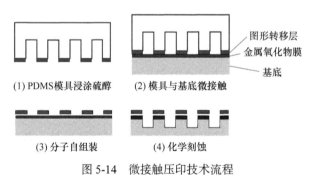

(1) PDMS模具浸涂硫醇　　(2) 模具与基底微接触

图形转移层
金属氧化物膜
基底

(3) 分子自组装　　(4) 化学刻蚀

图 5-14　微接触压印技术流程

2. 溶剂辅助微模塑

溶剂辅助微模塑作为一种软刻蚀技术，不仅可以在聚合物基底表面制备图形化的准三维微结构或形态，还可以用于修饰加工聚合物的表面形态。溶剂辅助微模塑法的工艺流程参见图 5-15。溶剂辅助微模塑技术使用溶剂溶解聚合物并对其进行图形化的微细加工。该技术的工艺操作过程中需要首先筛选出一种既能"溶解"（或软化）所要加工的聚合物对象，又能润湿弹性印章（以 PDMS 为主），但是不会明显溶胀弹性印章的良溶剂。接着在弹性印章的图形表面涂布该溶剂，再将弹性印章按压在表面覆盖了聚合物薄膜的基底上。与弹性印章接触的聚合物薄膜区域，在溶剂的作用下被溶解成一种凝胶状的聚合物流体。在维持聚合物薄膜表面与弹性印章间紧密贴合状态的过程中，这些聚合物流体会适应弹性印章表面图形的凹凸状态而重构自身结构。后续溶剂的挥发会使得聚合物重新固化，待剥离弹性印章后，基底表面的聚合物就会形成与弹性印章表面图形相反的精细凹凸结构。

3. 毛细管微模塑

毛细管微模塑中的模板制作与微接触压印方式相同，相应的工艺流程参见图 5-16。两者的区别在于毛细管微模塑将模板放在基底上之后，利用虹吸效应将滴加在模板周围的液态聚合物（常为聚甲基丙烯酸）填充至模板的空腔中。待聚合物固化后脱模以及完成蚀刻处理后，就实现了图形由模板向基底的转移。

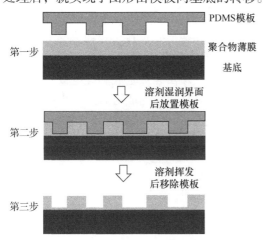

图 5-15 溶剂辅助微模塑工艺流程

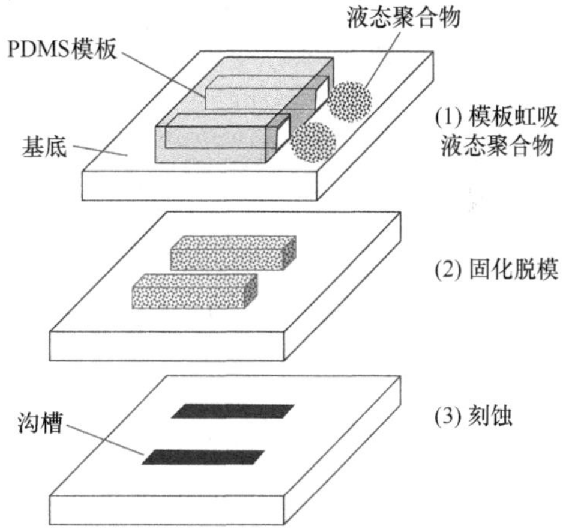

图 5-16 毛细管微模塑工艺流程

4. 转移微模塑

转移微模塑技术首先在预先制备好的 PDMS 弹性印章的图形表面滴加一些含聚合物或预聚物的液体，接着使用氮气气流吹去或利用表面平整的 PDMS 块体刮除多余的液体。随后将附着液体的弹性印章反扣在基底上，利用加热或辐射固化等方式促使弹性印章和基底间填充的聚合物发生固化。在剥离 PDMS 弹性印章后，图形化的微结构保留在基底表面。转移微模塑技术的具体流程步骤如图 5-17 所示。转移微模塑技术既可以制备分离的微结构，还可以生长连接的微结构。该技术最大的优势在于其可以在曲面上制作三维层叠微结构，由该技术制成的二维或三维微结构将

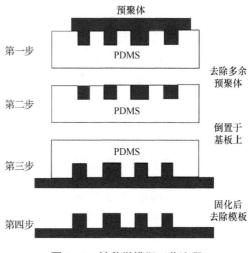

图 5-17 转移微模塑工艺流程

在集成和应用光学以及组织工程等领域有广泛的应用前景。

　　5. 电场诱导微结构图形化工艺

　　电场诱导技术中的高强度静电场会激励聚合物薄膜的表面产生微观的热扰动，促使聚合物薄膜在微观热扰动的作用下不断成长和演化，进而获得具有特殊形状和几何尺度的聚合物微结构。作为一种非接触式的聚合物微结构图形化技术，电场诱导技术中使用的模具与聚合物间无直接接触，这将减小脱模过程对已成形图形化微结构的损伤，还可避免接触式聚合物微结构图形化技术中常见的复型缺陷和留膜等缺点。电场诱导技术无需借助图形模具，就能在大面积区域上形成和加工周期性微结构，从而降低图形化工艺的成本。电场诱导微结构图形化工艺（electric field induced microstructure patterning process）的原理如图 5-18 所示。硅片基底上先均匀涂布上聚合物薄层，再在聚合物薄层上方放置一块硅电极。硅片基底和硅电极间用支架隔开，保证聚合物薄层和硅电极间存在空气层。接着将整个系统加热至高于聚合物薄层的玻璃态温度，并在硅片基底和硅电极间施加一定数值电压。聚合物的黏度和施加电压的数值大小均会对微结构成形时间产生影响，成形时间可以在几秒到几周范围内变化。待微结构成形后，降低系统温度使得聚合物固化，即可实现图形化微结构的制备。

图 5-18　电场诱导微结构图形化工艺原理图

习　题

1. 微细机械加工在微纳制造中有什么优缺点？具体包括哪些技术？
2. 微细切削加工有什么技术特点？有什么局限性？其不同的加工方式分别是什么？
3. 简述微细电火花加工原理和加工方式。微细高能束流加工技术有哪些？
4. 简述光刻工艺流程。根据使用辐射源的不同，光刻技术可被分为哪几种类型？
5. 简述典型的微纳压印技术，以及对应的过程原理。
6. 根据流程和操作的不同，软刻蚀技术可被分为哪些类型？

参 考 文 献

[1] 鲍久圣. 纳米科技导论[M]. 北京：化学工业出版社，2021.
[2] 陈乾旺. 纳米科技基础[M]. 北京：高等教育出版社，2014.
[3] Kelsall R W, Hamley I W, Geoghegan M. 纳米科学与技术[M]. 北京：科学出版社，2007.
[4] 张德远. 微纳米制造技术及应用[M]. 北京：科学出版社，2015.
[5] 袁哲俊，杨立军. 纳米科学技术及应用[M]. 哈尔滨：哈尔滨工业大学出版社，2019.
[6] 王荣明，潘曹峰，耿东生，等. 新型纳米材料与器件[M]. 北京：化学工业出版社，2020.
[7] Masato D, Sorgato M, Parenti P, et al. Impact of deep cores surface topography generated by micro milling

on the demolding force in micro injection molding[J]. Journal of Materials Processing Technology, 2017, 246: 211-223.

[8] Hasan M, Zhao J W, Jiang Z Y. A review of modern advancements in micro drilling techniques[J]. Journal of Manufacturing Processes, 2017, 29: 343-375.

[9] Chen S T. Fabrication of high-density micro holes by upward batch micro EDM[J]. Journal of Micromechanics and Microengineering, 2008, 18(8): 085002.

[10] Huang J, Fu X, Liu G, et al. Micro/nano-structures-enhanced triboelectric nanogenerators by femtosecond laser direct writing[J]. Nano Energy, 2019, 62: 638-644.

[11] Uno Y, Okada A, Uemura K, et al. High-efficiency finishing process for metal mold by large-area electron beam irradiation[J]. Precision Engineering, 2005, 29(4): 449-455.

[12] Fu Y Q, Ngoi B K A. Investigation of diffractive-refractive microlens array fabricated by focused ion beam technology[J]. Optical Engineering, 2001, 40(4): 511-516.

第6章 微机械和微机电系统

纳米技术未来走向实用化的一个重要领域是微型和超微机械以及微型和超微机电系统。根据特征尺寸范围的不同，广义上的微机械可以被分为尺寸范围为 1 nm～1 μm 的纳米机械、尺寸范围为 1 μm～1 mm 的微机械和尺寸范围为 1～10 mm 的小型机械。早期的微机械是体积大幅缩小的微机械零件和微机械机构，其使用的辅助装置和连接机构的尺寸却要远超这些微机械本身，为了满足实际生产的需求，微机电系统应运而生。微机电系统将信息输入的微型传感器、控制器、模拟或数字信号的处理器、输出信号接口、致动器（或驱动器）、微型机械执行机构以及动力源等装置微型化后，集成为一个既具有较强独立运行能力，又能完成规定工作的系统[1-4]，该系统组成框架参见图 6-1。这类集成系统在美国、日本和欧洲被分别称为微机电系统（microelectro mechanical system，MEMS）、微机械（micro machine）和微系统（micro system）。

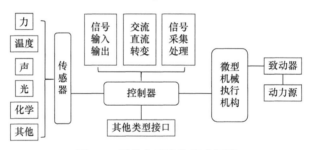

图 6-1　微机电系统的组成框图

6.1　微机械和微机电系统的理论基础

微机电系统中的装置和结构的尺寸缩小至微米及纳米尺度后，宏观世界中的力学、热力学、光学、电子学和摩擦学等基础规律不再适用。纳米尺度下起主导作用的是原子间作用力及量子力学规律。因而需要对微机电系统进行深入的微机械学、微热力学、微光学、微电子学和纳米电子学研究，再依据这些适用于微型器件的理论，设计和研究出满足实际需求的微结构、微机械和微机电系统。在微小尺寸领域，器件特征尺寸（L）的减小会对不同物理特征量产生不同程度的影响，因而在设计微机械和微机电系统时需要重点考虑相关物理参数的影响。举例来说，静电力的大小正比于特征尺寸 L 的 0 次方（L^0），热传导和表面张力正比于 L，弹性力和黏结力正比于 L 的二次方（L^2），惯性力和电磁力正比于 L 的四次方（L^4）。除了器件特征尺寸参数以外，微机械和微机电系统中尺寸效应还会对其运动参数产生影响。经估算，这些系统中的动量正比于 L 的四次方（L^4），运动能量正比于 L 的五次方（L^5）。由这些估算结果可知，微机械的动能较小，相应系统中的微操作器的耗能较低、微传感器的惯性较小而灵敏度较高。微结构中组成材料的物理性能会对其机械性能有很大影响。在微尺寸效应的影响下，材料的各种物理性能对微结构机械性能的作用影响与普通结构存在很大不同。例如，微构件的刚度和强度仍然可以使用一般力学规律进行计算，但是在小尺寸效应的作用下，不同因素的影响程度各有不同。在小尺寸范围内，剪应力就可能取代弯曲应力，成为微构件中刚度和强度计算的主导因素。在膜基微构件的设计中，还需要考虑厚度方向内应力带来的不均衡变形。材料的弹性模量和内部应力大小还会影响振动传感器中振动子的弹性系数，进而影响其固有频率。而微机械系统中的流量传感器和温度传感器还受到材料的热导率和热容量等参数影响，由热导率低和热容量小的材料构建的传感器能表现出较好的热绝缘性能，以及高灵敏度和快速响应特性。微摩擦学研究适用于减少有旋转机构、连杆机构和具有滑动工作面的微小机械中的摩擦磨损。当微构件的尺寸减小时，其体积和表面积分别按照特征尺寸 L 的三次方和二次方的模式缩小。此时物体的运动方程中与体积相关的惯性项的作用大幅度减小，变得远小于与表面积相关的摩擦项的作用。微构件尺寸的减小使得由摩擦磨损带来的不同接触界面的表面原子间相互作用显著增加。针对微摩擦学中对于接触界面间摩擦磨损的研究，研究者采用包括在界面间加入润滑剂、采用固体表面膜润滑、使用自润滑材料以及使接触相分离等方法来减少摩擦磨损。

微机械系统中常包含具有不同振动特性的微构件，如振动传感器中的悬臂梁、膜片振动子和双固定端梁等振动元件，电容传感器、压电薄膜和静电型执行器等组合的构造。在静电、压电、电磁、光或热等的激振下，这些微构件发生弯曲、扭曲或产生表面弹性波，这些振动可相应通过压电、电压电流和电容变化以及光反射等多种方式检出。由此可见，对微机械系统内的振动进行分析和检测是非常丰富而复杂的，当然也具有广泛的应用前景。用来分析和研究微机械和普通机械的振动特性的原理是相同的，考虑到微机械中尺寸效应的影响，常将自由振荡简化为单自由度的运动方程以考察其振动特性。随着微机械尺寸的减小，其自振频率一般会相应增加。微机械中与温度有关的传感器和驱动器等的温度会在消耗能量的过程中出现上升，因而需要对这些部件的热特性进行研究。微机械的热特性还与包括热传导、热对流和热辐射在内的三种热传递方式密切相关。微机械的热传导量随着特征尺寸 L 的减小而以 L 的比例系数减小。由热对流产生的传热量的大小则与特征尺寸 L 的二次方（L^2）成正比。以电磁波形式传递的热辐射传热量的大小也与特征尺寸 L 的二次方（L^2）成正比。由此可知，特征尺寸 L 越小，微机械系统中热传感器灵敏度越大，相应加热器的耗电量越低。微流体力学可用于研究微通道中的流体运动，当流体通过的微通道的管道直径逐步减小至微米尺度的某个临界值以下时，液体的流动特性将逐步偏离 N-S 方程。随着通道直径的减小，管道内流体的比表面积数值相应增加，微通道中流体和管道壁间的相互作用显著增强，管壁附近的边界层占比上升，气体吸附分离、液体界面电泳和毛细管效应等边界现象变得很明显。

6.2 微机械系统中的材料

微机械系统中使用的材料包括结构材料、功能材料和智能材料等。具有一定机械强度的结构材料主要用于构造机械器件的基本结构。微机械系统中使用的结构材料包括金属材料（铁、钨和铝等）、单晶和多晶硅、氮化硅和氧化铝单晶、陶瓷材料以及有机聚合物材料等。功能材料是能实现特定功能的光敏材料、磁性材料、压电材料和形状记忆材料等，这些材料常用于构建微机械系统中传感器和致动器等。作为微机械系统中新发展的材料，智能材料是结构和功能材料为了实现传感、控制和致动等基本功能而组成的组合体，以使结构功能化和功能多样化。智能材料不仅能模仿人类和生物体的基本特定行为，而且能对外界信息做出恰当反应和对信息激励进行自适应。微机械系统中使用的智能材料在动力源的支持下，对从来自传感器的输入信息进行处理后做出响应，这些智能材料包括导电聚合材料、储氢材料、形状记忆材料、压电/电致伸缩材料、电流变和磁流变材料等。形状记忆材料包括形状记忆合金（shape memory alloy，SMA）和形状记忆高分子聚合物。将母相状态下的形状记忆合金冷却到马氏体相变终了温度（M_f）以下后，对该记忆合金施加应力使其产生塑性形变，再将该记忆合金加热到 M_f 以上温度时，该记忆合金内的马氏体发生逆转，合金返回原取向后恢复至母相时的形状。通过恰当的温度控制，性能优异的形状记忆合金可以在两种形状下反复变化。微机械系统中使用具有较高强度、较高形状恢复的稳定可靠性、较高重复性和较好疲劳性能的 Ti-Ni 记忆合金。这种形状记忆合金的体相材料在温度控制形状恢复过程中可以产生较大的变形量和作用力，但是存在响应速度慢的缺点。由这种形状记忆合金制成的薄膜同时表现出较高的灵敏度和响应速度。形状记忆材料表现出的热敏感性和形状可重复变化特性，使其成为制作微机械系统中热动作型开关器件的优选材料。而其同时具有的能量存储和形状恢复时的应力特性，使其可用于制作应用在机械手和医疗器件中的执行器。压电效应是指压电材料在压力的作用下发生极化，由此在两端面上产生静电电位差的现象。逆压电效应或电致伸缩效应是指压电材料在电场的作用下，材料长度发生改变的现象，这些逆压电效应被用于微机械系统中微位移和激振的产生，以及致动器和微传感器的制作。微机械系统中使用的压电材料包括压电陶瓷、压电晶体、压电聚合物和复合压电材料等。压电陶瓷材料具有高能量转换效率、高位移控制精度、快速响应和高单位面积承受力等优点而成为应用最广的压电材料，主要包括 $PbXO_3$（X = Zr 或 Ti）类、$BaTiO_3$ 类和基于这两类的复合型压电陶瓷。成形后的压电陶瓷材料在高压电场中极化后即可呈现出压电效应，应用在微传感器和微致动器中的薄膜压电陶瓷材料具有体积小和灵敏度高等优点。磁致伸缩效应是在磁场作用下材料的体积发生变化的现象，超磁致伸缩材料在室温和低磁场下可表现出磁致伸缩现象。超磁致伸缩材料常具有高居里点，在高温下依然可以使用，其在低电压的驱动下也能发生快速响应并产生较大的变形量，因而适用于制作微传感器和微致动器。电流变体是能在外加电场的作用下实现液态和固态快速可逆变换的材料。电流变体的原始状态为包含悬浊分散微粒（直径在 0.01～10 μm 的金属类、陶瓷类或半导体高分子等材料微粒）、分散介质（冻点约为-40℃、黏度在 0.01～10 Pa·s 之间和介电常数在 2～15 之间的载液）、活性稳定剂（使流体保持溶胶或凝胶态）和添加剂（水、非离子表面活性剂和有机活性化合物等）等组分的悬浊液。电流变体在无外加电场下呈液态，随着外加电场的逐渐增强，分散相微粒在电场作用下产生电偶极矩，并且沿着电场的方向形成连接两极的链状结构。由这些链状结构交织而成的网状结构在垂直于电场方向表现出很强的抗剪切强度，使得体系的黏度增加进而呈现半固体或固体状态。而一旦撤去电场，这些电流变体在很短时间内恢复成液态。电流变体可以用于微机械系统中如微执行器、减震器、离合器和液压阀等多种力学器件的制作。与电流变体类似，磁流变体在外加磁场的作用下能实现从液态到半固态或固态的转变。在磁场的作用下，磁流变体中的分散微粒产生磁偶极矩后，再沿着磁场的方向形成连接两极的链状结构，液体的黏度相应增加后表现出的抗剪切强度达到 90 kPa，但是磁流变体的响应频率相对较低。磁流变体可用作微机械系统中的密封材料。

6.3　微机械和微机电系统中的技术

　　微机电系统依次包括传入信息的传感器、处理模拟或数字信号的处理器、微机械机构、驱使微机械机构工作的驱动器、输出运动或信号的接口、控制器以及动力源等。微机电系统内部通常由若干独立的功能单位或部件组成分系统，再由这些分系统集成为一个统一的系统，这个系统必须具备较强的独立运行能力，并且具有完成规定工作的功能。微机电系统中使用和涉及的基本技术范围很广，具体包括设计与仿真技术、加工制造技术、组装与集成技术以及检测技术等。MEMS 的设计与仿真具体包含微机构设计、有限元分析、CAD/CAM 技术、微系统的设计与建模、运行仿真和实验验证等。计算机技术的发展推动了 CAD 技术应用于复杂 MEMS 结构和版图的设计，相关专业公司已经开发出基于有限元工程设计分析和优化的软件用于 MEMS 的工艺模拟、器件建模、仿真分析和设计优化。这些计算机设计优化和模拟仿真软件的应用可以使新型 MEMS 器件的设计和研发周期缩短，在提高器件性能的同时有效降低研制成本。研究者使用硅加工技术、LIGA（德文光刻、电铸和注塑的缩写）等三维立体复合微细加工技术，以及特殊精密加工和装配技术来制造和加工 MEMS 中的微结构件（包括微梁、微弹簧、微轴承、微齿轮、微膜片等）以及微功能部件（包括微型传感器和微型执行器等）。硅加工技术即集成电路制造技术，可用于加工最细线条达 0.13 μm 的极微细图形结构，该技术被广泛用于制造 MEMS 中的微型零件，具体的加工流程包括光刻、掺杂、外延变形、多层加工、重复定位、刻蚀、键合和检测等。但是，由该技术加工出的图形结构的高度较小，不适用于三维立体结构的制作。微细立体光刻技术是近期发展的一种光造型复合技术，配合激光刻蚀等技术可用于加工尺寸在微米级的微结构件。由光刻、电铸和注塑有机结合而成的 LIGA 技术是在 MEMS 制造中具有广泛应用前景的一种三维立体微细加工技术。研究者利用 LIGA 技术将金属、陶瓷、玻璃和聚合物等材料加工成 MEMS 中的多种微器件和微装置。相较于其他加工技术，LIGA 技术具有加工精度高（可达 0.1 μm）、可批量复制生产及成本低等优点。扫描探针技术利用探针可以实现纳米和微米级别的精细加工，因而适用于加工 MEMS 中的微机械器件和微纳电子器件。使用探针针尖在样品表面进行直接的刻划加工，可以得到纳米或微米尺度的微结构图形、细线和细沟槽。利用通电的探针针尖对表面覆盖了光刻胶的样品进行局部阳极氧化也可以制造出微结构图形。在探针针尖和样品表面间施加脉冲电流，可以在样品表面获得量子点或凹坑。在电场和高温下，探针针尖可以用于聚集样品表面原子后形成三维立体微结构。相较于常规光刻技术，扫描探针技术加工出的线条的宽度可以减小至 0.01 μm。微细加工技术使用微型机床对工件进行车、磨和铣等加工后，可以得到微米尺度的微机构器件。MEMS 中的组装和集成技术涉及系统的整体设计、接口与通信、能源供应以及微结构件、微功能部件和控制器的组装和集成等。微小机械的尺寸大小在微米或纳米尺度，因而无法像常规机械一样用手工进行装配、组装和集成。目前已经发展出遥控机械手、自动装配机和自动装配线等装置，在摄像机或计算机的辅助下进行 MEMS 中微型组件、部件和微型功能部件的组装和集成。MEMS 的检测涉及对 MEMS 中微机械和微构件的三维尺寸的测量以及 MEMS 中物理量和物理功能的测量和检测。使用常规的光学、激光、光栅或光干涉法就可以实现对尺寸在微米级别的微机械和微构件的三维尺寸测量。而对尺寸范围处于纳米级别的纳米机械和微电子器件测量则要求具有更高分辨率的检测手段，其中高精度激光测量的分辨率为 0.6 nm，扫描探针显微镜在垂直方向的测量分辨率可达到 0.01 nm。分子测量机在 x 和 y 方向上使用高精度激光测量，在 z 方向上使用扫描探针显微镜测量，可以使三维尺寸测量达到纳米级测量精度。MEMS 中需要测量的微机械物理量包括弹性模量、抗拉强度、断裂韧性、表面显微硬度和残留应力等用于表征微机械性能的重要参数。MEMS 中需要表征的物理功能包括机械性能、电性能、热性能、光学性能、磁性能等，不同的性能检测需要使用专门的检测技术。

6.4　微机械和微机电系统中的微型功能部件

微型功能部件（micro functional component）是 MEMS 的组成基础，它既是 MEMS 的重要组成部分，又可作为独立工作的部件。目前 MEMS 系统中使用微型功能部件包括微传感器、微致动器、微控制器、微通信接口和微驱动能源等。其中的微传感器按照输入信号类型的不同可以分为力和压力、速度和加速度、振动、温度和湿度、光学和化学传感器等。微致动器包括微机构、微旋转电机、微直线运动电极、微阀门、微泵及微加持器等。微型功能部件的研究开发对 MEMS 的发展和实用化有重要影响。以下是对 MEMS 中常用的微型功能部件的介绍。

6.4.1　微传感器

作为 MEMS 中最重要的也是发展最快的微型功能部件之一，微传感器（microsensor）在工程和科技领域有非常广泛的应用前景。微传感器的主要功能单元分为两个部分，一部分是收集所需检测物理量的信息，另一部分是将收集的信息转化为与被测物理量呈现确定函数关系的并且易于传输、处理和测量的信号。衡量传感器性能好坏的常规标准包括测量准确度、测量带宽、测量稳定性和动态特性等。微传感器在体积减小和质量减轻之后的成本和功耗都降低了，并且仍能保持较好的动态性能和可靠性，尤其是具有使用灵活的特点，其适用于空间狭窄以及质量要求轻的情形。将不同类型的微型传感器集成后可组成具有多种功能的微传感器阵列，而由相同类型的微型传感器集成得到的传感器阵列的测试质量和可靠性都得到大幅提高。因为测量的敏感量种类繁多以及测量过程中利用的物理、化学和生物效应众多，微传感器已经发展出非常多的种类，并且具有多种分类方式。物理传感器利用传感器内元件材料的物理特性或功能材料的特殊物理性能实现对物理量的检测，多种物理传感器是目前使用最多的一类微传感器。

1. 电阻应变式微传感器

电阻应变式微传感器（straingauge-type micro-sensor）利用金属丝和半导体的电阻应变效应检测力、力矩、压力、振动和加速度等物理量。如图 6-2 所示，长度为 l、截面积为 S 且电阻系数为 ρ 的金属丝在外力 F 的拉伸作用下，其长度增大至（$l+\Delta l$）而截面积 S 相应缩小，使其电阻从 R 增大为 $R+dR$。用应变 ε 表示金属丝长度的相对变化值（即 $\varepsilon = dl/l$），假设材料的泊松比为 μ（$0<\mu<1$），那么金属丝的电阻变化率（dR/R）可表示为

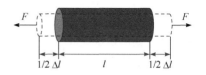

图 6-2　电阻应变效应示意图

$$dR/R = d\rho/\rho + (1+2\mu)\varepsilon \tag{6-1}$$

金属丝在拉伸过程中电阻率变化数值 $d\rho/\rho$ 极小，可被忽略，定义（$1+2\mu$）的数值为金属丝的灵敏系数（γ），上述表达式变为

$$dR/R \approx (1+2\mu)\varepsilon = \gamma\varepsilon \tag{6-2}$$

不同材质的金属丝材料具有不同的灵敏系数 γ 值，金属丝基电阻应变式微传感器中常使用灵敏系数数值较高且受温度等外界环境因素影响较小的康铜材料。除了金属丝材料以外，电阻应变式微传感器还可利用半导体材料的电阻应变效应实现检测。在拉力 σ 的作用下，单晶半导体材料的电阻率相对变化 $d\rho/\rho$ 为

$$d\rho/\rho = \pi\sigma = \pi E \times dl/l \tag{6-3}$$

式中，π 为一个与半导体材料的性质和应力与晶轴方向的夹角有关的值，称为半导体材料的压阻系数；E 为半导体材料的杨氏弹性模量。单晶半导体材料的电阻变化率 dR/R 可表示为

$$dR/R = (1+2\mu+\pi E)\varepsilon \tag{6-4}$$

大量实验测试表明，半导体材料中的 $\pi E \gg 1+2\mu$，即 $1+2\mu$ 的大小可忽略，上述表达式相应变为

$$dR/R = \pi E\varepsilon = \gamma\varepsilon \tag{6-5}$$

半导体材料通常具有很高的灵敏系数 γ 值，该数值远大于金属丝材料的，但是温度等外界环境因素对这些材料的灵敏系数 γ 值有很大影响。另外，半导体的压阻系数 π 的大小受应力与晶轴方向的夹角影响，因而具有较大厚度的晶体中电阻变化率的求解变得比较困难和复杂。当今的半导体材料基电阻应变式微传感器中使用的敏感元件是硅基片上用集成电路工艺扩散形成的电阻。在外界振动和压力等的作用下，这些半导体基片相应产生形变和应变，导致基片上的扩散电阻发生变化，进而实现包括力、压力、振动和角速度在内的物理量的测量。当前已经商品化的电阻应变式微传感器包括力传感器、压力传感器、加速度传感器、扭矩传感器及振动传感器等。

电阻应变式微压力传感器主要由硅膜片、四个阻值大小相同的电阻、引线及外壳等部分组成，其典型结构见图 6-3。这四个与硅膜片一体化的电阻敏感元件由硅膜片经集成电路工艺扩散而制成，然后用导线将这四个电阻连成电桥。微压力传感器中由硅膜片分隔成一个与大气连通的低压腔以及一个与被测压力系统连接的高压腔。在施加压力的情况下，硅膜片两侧的腔室产生的压力差使硅膜片发生变形，并且变形量的大小与压力差呈正相关。由变形导致的扩散电阻变化使得电桥偏离平衡后输出电压，并且输出的电压值大小与变形量的大小相关。通过测量输出电压就可以反推出施加压力大小。电阻应变式微加速度传感器一般使用包括悬臂梁、桁架式或双固定端梁在内的结构。微加速度传感器中典型的悬臂梁结构如图 6-4 所示。该结构使用四个由扩散工艺在硅梁上制成的一体化等值电阻连成电桥电路。当加速度作用在传感器上时，传感器基座产生运动加速度，而处于惯性滞后状态的质量块使硅梁发生弯曲变形，导致硅梁上的电阻发生变化后使电桥输出电信号。电信号经测量及分析处理即可反推加速度的大小。微加速度传感器在配置必要的数据处理软件之后可用于振动的测量。电阻应变式微加速度传感器常因受制造工艺和环境温度的影响而在测量过程中出现非线性误差和输出零漂等问题，通过在制造过程中将信号调制电路集成到传感器所在的芯片上，可以有效实现测量精度和可靠性的提升。

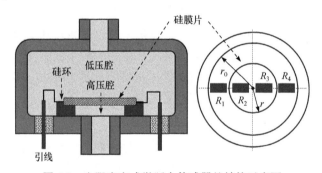

图 6-3　电阻应变式微压力传感器的结构示意图

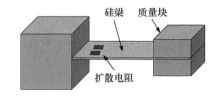

图 6-4　悬臂梁式加速度传感器的结构示意图

2. 电容式微传感器

电容式微传感器（capacitive microsensor）中的主要结构是一个固定参考电极板和一个可变形的联动电极板，通过测量两电极间电容的变化来实现对物理量的检测。高灵敏度的微电容传感器利用差分电路来测量电极间电容间隙的变化，常用的电容式微传感器包括微压力传感器和微加速计等。

电容式微压力传感器一般使用圆形或方形的薄膜式平行极板，其结构原理图和实物图如图 6-5 所示[5]。上方可变形硅膜片极板在压力差 p 的作用下发生挠曲变形，检测电路检测到两极板间的电容变化后，输出电压或其他电信号，由此反推得到压力差值。电容式微压力传感器在膜片半径与膜片厚度的比值和膜片半径与极板间距的比值较大时，其灵敏度要比电阻应变式微传感器高出 1～4 个数量级。在玻璃片上且封装良好的硅电容式微压力传感器的压力测量范围在 200 Pa～2.7 MPa，分辨率可达 0.0001 pF。但是，由温度变化引起的封闭气体热胀冷缩会对电容式微压力传感器的测量精度产生较大影响，因而测量绝对压力的微传感器常需使用真空封闭腔。电容式微加速度传感器常采用质量块摆动的差动电容结构，温度变化对采用这种结构的传感器的影响相对较小。按照测量方式的不同，这类微加速度传感器可以具体分为悬臂梁式、扭杆式和三维电容式等。悬臂梁式微加速度传感器的典型结构和实物图参见图 6-6[6]。该传感器的制备过程中需要使用微加工技术在表面电镀了金、铬和镍等金属导电层的 Si 晶片或玻璃基板上加工出硅悬臂梁，该悬臂梁、质量块及固定电极之间构成了差动电容器。垂直于悬臂梁平面方向的加速度会使悬臂梁发生弯曲摆动后使电容发生变化。

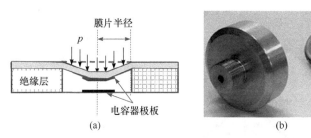

图 6-5　电容式微压力传感器的结构原理图（a）和实物图（b）

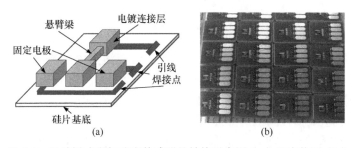

图 6-6　悬臂梁式微加速度传感器的结构示意图（a）和实物图（b）

　　扭杆式微加速度传感器的结构参见图 6-7（a），这类装置中的扭杆将由硅片制成质量块连接到支撑支架上，再由基板上的固定电极板、平衡板的下平面及质量块的下表面组成差动式电容传感器。质量块在垂直质量块平面方向的加速度的作用下，依据惯性而围绕着扭杆发生旋转扭动，再根据差动电容器中电容的改变量反推出加速度的数值。扭杆式微加速度传感器的灵敏度受质量块和扭杆参数的影响，并且与待测加速度的数值成正比。三维电容式微加速度传感器可被用于同时测量 x、y、z 等三个相互垂直的方向上的加速度值。图 6-7（b）是一种常规三维电容式微加速度传感器的结构示意图。这种传感器将硅基板用作起限位作用的底层，硅基板的上一层是由玻璃材料制成的质量块和外支架，再上一层是由微加工制得的四个硅悬臂梁连接的活动电极，最顶部玻璃层的底部是由电沉积形成的五个固定电极。这些固定电极和活动电极的分布位置参见图 6-8，固定电极搭配 C1+C3、C2+C4 以及 C5 被分别用于测量 x、y 和 z 方向上的加速度数值，而一边与外壳体通过四个悬臂梁连接的、另一边与质量块固定连接的活动电极则是上述五个固定电极的公共电极。

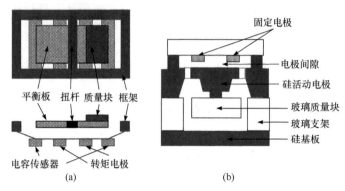

图 6-7　（a）扭杆式微加速度传感器的结构示意图；（b）三维电容式微加速度传感器的结构示意图

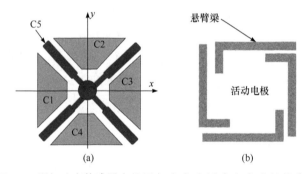

图 6-8　微加速度传感器中的固定（a）和活动（b）电极的分布

在测量过程中，质量块在加速度的作用下使得与活动电极相连的悬臂梁发生变形（图 6-9）。固定电极 C1 和 C3 的间隙在 x 方向上加速度的作用下发生改变，进而使电容值发生变化；固定电极 C2 和 C4 的间隙则会在 y 方向上加速度的作用下发生改变，导致电容值的变化；相应 z 轴方向上的加速度会改变固定电极 C5 的间隙，进而引起电容值的改变。这种三维电容式微加速度传感器通常是采用电桥连接电路来测量 $\Delta C / C$ 值以表征电容的变化。针对各垂直方向上加速度的干扰，理论上可以通过电补偿原理在电桥电路中进行补偿，即不需要复杂修正就可以准确获得各方向上加速度的数值。然而在实际应用中，不同方向上加速度的交叉干扰和非线性误差的存在，使得传感器的测量精度受限。

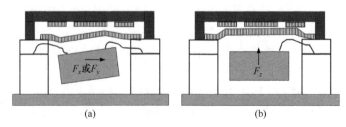

图 6-9　x 和 y 方向（a）以及 z 方向（b）上加速度引发电容变化的示意图

3. 温度微传感器

温度可以转化为其他的物理量进行测量。热电偶的热电动势、温敏电阻的电阻值、二极管的阈值强度、双极型晶体管的发射极强度以及石英谐振器的谐振频率等都会随温度变化而发生改变，进而可制成相应的温度微传感器（temperature micro sensor）。石英晶体的谐振频率与温度的变化呈三次方曲线关系，石英晶体谐振式微温度传感器则根据谐振频率的变化实现了灵敏度高达 1000 Hz·$℃^{-1}$ 和分辨率高达 $10^{-4}℃^{-1}$ 的温度探测。上海交通大学团队设计了可用于$-263\sim-73℃$温度范围内的铂电阻温度微传感器[7]。这种温度传感器使用一层沉积厚度为 200 nm 的 Pt 薄膜为敏感薄膜，并且将其制成对称折回型结构，以有效地降低交流感抗对测量结果的影响。该温度传感器的电阻温度系数在温度低于$-243℃$时为 3.730×10^{-3} K^{-1}，而在高于$-243℃$时其电阻系数高达 9.980×10^{-3} K^{-1}。通过测量传感器的电阻变化，就能实现较低温度下的温度测量。

4. 液体黏度微传感器

黏性流体沉积在振动表面时，振动会在摩擦力的影响下发生损耗，损耗的程度直接与流体的黏性相关。流体的黏度越大，对应产生的摩擦力越大，损耗的增加直接导致了弹性波的显著衰减。液体黏度微传感器（liquid viscosity microsensor）通过测量弹性波特征参数的变化实现对液体黏度的测量。

5. 化学和电化学微传感器

化学和电化学微传感器（chemical & electrochemical microsensor）中使用的敏感材料涂层或镀层薄膜与被测材料中某种化学成分分子或离子结合后，这些敏感材料的导电性、电压、电荷和谐振频率等物理特性发生变化，由此可以实现对于被测材料组分的检测。以谐振式多气体微传感器为例，该传感器包含多个表面覆盖了用于吸收特定气体的选择层的石英谐振器。这些选择性谐振器吸收了特定气体后，整体质量增加后引发了谐振频率的变化，将变化后的谐振频率与未吸收气体前的标准参考频率对比后，就可以实现对不同特定气体的检测。现今研制的气体微传感器已经能实现对甲烷、氮氧化物（NO_x）、硫氧化物（SO_x）及汽车尾气等的检测，但是单一气体传感器常存在选择性差以及不能准确识别未知气体等缺点。研究者在单一基板上集成多种对不同气体有不同灵敏度的化学传感器，再将这些微化学传感器阵列组装成"电子鼻"装置。被测气体在与装置中的化学微传感器接触后产生信号样本，将信号样本与标准样本进行比较后就可以实现对信号样本中气体成分的识别。电化学微传感器常用于液体中特种离子的感应。将这些化学和电化学微传感器与检测流量、黏性和密度等传感器集成后可以组成测量网络，进而实现对多目标的检测。

6. 光纤微传感器

光纤微传感器（optical fiber microsensor）中根据光纤的用途可以分为传光型和传感型两种。传光型传感器中的光纤仅用于光的传导，信号转换由其他敏感元器件实现。传感型传感器中的光纤在外界环境的影响下会相应改变内部传输光的光强、相位和频率等，通过测量这些物理参数的改变可以实现对多种外部物理信息的检测。光纤微传感器往往表现出高灵敏度、较好的线性动态范围、较高的稳定度、较快的测量速度以及不易受电场和磁场干扰等优点。光纤微传感器可以被制成不同的几何形状并适用于非接触和远距离测量。但是它们存在的价格昂贵和安装使用复杂等缺点限制了其商业化应用。

7. 生物微传感器

生物微传感器（micro-biosensor）根据内部敏感基元的工作原理不同可以分为催化型和亲和型两种，催化型微传感器使用具有专一性和催化性的生物敏感基元来检测整个催化反应动力学过程的总体效应，亲和型微传感器则是利用生物分子间的特异亲和性来检测热力学平衡的结果。生物微传感器中常用的生物敏感基元包括酶、抗原+抗体、受体和核酸等四种。作为生物化学反应中的高效催化剂，酶对目标物质具有高度专一性。使用酶作为生物敏感基元的生物微传感器，主要是通过检测生化反应前后目标物质或产物的浓度变化，以及监测氧化还原酶在生化反应过程中的电子转移过程实现传感。免疫反应的防护性机制是基于动物组织内抗原对外源性物质分子的生物特异性识别。使用抗原+抗体作为生物敏感基元的生物微传感器主要通过表面等离子共振法或质量检测法检测抗原和抗体在换能器表面的结合过程。使用受体作为生物敏感基元的生物微传感器利用受体为识别单元，同样使用质量检测法或表面等离子共振法检测受体与目标物的结合过程。以核酸作为生物敏感基元的生物微传感器利用核酸的极高生物选择性和核酸分子杂交原理实现对目标物的高灵敏度检测。上述这些生物微传感器常表现出测量简单快速、高选择性及成本低廉等优点，所以它们在近些年来得到多学科领域的关注并且发展较为迅速。

6.4.2 微致动器

作为微机电系统中的核心部件之一，微致动器（microactuator）是 MEMS 中能够产生和执行动作的部件，因而也被称为微驱动器或微执行器。微致动器的动作力和动作范围的大小、动作效率的高低及动作的可靠性等多项指标均会对微机电系统的性能产生重大影响。微致动器接收到由微传感器输出的电、光、热、磁等信号后，按照预先设定好的操作，相应执行力、力矩、尺寸和状态的变化或给出不同类型的运动。微致动器按照装置结构功能类型的不同，可以分为微机构（包括微梁、微连杆、微轴、微轴承、微齿轮、微振子和微凸轮机构等）、微旋转电机、微直线运动电极、微阀门、微泵及微加持器等。微致动器中驱动力的来源包括电致伸缩力、形状记忆合金的形状恢复力、热变形、静电力、电磁力、激光、气压力和生物驱动力等。微致动器的尺寸常在毫米和微米级别，而内部组成元件的尺寸都在微米级别，因而在制造和应用微致动器的过程需要考虑尺寸效应对于器件中起作用的物理参数的影响。下面介绍一些典型的微致动器。

1. 静电型微致动器

MEMS 中使用静电力驱动时,静电力的大小正比于特征尺寸的二次方(即作用面积),这也说明微机械尺寸越小,单位面积内静电作用力越大。使用静电力驱动 MEMS 时,微致动器在较低功耗的情况下就能达到高度运动,通过调控电压就可很方便地进行控制,并且较为简单的结构使其适用于集成化制造。静电型微致动器(electrostatic microactuator)包括静电电机、静电直线电机、静电型微继电器和静电型变焦反射镜等。静电电机最早由加利福尼亚大学伯克利分校于 1989 年研制成功,电机的实物图和结构简图参见图 6-10。在该静电电机中,包含四个电极的转子周围均匀分布了 12 个嵌在定子中的电极,定子中相互间隔两个电极的三个电极被并联为一组,由此组成了 3 相 4 极的电机构造。卡在中心轴沟道内的转子由多晶硅材料制得,并且在内圈和外圈都沉积了用于减阻的 Si_3N_4 膜。定子和转子的间距保持在 2 μm,在向定子上各电极依次加上电压时,静电电机中的转子就会在静电力的作用下发生转动。在工作电压范围(60~400 V)内,实测的转子转速要远低于理论计算数值。这是因为摩擦力的存在使得电机转速大幅降低,同时电机寿命也相应缩短。麻省理工学院后续对这款电机进行了改进,包括缩小转子-中心轴以及转子-定子电机的间隙、添加三个用于支承转子的凸起点,还有将电机置于惰性气体下工作等。改进后的静电电机在转速显著提升的同时,工作寿命也显著延长。静电直线电机的工作原理参见图 6-11。静电直线电机主要由均沉积了电极的一个运动件和一个固定件构成,在固定件上的电极上施加一系列电压后,带有电极的运动件会相应产生直线运动。而运动件直线运动的运动速度和运动方向可以通过调节施加在固定件电极上的电压的大小和正负值进行控制。使用这种静电直线电机可以驱动微机械中的机构进行往复直线运动。静电型微继电器的结构如图 6-12 所示。通过在驱动电极和悬臂梁之间施加静电电压,由此产生的静电引力可以使悬臂梁发生弯曲,触点在悬臂梁的带动下完成开关动作。静电型微继电器具有动作快、体积小、造价低及寿命长等优点,但是缺点是该类器件允许通过的电流值较小。现在的静电型微继电器正朝着降低驱动电压和增加允许通过电流的方向发展。静电型变焦反射镜的结构原理参见图 6-13。在使用 KOH 对单晶硅板进行各向异性的腐蚀后,即可得到厚度范围为 10~100 μm 的薄膜作为反射镜面。再在玻璃基板的深凹槽内沉积上金属钨薄膜作为电极。在硅和钨金属间施加静电电压后,硅反射镜的膜片在静电力的作用下发生弯曲。改变外加电压可以实现对凹面曲率的调节,进而获得可变焦的反射镜面。附加上反馈系统的静电型变焦反射镜可以更加精确地控制反射镜焦点的改变量。

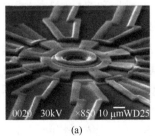
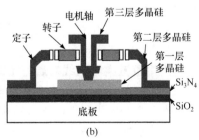

图 6-10　静电电机的实物图(a)和剖面结构图(b)

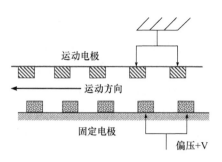

图 6-11　静电直线电机的工作原理图

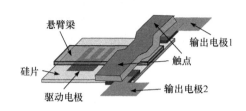

图 6-12　静电型微继电器的结构原理图

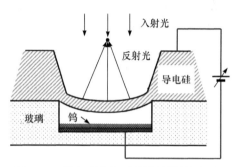

图 6-13　静电型变焦反射镜的结构原理图

2. 电磁微致动器和磁致伸缩微致动器

MEMS 中的电磁微致动器（electromagnetic microactuator）可以在毫米尺度下产生较大的磁感应力和动作幅度，甚至可以应用于电磁感应发电。目前已经研制出的电磁型微致动器包括微电机、微发电机、微继电器、微泵、微光学开关和微型镊子等。奥地利林茨大学的研究人员通过在弹性体外壳勾勒的通道内注入液态金属以取代固体金属线圈后开发一种新的软电磁致动器[8]。这种电磁型致动器的工作原理如图 6-14 所示，将这种电磁型致动器放在一个永磁体上，当电流通过导电通道时，这种单线圈方形电磁型致动器在洛伦兹力的作用下发生弯曲，从而使其可用作软机器人的电动机。在驱动电压低于 1 V 时，这种电磁型致动器组成的软机器人还能在水下作业。根据实验和理论分析预测，这种电磁型致动器在强烈磁场作用下可以保持高能量密度、功率密度和效率。通过对电磁型致动器进行有效控制和优化，可以提高由该致动器组成的软机器人的功率输出和机械效率。哈尔滨工业大学的研发团队研发了一种由吸波片和双金属片组成的微波双层弯曲致动器[9]。吸波片是一种对高频电磁波具有优异吸收能力的超薄复合材料，该复合材料由可以将微波能转化为热能的高磁导率铁磁合金组成。双金属片可以将热能转化为机械能，在加热后弯曲。当使用角锥喇叭天线对着三个间隔 120° 排列的弯曲致动器发射频率为 2.47 GHz、功率为 700 W 的微波时，微波中的电场和磁场分量均可以对弯曲致动器起到加热作用，使得致动器发生弯曲并完成相应动作，具体原理参见图 6-15（a）。弯曲致动器在电场的作用下接收微波能的原理与鞭状天线类似，其依靠空间高频电场激发的高频电流产生焦耳热。弯曲致动器中的吸波片主要依靠磁场激发的涡流实现加热，并且吸波材料在空间中的位置不同，对应起作用的微波分量也不同。研究者将这种微波弯曲致动器用于组装可在远场范围内被制动并受控的多自由度并联机器人。他们通过旋转喇叭天线改变微波发射过程的极化方向，从而调控三个间隔 120°排列的弯曲致动器上的辐射能分布，进而在距波端口 0.45 m 的距离上实现了对并联机器人末端的圆和三角形轨迹控制。该团队研究人员也提出了一种基于导线和形状记忆合金弹簧的伸缩致动器，并基于此设计了一种四足爬行机器人（长为 15 mm 且质量为 0.42 g）和模拟花朵开闭运动的仿花朵机器人[图 6-15（b）]。使用具有磁致伸缩效应的材料制造的微致动器被称为磁致伸缩微致动器（magnetostrictive microactuator）。在磁场的作用下，该类微致动器中的磁致伸缩材料的几何尺寸发生相应变化。根据变化方式的不同，磁致伸缩又可以被分为横向、纵向、扭转及体积效应等，这些效应又受材料本身性质、加工方法及预先磁化程度等因素影响。

图 6-14　基于液态金属开发的软电磁型致动器的工作原理图

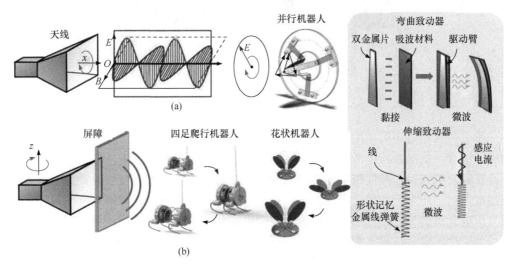

图 6-15　微波双层弯曲致动器（a）和微波伸缩致动器（b）的原理图

该类微致动器中产生磁致伸缩量的大小受温度变化的影响很大，并且正比于磁场强度的偶数次方。该类微致动器中的磁致伸缩材料外围需要加上用于通电产生磁场的线圈，所以它们也属于电磁型微致动器中的一种。

3. 压电微致动器

在压电材料上施加数值在数十伏到数百伏之间的电压时，材料中逆压电效应能将电能转化为机械能，引发压电材料的长度、厚度或面积等尺寸特征发生改变后产生位移、振动和扭转等行为。压电微致动器（piezoelectric microactuator）目前应用在扫描探针显微镜中的二维扫描工作台、三维扫描管以及驱动原子力显微镜中微悬臂的激振等。使用压电材料的压电型微致动器一般具有快响应速度、高精度且可控的位移、稳定可靠且大的输出力以及多种动作类型等优点，因而被广泛用于 MEMS 的驱动系统，具体使用场景包括基于压电原理的微阀和微泵、微机械手和微型机器人的运动机构及激振器等。压电型硅微泵的结构如图 6-16（a）所示。微泵中的进口和出口阀都是单向阀，压电元件在被施加上电压后发生伸长，使得硅膜片向上发生变形。泵腔的体积减小后，流体相应从出口阀流出。当在微泵中的压电元件上施加脉冲电压时，流体每隔一段时间从出口阀流出，从而保证了微泵的持续运行。压电型微阀的结构示意图参见图 6-16（b）。微阀内部的压电元件的长度在施加电压后增加，硅膜片被推动后使得出气口通道闭合。停止施加电压后，压电元件的长度恢复，硅膜片恢复原来状态后使得出气口通道打开。通过调整压电元件上的施加电压，就能实现对微阀开关的控制。

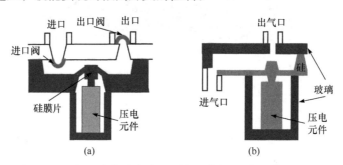

图 6-16　压电型硅微泵（a）和压电型微阀（b）的结构原理图

压电微致动器还可以用于驱动微机器人的运动。压电元件、质量块和弹性腿等组件构成了细管微机器人的爬行机构。压电型细管微机器人前进的原理参见图 6-17，微机器人处在静止状态时，弹性腿和管道壁间的静摩擦力与重力平衡。在压电器件上缓慢增加施加电压时，压电元件相应缓慢伸长，由此带动质量块前进。此时如果陡然降低施加电压，压电元件的长度骤然缩短，质量块在惯性的作用下保持在原位。再通过增加施加电压，就能使压电元件再次带动弹性腿前进，重复缓慢升高而突然降低的电压施加模式就可以使机器人逐步向前运动。如果采用突然升高而缓慢降低的电压施加模式，则能使机器人逐步向后运动。哈佛大学微型机器人实验室于 2011 年发布了一种使用压电双晶片作为驱动的多节段多足类微型机器人[10]。这种多足机器人在垂直和水平方向上分别布置压电双晶片作为驱动器，以分别驱动足的前进/后退，以及升高/降低驱动脚的步进运动。单个压电双晶片驱动器的结构如图 6-18（a）所示，每个节段有两个极性相反的压电双晶片驱动器，控制垂直方向的双晶片驱动器共享一个接地和驱动信号，由此实现当机器人的一条腿升起时，另一条腿则紧贴于地面上。而控制水平方向的压电双晶片驱动器则可实现前后运动。通过控制电压信号可控制机器人的空间运动。研究人员组装的三节段驱动器的六足微型机器人如图 6-18（b）所示，该机器人所占面积为（3.5×3.5）cm²，质量为750 mg，该类型机器人在攀爬、实现多功能性和稳定性方面具有潜在优势。

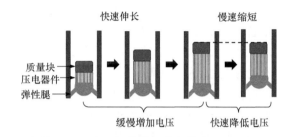

图 6-17　压电型细管微机器人前进原理示意图

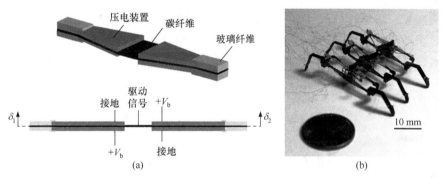

图 6-18　（a）压电双晶片驱动器的结构示意图和布线图；（b）组装的三节段驱动器的六足微型机器人的实物图

4. 热变形微致动器

MEMS 中使用的热变形微致动器（thermal deformation microactuator）包括由双金属和由记忆合金构造的两种。在双金属微致动器中，由双金属制成的梁或薄膜在加热的条件下发生弯曲变形，进而推动微致动器的运动。双金属微致动器在响应速度要求不太高的情景下表现出较好的使用效果，目前已经被用于微阀、微泵和微镊子等组件的制作。热驱动的双金属型微硅泵的典型结构如图 6-19 所示，微泵中的双金属片在通电加热后发生弯曲，泵腔体积由此发生增大或缩小。流体在单向阀的控制下，由入口进入腔室，再由出口离开腔室。这种双金属型微硅泵具有体积小、结构简单和可靠性好等优点。

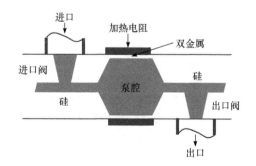

图 6-19　热驱动双金属型微硅泵的结构示意图

在形状记忆合金微致动器中，通入电流的形状记忆合金材料在升温时发生变形，降温后恢复初始形状。由该类材料制成的微致动器能获得较大的作用力和动作幅度，但也会因为降温过程缓慢而导致反应迟缓。图 6-20（a）中是一种由 Ni-Ti 形状记忆合金制成的热驱动微阀。Ni-Ti 形状记忆合金被制成梁后，与聚亚胺薄膜、通气管道、垫块和阀座等组装成微阀结构。形状记忆合金梁在通电加热后发生变形，在垫块的配合作用下，膜片出现变形下凹而挡住了通气管道，使得微阀处于关闭状态。停止通电后，形状记忆合金梁和膜片均恢复为初始状态，微阀变回开放状态。上海交通大学的研究者采用双光子聚合工艺将形状记忆合金智能软复合材料嵌入复合材料结构，进而制得小型固态开关执行器[11]。该微型执行器的原理设计如图 6-20（b）所示。这种基于智能软复合材料的微型执行器包含可由形状记忆合金产生驱动的主动部分，由该主动部分驱动时产生弯曲和扭转的被动部分，以及将这两部分结合起来的弹性 PDMS 基质组成。这种具有类似脚手架结构的执行器中的形状记忆合金线被埋在偏心位置，使得执行器具有各向异性的结构。在温度刺激下，这些形状记忆合金线发生收缩，使得类似脚手架结构发生弯曲运动。当温度下降至形状记忆合金线的马氏体起始温度以下时，这些形状记忆合金线伸长后，这种类似脚手架结构恢复至初始状态。只需对驱动器内局部涂敷的碳纳米管基电阻层进行通电，就能实现对驱动器中形状记忆合金线所在的部分进行加热。这种执行器还展示出抓取和操纵小规模物体方面的性能，未来可用于显微外科手术或处理小规模生物材料和细胞。

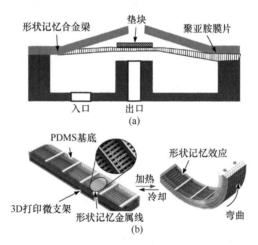

图 6-20　（a）形状记忆合金微阀的结构示意图；（b）基于形状记忆合金智能软复合材料的微型执行器的原理设计图

6.4.3　微驱动能源

MEMS 中的微传感器和微执行器等组件需要有能量供应才能正常运行。固定位置的微机电系统可以通过导线和接口将电能接入系统，而对于需要在运动状态下运行的如微型机器人和微型飞行器等微机电系统，则需要研究开发不同的能量供应方法。第一种是采用电磁感应、电磁波和微波等非接触方式进行能量供应，包括电磁、压电、静电、摩擦电在内的多种微纳振动能量收集器可以收集环境中的振动能量（人体运动、机器振动、微风吹动、水纹波动和声音振动等）为微机电系统中的传感器及其他组件供电。电磁振动能量收集器主要收集高频率的振动能量，可分为动线圈式、动铁式及谐振式三种类型。压电振动能量收集器主要是通过压电效应来收集振动能量，易于收集中高频率的振动能量。摩擦电振动能量收集器在收集低频振动能量方面具有较大的优势，图 6-21（a）中是一种具有弹性多层结构的摩擦纳米发电机[12]。当前电磁、压电及摩擦电振动能量收集器也存在转化效率不够高、结构设计不够完善等问题。后续可以根据这些振动能量收集器的机理特性、频率响应及幅度响应，设计出一种复合型振动能量收集器，实现对响应频带、幅度范围的多级覆盖，以及多维度振动的能量收集。第二种是在系统中配装常规蓄电池或者使用燃料电池、微型核电池或新型化学电源等。然而受系统的体积和能量所限，常规的蓄电池和燃料的能量供应量和供应时间都非常有限，使得系统维持工作的时间较短。如何通过调整如图 6-21（b）所示的微型电池的结构和排列来减小微型电池尺寸并且增加电池容量是这类微驱动能源装置的重要研究方向[13]。新型化学电源往往具有较大的能量密度和较高的能源转化效率，在稳定供能的同时保证较长的工作寿命，这些也成为运动状态下微机电系统能源供应的重要研究方向。

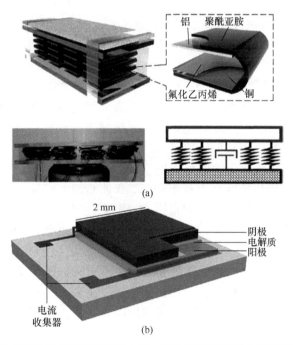

图 6-21　（a）具有弹性多层结构的摩擦纳米发电机；（b）适用于微机电系统的微型电池的结构示意图

6.5　微机械和微机电系统的应用

包括微传感器、微驱动器、微执行器、微控制器、微通信接口和微驱动能源等在内的组件经过合理组合可以构建多种具有特殊功能和结构的 MEMS。典型的 MEMS 包括微型机器人（micro robot）、微型飞行器（micro air vehicle）、微型惯性仪表、微型卫星（micro-satellite）等。

6.5.1 微型机器人

微型机器人是具备人的一些行为功能(如行走、爬行,甚至是飞行)的高级 MEMS。这些微型机器人具有体积小、灵活机动和较好隐蔽性等特点,因而能在狭小空间或恶劣环境中工作。微型机器人需要配备飞行或行走机构才能实施飞行、自动行走或爬行等行为。这类微型机器人尤其是飞行机器人往往具有仿生结构。配备不同类型的行走机构的微型机器人具有不同的使用场景。在较平坦和不平坦的地面上行驶的微型机器人需要分别配备轮式和履带式的行走机构。有些微型机器人模仿昆虫,使用四脚或六脚的行走机构以在不平坦的地面上行走,或者使用步进蠕动式行走机构来靠惯性或自动伸缩实现行走。德国 Festo 公司研发了能够根据共同目标行动的蚂蚁机器人,参见图 6-22(a)。蚂蚁机器人长为 13.5 cm,质量约 105 g,主体由激光烧结(即 3D 打印)而成,头部安装有 3D 立体相机,触须可作为充电装置使用。其身体下方的光感器(类似鼠标)可识别地面红外线标记进行方向导航,其自带相机也可对地标定位。除了自主行动外,蚂蚁机器人的通信网络可以使它们从上一级控制系统获得指令的同时,还能如一群真正的蚂蚁一样互相协作。韩国首尔大学和美国哈佛大学仿照水黾生物体,开发出一架质量只有 68 mg、身长仅为 2 cm,腿长却足足有 5 cm 的小型机器人,参见图 6-22(b)。该机器人的身体构造受折纸艺术启发,具备折叠、弹开的能力,而机器人的长腿则模仿真正的水黾,腿部末端的"脚趾"处呈弯曲状,并涂上了一层超疏水纳米涂层。这种机器人可以在水面上运动,但是目前它无法连续跳跃,落地时也无法保持平衡,相关运动性能还需进一步优化。微型机器人除了行走功能,还需要配置驱动控制系统以实现路线选择、障碍规避以及行走方向调整等功能,使其既可以遥控指挥行走,也可以按照预先设定的路线行走,甚至还可以在人工智能技术的帮助下自动编制和执行行走路线。微型机器人以行走机构和驱动控制系统作为基本载体,在此基础上添加微型功能部件就能实现其他行为功能。例如,微型机器人配备压力、温度、气体、光电、光纤和生物化学等不同类型微型传感器以及对应的信息处理输送微系统,以此实现探测功能。微型机器人装配上微型照相或摄像机、自动隐蔽保护系统以及数字信息处理和输运微系统,可以适用于侦察。配备了摄像机监控系统和受控手术机构的医用微型机器人还可以在人体内独立行走至需进行手术的部位,在医生的遥控下完成相应的手术操作。包括行走机构、驱动控制系统、微型功能部件和能源供应装置在内的部件和分系统经过合理组装后,制成的微型机器人是一套高水平、多功能和包含多个复杂功能分系统的微机电系统,因而微型机器人被认为是 MEMS 技术高度发展的产物。

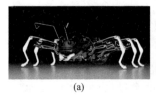
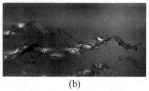

(a)   (b)

图 6-22 (a)仿生蚂蚁机器人;(b)仿生水黾机器人

6.5.2　微型飞行器

微型飞行器是一套可以在空中飞行的并且常由多套复杂分系统组成的高水平多功能微机电系统。微型飞行器能执行包括飞行、升降、自动导航、信息传输、侦察和对地干扰等多种任务，并且表现出便携、成本低廉、维护方便和隐蔽性高等优点。初始的微型飞行器基本保持了飞机的外形，且具有较大的体积和质量（数十千克～数千克），因而也被称为微型飞机或微型无人飞机。这种微型飞机的体积和质量随着 MEMS 和微加工技术的发展而不断缩小，相应的外形结构、负载特性、机动敏捷性、飞行力学特性和稳定性都发生了很大改变。微型飞行器常装备具有不同功能的复杂微机电系统，这些 MEMS 体积和质量的减小都将推动微型飞行器的进一步微型化，也可以使微型飞行器上装备更多其他类型微机电系统，使得微型飞行器具备更多更强功能。微型飞行器依据大小尺寸和飞行结构可以分为四个不同等级。1～10 kg 和 75 g～1 kg 这两种量级的微型飞行器的外形与现在飞机的外形基本保持一致，目前处于实用阶段的大部分是 1～10 kg 量级的微型飞行器，而 75 g～1 kg 量级的飞行器是目前研究的热点，达到实用阶段还需解决不少技术难题。处于 25～75 g 量级的微型飞行器因为较低飞行速度而不能使用升力不够的常规形状机翼，所以大部分采用圆盘状机翼，由此需要对新的飞行力学原理进行研究。质量小于 25 g 的微型飞行器需要采用直升机式或扑翼式结构，由此适用的全新飞行原理也需要进一步探究。

荷兰代尔夫特理工大学研制了采用与鸟类似的扑翼飞行设计并且质量仅为 18 g 的 DelFly Explorer 昆虫飞行器，参见图 6-23（a）。这种昆虫飞行器能够自行起飞，爬升到选定的高度并在空中盘旋大约 9 min，它不仅装备了用于保持飞行高度的气压计以及用于保持稳定和航向控制的陀螺仪，还配备了立体视觉系统、处理器和陀螺仪以实现自行导航和在飞行过程中避开各种障碍。图 6-23（b）中的全长仅 168 mm 且整机质量为 28 g 的"黑黄蜂"微型无人飞行器由挪威 Prox Dynamics 公司研发，是目前世界上实用化的军用无人飞行器之一。作为单兵使用装备，"黑黄蜂"在电池充满电的状态下可持续飞行 25 min，最远可控距离 1.6 km，最高飞行速度可达 18 km·h^{-1}。机身携带微型摄像头，在执行实时侦察任务时，可通过保密数据链向操纵员传输所拍摄的高清视频或静止画面（照片）。"黑黄蜂"历经数次技术革新后，在电机系统、摄像系统方面均进行了大量的升级优化，改进型已经能够实现室内无 GPS 辅助下的飞行控制，其最快飞行速度达到 22 km·h^{-1}，任务半径最大可达 2 km。

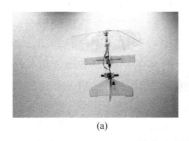
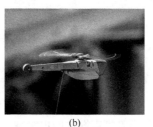

(a)　　　　　　　　　　　　　　(b)

图 6-23　（a）DelFly Explorer 昆虫飞行器；（b）"黑黄蜂"微型无人飞行器

6.5.3　微型惯性仪表

惯性仪表一般是指惯性测量平台以及平台上包括加速度表和陀螺仪在内的组成仪表，常在航空、航天和航海领域中用作指示方向的导航仪器。常规的惯性仪表由惯性测量平台和平台上的各种仪表组成。典型的惯性测量平台配备了用于测量运动物体的运动姿态和旋转角速度的三个正交方向的加速度表，以及用于测量物体运动加速度的三个正交方向的陀螺仪。加速度表和陀螺仪的组合可实现对运动物体的速度、加速度和空间运动方向等参数的测量以及将这三个参数在空间惯性坐标系中指示出来，同时可用于追踪物体的空间运动方向。对惯性测量平台测出的加速度值进行一次和两次积分就可以分别得到物体的运动速度和位移信息。现今的飞机、导弹、舰船和人造卫星都依靠惯性测量平台来准确获取运动物体的速度、加速度、位置、姿态和运动轨迹等信息。由微型加速度表和微型陀螺仪制成的微型惯性测量单元（miniature inertial measurement unit）具有质量轻、体积小、精度高和可靠性好等优点，拥有更广泛的应用前景。

1. 微型加速度仪

将微型加速度传感器（micro accelerometer）与处理电路集成后可以组成专用的集成微加速度仪。惯性仪表中使用的单向微加速度传感器常为由硅晶体刻蚀而成的微硅加速度传感器，其构造图参见图 6-24。单向微硅加速度传感器常具有体积小、可靠性高、易于集成制造等优点，并且适用于高加速度数值的测量。目前这类传感器正在朝着持续微型化和提高测量精度的方向进一步发展。

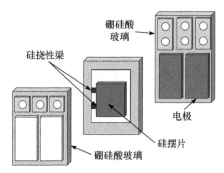

图 6-24　静电力平衡微硅加速度传感器的构造图

用于同时测量三个方向加速度的单一加速度传感器可能存在测量精度不高且容易受干扰等缺点，因而惯性仪表更常使用三个单向微加速度传感器的组合。在同一芯片上制造分别用于测量 x 和 y 方向加速度的两个正交放置加速度传感器后，再结合测量 z 方向加速度的微硅加速度传感器，就能构建一个简易的平面三维加速度传感器。多个同类型的单向微加速度传感器经过合理组合还能组成具有高测量精度和可靠性的集成加速度传感器阵列。将九个单向加速度计均分为相互垂直安装的三组后，分别用于测量 x、y、z 方向上的加速度，再配备处理电路，即可组成一个典型的三维加速度传感器阵列系统（图 6-25）。在对阵列中同组的三个单向加速度计的测量结果进行合理性检验后可除去误差较大的数据，由此得到较高精度的平均加速度数据。即使阵列中部分单向微加速度传感器出现损坏，这个三维加速度传感器阵列系统很大概率还能正常工作，因而其工作可靠性相较单个传感器存在较大提升。

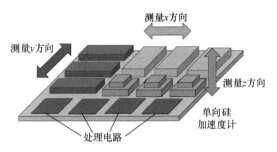

图 6-25 三维加速度传感器阵列系统的结构示意图

2. 微陀螺仪

作为一种用于检测物体的运动方向和姿态的专用高水平 MEMS，微陀螺仪（micro gyroscope）在汽车安全系统、航空、航天和航海等领域具有非常广泛的应用前景。这些领域的发展也相应对微陀螺仪提出了质量轻、体积小、高测量精度以及极高工作可靠性等要求。工业上最早生产和应用的是机械旋转式陀螺仪，这些陀螺仪包含一个高速旋转的质量体（转子），以及滚珠、气浮、液浮、磁悬浮、静电悬浮式轴承。这些陀螺仪为了减少转子漂移，需要转子在使用过程中保持足够的动量矩，这就为机械旋转式陀螺仪的微型化带来困难。因而对采用不同工作原理的陀螺仪进行微型化成为新的选择，目前已经研发出了微机械振动陀螺仪和微光学陀螺仪等。微机械振动陀螺仪按照不同工作原理和结构可以分为框架式角振动微陀螺仪、音叉式线振动微陀螺仪、硅环形振动微陀螺仪和叶片振动微陀螺仪等。图 6-26 是一种框架式角振动微陀螺仪的结构原理图。这种微陀螺仪常由内外两层框架构成。作为陀螺元件的内框架上沉积了金而具有垂直惯性质量，作为驱动电机的外框架在交变静电力的驱动下绕着枢轴做角振动，而作为万向架的正交枢轴将内外两层框架相连。这些正交枢轴在扭转时表现出很低的刚度，但在平移时则表现出很高的刚度。当外框架处于微小角振动状态时，内框架就能感应出围绕框架平面法线方向的输入角速度，使得内框架输出信号的频率等于外框架的振动频率，并且输出信号的振幅大小正比于输入角速度。框架式角振动微陀螺仪通过两个埋藏式的电极电容和两个桥式电极电容分别对内框架和外框架的运动进行测量和控制。在力反馈状态下工作的微陀螺仪，需要通过同一对电极电容器施加静电力矩使得陀螺处于力矩平衡状态。这

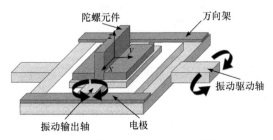

图 6-26 框架式角振动微陀螺仪的结构原理图

一对电极电容器使用不同的供电频率来实现数据测量和平衡力矩的施加。此外，框架式角振动微陀螺仪还附加了多种伺服电路以实现对陀螺仪的控制。外框驱动频率在理想条件下与内框的谐振频率相等，密封在高真空条件下的陀螺仪中的空气阻尼效应降低，使得内框架谐振的 Q 值大幅提升，陀螺仪的灵敏度也相应提升。

音叉式线振动微硅陀螺仪的结构原理如图 6-27 所示。该陀螺仪中使用的硅结构制成的梳状驱动音叉能产生较大幅度的振动。陀螺仪中梳状驱动器的静电驱动力（F_s）的大小可通过以下公式进行计算：

$$F_s = \frac{1}{2}U^2 \cdot \frac{\partial C}{\partial x} \tag{6-6}$$

其中，U 为由直流偏置和交流分量组成的外加电压；C 为间隙电容；x 为横向位移。梳状驱动器中 $\partial C/\partial x$ 的结果为常数，这说明静电驱动力几乎不会对质量横向位移产生影响，因而可以通过增大梳状驱动音叉的振幅来实现陀螺仪测量灵敏度的提升。音叉在静电驱动力的作用下以一定的线速度（线速度大小 v 等于振动角速度 ω 与振动幅值 Y_A 的乘积）振动时，在陀螺仪基片沿着垂直于该线速度方向产生了一个惯性角速度 Ω，使得音叉的一部分质量在科里奥利力（简称科氏力）F 的作用下向上运动而另一部分质量向下运动。这两部分的相对运动使得下方的电容器中产生了差动电容，由此可以对音叉的位移进行测量，再平衡电路则根据测量结果产生静电平衡力使音叉恢复初始状态。该陀螺仪使用折叠式悬臂桁架结构，一方面能保证音叉的模式激励，另一方面能使音叉的平移振动模式衰减。音叉在振动模式下的特征频率要高于平衡模式，不同的特征频率可以确保音叉即使在质量和弹簧失配的情况下也能得到激励以及在自激振动回路中工作。温度、压力、应力和时间的变化都会使自激振动回路中的谐振频率发生偏移，外界环境和外部频率的干扰对陀螺仪的干扰和影响都相应减小，使得陀螺仪保持在谐振状态下工作。通过对差动电容的精确测量和内部结构的精准设计，可以有效地提升微陀螺仪的性能。

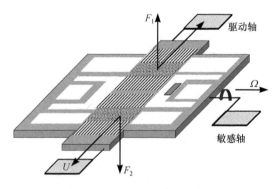

图 6-27　音叉式线振动微硅陀螺仪的结构原理图

微硅环形振动陀螺仪的结构示意图见图 6-28（a）。附带有集成电路的硅基底上安装了由中心轴支承的可以在环形面上自由摆动振荡的硅环。这些硅环周围均匀分布着用于产生共振的电极，在电极和偏心轮之间激发电容后产生静电作用。如图 6-28（b）所示，相对的两个电极激发陀螺仪系统后，硅环在偏移速度消失时，变成相对这两个电极对称的椭圆形结构。在测试模式下旋转硅环的中心轴时，旋转角度与偏移速度成正比。采用精细加工工艺和 LIGA 技术制造的微硅环形振动陀螺仪具有体积小、性能好等优点。这种陀螺仪固有的对称性和硅振动环结构使得其对寄生振动和温度不敏感，而设置在结构周围的补偿电极可以对由质量分布和刚度不对称带来的频率不匹配进行电子补偿。另外，该结构的两个柔性模态的共振频率相等，通过结构的品质因子可以实现对陀螺仪灵敏度的放大，进而实现灵敏度的提高。拥有众多优点的这种微硅环形振动陀螺仪成为重点研究和开发的对象，制造成本的降低还将推动其在航空航天和汽车气囊安全系统中的应用。微硅叶片振动陀螺仪是使用苜蓿叶状振动子与硅芯片相连，苜蓿叶状振动子在陀螺仪工作时发生高频振动。这种陀螺仪的结构较为简单并且可以用成熟的硅微细加工技术制造，在较低的制造成本下就能实现较高精度的测量，未来可以适用于构建航空航天领域中的微导航仪。

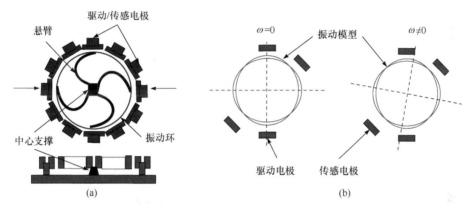

图 6-28　（a）微硅环形振动陀螺仪的结构示意图；（b）微硅环形振动陀螺仪的工作原理图

　　微型光学陀螺仪是一种集合了光波导无源谐振器和多功能集成光学芯片的环形激光陀螺仪。环形激光陀螺仪最早于 20 世纪 80 年代被研制出来，而各种干涉型光纤陀螺仪、谐振型光纤陀螺仪也在 90 年代被研制出来并实际应用。这些常规光学陀螺仪的体积都比较大，光学陀螺仪的微型化成为该类仪器未来发展的重点方向。早期的微型光学陀螺仪本质上是一种微型环形激光陀螺仪，具体结构原理参见图 6-29。这种微型光学陀螺仪将光波导无源谐振器、半导体激光器、光检测器、输入和输出激光耦合器，以及声表面波移频器等集成在硅基片上形成一个 MEMS。作为微型光学陀螺中的核心部件，光波导无源谐振器中与光路损耗相关的品质因素，以及声表面波移频器的微型化和精度，都会对陀螺仪的性能产生重要影响。未来多功能集成光学芯片的研究和应用将会更好地促进微型光学陀螺仪的发展。根据报道，美国加州理工学院的科学家于 2018 年研制出当时全球最小的光学陀螺仪，其尺寸比一粒米还小，仅为目前最尖端光学陀螺仪大小的 1/500。这一陀螺仪装置采用了一种名为"相互灵敏度增强"的新技术来改进性能，有效改善了系统中的信噪比，未来有望用于无人机和航天器上。

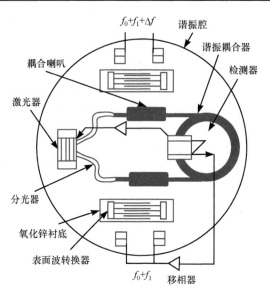

图 6-29 微型光学陀螺仪结构原理图

6.5.4 微型卫星

卫星在保持完整功能的前提下，质量的减轻和体积的减小都会带来发射费用和技术难度的大幅降低，因而在 MEMS 技术推动下的卫星微型化具有非常重要的意义。通常小型卫星的质量在 10～100 kg 之间，微型卫星的质量在 1～10 kg 之间，纳米卫星的质量小于 1 kg。微型卫星的体积小、质量轻，一方面可以通过批量制造降低成本，另一方面可以大幅降低发射费用。除此以外，微型卫星还具有很好的隐蔽性和抗干扰性，生存能力相应增强。虽然质量非常小，纳米卫星还是需要配备能实现最低必要功能的多种系统，具体包括用于维持卫星在指定轨道运行和姿态矫正的驱动系统、完成目标任务的仪器仪表功能系统、信息传输系统和能源供应系统等。采用 MEMS 工艺技术制成的典型纳米卫星的基本结构示意图见图 6-30（a），纳米卫星中的多种微型化功能部件均集中在硅芯片上。但是过小的能源供应部件不利于卫星的长时间稳定运行，并且为了减轻质量而限制功能部件也不符合卫星的发展趋势，所以这种纳米卫星目前的实用意义不大。目前对微小卫星的研究集中在小型和微型卫星上，为了解决质量有限导致能携带的功能部件不多的缺点，研究者设想将由若干颗微型或纳米卫星组成的基本单元分布在不同的轨道上，这些具有不同功能的微型或纳米卫星分工合作并通过遥感通信实现内部连接，进而实现单一大型卫星的完整功能，这样的组合体也被称为微/纳卫星星团。这些星团中的某些子卫星损坏后只会导致部分功能的缺失，星团整体还能继续工作，这就使得星团表现出很高的稳定性。后续通过对这些损坏的子卫星进行修复或置换就能使系统恢复正常，甚至还能根据任务进行卫星的增减或重组，由此构建出功能强大的新系统。2016 年 6 月，由西北工业大学自主研制的世界首颗 12U 立方星（"翱翔之星"）向地面传送数据并被成功接收，这也是世界首次开展在轨自然偏振光导航技术验证。立方星作为一种采用国际通用标准的低成本微小卫星，是微小卫星发展的主要方向。立方星的体积可以用"U"划分，1U 是指一个标准单元（体积 10 cm×10 cm×10 cm，重约 1 kg）。这颗"翱翔之星"重约

10 kg，运行于 350 km 近地轨道，在轨寿命约 3 个月。图 6-30（b）是"翱翔之星"系列微型卫星外观图，该立方星平台包括结构、热控、电源、通信、姿态管理等分系统，搭载了高可靠星载计算机、微型三轴飞轮系统、小型 GPS/北斗接收机、星载电源管理系统、小型抗辐射计算机、卫星框架系统及一体式卫星地面测试仪等设备。该微小卫星主要任务是开展地球大气层外光学偏振模式测量，为偏振导航技术的研究提供数据支撑。未来该系列卫星还能用在伴飞巡视、对地遥感、数据中继等领域。

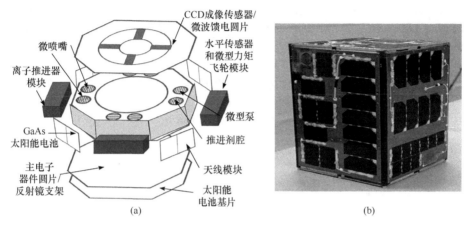

图 6-30　（a）典型纳米卫星的基本结构示意图；（b）"翱翔之星"系列微型卫星外观图

习　　题

1. 微机械的尺寸范围是多少？微机电系统和它的组成框架分别是什么？

2. 微机械中器件特征尺寸的减小分别会对不同物理特征量产生什么影响？微机械组成材料的物理性能会对其机械性能产生什么影响？

3. 微机械系统中结构材料、功能材料和智能材料分别有什么用途？

4. 微机电系统中使用的基本技术包括哪些？

5. 微机电系统中的微型功能部件有哪些？分别有什么用途？

6. 微传感器有哪些类型？有哪些性能好坏的衡量标准？

7. 微致动器是什么？有哪些类型？

8. 微机械和微机电系统有什么应用？

参 考 文 献

[1] 王荣明, 潘曹峰, 耿东生, 等. 新型纳米材料与器件[M]. 北京：化学工业出版社, 2020.

[2] 袁哲俊, 杨立军. 纳米科学技术及应用[M]. 哈尔滨：哈尔滨工业大学出版社, 2019.

[3] 姜山, 鞠思婷. 纳米[M]. 北京：科学普及出版社, 2013.

[4] 张德远, 蒋永刚, 陈华伟, 等. 微纳米制造技术及应用[M]. 北京：科学出版社, 2015.

[5] 梁庭, 贾传令, 李强, 等. 基于碳化硅材料的电容式高温压力传感器的研究[J]. 仪表技术与传感器, 2021, 3: 1-8.

[6] 戴荣, 于海涛, 王权. 基于 Duffing 系统的谐振式微悬臂梁传感器微弱谐振信号检测[J]. 机械工程学报, 2020, 56(13): 50-59.

[7] 梅加兵, 刘景全, 江水东, 等. 用于低温环境的铂电阻温度微传感器[J]. 传感器与微系统, 2013, 32(4): 119-124.

[8] Mao G Y, Drack M, Karami-Mosammam M, et al. Soft electromagnetic actuators[J]. Science Advances, 2020, 6(26): eabc0251.

[9] Li Y Z, Wu J Y, Yang P Z, et al. Multi-degree-of-freedom robots powered and controlled by microwaves[J]. Advanced Science, 2022, 9(29): 2203305.

[10] Hoffman K L, Wood R J. Myriapod-like ambulation of a segmented microrobot[J]. Auton Robot, 2011, 31: 103-114.

[11] Lee H T, Seichepine F, Yang G Z. Microtentacle actuators based on shape memory alloy smart soft composite[J]. Advanced Functional Materials, 2020, 30(34): 2002510.

[12] 亓有超, 赵俊青, 张弛. 微纳振动能量收集器研究现状与展望[J]. 机械工程学报, 2020, 56(13): 1-15.

[13] Zhu M S, Schmidt O G. Tiny robots and sensors need tiny batteries -here's how to do it[J]. Nature, 2021, 589: 195-197.

第7章 纳米科学与技术在生物医学方面的应用

生物和医学技术领域是纳米技术的重要发展和应用方向，交叉学科研究的兴起促使纳米技术和生物医学技术间的不断交叉和融合，由此衍生出纳米生物医学技术[1-2]。纳米技术和生物医学之间结合可以沿两个不同方向进行：一方面，纳米技术可以为生物学的研究提供有效的工具，可以帮助生物学家揭示生命体中的纳米级组分间如何相互协作进而创造出生物体内具有特殊功能的纳米机器和装置；另一方面，深入研究生物医学中的相关机理可以更好地指导人工纳米装置的制造[3-4]。生物的进化过程使得自然界不断寻找用于处理纳米尺度上工程问题的高效解决方案，该领域的从业者可以借鉴这些解决方案，或者直接将生物系统整合到纳米装置中，或者仿照生物体中的运行原理构建人工装置系统[5]。

7.1 研究生物系统的新工具

纳米技术在生物学领域最重要的应用是为研究生物分子的结构、功能和性质提供了高效的表征手段和工具。这些新工具的出现和应用，使得对细胞结构单元的直接测量、对分子间作用力的识别和对分子间相互作用原理进行探究成为可能，而这些数据或规律在过去只能通过宏观实验结果推断得出。以下是纳米技术在生物医学研究中应用示例的简介。

7.1.1 分析系统的微型化

1. 生物芯片

分析系统的微型化在生物系统的研究领域中具备一系列优势。微型化的分析系统可以并行快速开展多项实验。生物芯片（biochip）是通过微加工技术和微电子技术，在固体芯片表面构建的微型生物化学分析系统。研究者已经开发出多种基于生物芯片的测试技术，用于对细胞、蛋白质、DNA及其他生物组分进行快速准确且大信息量的检测。基因组学是一门通过测量物种基因片段内碱基对排列顺序，并且利用碱基对排列顺序信息解释和预测生物行为的生物学科分支。生物芯片内部阵列结构的微型化分析系统使得大规模的基因测序成为可能。许多测量点在固体基底（硅片、玻璃片、尼龙膜和聚丙烯酰胺凝胶等）的表面有序排列形成微阵列结构，每个测量点中包含一个具有已知特性的功能分子（如多肽分子、核酸片段等）。生物结识别的特异性使得这些功能分子只与待测溶液中特定的目标分子结合，因而单个测量点就可以作为目标分子的传感器。将该阵列与待测溶液接触后，结合荧光共轭物的使用，如果阵列中的测量点（即功能分子）与对应的目标分子发生结合，该测量点就会出现荧光。借助光学显微镜观察阵列可以记录发出荧光的检测点和荧光强度，据此快速、高效和并行地确认目标分子的存在。阵列中测量点的大小可以从几十微米变化到 100 μm，单个阵列上可以包含成千上万个不同类型的功能分子。根据芯片上固定的探针分子的不同，生物芯片可以分为基因芯片、蛋白质芯片和芯片实验室等。在使用基因芯片（也称为 DNA 芯片）检测 DNA 的过程中，每个测量点包含一个短的寡核苷酸链，该链段与特定 DNA 片段的链段是互补的。人类基因组中包含接近 40000 个基因，使用单个阵列检测整个基因组是个巨大的工程。依靠特定的阵列，生物学家通过单次实验就能检测出 DNA 样品中是否存在大量特定基因，甚至实现 DNA 片段测序。上述阵列的制备可采用不同方法，一种是利用光刻技术在固体基底上原位合成寡核苷酸链。在生长寡核苷酸链的过程中连接上可光降解的保护基团，这些保护基团再经选择性曝光特定检测点后被去除，之后再在该位点上连接特定的碱性基团。该连接过程需要非常准确，否则即使一个较小的错误率（如几个百分点）也可能导致在后续较长一段核苷酸链的合成中出现较大错误。其他方法包括通过喷墨打印技术将生物分子（如寡核苷酸链或蛋白质分子等）定位在测量点处等。斯坦福大学的实验室于 1995 年在 *Science* 杂志上发表基因表达谱芯片的论文后，DNA 微阵列即基因芯片技术开始迎来其黄金发展期。1996 年，Affymetrix 公司运用激光共聚焦及分子生物学技术研制出首块 cDNA 芯片，从此拉开了基因芯片技术研究与开发的帷幕，图 7-1（a）是 Affymetrix 基因芯片实物图[6]。基因芯片预计将在医学诊断及治疗、医疗保健业与司法鉴定、制药业、农业与环保甚至生物武器等领域发挥重要作用。尽管阵列结构具有极高的检测通量，但其同时表现出一些显著的缺点，如目标分子与检测点的结合效率有待改善，检测灵敏度相应受限。

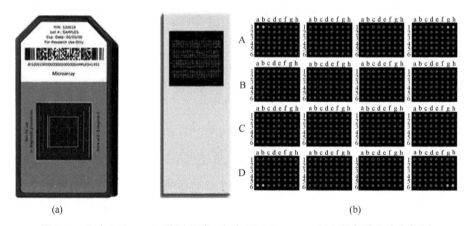

（a）　　　　　　　　　　　　　　　　　（b）

图 7-1　　（a）Affymetrix 基因芯片；（b）Ab Microarray 380 蛋白质芯片实物图

蛋白质芯片的基本原理与基因芯片类似，其利用的是抗体和抗原结合的特异性，即通过免疫反应实现蛋白质的检测。Clontech 公司开发的第一代蛋白质芯片 Ab Microarray 380（Cat.No.K1847-1）包含固定在玻璃片基上的 378 种已知蛋白质的单克隆抗体，图 7-1（b）是该款商业化蛋白质芯片的实物图。该蛋白质芯片能在单次实验中同时检测样品中的 378 种蛋白质的表达情况，并且能在一张芯片上对两种样品的表达模式进行比较分析。这使得抗体芯片在毒性实验、疾病研究和药物开发上有广泛的应用前景。该蛋白质芯片上每个抗体都是并列双点以增加结果的可靠性，抗体针对广泛的胞内蛋白和膜结合蛋白,已知参与信号传导、细胞周期调节、细胞结构调控、细胞凋亡和神经生物学等广泛的生物功能,因而可以用于检测某一特定的生理或病理过程相关蛋白的表达模式。

DNA 检测中常需要使用聚合酶链式反应(polymerase chain reaction,PCR)技术"放大"DNA 样品。PCR 技术可以实现对单个 DNA 片段的复制和扩增,通过增加样品数量弥补 DNA 芯片中微阵列分析灵敏度受限的劣势。传统 PCR 扩增设备完成扩增反应需要耗时 2~3 h,并且存在设备复杂和价格昂贵等缺点。研究者基于 MEMS 制备技术,开发出专门的 DNA 扩增反应芯片,图 7-2(a)是 Manage 等制作出的用于全血样本检测处理的扩增反应芯片的结构示意图[7]。在使用这类扩增反应芯片的过程中,需要先将 DNA 模板和大量寡核苷酸加入芯片的反应腔中,再利用芯片中的温度控制器将反应腔室温度调节至低温、高温和中温的三个阶段,反应腔室内的寡核苷酸完成生化反应,生成的 DNA 片段在三个反复循环的不同温度值间完成解链、引物和扩延等过程,最终得到大量所需的目标 DNA 片段。这种扩增反应芯片可以快速而准确地为 PCR 扩增反应提供所需的不同温度环境,使得扩增反应时间缩短至半小时以内。

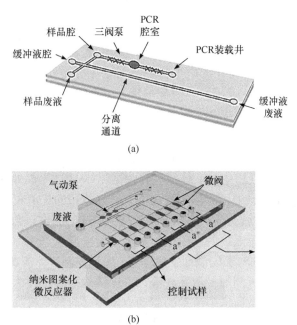

图 7-2　(a)用于全血样本检测处理的扩增反应芯片;(b)用于分析肿瘤相关胞外囊泡的功能和分子表型的检测分析芯片的结构示意图

随着基因芯片和蛋白质芯片技术的不断发展并向整个生化系统领域拓展,芯片实验室(lab-on-a-chip)应运而生。作为一个高度集成化的生物分析系统,芯片实验室需要集生化分析中样品制备、基因扩增、核酸标记和检测等多种功能于一体。针对不同的生化分析过程,研究者基于 MEMS 技术开发出不同类型和用途的生物芯片。例如,样品制备芯片(微过滤芯片等)用于分离和提纯目标物,生化反应芯片(扩增反应芯片)用于发生生化反应,检测分析芯片用于生物分析、检测和计量,输运控制芯片可用于运送和控制检测物,信息处理芯片用于放大、分类和计量检测到的信号。例如,检测分析芯片可用于血液或其他生物流体的液体活检，有望实现治疗反应的监测和癌症的检测。美国堪萨斯大学研究人员于 2020 年报道了一种能够对肿瘤相关胞外囊泡进行整合性的功能和分子表型分析的纳米工程检测分析芯片[8]，其结构如图 7-2（b）所示。他们开发出一种通用的高分辨率胶体喷墨打印方法，在聚二甲基硅氧烷/玻璃基片上扩展地制造三维纳米图案，再在此基础上组装出检测分析芯片。研究人员采用该检测分析芯片，以癌症细胞系和小鼠模型为研究对象，展示并综合分析了 MMP14 在胞外囊泡表面上的表达和蛋白分解活性，以检测体外细胞侵袭性和监测体内肿瘤转移。作为一种有用的液体活检工具，这种检测分析芯片可用于改善癌症诊断和实时监测患者的肿瘤演变，从而为个性化治疗提供信息。这些各式各样的生物芯片经整合和拓展后得到的芯片实验室，可以集生化分析中样品制备、基因扩增、核酸标记和检测等多种功能于一体。除此以外，芯片实验室还能很好地为生物大分子的设计、药物研发中先导化合物的快速筛选以及药物基因组学研究提供技术支撑，也可为疾病的诊断、治疗和防治提供全新途径，未来还将在农作物优育优选、食品卫生监督、环境检测、司法鉴定以及国防等领域发挥重要作用。

2. 微流体系统

检测系统的小型化可以助力检测灵敏度的提升，并且通过并行开展大量小型化实验而实现高通量筛选，进而为开发适用于检测小体量生物材料的方法提供可能。研究者对微流体系统（microfluid system，即流体系统的小型化）的研究兴趣不仅局限于其在生物学研究的应用，还将其拓展到整个分析科学中。芯片实验室也被称为微全分析系统（micro-total analysis system），是指在单个微型化的芯片（硅片或 PDMS 聚合物等）上完成整个分析测试流程。该芯片包含微型化的反应器，用于操纵样品的流体通道，以及控制试剂流动的微阀。微型通道中的液体流动行为受流体-固体界面处的界面自由能控制。在宏观的流体通道或反应器中，流体的表面面积与其体积的比值较小，而当流体置于宽度为 10～100 μm 的通道中后，两者的比值迅速变大。此时的雷诺数较低，流体类型以层流为主，所以会聚到单一管道内的多股流体基本不发生混合。这种方法能用于产生多股层流，使得细胞的不同部分与不同试剂发生作用。通过控制流体流速、通道形状、流体与通道壁相互作用以及特定试剂的扩散系数等，可以精确控制对到达特定细胞区域的多股层流的化学组分。流体在微通道中流动的驱动力是测试前首要解决的技术问题。一种方法是使用微型泵，另一种是使用离心流，即旋转微流系统使得内部液体涌入微通道。但是，控制小体量液体的流动是比较困难的，且随着通道变小，驱动流体运动所需压强差相应增大。电渗流的使用为微流控的实现提供了新的选择。假如微通道的内壁上被充上电荷，层流内靠近内壁的流体会相应带上电荷，使得流体内反离子的浓度超过平均值。此时如果在平行于微通道方向上施加一个电压，那么通道内流体会在电场作用下发生移动而产生对流。

微流体网络与一系列分离或分析装置结合后可以组装成微全分析系统。分离作为生物分析中非常重要的一种实验操作，常用于分析复杂或多组分生物样品。为了得到足够高纯度的待测生物样品（如 DNA 分子），需要对细胞样品进行分离、破胞和脱蛋白等处理。细胞分离常用的方法包括根据生物样品颗粒尺寸差异进行分离的过滤分离法，以及在不同细胞内诱导出偶电极然后根据细胞受到介电力作用的不同而实现细胞分离的介电电泳分离法。美国研究者使用 MEMS 技术在硅片上刻出具有不同形状的且直径为几微米的过滤通道，之后在该硅片表面键合上玻璃盖片，进而组装出用于分离血液中白细胞的微过滤芯片。微过滤芯片依据白细胞尺寸大于红细胞的特点，使得当外周血流过芯片中特定尺寸的过滤通道时，血浆以及其中尺寸小于该特定尺寸的红细胞和血小板可以顺利通过过滤通道，而尺寸大于该特定尺寸的白细胞被拦截，这样就将白细胞从血液中分离出来。研究者还将微过滤芯片中过滤通道的结构从柱状阵列结构改进为效率更高的横坝型结构。此外，由光刻技术制备出包含规整硅柱阵列的腔室也可用于 DNA 样品的分离。规整的硅柱阵列结构可以有效地阻碍生物样品中 DNA 分子的运动，从而将 DNA 碎片按照分子量的不同准确而高效地分离出来。基于毛细管电泳技术的芯片也可用于实现复杂样品中多组分的分离。在制作毛细管电泳芯片时，需要借助 MEMS 技术在不同类型芯片（如硅片、玻璃片和塑料片等）上加工出微细通道。在实际使用过程中，需要在毛细管电泳芯片中的微细通道中施加上电场，使得复杂试样中的多种组分在电场的驱动下，因为电迁移或电分配上的差异而实现高速分离分析。利用磁性也能实现生物组分的有效分离。尽管生物分子或细胞会受到电场的强烈影响，但它们一般是非磁性的。将生物分子或细胞和磁性纳米颗粒结合后，研究者可以以非常高效且精确的方式控制其在微型化实验系统中的运动。在由软光刻技术制备的微通道装置中，超顺磁颗粒被用于分离 DNA 样品。在外加磁场的作用下，这些超顺磁颗粒在发生移动的同时，相互聚集形成柱状结构。假如颗粒表面连接了适宜的连接体，当去掉外加磁场后，这些颗粒将会形成固定排列。

3. 荧光标记法

荧光标记（fluorescence labelling）法是广泛用于研究细胞结构和组织功能的一种强有力的研究手段。荧光标记法可以使用荧光染料和荧光探针作为研究工具。修饰了荧光染料的生物探针（常为抗体）可被用于凸显生物样品的结构特征。CdSe 等量子点材料具有非常高的荧光产率，它们在避免常规的荧光标记物存在的荧光衰减的缺点的同时，可以在高暴露条件下对生物样品进行光学分析。但是这些量子点材料也存在一定毒性，研究者尝试将其用分子吸附质进行衍生化，降低其在细胞环境下的毒性。研究者尝试使用烷基硫醇与 CdSe 量子点材料结合使其钝化，也有研究者使用经烷基硫醇衍生化的金纳米颗粒表征细胞结构。

荧光探针是荧光分析方法的重要工具，是建立在光谱化学和光学波导与测量技术基础上，选择性地将分析对象的化学信息转变为分析仪器容易测量的荧光信号的分子测量装置。在一定体系中，当荧光探针受到周围环境影响时，会与某种物质发生化学或物理反应，导致该分子的荧光信号发生相应改变，从而使人们获知周围环境的特征以及环境中的某种特定信息。由于荧光探针分子具有合成简单、灵敏度高、选择性好及可直接观察等优点，现已被广泛应用于分子、离子检测和细胞成像技术中。近年来，荧光探针技术的不断发展以及生物医学等领域更高的检测需求，促使荧光探针成像技术向更高灵敏度、更高选择性、更低检测限、更快分析速度等方向发展。我国科研人员于 2020 年开发出一种可用近红外光激发的钾离子荧光纳米探针，可用于实时监测钾离子浓度伴随神经活动的动态变化[9]。该荧光纳米探针的直径为 85 nm 左右且具有三层核壳结构，内核为上转换发光纳米颗粒（NaYF$_4$：Yb/Tm@NaYF$_4$：Yb/Nd），中间层为装载了钾离子荧光指示剂的介孔二氧化硅，外层为钾离子选择性薄膜，是一种灵敏度较高的特异钾离子探针。在近红外光激发下，内核上转换发光颗粒发出的紫外光可作为钾离子荧光指示剂的激发光，从而赋予探针近红外光激发的功能，相应的工作原理参见图 7-3（a）。该探针已被成功用于监测斑马鱼和小鼠脑中伴随神经活动的钾离子浓度的动态变化，钾离子实时检测装置的结构和原理示意图见图 7-3（b）。这种新型探针的开发，不仅为设计近红外光激发的其他离子特异探针提供了新思路，同时也为探究神经元细胞内、外离子活动的变化开辟了实时动态监测的新方法。

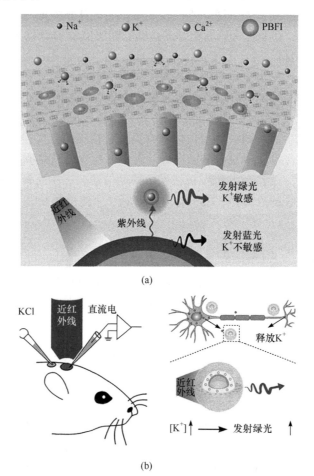

图 7-3　（a）一种可用近红外光激发的钾离子荧光纳米探针的工作原理图；（b）钾离子实时检测装置　　　　　　结构和原理示意图

7.1.2　扫描探针技术用于生物分子成像

　　扫描探针技术的应用大大革新了人们对固体样品表面结构的认识，几十年前第一幅高分辨扫描隧道显微镜图像就呈现了单晶样品表面原子的排列方式。研究者还希望能获取生物分子的高分辨率显微图像。早期人们将 DNA 作为首要研究对象，希望利用扫描隧道显微镜实现对 DNA 链的直接测序。将含有 DNA 样品的分散液沉积在具有高取向度的热解石墨烯表面后即可制得 STM 样品，许多研究小组已经获取了可以反映出 DNA 分子结构的扫描隧道显微图像。但是要获取合理可靠的数据，需要在合理处理样品、重复足够多次实验以及选用多种表面分析技术如 X 射线光电子能谱和二次离子质谱来佐证等三个方面进行严格要求。在恰当的条件下，可以获得生物分子的可靠图像。研究者已经成功对蛋白质进行扫描成像。值得注意的是，扫描隧道显微镜的针尖会对样品施加较大的压力，导致样品分子发生移动。因此，在制样过程中需要采取恰当的加固措施以增强样品与基底间的结合力，如使两者间形成共价接触。还有一个值得探讨的问题是，蛋白质分子一般被认为是绝缘体，因而电子隧穿现象并不能有效发生，那么蛋白质分子成像是如何实现的呢？一种说法是扫描隧道显微镜的针尖接触使得蛋白质分子发生变形，从而改变其电子结构并且在基底的费米能级附近产生了新的电子态。还有一种说法是蛋白质分子外层的水分子为隧穿电流从针尖传导到基底提供了有效的导电通路。2020 年，以中国医学科学院基础医学研究所为首的研究团队借助扫描隧道显微镜，在单分子水平揭示了药物分子硫黄素 T 以寡聚态与靶点胰淀素蛋白结合，其在受体蛋白表面以二聚体（头尾相接）、二聚体（肩并肩相接）、四聚体、六聚体等四种寡聚态的形式存在[10]。图 7-4 是研究人员借助扫描隧道显微技术对结合在靶点胰淀素蛋白上的硫黄素 T 样品的成像扫描过程示意图和显微图像。这是科学家首次直观看到"药物击靶"的状态，该研究还从能量角度阐明分子识别过程中硫黄素 T 分子选择性寡聚化的微观机制。

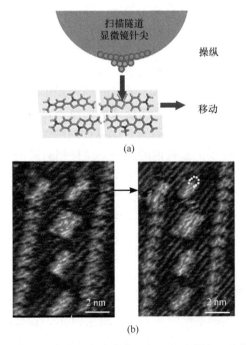

图 7-4　借助扫描隧道显微技术对结合在靶点胰淀素蛋白上的硫黄素 T 成像：（a）扫描过程示意图；
（b）显微图像

该工作将 STM 生物分子成像与界面物理化学理论相结合，为研发选择性寡聚化药物分子奠定了理论基础。

不同于扫描隧道显微技术中测量隧道电流的大小，原子力显微技术测量针尖与样品间的作用力，因而其在理论上几乎可以实现对所有材料进行表面表征。原子力显微镜常采用接触模式对生物分子进行表征，该过程中针尖会对样品施加大小可观的压力（在分子尺度范围），并且针尖在样品表面滑行的过程中会与样品表面发生显著的摩擦作用，由此产生的作用力大小足以使生物分子发生移动。研究者采取了多种措施解决上述问题，如采用共价耦合的方法固定生物分子，或者使样品结晶后形成周期性的阵列结构，然后依靠紧实的分子组装体内部产生的黏附力来平衡探针带来的破坏性影响。尽管不是所有的生物分子都能发生结晶，该方法还是在某些方面取得了巨大成功，包括探明膜蛋白的分子结构。在使用原子力显微技术研究细菌表面层或 S 层（构成细胞壁最外层的蛋白质）时，可以检测酶消化过程对这些蛋白质的影响，检测结果分辨率可达 1 nm 左右。研究者将 S 层沉积在石英基底上，发现这些 S 层会自发形成双层或多层材料。在较小的作用力（100 pN）下进行成像时，最顶层材料呈三角形状。待作用力大小提高至 600 pN 时，最顶层材料被移除，下层显露出六角花状形貌的 S 层。经过酶消化作用后的 S 层变为单层结构，并且不同的表面形貌以相同概率出现。在另外一项研究中，某些膜蛋白的原子力显微图像的最高分辨率可达 0.7 nm 左右。更为重要的是，这些原子力显微图像能清晰地反映出单个蛋白质分子的亚结构信息。而由电子显微技术得到分辨率最高的图像也只能呈现出大量生物分子经平均化后的信息。原子力显微技术能直接观察到晶体缺陷或结构中分子间变异性。此外，对生物分子的大型集合体的原子力显微镜图形使用计算分析、图像平均以及更加复杂的分析手段可以获取更多有用的信息。原子力显微镜中采用轻敲模式时可以更好地实现对生物样品的成像。接触模式下的探针会对生物样品施加较大压力，而可能破坏样品的表面结构。对于那些由固体基质和分散在其表面的彼此分离生物分子组成的生物样品，生物分子与固体基质之间的相互作用力较弱，因而存在生物分子被探针驱使而四处走动的风险。但在轻敲模式下，原子力显微镜的微悬臂以很高的频率（100～200 kHz）及振幅发生振荡，并且只是间歇性地接触样品。这就有效减小了可能造成样品损伤的摩擦力，降低了能量耗散的速率，使得相对容易地对复杂精细样品进行形貌表征。轻敲模式下的能量耗散仍然会发生，而相位图提供了更多重要的相关信息。在相位成像过程中，系统记录下驱动振荡和微悬臂响应之间的相位差。探针与样品间的弹性接触会产生一个小的相位滞后。但是如果探针和黏弹性材料接触后，能量耗散概率更高，因而产生更大的相位角。由此获得的相位图可以很好地反映样品局部的机械性能（如硬度）变化。

7.1.3　生物系统中的力值测量

利用原子力显微镜在生物系统中开展力谱测量（force spectroscopy，即分析力-距离关系）研究是非常重要的。在力谱测量过程中，需要首先将原子力显微镜的针尖逐渐下降至趋近样品表面。当针尖与样品相距非常近时，系统的机械不稳定可能会导致两者相互接触。因为相近原子间的排斥作用，当针尖进一步靠近样品表面时会感受到排斥力。然后进行反向操作时，将针尖从样品表面带离，样品对针尖的黏附力使得该过程出现滞后，也就是说，针尖抬起离开样品表面的过程的运动轨迹和针尖靠近样品表面的运动轨迹是不完全重合的。特别需要注意的是，在针尖与样品的接触点，需要在针尖上施加更大的拉力才能使其从样品表面分离。针尖最终从表面分离后，在两者发生分离前瞬间施加的力即为拉脱力或黏附力。原子力显微镜可以用来研究 DNA 互补链间结合力的大小。一般是将 DNA 链的 3′ 和 5′ 端进行硫醇化，用以连接涂覆在硅探针表面和某个平坦表面的烷基硅烷单层。也有研究者在针尖和样品表面涂敷上碱性物质，随后测量碱基对之间的相互力大小，这种方法已经被用于开发 DNA 相关的传感器。研究者使用半胱氨酸来修饰肽核酸（peptide nucleic acid，PNA），经修饰的分子可以连接到镀金的原子力显微镜针尖上，由此可以测量 PNA 或 RNA 杂化后与烷基硫醇单层的相互作用力大小的变化。测量后发现杂化后的拉脱力会相应减小。

　　除此以外，研究者还利用原子力显微镜表征抗体/抗原分子间的亲和力，研究 DNA 与其他物质静态构型以及复合过程中的相互作用动力学，观测蛋白质/DNA 的结合，甚至还可以利用原子力显微镜中的探针将 DNA 分子拉直和折叠蛋白质。Lee 等利用原子力显微镜测定生物素和链霉亲和素间的特异相互作用力。研究者首先用生物素化的小牛血清白蛋白（BBSA）包裹连在原子力显微镜微悬臂的微球上形成 BBSA 功能化探针，然后在有生物素阻断和无生物素阻断的链霉亲和素溶液中测量 BBSA 功能化探针和抗生物素蛋白链菌素包裹云母间的黏附力[11]，两者间黏附力测量原理示意图参见图 7-5（a）。如图 7-5（b）所示，在无生物素阻断的链霉亲和素溶液中，需要较大的力才能将 BBSA 功能化探针与云母表面分离，测定的黏附力大小为（0.34±0.12）nN。当原子力显微镜的针尖包裹了特定分子（如生物素）后，在固定了特异性分子（如链霉亲和素）的基底上扫描，通过测量针尖和样品间的相互作用力大小，比照抗体/抗原分子间的特异性亲和力大小，可用于辨认表面相应分子的位置。上述研究示例说明，基于原子力显微镜的高敏感度识别和测量技术在生物系统中的广泛使用，基于扫描探针技术的力测量系统已经成为重要的生物物理学研究工具。采用原子力显微镜来表征细胞结构和功能具有一定的实验挑战性，特别是细胞是软体结构，细胞膜由磷脂双分子层构成而具有流体结构特征，细胞内部则

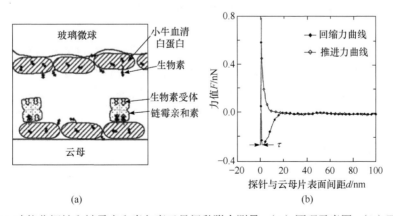

(a)　　　　　(b)

图 7-5　BBSA 功能化探针和链霉亲和素包裹云母间黏附力测量：（a）原理示意图；（b）两者间黏附力测量结果

为液体。但是，原子力显微镜能以非常高的空间分辨率表征细胞特性和细胞间相互作用。研究者尝试使用原子力显微镜探测活鼠的肝巨噬细胞和鸡的心肌细胞。肌动蛋白是一类小型蛋白质分子，当细胞吸附开始发生时，这些小蛋白分子聚集后形成纤维化结构。原子力显微镜可被用于对这些肌动蛋白组成的应力纤维成像并且检测其机械性能。

微生物细胞也能用原子力显微镜进行成像。在这些细胞的表面进行力-距离测试可以对比不同微生物细胞表面的黏附度。通过测试不同 pH 条件下离子流体介质中拉脱力的变化，可以有效地表征细胞表面的表面电荷分布情况。光镊（optical tweezers）技术是原子力显微镜研究生物系统中的相互作用力的一种有效手段。光镊技术将介电颗粒束缚在激光束中。聚焦激光束周边极高的电场强度梯度会对放置在其附近的介电颗粒施加一个机械力，将其推向激光束的中心并且推动其沿着激光束的前进方向向前运动。单束激光束足以用于控制颗粒，研究者也会使用两束照射方向相反的激光束，类似于用两个钳子抓住一个物体。介电颗粒的材质以高分子材料为主，其直径一般严格要求在 1 μm 左右。光镊技术并不能用于束缚单个分子，所以在测量分子水平的生物相互作用力时，需要使用功能化的微球。虽然存在诸多限制，但光镊技术仍然为一种极其有用的表征手段，值得大力发展和拓宽应用。

7.1.4　在纳米尺度下组装生物分子结构

在接近分子维度的尺度范围下操纵生物分子结构的研究近些年吸引了研究者的广泛关注。在更小尺度范围内操纵和组装分子可以用于制造高度小型化的装置，用于生物分子的检测和分析。使用小型化的分析系统将有可能大大提高分析的灵敏度和系统的工作量。研究者还可以通过操纵和组装生物分子来构建用于研究生物相互作用和组织功能的装置系统，如制造蛋白质分子阵列来研究分子识别过程。但是要获得真正实用化的生物装置仍有待纳米技术的进一步发展。

1. 微接触压印技术

微接触压印（microcontact printing）技术是一种将材料以图形化的方式沉积在基质表面的简便方法，这种方法可用来实现生物分子或细胞的组装。早期的微接触压印技术将烷基硫醇沉积在金表面，由此来指导细胞在特定区域的附着，或者使生物分子的吸附只发生在特定区域。这种方法不具有特异性，其他种类的分子也可能实现图形化组装，如能在 SiO_2 表面上形成图形单层的烷基硅烷或聚合物分子。针对聚合物分子的微接触压印技术近年来逐渐增加，这是因为聚合物分子的特殊稳定性以及生成具有特殊结构的高分子聚集体的可能性。

2. 蘸笔纳米刻蚀技术

尽管有相关文献报道使用微接触压印技术来制备尺寸小于 100 nm 的微结构，但是要制备尺寸范围接近分子尺度的微结构就需要依靠扫描探针显微技术。蘸笔纳米刻蚀（dip pen nanolithography，DPN）技术和微接触压印技术有很多相似之处。不同于微接触压印技术中的弹性印章，DPN 技术中的分子从原子力显微镜的针尖处沉积到样品表面。

首先在针尖上蘸取含有目标分子的溶液，然后将针尖与样品表面相互接触。在常温和常压下，原子力显微镜的针尖和样品表面相互接触时，两者间会产生一个毛细张力。而在DPN 技术中，这个毛细张力会形成一个液桥，有利于流体从针尖传导到样品表面。因而通过对大气湿度的控制相应影响该液桥的外形特征。研究者首先采用 DPN 技术在金表面沉积烷基硫醇。与微接触压印技术的情形类似，其他一些分子如烷基硅烷或导电聚合物分子也能用于图形化沉积。而在 DPN 技术中，使用多个微悬臂组成的阵列可以同时沉积多个微结构。不同于常规的光刻技术，这些基于扫描探针技术的刻蚀技术需要按部就班地逐步获得对应的微结构特征，因而整个操作过程非常费时，限制了电子束光刻技术在电子设备制造中的应用。DPN 技术已被用于多种类型的生物纳米制造过程。研究者直接通过 DPN 技术在金基底上生成图形化的 16-巯基十六烷基酸（MHA）沉积层，然后在其表面连接上 DNA 单链样品。接着使用表面修饰了互补 DNA 单链的 Au 纳米颗粒与之结合。还有另外一种方式是，使用 DPN 技术在 Au 基底上沉积图形化 MHA 层后，将这些图形化 MHA 层作为光刻胶来保护底下覆盖的 Au 基底。将未被覆盖的 Au 基底去除后，剩下由 MHA 层保护的金纳米结构。MHA 层经紫外光辐照后被去除，余下的金纳米结构暴露出来。这些金纳米结构能与被硫醇基团修饰的 DNA 单链结合，之后修饰了互补 DNA单链的 Au 纳米颗粒也能与之连接。经硫醇基团修饰的 DNA 单链也可以直接混入到 DPN针尖蘸取的溶液中，而后直接沉积到金基底表面。通过这种方式已经能在基底上制备长约 150 nm 的 DNA 结构。蛋白质的图案化沉积也能采用类似的方法实现。首先在金基底的图形化区域沉积上 MHA，金基底上的剩余区域填充上经低聚乙二醇（OEG）修饰的硫醇类化合物。蛋白质分子通常具有较高黏性，在制备微型化的蛋白质结构时，需要考量如何避免蛋白质分子黏附作用的影响。聚乙二醇这种聚合物材料可以有效地预防蛋白质分子的吸附，并且带有低聚乙二醇基团的硫醇类化合物也能很好地抑制蛋白质分子的吸附，因而可以用于控制生物分子在基底表面的组装。将含有免疫球蛋白（IgG）的生物样品滴加在由 MHA 和 OEG 构成的 MHA/OEG 图案化基底上后，IgG 蛋白只能吸附在MHA 修饰的表面区域。或是将 DPN 中的针尖浸渍在含有 IgG 蛋白的溶液中后，直接在空白 SiO_2 基底上书写，IgG 蛋白能与表面修饰了醛基官能团的 SiO_2 基底直接通过共价键相连。

　　DPN 技术主要是沉积生物分子，有些情况下需要选择性去除一些生物材料。其中一种是通过物理刮擦的方式将吸附质从固体基质表面去除。在此过程中，原子力显微镜的针尖浸入含有硫醇化分子的溶液，对针尖施加压力的同时使其沿着基底表面做扫描运动。在将硫醇类化合物从基底表面移除后，溶液相中的新的溶剂分子吸附在暴露出来的基底表面上。这种方法也可以在除去基底表面的硫醇分子层后，替补上溶液相中修饰了硫醇基团的 DNA 片段，从而达到固定 DNA 分子的目的。原子力显微镜的针尖也可在由经硫醇基团修饰的 DNA 片段组成的单分子层中制造孔洞。功能化 DNA 单分子层的厚度由此可以通过测量单分子层的顶部和单分子层与基底表面的相邻区的高度差得到。另外，还可以在孔洞部分填补上具有不同链段长度的经硫醇基团修饰的 DNA 单链。再在基底表面添加上具有匹配链段长度的 DNA 单链，使两者杂合后均固定在基底表面，通过对比原子力显微图像中该区域的高度变化可大致判断两者是否成功结合。物理刮擦也可以用来固定蛋白质分子。研究者用原子力显微镜的针尖在被低聚乙二醇封端的基底表面制造出部分空白区域，并将带有三种不同官能团（甲基、氨基和羧基）的硫醇类化合物吸附在这些空白区域。在将含有溶菌酶的溶液滴加在表面后，溶菌酶蛋白质分子只能吸附在含有羧基的硫醇类化合物覆盖的区域。

3. 定域光聚合技术

定域光聚合技术（localized photopolymerization technology）可以较方便地将自组装的烷基硫醇的自组装单层膜 SAM 图形化，是实现生物分子在微米尺度范围内图形化组织的有效方法之一。烷基硫醇在空气和紫外线中暴露后，会被氧化为与基底结合力较弱的烷基磺酸盐，随后会被溶液中的硫醇类化合物取代。将覆盖在基底上的烷基硫醇单层暴露在透过遮罩的紫外光下，就能实现表面的选择性氧化，再将其浸入含有新鲜硫醇类化合物的溶液中后，在暴露区域就会生成新的硫醇类化合物吸附区域，而未暴露区域会保留原有的烷基硫醇单层。由这种方法得到的图案化的 SAM 可以用蛋白质分子或聚合物纳米颗粒进行表面功能化。扫描近场光刻（scanning near field lithography）技术能以纳米级的空间分辨率实现对多种材料的图案化，再加上该技术能在流体介质中工作，使得快速制造具有纳米级别结构特征的复杂多组分阵列样品成为可能。

7.2　仿生纳米科技

生物界中出现了许多非常精细和高效的自组装案例，细胞生物学中也有足够多的范例表明依据仿生纳米技术制造蕴含复杂运行机理的精细机械装置是可行的。这部分主要介绍一些以生物学原理指导制造纳米尺寸装置的示例，这些尝试毫无疑问将为纳米仿生技术的蓬勃发展奠定基础。

7.2.1　DNA 作为纳米生物技术的基本构造单元

DNA 分子中特殊的碱基互补配对原则使得其成为由自组装构建复杂纳米结构过程中重要的构件。DNA 分子的自组装原理如下。DNA 双链是由含有四种碱基基团的脱氧核糖核苷酸按一定顺序排列组成的有序共聚物。这四种碱基包括腺嘌呤（A）、鸟嘌呤（G）、胞嘧啶（C）和胸腺嘧啶（T），A 与 T 和 C 与 G 两两之间形成多重强氢键，使得两段互补的 DNA 单链能够相互紧密结合后形成双螺旋结构。在自然条件下，DNA 分子的两条单链在整个链段长度范围内处于同一位置的碱基都是互补配对的，进而呈现出单一线状的双螺旋结构。但是，当今的技术已经能制备按照任意碱基顺序排列的 DNA 链段，进而为构建更复杂的 DNA 结构提供可能。假设此时有三段具有不同碱基排列顺序的 DNA 片段。片段 1 由 X 和 Y 两段 DNA 单链结合而成，片段 2 包含 X 的互补链 X′ 和另外一个 Z 单链，片段 3 包含 Z 的互补链 Z′ 和 Y 的互补链 Y′。将这三个 DNA 片段混合后，它们会按照碱基互补原则相互结合，形成一个通过分叉点连接三个双螺旋 DNA 片段的特殊结构。采用类似的方法可以构建更加复杂的连接复合体。从 DNA 片段出发构建三维结构的关键结构单元是 DNA 片段的黏性末端。假设某段 DNA 分子中一条单链的末端增补了一段黏性末端。这段黏性末端可用于该段 DNA 分子与具有互补黏性末端的另一段 DNA 分子相连。通过合理设计具有适宜黏性末端的分支型 DNA 片段，就能将这些 DNA 片段组装成二维或三维结构。美国科学家 Seeman 等利用四条单链 DNA 构建了一种四臂结构，并形象地将此命名为 DNA "瓦片"（DNA tile）[12]。这种 DNA "瓦片"的四个臂均留有黏性末端，不同瓦片之间通过这种黏性末端相互连接，可构成如图 7-6 所示的无限延伸的二维平面结构；通过巧妙地设计带有六个黏性末端的 DNA "瓦片"，构筑成一个三维立体的网络结构，进而将蛋白质分子固定到网络中，利用此网络结构便于蛋白质结构的解析。该领域的相关研究展示了生物分子自组装的巨大潜力。但是这些研究能够有以下三个可能的应用方向，一是为纳米颗粒的生长和相互作用提供指导，二是作为分子电学装置的模板，三是制造纳米机器和马达。

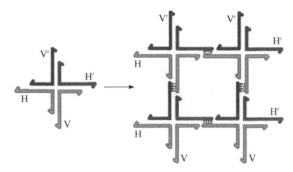

图 7-6　从四条单链 DNA 构建的四臂结构出发制备二维平面结构

1. DNA 用于指导自组装

纳米颗粒间常发生较为激烈的相互作用，但这些相互作用具有非特异性并且是不可逆转的。将 DNA 片段的特定序列连接到纳米颗粒的表面，然后利用 DNA 片段的碱基配对原则实现这些纳米颗粒作为构造单元的精准组装。假设有两种不同类型的纳米颗粒 A 和 B，那么可以通过构建两种不同的且非互补的 DNA 片段，一种 DNA 片段连接到颗粒 A，另外一种连接到颗粒 B。假如这些金纳米颗粒都是金胶体颗粒，并且这些 DNA 片段的末端都连接了烷基硫醇基团，那么这些 DNA 分子就很容易将其末端连接到这些金胶体颗粒上形成聚合物刷子。假如两种类型的胶体颗粒相互混合，因为其表面连接着不同的且非互补的 DNA 片段，那么它们之间并不会发生相互作用，所以得到的是空间稳定的胶体。假如某些 DNA 片段有两个黏性末端，其中一个与连接到颗粒 A 表面的 DNA 片段的序列互补，另外一个与连接到颗粒 B 表面的 DNA 片段的序列互补，那么这些 DNA 片段就会作为特殊的连接剂将 A 颗粒与 B 颗粒连接起来。中国科学院国家纳米科学中心于 2020 年提出一种全新的利用形状匹配调控 DNA 引导自组装的策略，用来构建基于金纳米环的异质结构。研究者利用 DNA 修饰的金纳米环与金纳米球的形状匹配策略进行自组装，构建了如图 7-7 所示的具有明确几何构型的不同金纳米环异质结构，如类土星、钻戒和蝴蝶结构型的纳米结构[13]。其组装规则是通过金纳米环和金纳米球的尺寸形状匹配度进行调控，并通过纳米粒子间 DNA 的碱基互补识别进行驱动。研究者将 DNA 分子用于指导纳米结构的自组装，就能以较高产量合成尺寸可控、形貌均一的金纳米环。

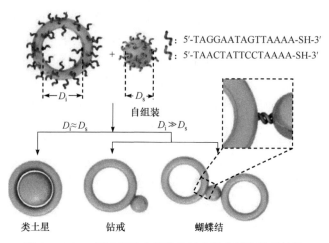

5′-TAGGAATAGTTAAAA-SH-3′
5′-TAACTATTCCTAAAA-SH-3′

图 7-7　DNA 用于指导自组装基于金纳米环的异质结构

2. DNA 作为分子电学装置的模板

　　由 DNA 分子组装形成的结构是否能用于组成电路呢？前文叙述已经表明,由碱基排列顺序经过精心设计的 DNA 片段通过自组装的方式可以形成较为复杂的精细结构。但是 DNA 分子自身有限的电学性质降低了其成为电学装置核心部件的可能性。DNA 分子严格来说属于绝缘体,所以 DNA 分子不能被直接用作分子导线,但是可以用作模板指导生长其他纳米线。研究者将两端都修饰了烷基硫醇基团的 DNA 片段连接到相距为 12～16 μm 的两个金电极上,为了将不导电的 DNA 片段转变为电子的良导体,第一步就是使用银离子交换带负电的 DNA 链段上的钠离子。接着使用对苯二酚的碱性溶液将银离子还原,进而在沿着 DNA 骨架的方向上产生一连串相连的银纳米颗粒。然后在反应溶液中加入对苯二酚的酸性溶液和银离子,紧接着在光照条件下,更多的银离子被还原后沉积在已有的 Ag 纳米颗粒晶核上,以至形成连续的 Ag 纳米线。

　　将利用 DNA 片段制备纳米线和利用 DNA 片段组装纳米颗粒的想法结合起来,就能设计并组装出具有特定功能的分子电学装置。首先将具有特定碱基排列顺序的 DNA 单链与某个蛋白质分子结合起来,再由这个经蛋白质分子修饰的 DNA 单链得到特定的具有互补碱基排列顺序的 DNA 片段。接着表面修饰了链霉亲和素的碳纳米管通过与蛋白质连接的抗体连接到上述 DNA 片段上。随后将这段 DNA 片段用金属 Ag 颗粒覆盖。而 DNA 片段上与碳纳米管相连的那部分在蛋白质分子的保护下,并未被金属 Ag 颗粒覆盖。最后就制造出连接两个纳米导电电极的半导体纳米管结构,当在基底上施加门电压时,上述组装的结构就具有场效应晶体管的功能。德国科学家于 2012 年报道了一种可以控制 DNA 结构的形成和金属化的方法[14]。研究人员使用了一种包含“固定序列”和“金属化序列”的 DNA 链,这段“固定序列”修饰了炔基官能团,通过“点击反应”可以将其固定到修饰有叠氮基团的硅片上。另外一段 DNA 片段则有两个作用：一方面它修饰了可以诱导银纳米颗粒聚集的功能基团,另一方面它可以连接其他的 DNA 链。在制备过程中,需要将 DNA 链拉伸,并通过“点击反应”沉积并固定在硅片上。之后通过银纳米颗粒的金属化的过程将多股邻近的 DNA 链同时交联在一起,得到具有交替序列并且结构稳定的导电

DNA 纳米线。研究者使用原子力显微镜探针测量同一 DNA 导电纳米线不同长度链段的导电特性（结果参见图 7-8），测量结果说明该 DNA 导电纳米线的导电性与多晶金纳米线或一维金纳米颗粒链段的导电性相当，未来可能用作微纳电路中的导电通路和纳米晶体管。采用选择性覆盖金属纳米颗粒等方式，将由 DNA 片段连接形成的复杂结构组装为三维结构，在选定区域以可控的方式连接半导体单元（如纳米管）、半导体纳米线或导电聚合物分子，即可制备得到具有特定功能的电学器件，进而为未来制造基于纳米级别半导体器件的集成电路奠定基础。

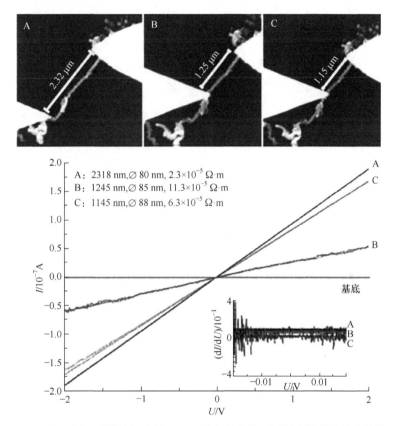

图 7-8　原子力显微镜用于测量 DNA 导电纳米线不同长度链段的导电特性

3. 基于 DNA 的马达和纳米机器

碱基互补配对的特异性和可预测性使得研究者既可以设计具有特定碱基序列结构的 DNA 片段再经自组装获得特定结构，又可以设计特定的组装结构发挥特殊功能（如催化）。这就使得从 DNA 出发制造具有实质功能的纳米机器成为可能。图 7-9 是一个典型的 DNA 纳米机器的工作原理示例。研究者设计了一个催化剂分子 M，该分子与复合体 QL'连接后，使得复合体发生开环反应。某段与复合体中 L'的碱基序列互补的单链 L，与 QL'中的 L'结合后，取代了催化剂分子 M。此时的催化剂分子 M 又可以参与新的复合体 QL'的反应。在整个催化反应的过程中，催化剂分子发生了周期性的构型变化，即从线圈状变为棒状，接着再变回线圈状。这种构型变化事实上还可以被用来做功。驱动整个催化过程的动力是复合体 QL′与 DNA 链段 LL′之间碱基对结合能的差值，所以设计并完成整个催化反应的关键在于每个步骤的发生不需要克服能量势垒并且伴随着整个系统自由能的降低。

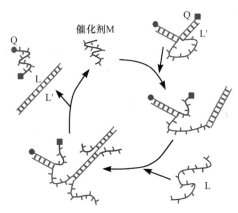

图 7-9　典型 DNA 纳米机器的工作原理示例

7.2.2　分子马达

分子马达（molecular motor）是生物学中最引人注目的纳米级机器装置之一，蛋白质分子的纳米级聚合体能够以极高的效率将化学能直接转化为机械能。这些分子马达可以在从简单的单细胞原核生物（如大肠杆菌）到复杂的多细胞真核生命体（如人类）中找到其身影，并在这些生物体中发挥各种不同的功能与作用。这些作用具体包括推动单细胞生命体前进、转移真核细胞中的原料和结构体、为多细胞动物的肌肉组织供能等。在生命的演化过程中出现了非常多不同种类的分子马达。研究生物分子马达在分子生物学和生物物理学中具有极其重要的意义，对于纳米技术领域则具有双重意义。首先，生物分子马达为仿生提供了重要的模型对象。生物分子马达从某种程度来讲已经达到了相当完美的境界，它们设计和运行所遵循的原则，如生物分子马达对纳米尺度范围内特有的布朗运动和表面张力作用等的有效利用，为研究者制作人工分子马达提供了参考。其次，生物分子马达出现的细胞为研究者提供了有效的生物活性原料，这些原料在合成和生物纳米技术共同作用下可以被重新组装成具有特定功能的复合结构。

在讨论生物分子马达的详细工作机理之前，首先要对生物分子马达的工作模式有初步的认识。生物分子马达可以比作宏观层面上的热机。类似于汽油发动机，生物分子马达将燃料的化学能转换为有用的机械功，但也仅限于功能结果上的相似。对于热机来讲，化学能首先转化为热能，然后在热能从高温热源流向低温热源的过程中做功。而在生物分子马达中，化学能在常温条件下直接转化为机械功。该转化过程依靠一个化学反应循环得以实现，即储能分子三磷酸腺苷（adenosine triphosphate，ATP）水解后产生腺苷二磷酸（adenosine diphosphate，ADP）和一个磷酸根离子，该反应进行的同时，分子马达中的蛋白质分子的构象发生改变。尽管生物分子马达所处的纳米尺度环境中存在诸多掣肘，但是生物分子马达往往能表现出惊人的高效率。在传统的宏观机械工程领域中的资深从业者看来，制造一种能在非常高耗能环境下工作、依靠布朗运动进行持续搅拌、拥有容易粘在一起的表面且使用缺乏刚性（该性能通常被认为是维持设计系统稳定的先决条件）的组件来组装的马达装置几乎是不可能实现的。然而生物分子马达通过利用纳米世界中特殊的现象和规律得以成功运转。研究者可以很容易地将生物分子马达分为线性马达（单个分子沿着轨道运动）和回转马达（产生旋转运动）。线性马达包括非常多种类的肌球蛋白（有些能驱动肌肉组织的运动），以及驱动蛋白（用于运输细胞内的细胞器）。回转马达包括细菌的鞭毛马达（驱使细菌游动）和 ATP 合成酶（用于合成储能分子 ATP 的酶）等。

1. 分子马达的运转

通过单分子实验以及借助 X 射线衍射和高分辨电子显微技术，研究者可以对生物分子马达的运转过程进行详尽研究。对于包括肌球蛋白和驱动蛋白在内的线性生物分子马达，需要特别注意两个关键点。一个是连接位点，即蛋白质分子与储能分子 ATP 在何处相连。另外一个是黏性区块，即作为马达的蛋白质分子与其运行的线性轨道（肌球蛋白对应肌动蛋白丝，驱动蛋白对应细胞微管）间发生可逆黏结的区域。对于肌球蛋白分子马达，当 ATP 分子连接到蛋白分子上的 ATP 连接位点后，整个流程开始运行。受限于连接的 ATP 分子，肌球蛋白与肌动蛋白丝间的关联度最低，肌球蛋白的顶部与肌动蛋白丝轨道处于分离状态。ATP 分子接下来发生水解生成了 ADP 和磷酸基团，肌球蛋白的顶部连接到一条肌动蛋白丝轨道。磷酸基团随后离开了催化反应位点，使得肌球蛋白的构象发生变化。蛋白质分子构象变化过程产生的力为生物分子马达提供了动力冲程。在遗留的 ADP 分子脱离蛋白质分子后，新的 ATP 分子连接到催化反应位点上，肌球蛋白的顶部与肌动蛋白丝轨道发生分离，由此开启新的运转流程。

回转生物分子马达运转的过程中也会出现构象变化与化学反应间的偶联作用。最小也是最重要的回转生物分子马达是 ATP 合成酶。作为所有生命体的普遍特征，ATP 合成酶利用储存在氢离子浓度梯度中的能量，从腺苷二磷酸分子和磷酸根离子出发合成了含能的三磷酸腺苷分子，并在合成过程中发生旋转运动。相应地，该回转生物分子马达也可以反向运转，即使用 ATP 作为能量来源实现氢离子的跨膜运输。这个复杂的生物分子马达可以分为两大功能区域。其中的氢离子泵单元为 F0，这部分位于薄膜中，包含薄膜上允许质子进出的通道。合成或分解 ATP 的单元为 F1，这部分包含通过固定杆连接到 F0 单元的六个子单元。穿过 F0 单元的六个子单元中心的连线为旋转轴，基于 ATP 合成酶的回转生物分子马达的结构示意图参见图 7-10。当 ATP 合成酶作为氢离子泵时，ATP 发生水解时伴随着 F1 单元中六个子单元的构象变化，带动旋转轴发生旋转。穿过 F0 单元的旋转轴的部分旋转使得氢离子沿着离子通道泵出。而当该回转生物分子马达合成 ATP 时，氢离子进入离子通道使得旋转轴发生旋转。ATP 合成酶作为生物分子马达具有极佳的机械性能，当其作为离子泵时，每个连接的 ATP 分子均会产生 $120°$ 的旋转。ATP 分子水解产生的能量转化为大小约为 $24\ k_BT$ 的应变能，其转变为机械能的效率接近 100%，使得生物分子马达的转矩达到 $45\ \mathrm{pN \cdot nm^{-1}}$。如此高的转换效率体现了生物分子马达区别于热机的显著特征。生物分子马达并不受经典热动力学中卡诺循环的热机效率的限制，它们依靠布朗运动和分子构象变化来实现高转换效率，并且随着自然进化的推进，生物分子马达的设计经不断优化后更加适合在纳米尺寸微环境中运行。

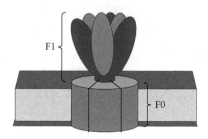

图 7-10 回转生物分子马达的结构示意图

2. 生物分子马达作为合成系统组分

生物分子马达的优异性能表现使其适用于制造具有合成功能的纳米装置。到目前为止，人工分子马达的性能远不及这些生物分子马达，但是这些生物分子马达的缺点在于只能在某些特定的生理环境下使用。当前将生物分子马达组装成具有合成功能的纳米装置的过程还停留在原理验证阶段，需要确信生物分子马达能从它们所处的生物环境中取出，并且在新的环境下依然能保持在原来生物环境中的高转化效率。目前生物分子马达蛋白质已经被用来在人工合成环境中表征蛋白质线性马达，即动力实验。例如，在滑动实验中，先将一层线性马达蛋白质分子（常用驱动蛋白）固定在表面，然后将含有微管的溶液滴加在该表面上。此时要求表面上生物分子马达的分布密度足够高，微管也要足够长，从而使得每个微管至少能连接到三个驱动蛋白分子。之后再在溶液中添加足够的ATP 分子作为能量源，微管就会在驱动蛋白的推动下在整个表面上连续运动。这样由驱动蛋白覆盖的表面可以用作分子的运输工具，即在纳米级化学装置中将分子从一处运往另一处。但是为了实现这项功能，需要首先解决两个问题。一个是需要找到引导微管运动到目标位置的方法，另一个是如何在微管上装载和卸载分子。引导微管运动的方法包括将分子生物蛋白吸附在预先设定好的轨道上。研究者可以通过使用电子束刻蚀、光刻或软光刻技术在表面上制造可以选择性吸附生物分子马达蛋白质的线状区域或物理通道。待这些生物分子马达蛋白质被吸附在物理通道的底部时，相应微管的运动路径只能由这些物理通道的排布来决定。另一种控制微管运动的方法是使用外场。研究者通过在表面上制备图形化的电极阵列来施加电场，或者对经磁性微球修饰的微管施加磁场等方式来实现对微管运动的控制。研究者可以利用特殊的蛋白质-配体键合对将微管和货物分子连接起来。具体示例包括使用蛋白生物素对微管进行处理后，利用生物素与链霉亲和素间的特殊作用，将被链霉亲和素覆盖的小珠与微管相连。但是，当今该领域的研究距离将生物分子马达用于特定纳米合成装置中的物质传输还有较多问题待解决。另外一个示例是将 ATP 合成酶中的旋转分子马达部分（F1 单元）与合成系统进行整合。首先采用电子束刻蚀技术在表面上制造具有纳米结构的镍柱阵列，然后通过自组装在每个镍柱上修饰旋转分子马达，接着利用生物素与链霉亲和素间的特殊作用将纳米推进器与每个旋转分子马达相连。在系统中加上含有 ATP 的溶液后，纳米推进器就会相应启动。

7.2.3　人工光合作用

相干电子运输只有在自然界中少数情况下才会显示其重要性，所以很难在自然界中找到具有和分子电子器件类似功能的生物分子装置。光合作用过程中，由蛋白质和染料基团组成复合物可以有效地收获光能并将其高效地转化为化学能。研究者已经对该光合作用过程进行了详尽的研究，并且基于对该过程运行规则的了解，尝试使用人工手段来实现该光合作用过程，即人工光合作用（artificial photosynthesis）。一些研究者还将光合作用中涉及的设计原则用来设计新型太阳能电池，而有些研究者则直接复制光合作用模型来制造光电器件。在最简单的光合作用系统——紫细菌中，光合作用发生在位于细胞壁内的薄膜上，并且包围着整个细胞。而对于更高级的绿色植物，光合作用则发生在特定细胞器——叶绿体的膜结构上。光合作用系统的核心部分是染料分子——叶绿素 II（chlorophyll II），光能在此处触发电子-空穴对的产生，电子和空穴需要在再结合发生之前传导到处于与叶绿素 II 分子以及蛋白质分子复合物（光合作用反应中心）不同空间位置的三个染料分子上。这些电子最终会传导到游离的醌类染料分子上，由此触发了一系列关联反应，将含氢原料氧化，使得细胞器膜内的氢离子浓度高于膜外。生成的氢离子浓度梯度被用于驱动与细胞器膜相连的 ATP 合成酶，使得能量存储在 ATP 中，进而为细胞中进行的其他生物化学过程提供能量。在最简单的光合作用细菌中，氢离子来源于硫化氢的还原反应。而对于更复杂的绿色植物，氢离子来源于水分子，并且光合作用的副产物是氧气。值得注意的是，光捕获复合物（light-harvesting complexes）的存在使得光合作用的效率得到显著提高。而这些光捕获复合物包含非常多的染料分子，总数可达几十种或几百种，它们和蛋白质分子以特殊的空间排布方式相连，使得光生电子和空穴在到达叶绿素 II 分子构成的反应中心前能快速通过。不同的染料分子能吸收不同波段范围的太阳光，使得光合作用过程的转换效率大大提升。

光合作用过程为太阳能转换为电能和化学能提供了有效模型。研究者尝试用两种方式来人工模仿这个高效的能量转化过程，一种是直接照搬光合作用的机理，还有一种是只仿照光合作用的运转规律。第一种方法首先是人工合成卟啉类化合物的衍生物，然后将其与嵌在磷脂双分子层中的 C_{60} 富勒烯相连。利用这些分子的空间共轭效应，使其在吸收光后产生的激子对分离成电子和空穴，同时产生的能量使氢离子穿透细胞器膜。假如将这些分子嵌入到脂质小泡或脂质体的膜层中（图 7-11）。那么经光照后，氢离子将在这些囊泡内源源不断地产生。由此产生的氢离子浓度梯度可以驱动 ATP 合成酶，使得光能以 ATP 的形式储存起来。这种合成方式与自然界中的方式非常类似，并且都产生了含能 ATP 分子。第二种方式只是借鉴了光合作用的概念，如在 TiO_2 表面修饰上染料分子后组装成光压或光电化学装置。光压装置运行时涉及两个非常重要的过程，首先是吸收光子后产生一对光生电子-空穴对，随后电子和空穴分离后被分别传导到相应的电极上。对于光压装置，这两个过程都发生在半导体材料中。而光合作用过程则依靠染料分子中产生的激子对。染料敏化太阳能电池中将激子的产生和载流子的传导过程分离开，光吸收过程发生在吸附于宽禁带半导体纳米结构表面的染料分子中，分离后的电子被注入 TiO_2 中，并且与 p 型半导体连接后形成完整的电路。这类太阳能电池与常规太阳能电池相比，它们具备较高的能量转换效率的同时，还拥有造价低等优点。

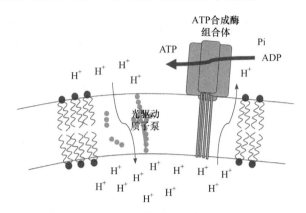

图 7-11　人工光合作用薄膜的结构示意图

7.2.4　仿生机器人

美国约翰·霍普金斯大学开发了体积小至 1 mm³ 的 Starfish bots 小海星机器人，参见图 7-12（a）。这款机器人的微小的触手由具有磁性的镍金属制成，能根据所处环境中的 pH、温度和酶含量开合微触手。这款海星机器人可以被用在医学检查上，避免医生通过微创手术的方式来检测各种癌症。德国马克斯-普朗克研究所的智能系统科学家团队开发了 Micro-scalops 仿扇贝微型机器人，参见图 7-12（b），它能在血液、眼球液及其他体液中游动，进而输送药物或者修复损伤细胞。扇贝更适合采用前后移动的运动方式，模仿扇贝运动的 Micro-scalops 即使在有一定黏度的体液中移动也不需要太多动力，只需要外部磁场提供能量。由加拿大研究团队研发的新型纳米机器人试剂（nanorobotic reagent）能够在血液中穿梭，将肿瘤活跃的癌细胞作为靶标并进行给药。纳米机器人试剂实际上是由生长了 1 亿多条鞭毛的细菌组成的，并以一个完全自主的方式推进。当在机器人上承载药物时，能按需要到达身体需要治疗的病灶。这种方式可确保注射药物更好地定位到肿瘤，避免危及器官和周围健康组织的完整性，因此能通过减少药物剂量以削弱药物毒性对人体的影响。

 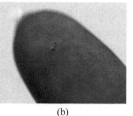

(a)　　　　　　　　　(b)

图 7-12　（a）Starfish bots 小海星机器人；（b）Micro-scalops 仿扇贝微型机器人

7.3　纳米生物计算机

分子生物学技术在纳米技术的帮助下，不仅可以实现生物大分子各级结构与功能的解析，还能促进生物芯片和生物计算机等纳米器件的发展和应用。与生物芯片类似，纳米生物计算机（nano-biocomputer）的工作原理与 DNA 分子的生化反应过程紧密相关，其工作过程以生物分子计算为基础。

7.3.1　生物分子计算

分子生物学在过去半个世纪的进程中，已经将常见的生命现象拆分成大量的基因和蛋白质问题的组合。人们在研究分子生物学的过程中发现，生物大分子间发生的物理和化学作用过程与计算机传输和处理信息的过程存在一定相似性，甚至还发现某些"生物电路"具备逻辑运算功能。某些蛋白质的主要功能也并不是用于生物结构的构建，而是信息的传输和处理。甚至在生物的糖酵解过程中发现了一些基于逻辑门的逻辑运算现象。这些发现说明发展生物分子计算机的可能性。分子计算机主要依靠 DNA 和 RNA 的分子特性和它们的生化反应实现计算功能。以针对某个具体问题的生物分子计算过程为例，首先需要利用 DNA 聚合酶按照特殊编码方案合成 DNA 分子，接着是利用 DNA 分子的碱基互补配对原则和连接反应生成多种可以代表该具体问题所有可能解的分子。随后利用限制酶破坏非该具体问题解的分子，再借助聚合酶链式反应（PCR）和电泳技术来去除错误解的分子，那么余下的就是正确解的分子。生物分子计算可概括为三个基本步骤：①分析合成环节：对要解决的问题进行分析后，采用特定的编码方式合成 DNA 链并将该问题反映到 DNA 链上。②核心处理环节：合成的 DNA 链根据碱基互补配对原则发生连接反应和杂交，执行该核心处理过程后得到含有答案的 DNA 分子混合物。③提取分析环节：用提取法或破坏法从上述含有答案的 DNA 分子混合物中获取产物 DNA。当遇到比较复杂的问题时，只执行一次核心处理和提取分析过程得到的是中间结果，可以重复实施这两个环节多次直至获得较为满意的答案。经过生物分子计算中的核心处理环节，产生类似于某种数学过程的一种组合的结果，因而生物分子计算不仅被认为是关于生物和化学的新思维方式，也是一种关于计算的新思维方式。Adleman 最早于 1994 年运用 DNA 计算方法解决哈密顿路径问题，由此证实了分子生物学技术在进行分子水平计算的可能性。生物分子计算还可用于解答矩阵乘法、满意问题和最大集合问题等其他问题。

7.3.2　DNA 生物计算机

DNA 生物计算机（DNA biocomputer）将 DNA 分子中的密码作为存储数据。在某种特定酶的作用下，DNA 分子在较短时间内完成某种特定的生物化学反应，实现从一种基因代码（A）向另一种基因代码（B）的快速转变。如果将反应前的基因代码 A 视为输入数据，该特定的生物化学反应视为运算过程，那么反应后的基因代码 B 就可以视为运算结果。通过利用一系列丰富且精确可控的化学反应，对 DNA 分子的双螺旋结构进行包括破坏、标记、扩增等多种操作，进而实现多种类型的运算过程，这就为研制以 DNA 为芯片的新型计算机奠定了基础。这种基于 DNA 芯片的新型计算机的运算逻辑和存储方式与传统计算机完全不同，因而在解决某些复杂问题时表现出特殊优势。美国杜克大学研究人员设计合成不同 DNA 链，以恰当浓度在试管内进行混合后，借助分子链接形成和打破后测定特定 DNA 链浓度，由此模仿模拟电路进行加、减、乘运算[15]。研究人员首先合成

DNA 的短片段，将一些单链和一些以单链结束的双链在试管中进行混合。当单链和部分双链的其中一个在一端进行了完美的匹配后，抓住并且绑定，再取代以前绑定的链并使其分离，过程如图 7-13 所示。在电路中新产生的链可以与其他下游的互补 DNA 分子轮流配对，形成多米诺骨牌效应。当反应达到平衡时，研究人员通过测量特定的 DNA 链浓度，以模拟方式进行加、减、乘运算，而无需使用特定电路将其预先转化为 0 或 1 态。目前，"试管计算机"只能做一些有限运算且运算时间较长，因而无法与现代个人电路或其他传统设备进行竞争。但是作为生物分子计算中最具代表性的器件，以生物技术为基础的 DNA 计算机正逐步发展，并将在未来对以集成电路为核心的传统计算机发起挑战。传统计算机受限于自身计算方法的局限、无机硅芯片的存储极限以及集成电路制造的复杂性，而 DNA 计算机则能在超微结构构建、超大存储量和超快运算速度方面表现出明显优势，甚至还能在 DNA 计算机上实现数据并行处理和芯片自修复等功能。

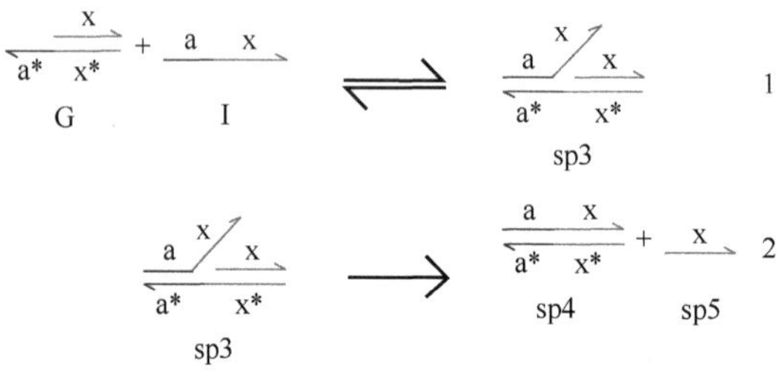

图 7-13　DNA 模拟计算中 DNA 分子链接的形成和打破过程

纳米技术为研究者提供了纳米尺度范围内探索生物系统奥秘的诸多新技术新手段。针对单个细胞核单个生物分子的研究的开展将为人类揭示更多微观世界的组成和运行规律。微型化系统在生物分子分离和分析中的应用，不仅会增强人们对微观世界的认知，还可能会帮助人们加强对疾病的认知并开发出新的治疗方法和手段。细胞生物学则为纳米装置和机器的研发提供了可供借鉴的实例，这些纳米装置和机器未来能被整合成更加复杂和精密的人工系统，遵循和生物装置相似的运行原则，实现特定的生物功能等。

习　题

1. 什么是生物芯片？DNA 芯片和蛋白质芯片的工作原理分别是什么？

2. 什么是微全分析？微流体系统中的驱动力有什么来源？微流体系统中怎样实现生物样品分离？

3. 荧光标记法和荧光探针分别是什么？扫描探针技术怎样用于生物成像？

4. 原子力显微镜在生物系统中怎样实现力谱测量？什么是光镊技术？它的原理是什么？

5. 怎样在纳米尺度下实现生物分子结构的组装？

6. DNA 分子在仿生纳米科技中有什么应用？

7. 研究生物分子马达有什么意义？生物分子马达的工作模式是怎样的？简述不同类型生物分子马达的运转过程，以及其作为合成系统组分时的作用。

8. 人工光合作用有哪两种方式?

9. 简述 DNA 生物计算机的运行原理。

10. 展望未来纳米材料与技术将怎样影响未来生物医学的发展。

参 考 文 献

[1] 唐元洪. 纳米材料导论[M]. 长沙: 湖南大学出版社, 2011.

[2] 鲍久圣. 纳米科技导论[M]. 北京: 化学工业出版社, 2021.

[3] 陈乾旺. 纳米科技基础[M]. 北京: 高等教育出版社, 2014.

[4] 袁哲俊, 杨立军. 纳米科学技术及应用[M]. 哈尔滨: 哈尔滨工业大学出版社, 2019.

[5] 姜山, 鞠思婷. 纳米[M]. 北京: 科学普及出版社, 2013.

[6] Schena M, Shalon D, Davis R W, et al. Quantitative monitoring of gene expression patterns with a complementary DNA microarray[J]. Science, 1995, 270(5235): 467-470.

[7] Manage D P, Morrissey Y C, Stickel A J, et al. On-chip PCR amplification of genomic and viral templates in unprocessed whole blood[J]. Microfluid Nanofluid, 2011, 10: 697-702.

[8] Zhang P, Wu X, Gardashova G, et al. Molecular and functional extracellular vesicle analysis using nanopatterned microchips monitors tumor progression and metastasis[J]. Science Translational Medicine, 2020, 12(547): eaaz2878.

[9] Liu J, Pan L, Shang C, et al. A highly sensitive and selective nanosensor for near-infrared potassium imaging[J]. Science Advances, 2020, 6(16): eaax9757.

[10] Yu L, Zhang W, Luo W, et al. Molecular recognition of human islet amyloid polypeptide assembly by selective oligomerization of thioflavin T[J]. Science Advances, 2020, 6(32): eabc1449.

[11] Lee G U, Kidwell D A, Colton R J. Sensing discrete streptavidin-biotin interactions with atomic force microscopy[J]. Langmuir, 1994, 10: 354-357.

[12] Seeman N C. DNA in a material world[J]. Nature, 2003, 421: 427-431.

[13] Li N, Wu F, Han Z H, et al. Shape complementarity modulated self-assembly of nanoring and nanosphere hetero-nanostructures[J]. Journal of the American Chemical Society, 2020, 142(27): 11680-11684.

[14] Timper J, Gutsmiedl K, Wirges C, et al. Surface "click" reaction of DNA followed by directed metalization for the construction of contactable conducting nanostructures[J]. Angewandte Chemie International Edition, 2012, 51(30): 7586-7588.

[15] Song T, Garg S, Mokhtar R, et al. Analog computation by DNA strand displacement circuits[J]. ACS Synthetic Biology, 2016, 5(8): 898-912.

第8章　纳米科学与技术在紫外光电探测中的应用

8.1　紫外光电探测器简介

作为太阳能辐射的重要组成部分，紫外光辐射虽仅占整个太阳辐射的 10%，但却对地球上的生存和进化起非常重要的作用[1]。适当暴露在紫外光下能促进人体内维生素 D 的合成并可杀灭病菌和有害寄生生物等。但过量的紫外光辐射会危害人类健康，如诱发白内障、皮肤癌及加速肌肤老化等[2]。此外，农作物产量以及建筑物寿命都会受到紫外光辐射的影响，因而紫外光的检测对于科学探索和生产生活都有非常重要的意义。紫外光光谱依据波长不同可分为三个频段：320～400 nm 波长范围为 UV-A 区，280～320 nm 波长范围为 UV-B 区，200～280 nm 波长范围为 UV-C 区（深紫外区），真空紫外区的波长在 200 nm 以下。UV-B 与 UV-C 区的紫外辐射会对身体或皮肤产生伤害，并且人类允许暴露的最大紫外辐射量为每秒 3 mJ·cm^{-2}[3]。依据爱因斯坦光子假说中的光电效应理论，人们研制出将紫外光信号转换为电信号的半导体紫外光探测器并由此实现对紫外光辐射的检测[4]。近一个世纪以来，现代的紫外光探测器逐渐向高稳定性、高灵敏度、高响应速度、高选择性和高信噪比等方向发展，并因其在通信[5-6]、环境监测和火焰探测[7]等领域的潜在应用而广受关注。但人们生产生活需求的提升要求紫外光探测器具有一些新特性，如智能、柔性、小型化和自供能等。基础研究和技术应用领域均要求新一代紫外光探测器从敏感材料选择和装置构造方面进行创新。

8.2　探测器的特性参数

评价探测器的光电性能前需明确其工作条件，包括光源频谱分布、器件的光敏面尺寸和外加偏压、外电路通频带和带宽以及工作温度、湿度等。理想的高性能探测器一般需满足以下器件性能指标（performance parameter）：高灵敏度（sensitivity）、高信噪比（signal-to-noise ratio，SNR）、高光谱选择性（selectivity）、快速响应速度（speed）和高稳定性（stability）等，即"5S"标准[8]。相关参数的表述如下。

8.2.1　灵敏度

量子效率（η）是半导体光电探测器首要考虑的性能参数，计算公式如下[9]：

$$\eta = \frac{I_{\text{ph}}/q}{P_{\text{in}}/\hbar v} \tag{8-1}$$

其中，I_{ph}/q 为形成光电流被外电路收集的电子-空穴对数；P_{in} 为入射光功率；$P_{\text{in}}/\hbar v$ 为

吸收光子数；对应的 η 值是外量子效率[9]。量子效率还可直观表示为响应度（responsivity），即探测器的输出信号和输入量的比值，反映探测器将光辐射转换为电信号的能力。输入量包括辐射通量或辐照度等，输出信号可能是电压或电流。响应度 R 常定义为单位入射光功率到达探测器后在外电路产生的光电流的大小[10]：

$$R = \frac{I_{ph}}{P_{in}} = \frac{qn}{\hbar\nu} \qquad (8\text{-}2)$$

直接对比探测器的光电流大小可能受到光源在不同波长下光功率不一致的影响，使用响应度来对比可避免这个问题。R 值越大说明探测器在特定波长下的光响应越大。

8.2.2 光谱选择性

探测器是基于所用半导体材料吸收光子产生自由载流子而工作，只有入射光子能量大于或等于本征半导体禁带宽度或杂质半导体的杂质电离能才能被吸收，因而其光谱响应曲线存在长波截止边，计算公式如下[11]：

$$\lambda = \frac{\hbar c}{\Delta E} \qquad (8\text{-}3)$$

其中，λ 为波长；c 为光速；ΔE 为工作期间的转化能量，通常情况下数值等于本征半导体的带隙 E_g 或非本征半导体的杂质电离能，也可能是肖特基势垒高度。探测器的光谱选择性可通过复合不同半导体或采用能带工程进行调节。

8.2.3 信噪比

暗电流是探测器在没有信号输入和背景辐射时流经电极间的漏电流，是由不同机制所产生的附加电流的总和，如耗尽层中的产生-复合电流及其边界上少数载流子的扩散电流、表面漏电流和隧道穿透电流等。暗电流会产生散粒噪声而影响探测器对微弱信号的检测能力，因此光探测过程中需尽量减小暗电流。实际探测器的最高光探测水平取决于它对外来辐射的响应以及它的内部噪声。其内部噪声包括热噪声、电流噪声、产生-复合噪声和散粒噪声等。下列性能参数可用来表述器件的暗电流和噪声。

1. 噪声大小

信噪比是信号与噪声的比值，可用于判断噪声的大小，常用以下公式计算[12]：

电流信噪比：
$$SNR_i = \frac{i_s}{i_n} \qquad (8\text{-}4)$$

电压信噪比：
$$SNR_u = \frac{u_s}{u_n} \qquad (8\text{-}5)$$

为了提高被测信号的信噪比应当尽量降低噪声。单个探测器的信噪比还与光源的辐射功率和探测器的接收面积有关，直接使用信噪比作为性能评价标准有一定的局限性，还需引入其他特性参数以排除测试条件的影响。

2. 噪声等效功率

探测器不可能无限制地探测尽可能小的辐射信号。当辐射功率小到它在探测器上产生的信号完全被噪声所淹没时，探测器就无法区分是否有辐射投射在探测器上，即表明其探测辐射的能力存在下限，该下限可用噪声等效功率（noise equivalent power，NEP）表示。当辐射在探测器上产生的信号电压恰好等于探测器自身的噪声电压时，所需投射到探测器上的辐射功率为 P，这个辐射功率即噪声等效功率，单位为 W。该数值等于 1 Hz 带宽内、探测器信噪比为 1 时对应的入射光功率的均方根的大小，其计算公式为[13]

$$\text{NEP} = \frac{i_n}{R_i} \times \frac{i_s}{i_s} = \frac{i_s}{R_i} \times \frac{i_n}{i_s} = \frac{P_s}{\text{SNR}_i} \qquad (8\text{-}6)$$

该数值与探测器的噪声电压成正比，与其响应度成反比。由于该数值无法对不同探测器在不同探测条件下的性能进行对比，还需要引入其他特性参数如探测度、比探测度和线性动态范围等。

3. 探测度

探测度（detectivity）定义为噪声等效功率的倒数，常用 D 表示，对应单位为 W^{-1}。它表示单位功率辐射照射在探测器上时所获得的信噪比，该数值越大表示探测器的探测能力越强，其计算公式如下[14]：

$$D = \frac{\sqrt{A \cdot \Delta f}}{\text{NEP}} \qquad (8\text{-}7)$$

其中，A 为检测器的接收面积；Δf 为频率间隔。探测度与探测器的接收面积和放大器带宽乘积的平方根成正比。为了消除这些因素的影响，可设定探测器的光敏面积为 $1\ \text{cm}^2$、带宽为 1 Hz，可按以下公式计算得到比探测度（D^*）[14]：

$$D^* = \frac{R_\lambda}{(2eI_d / S)^{1/2}} \qquad (8\text{-}8)$$

其中，R_λ 为特定波长下的响应度；I_d 为暗电流；S 为探测器的有效光照面积；e 为电子电荷。

4. 线性动态范围

线性动态范围（linear dynamic range，LDR）也是用于评价探测器探测性能的重要参数，高线性动态范围反映出光探测器在复杂环境下探测微弱信号的性能优异，其计算公式如下[15]：

$$\text{LDR(dB)} = 20\lg(I_{ph} / I_d) \qquad (8\text{-}9)$$

8.2.4 响应速度

快速响应是高性能探测器的基本要求。初始时刻以恒定辐射强度照射探测器，其输出信号从零开始逐渐上升，经过一定时间后达到稳定值。此时停止辐射照射，其输出信号不是立即下降到初始值。信号上升或下降的快慢反映了探测器对辐射的响应速度。自由载流子的寿命，即过剩载流子复合前存在的平均时间，是决定大多数半导体光探测器衰减时间的主要因素。上升时间是探测器受到光辐射照射时输出信号由稳定值的 10%上升到 90%所需的时间，下降时间是探测器去除光辐射照射后输出信号由稳定值的 90%下降到 10%所需的时间。

8.2.5　稳定性

稳定性反映出光电器件在相同测试条件下的光电响应随时间变化是否能保持稳定的特性，以及在某些特定测试环境下器件能否长时间维持稳定的光电响应。探测器的稳定性决定了其适合的工作环境、使用寿命和可靠性。

8.3　光电探测器的构筑和性能测试

随着纳米科学与工程技术的发展，在原子和分子微尺度范围内构筑纳米功能器件已经逐步得以实现，也为深入研究纳米材料性能和结构提供方便。研究者可使用多种低成本自组装方法构筑高性能纳米结构器件。

8.3.1　光电探测器的构筑

1. 常见光电敏感材料

金属氧化物半导体具有独特的物理化学性质和良好的稳定性，并且来源广泛、成本低廉，常用于电子和光电子器件中。常见的金属氧化物半导体大多拥有较大的禁带宽度，是紫外光探测器的理想敏感材料。氧化钛（TiO_2）是本征 n 型宽禁带间接禁带金属氧化物半导体，其广泛应用在太阳能电池、光催化分解水和光催化等方面[16]，同时也是制备高性能紫外光探测器的备选敏感材料。包括纳米管、纳米线和纳米棒等在内的多种一维 TiO_2 纳米结构均为当今基础研究和相关能源装置的研究热点[17]。但光生电子-空穴对快速复合造成该类光电探测器较低量子效率和较差光电探测性能[18]。研究者提出了开发新型探测器结构、表面修饰、优化纳米线或纳米管的尺寸和构建新形貌等方法来实现响应度增强和响应时间缩短[19]。氧化锌（ZnO）是具有宽禁带宽度（3.37 eV）和较大激子结合能（约 60 meV）的金属氧化物半导体。ZnO 的高稳定性、低毒性、宽紫外光吸收范围以及独特的半导体特性使其广泛应用在紫外光探测器中[20]。ZnO 纳米材料可由湿法化学、物理/化学气相沉积、分子束外延、脉冲激光沉积、溅射、电纺丝及刻蚀等方法制得，制得的纳米结构包括纳米线、纳米棒、纳米管、纳米环和纳米带等[21]。使用简单的材料制备方法和方便快速的装置组装过程来制造 ZnO 纳米结构应用在实际光电探测中是很有必要的。具有高比表面积和物理灵活性的 ZnO 纳米颗粒膜易于合成、制备成本低廉，且制备的 ZnO 膜探测器的光导具有明显的开关效应，这说明其具有实际应用前景。但是 ZnO 膜探测器因光响应较低且响应速度较慢而严重阻碍了其实际应用[22]。文献报道认为氧气分子在纳米颗粒表面吸附和脱附过程形成的消耗层对于 ZnO 膜探测器的光导特性和响应时间具有非常重要的影响[23]。研究者使用多种方法如形成复合异质结构、与金属构建肖特基结来调控耗尽层以及探测器内光生载流子的行为以改善 ZnO 膜探测器的光响应并加快响应速度[24]。根据光探测器构造材料和结构的不同需要选择不同的光探测器组装方式。

2. 构筑单个纳米结构器件

单个纳米结构器件可用于研究单一纳米材料的结构-性能关系。特殊纳米效应的存在使其表现出不同特性，而相应的纳米器件也常具有不同于传统器件的特殊功能。在构建器件前需将非外延方法获得的纳米材料转移，之后有两种方法来构建相应的纳米结构器件。其一是在基底上先制作好电极，再将单个纳米结构分散在电极上并形成较好的底部接触。或者先在基底表面分散一些单个纳米结构，再在表面刻上电极使两者形成顶接触。相较而言，底接触法操作较为简单但成功率不高、接触不牢靠，顶接触法的电极和材料间接触牢固但操作复杂。制备电极的过程常需要使用光刻和电子束曝光等手段。光刻的一般工艺流程依次包含基底前处理、匀胶、烘干、曝光、显影、固膜、显影检验、刻蚀、除胶及最后检验。光刻过程将叉指电极的图形转移到基底上，接着使用薄膜沉积工艺如热蒸发、电子束蒸发和磁控溅射等在叉指电极的图形表面沉积金属电极，最后用溶剂除去光刻胶即在基底上得到相应电极结构。电子束曝光工艺可用于构筑一些更小尺寸的纳米结构器件。

3. 构筑纳米材料薄膜器件

纳米材料薄膜器件的组装比单个纳米结构器件简单。首先将纳米结构组装成薄膜，然后使用硬模板制作金属电极。一般纳米薄膜器件相对于单个纳米结构材料的性能有所提高，且常具有一些特殊性能，如透明性、柔韧性和可拉伸性。纳米材料薄膜的组装包括 L-B 膜组装法、旋涂法、层层连续吸附法、溶剂蒸发法、反应吸附法、静电纺丝和油/水界面自组装法等。

8.3.2　探测器光电性能测试

光电测试装置由搭配四悬臂探针台的半导体特性测试仪以及配备单色器的氙灯光源组成。光电性能测试按照测试技术和条件的不同分为线性扫描伏安测试和恒电位测试等，可分别得到样品的电流-电压曲线和电流-时间曲线。响应时间可由电流-时间曲线归一化获得，也可由瞬态响应测试得到。通过测量不同波长下样品的光响应可计算得到样品的响应度曲线。

1. 电流-电压曲线

采用测试方法为线性伏安法，测试前选定施加电压变化范围及扫描速度。对每个样品进行测试时，首先将样品置于暗处，测量施加电压线性变化时样品暗电流的变化。随后将光源正对着照射在样品上，测量样品光电流随施加电压线性变化时的电流变化。

2. 电流-时间曲线

采用恒电位测试技术，测试前根据电流-电压测试结果选定所加电压。在第一段时间间隔内，测试样品在暗处时施加恒定电压下产生的暗电流随时间的变化。在下一个时间间隔开始时将光源正对照射在样品上，测试该时间间隔内光电流随时间的变化。在第三个时间间隔开始时，切断光源照射使样品再次处于暗处。第二轮测试需重复样品在前面两个时间间隔内的测试方法。获取单一电流-时间曲线常需对样品进行四轮以上的测试，通过比较同一样品在测试时光、暗电流的变化得到其光电性能稳定性方面的信息。

3. 响应度曲线

测试样品在不同波长光照下产生电流响应，再使用辐射仪测量单色光光强。由响应度公式计算样品在该波长下的响应值。将不同波长下的响应值与波长作图即可得到特定波长范围内的响应度曲线（responsivity curve）。

4. 响应时间

归一化处理样品的电流-时间曲线后，将探测器受到光辐射照射后输出信号从稳定值的 10%上升到 90%时所需要的时间记为上升时间，以及去除光辐射照射后输出信号从稳定光电流值的 90%下降到 10%所需要的时间记为下降时间。另外还可使用示波器与激光器连用装置来测量快速响应探测器的响应时间。光探测器在脉冲激光作用下产生瞬间电信号，与此相连的示波器接收到信号并显示出来。通过测算示波器信号的上升下降时间推算出光探测器的快速响应时间。

8.4　光电探测器结构分类及特点

8.4.1　光电导探测器

光电导效应是指半导体材料吸收入射辐射的光子后其电导率发生变化的现象。光电导探测器（photoconductive detector）是利用半导体的光电导效应制成的探测器，其原理最为简单且使用范围最广[25]。

1. 本征光电导探测器

光电导的弛豫时间对光电导探测器光生电流大小和响应速度有重要影响。增长光电导的弛豫时间可得到较大的光电流并能提高器件的灵敏度。但光电导的弛豫时间也反映出光电导对光辐射信号反应的快慢。高频光辐射信号探测要求弛豫时间足够短以适应快速变化的光辐射信号。实际应用中既要求灵敏度高，又要求弛豫时间短，这两者是相互矛盾的，需要根据实际情况进行取舍。同种材料组成的光电导探测器会因结构不同而产生不同的光电导效果。在外加电场作用下，光生载流子在两电极间定向运动形成光电流。载流子从一边电极漂移到另一边电极所用的平均时间为渡越时间。特定条件下光生载流子的寿命大大超过载流子的渡越时间时，当一个电子在电场作用下达到正电极时，负电极必须同时释放出一个电子以保持样品的电中性，这种情况会一直持续到光生载流子发生复合。因而光电导每吸收一个光子就能使许多电子相继通过两个电极，可使电极比较靠近时的光电流大于电极远离时。因此，对于非平衡载流子寿命长、迁移率大的材料，两电极接近时可得到很大的光电增益，但响应速度会被拖慢[26]。常规光电导探测器的结构参见图 8-1。

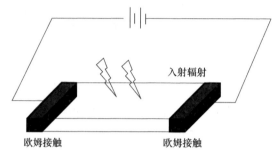

图 8-1　光电导探测器的结构原理示意图

光电导探测器的特点如下：①其在短波区和长波区的实际响应度与波长并非线性关系。表面反射率和材料吸收系数与波长的复杂关系使量子效率在整个区域都有所下降。②实际峰值响应波长不等于截止波长。③响应度与载流子寿命成正比，单纯为提高响应度而增长载流子寿命时须考虑复合过程和机理。④响应度随载流子浓度的减小而增加。⑤响应度和比探测度在外加电压不太高时随电压增加而增大，继续加大电压时两参数增加缓慢，再增到一定值时响应度不会提高反而会增加器件热噪声，因此需要限制外加偏置电压[27]。

2. 杂质光电导探测器

在单晶半导体内掺入杂质后得到杂质半导体，杂质在半导体禁带中产生杂质能级。光照条件下，若入射光子能量小于杂质半导体禁带宽度，那么只有被束缚于杂质能级的电子或空穴才能被激发，从而产生光电导现象，即为杂质光电导，相应组装成杂质光电导探测器。杂质电离能常比半导体的禁带宽度小得多，较小光子能量的入射光辐射就能激发杂质能级上的电子或空穴，所以利用杂质掺杂可实现对探测器光谱选择性的调节[28]。

8.4.2　光伏探测器

光伏探测器（photovoltaic detector）是利用半导体材料结的光伏效应制成的一类探测器。半导体材料吸收光辐射在结界面附近时产生光生载流子，内建电势将使正负电荷载流子向相反方向运动而产生光伏效应。可产生类似光伏效应的结构有：p-n 结、肖特基势垒以及金属-绝缘体-半导体等。由这些结构制备的多种光伏探测器的响应速度比光导探测器要快而适合高速探测[29]。另外这种探测器在无偏压情况下也可工作且功耗非常低，具备良好的应用前景。

1. p-n 结光伏探测器

在一块 n 型半导体单晶上以适当工艺掺入 p 型杂质，使其不同的区域分别有 n 型和 p 型导电类型，两者交界面处形成了 p-n 结。载流子的扩散运动使靠近 p-n 结的 p 区和 n

区分别出现了由电离受主和施主构成的负电荷和正电荷区，见图 8-2（a）。电离受主和施主所带电荷称为空间电荷，所在区域为空间电荷区。该区域内不存在任何可移动的电荷，称为耗尽区。这些电荷在空间电荷区中产生了从 n 区（正电荷）指向 p 区（负电荷）电场，称为内建电场。载流子在内建电场作用下做漂移运动，其漂移运动方向与各自扩散运动方向相反，因而内建电场可阻碍电子和空穴继续扩散。了解 p-n 结的基本结构和基本性质对于理解 p-n 结型光伏探测器（p-n junction-type photovoltaic detector）的工作原理，分析探测器的性能参数是非常必要的。光照下 p-n 结光伏探测器的伏安特性曲线见图 8-2（b）。当 $I_{ph}=0$ 时，曲线过原点为 p-n 结暗电流特性；光照时的曲线向下移动，入射辐射越强时光电流越大，曲线下降越多。p-n 结探测器具有线性范围宽、响应速度快和噪声小等特点。文献报道证实 p-n 结的构建可显著改善探测器的光电性能[30]。

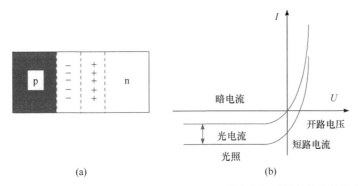

图 8-2　（a）p-n 结空间电荷区；（b）理想 p-n 结光伏探测器的伏安特性曲线

2. 肖特基结型光电探测器

肖特基结是金属-半导体异质结，金属与半导体接触后形成肖特基势垒。肖特基结型光电探测器（Schottky junction-type photodetector）相较于 p-n 结型探测器有制造简单、响应速度快等优点[31]。肖特基结型光伏探测器的电流-电压关系类似于 p-n 结光伏探测器，但又有显著特点：p-n 结正向导通时由 p（n）区注入 n（p）区的空穴（电子）都是少数载流子，待形成一定积累后靠扩散运动形成电流，而非平衡载流子的积累会对 p-n 结的高频性能产生不利影响。肖特基结是多数载流子器件，其正向电流主要由半导体进入金属的多数载流子形成。金属和 n 型半导体接触并正向导通时，电子从半导体越过势垒进入金属后并不会积累，而是直接成为漂移电流而流动，因而赋予肖特基结更好的高频特性[32]。肖特基结型探测器的伏安特性曲线如图 8-3 所示，其反向饱和电流要远大于相同势垒高度下的 p-n 结。

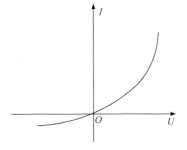

图 8-3　肖特基结型探测器的伏安特性曲线

3. 金属-绝缘体-半导体异质结

金属-绝缘体-半导体（MIS）结构如图 8-4 所示，它是由中间以绝缘层隔开的金属板

（栅极）和半导体（基底）组成[33]。理想 MIS 结构中的金属与半导体之间无功函数差，绝缘层内无任何电荷而完全不导电，并且绝缘层与半导体界面处无任何界面态。实际情况下，由于金属和半导体功函数的不同、绝缘层可能存在带电离子及界面态等，外加电压后的 MIS 结构内的电荷和电势分布变得非常复杂。MIS 结构相当于电容器，在金属和半导体间施加电压后，两个相对面上积累相反的电荷并具有不同的电荷分布情况。金属中自由电子密度很高，电荷基本分布在一个原子层厚度范围内，半导体中自由载流子密度要低得多，电荷必须分布在一定厚度的表面层内。MIS 电容器的状态随栅极电压的变化而不同。MIS 结在稳定状态下不能向势阱内再注入电荷而不能用于光探测。在 MIS 栅极上加偏置电压至表面电势达强反型状态后栅极处于浮栅状态，此后任何光照条件的变化都将改变表面势。光照条件的变化对应 MIS 栅极上的电压变化的这种效应类似于 p-n 结二极管的开路模式，因此也称其为 MIS 光电二极管，该结构在光电探测器中应用广泛[34]。

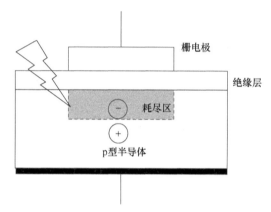

图 8-4　金属-绝缘体-半导体异质结探测器结构示意图

8.5　载流子工程用于提升光电探测器的光电性能

金属氧化物半导体因其特殊的电学和光电性能而成为光电装置中重要的构造单元。它们对应的低维纳米结构具有适宜的禁带宽度、独特的导电性能和受限的载流子传导通路而使其成为光电装置中的优选敏感材料。此外，金属氧化物半导体纳米结构的性能稳定且具有易于制备和后期处理的优点，使其适用于大规模制备高性能光电探测器。对于基于如 ZnO、TiO₂ 和 SnO₂ 等常规金属氧化物纳米材料的光导型光电探测器，相应纳米材料显著的表面效应使其具有高光吸收效应而使对应器件表现出高光响应[35]。然而，这种表面效应也导致了这些光电探测器显现出较为缓慢的反应速率，这一缺点与氧化物半导体表面的氧分子吸附/脱附过程有关。探测器处于暗态时，氧分子捕获来自这些氧化物半导体导带上的自由电子后吸附在氧化物表面，由此在表面形成一层低电导率的耗尽层。在光照下，光生空穴迁移到表面并与带负电的吸附氧离子结合，随后导致了氧分子从氧化物表面脱附。停止光照后，氧分子又重新吸附在氧化物表面，并捕获探测器中的光生电子，最后导致电流下降。由此，显著的表面效应会导致氧化物半导体表面较为缓慢的氧气分子吸附/脱附过程，从而延长了这类探测器的上升和下降时间[36]。另外，光生载流子的快速复合（即较短的载流子寿命）和半导体纳米材料的低光吸收系数致使该类光电探测器较低的量子效率和较差的光探测性能[37]。在增强光响应和缩短上升/下降时间之间权衡取舍严重限制了金属氧化物半导体基光电探测器的实际应用[38]。通过跟踪探测器内载流子行为，研究其对于探测器光电性能的影响，再据此优化提升器件性能，为上述问题的解决提供了思路。

半导体基光电探测器将光信号转换为电信号常需经历以下四个步骤：①光生载流子的产生。入射光子被半导体捕获吸收后，激发光电子从半导体的价带跃迁到半导体的导带，对应的空穴留在半导体的价带。激发到导带的光电子和遗留在价带的空穴统称为光生载流子。②光生载流子的分离。在外加电场或者在异质结界面上形成的内建电场的作用下，上述光生电子-空穴对被分离并且向不同电极迁移。③光生载流子的传导。光生电子-空穴对被分离后，不同的光生载流子沿着不同的导电通路向不同电极移动，在此过程中载流子可能被捕获或者发生复合而造成光电转换效率下降。④光生载流子的收集。在光生载流子到达电极后，依据电极结构的不同，光生载流子被传到外部电路，由此形成光电流。光电探测器的光电性能与这些载流子的行为紧密相关。载流子工程的实施，包括由光吸收增强带来的光生电子-空穴对产生的数目增加，施加的外加电场和由异质结产生的内建电场可以促使载流子有效分离，同时通过构建高效的电极结构可以实现载流子有效传导到电极并导出到外电路等，可以有效地调制载流子的行为并提升光电器件的光电性能。为了达到"5S"要求并改善金属氧化物半导体基光电探测器的光响应低和响应速度慢等缺陷[39]，研究者提出了若干措施，包括改善光吸收、利用缺陷工程、开发新型异质结光电探测器、构建高效的器件结构或采用特殊的电极结构等来增强响应度和加快响应速度。在运用上述各种策略努力达到"5S"标准时，需要进行充足且全面的考虑。类似于缺陷工程在太阳能电池和光催化剂中的应用[40]，在探测器敏感材料中引入适量缺陷可以有效改善光吸收和延长光生载流子的寿命，最终达到高灵敏度和高响应度，甚至拓展器件的光响应范围[41]。缺陷态的产生可以通过促进光生载流子的再结合而有效地缩短响应时间。此外，暗电流的降低有利于响应度的增大。因此，实施可控的缺陷工程可以赋予探测器较高的响应度和较快的响应速度[42]。

8.5.1　载流子的产生

半导体吸收入射光子后产生光生载流子是光电转换的先导过程，该步骤对整体的光电转化效率具有重要影响。为了增加半导体内光生载流子浓度，首先需要增强探测器内半导体敏感材料的光吸收能力。通过构建特殊半导体结构、掺杂，以及利用表面等离子共振效应、热电子注入效应和多重激子效应等方法可以增强整体光吸收。

1. 特殊光吸收结构

通过调整敏感材料的表面粗糙度来精准调控入射光的散射、透射和反射等行为可以较好地增强光电器件的光吸收[43]。而在光电器件表面构建纳米结构可以赋予器件极佳的光子捕获和限域能力，进而增强光吸收并减少入射光在前进方向上的散射损失。利用纳米结构实现更好的光子管控，从而有效减小光电器件中敏感材料的厚度，这不仅可以降低敏感材料的用量和成本，还可以有效减少光生载流子在传递过程中的损耗。Hu 等报道了一种 Ω 形的一维 SnO₂@ZnO 核壳结构探测器，该结构以电纺丝制得的 SnO₂ 纳米纤维为内核，以原子层沉积制得的 ZnO 薄层为外壳。该探测器在 280 nm 附近的光暗电流比高达 10^4 [44]。通过理论模拟和实验对比证实，该器件独特的紧凑 Ω 形核壳结构在背面光照模式下的光子捕获和转化效率得到了有效提升。图 8-5（a）和（b）是通过有限积分时间域模拟方法得到的探测器在正面和反面光照模式下的光场分布图。上述 Ω 形核壳结构被证实在背照模式下能有效地捕获入射光。大部分入射光进入该核壳结构后经多次全反射而被吸收，光吸收的显著增强最终带来光电性能的提升。

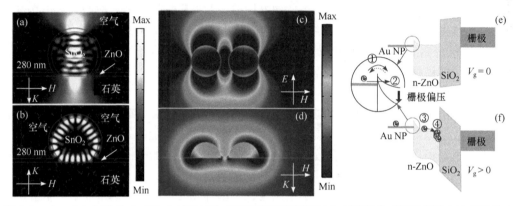

图 8-5　（a、b）Ω 形 SnO₂@ZnO 纳米结构在正面和反面照射时由有限积分时间域模拟方法获得的光场分布图[44]；（c、d）Au/Se 复合结构在 600 nm 光照射时在俯视和侧视视角下的电场强度分布图[45]；（e、f）Au/ZnO 复合结构在不同门电压下在界面上由内建电场促进的热电子迁移和量子隧穿现象[46]

2. 掺杂

禁带工程是增强敏感材料光吸收及拓展其吸收光谱范围的一种有效途径。掺杂（doping）常被用于调控金属氧化物半导体的禁带结构，在半导体内引入掺杂剂可在禁带结构内形成掺杂能级，导致半导体的吸收边界向长波长方向迁移，进而对掺杂后半导体基光电探测器的光电性能产生重大影响。Dutta 等通过溶胶-凝胶法制得单 N 掺杂和 Al-N 共掺杂这两种 p 型 ZnO 薄膜[47]。对比其他薄膜探测器，单 N 掺杂薄膜探测器有更强的紫外光响应。Young 和 Liu 组装了基于 In 掺杂 ZnO 纳米结构的紫外光探测器，该探测器表现出较高的灵敏度、较快的响应速度和较好的取向响应特性[48]。In 掺杂 ZnO 基探测器的开关比达到 740（365 nm、1 V），上升/下降时间分别为 3.02 s/1.53 s。该探测器在 360 nm 波长处的紫外/可见抑制比大约为 312，表明其较好的紫外选择性。此外，由掺杂引入的杂质能级还能促进载流子再结合，有效缩短了探测器的响应时间。Shabannia 合成了垂直排列的 Co 掺杂 ZnO 纳米棒阵列，并将其组装成 MSM 型紫外光探测器[49]。在 5 V 偏压下，该紫外光探测器的响应度达到 8.76 A·W⁻¹，开关比达到 250，其上升/下降时间非常短且分别为 0.229 s/0.276 s。尽管掺杂可以增强金属氧化物半导体纳米结构的光吸收从而改善其光电性能，但过量的掺杂剂会在体系内成为光生载流子被捕获和再结合的中心，这反而会削弱探测器的光电响应[50]。

3. 表面等离子体共振效应

表面等离子体共振效应（surface plasma resonance effect）是指限定在较高导电性的纳米晶体内的自由电荷由光激发引发的集体共振现象[51]。近年来，可产生表面等离子效应的金属纳米颗粒（如 Au、Ag 和 Cu 等）因其特殊的光学特性和特异的技术应用而备受关注。对这些纳米颗粒的尺寸大小、形状、组分以及外部环境等参数进行调节，能有效改变体系的光吸收和散射截面，还能将光响应范围拓展到红外区[52]。将低维半导体纳米结构和上述等离子体金属纳米晶体复合后，利用光限定效应和可变光吸收的特性，可使构建的光电探测器表现出极佳的等离子体增强光电性能[53]。Hu 等在单根 Se 微米管上修饰不同的金属纳米颗粒，由此实现了光电器件在紫外和可见光区的宽谱带响应度的增强[45]。单一 Se 微米管探测器对 300～700 nm 范围内光照均有响应，响应度最高可达 19 mA·W^{-1}（610 nm），上升/下降时间较短且分别为 0.32 ms/23.02 ms。在该器件上沉积具有适宜尺寸和分布密度的 Au 纳米颗粒后，因为表面修饰和表面等离子体共振的耦合作用，Au 纳米颗粒修饰的单一 Se 微米管探测器在整个频谱响应范围内的响应度都增强了 600%～800%。图 8-5（c）和（d）是在 600 nm 可见光照射下、Au/Se 复合结构在俯视和侧视的视角下呈现的电场强度分布，这些模拟结果再次证实了表面等离子体效应的存在能有效增强该复合结构的光吸收。利用表面等离子体共振效应可以较好地解决金属氧化物半导体存在的光吸收较弱和光吸收波长范围有限等缺点，进而显著增强金属氧化物半导体基光电探测器的光电性能。Tian 等将生长在石英基底上的高质量 ZnO 薄膜组装成 MSM 型光电探测器[54]。在该器件表面上沉积 Pt 纳米颗粒后，其紫外吸收显著增强，响应度从 0.836 A·W^{-1} 增加到 1.306 A·W^{-1}，光响应的增强被证实是来源于 Pt 纳米颗粒的表面等离子体共振效应。Guo 等构建了 MgZnO 基 MSM 型紫外光探测器并在器件表面修饰了 Pt 纳米颗粒[55]，这些颗粒的表面等离子共振效应增强了入射光的散射，最终使得同一系列具有不同电极间距的探测器的响应度都显著增加。

4. 热电子注入效应

处于共振状态的表面等离子体会以非辐射的方式衰减后生成热载流子，接着这些高能载流子会发生散射和弛豫，进而在光电器件中产生光电流[56]。这些热载流子的产生并不受半导体的禁带宽度限制，其携带能量的范围可以扩展到肖特基结或隧穿异质结的势垒高度，使得光电探测器探测携带能量低于敏感半导体禁带宽度的光子成为可能。由金属和半导体组成的复合系统可成为操纵热电子激发行为的有效单元，并为多功能光电探测器的构建提供理想平台。通过调节复合系统内等离子体纳米结构的化学组成和几何形状以及金属-半导体界面状态等，可以实现并调控热电子注入过程。对热电子注入效应（hot electron injection effect）进行深入研究和合理利用将为相应光电器件的性能提升提供有效支撑。Ouyang 等利用二次离子溅射设备在 CdMoO$_4$-ZnO 复合薄膜上沉积了 Au 纳米颗粒[57]。经 Au 纳米颗粒修饰的 CdMoO$_4$-ZnO 光电探测器，在光电流翻倍的同时，下降时间减半。在紫外光照射下，Au 纳米颗粒产生的热电子经金属-半导体界面注入 CdMoO$_4$-ZnO 复合薄膜后，显著增加了器件的光电流。当光照停止时，Au 纳米颗粒和 CdMoO$_4$-ZnO 复合薄膜间形成的肖特基结阻断了载流子的传递，也加快了电流下降速度。这说明由沉积 Au 纳米颗粒产生的热电子效应和肖特基结的构建都能有效改善探测器的光电性能。Pescaglini 等合成了用于近红外光探测的 Au 纳米棒-ZnO 纳米线复合体系[58]。在限域表面等离子体效应的作用下，复合体系内的 Au 纳米棒在 Au-ZnO 肖特基结势垒处产生热电子，这些热电子随后注入作为载流子收集体的 ZnO 纳米线中。体系内热电子的产生和注入过程都有助于该复合探测器光电探测性能的提升。该探测器在 650 nm 处的量子转换效率约为 3%，该数值是相同条件下平面结构 Au/ZnO 光电探测器的 30 倍。利用等离子体共振将电子激发和光子能量直接耦合，还能增强一些光电器件的增益和选择性。Kim 等报道了将 ZnO 薄膜晶体管与 Au 纳米结构的复合结构用于等离子体共振相关的能量探测和光电转换中[46]。复合结构内空间上相互独立的 Au 纳米结构因等离子体共振效应产生热电子，这些热电子被 ZnO 薄膜晶体管收集，增加了 Au-ZnO 场效应晶体管型光电探测器的漏极电流。图 8-5(e)和(f)描绘了给 Au/ZnO 复合光电探测器施加不同门电压时，热电子在 Au/ZnO 复合结构界面处迁移的典型过程。在对 Au/ZnO 复合结构施加正向门电压时会产生电子累积层，可有效调控 ZnO 基场效应晶体管内载流子行为，进而改善器件的光电性能。在异质结界面附近产生的内建电场和量子隧穿效应的共同作用下，探测器可以实现热电子的高效收集和响应倍增。此外，等离子体纳米结构内光吸收可调节的特性可以赋予相应光电器件较为宽广的频谱响应范围。

5. 多重激子效应

在半导体体系内，单个光子激发通常最多只能产生一对光生电子-空穴对，即从光子到光生电子-空穴对的转换效率很难达到 100%。但是，部分半导体纳米晶体和量子点，在吸收了携带能量至少超过禁带能 2 倍的光子后，因多重激子效应（multiple exciton effect）的存在，其在单个光子的激发下会产生两对或两对以上的光生电子-空穴对[59]。分离后的光生电子在纳米晶体或量子点表面被捕获后，余下的空穴如果寿命足够长，便可在发生再复合之前，在敏感材料和外接电路内多次循环。对应光电装置在此类情况下从光子到电子-空穴对的转换效率可以超过 100%[60]。相关研究证实，该类系统内多重激子的产生过程发生在 200 fs 内，表明此为瞬态过程。合理地利用上述材料的多重激子效应特性有利于提升对应光电探测器的光电响应[61]。

8.5.2　载流子的分离

由不同半导体纳米材料构建的异质结会对光电器件的电学性能产生巨大影响，并且具有实现器件的多功能化和性能调制的潜力，因而在太阳能电池、光电化学电池和光电探测器等器件中应用广泛。异质结可以在组成材料的界面附近产生内建电场，该电场可以促进光生电子-空穴对的有效分离并且参与调控光电器件中载流子的传导过程。根据构成异质结的金属氧化物半导体材料的导电类型的不同，这些异质结可相应分为 n-n 结、p-n 结、p-i-n 结和肖特基结等。

1. n-n 结

假使 n 型半导体 A 的导带和价带的边界电势值都要更负于另外一个 n 型半导体 B，

那么这两个 n 型半导体可以形成 II 型半导体异质结。相关文献报道过使用若干适配的 n 型半导体与 ZnO 纳米材料构建 n-n 结（n-n junction），进而改善了 ZnO 基光电探测器的光电性能。Ouyang 等将适量 CdMoO₄ 微米片旋转涂布在 ZnO 纳米颗粒薄膜上，随后制得 CdMoO₄-ZnO 复合膜异质结探测器，结构见图 8-6（a）[57]。如图 8-6（b）所示，CdMoO₄

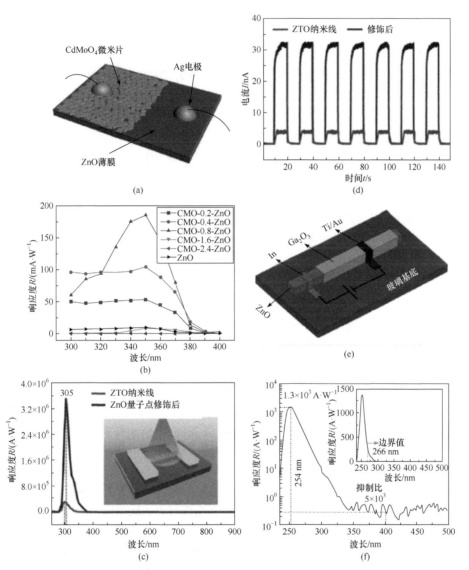

图 8-6　（a）CdMoO₄-ZnO 光电探测器的结构示意图；（b）系列 CdMoO₄-ZnO 和 ZnO 基光电探测器的频谱响应（5 V）[57]；（c）ZTO 纳米线光电探测器在经 ZnO 量子点修饰前后的频谱响应曲线对照图（1 V），插图是复合光电探测器的结构示意图；（d）上述两种光电探测器在紫外光（0.67 μW·cm⁻²）照射下的电流-时间响应曲线（1 V）[62]；（e）ZnO@Ga₂O₃ 核壳结构微米线基雪崩探测器的结构示意图；（f）该装置的频谱响应曲线图（–6 V）[64]

微米片沉积量经优化的复合膜异质结探测器的响应度约是 ZnO 薄膜探测器的 18 倍（350 nm、5 V），而器件的下降时间缩短为原来的一半。上述结果说明在 ZnO 薄膜上引入 CdMoO$_4$ 微米片后形成的 II 型半导体异质结，可以显著地提升器件光电性能。ZnO 纳米结构也可用于修饰改善其他金属氧化物半导体的光电性能。Li 等制备了基于 ZnO 量子点修饰的 Zn$_2$SnO$_4$ 纳米线的紫外光异质结探测器[62]。优化后的异质结探测器表现出超高开关比为 6.8×10^4，比探测度为 9.0×10^{17} Jones（琼斯，国际单位为 cm · Hz · W^{-1}），以及光电导增益最高可达 1.1×10^7。该器件还显示出较快的响应速度和极佳的稳定性。相比于单根 Zn$_2$SnO$_4$ 纳米线基光电器件，经量子点修饰后的器件的光电流和响应度增大为原来的 10 倍以上，见图 8-6（c）和（d）。该器件光电性能的提升来源于合理的禁带结构工程，该措施促进了光生电子-空穴对在界面处的有效分离。n-n 型异质结中两个 n 型半导体间导带边界电势之间的差值一般要小于 p-n 型异质结中 n 型半导体与 p 型半导体间导带边界电势之间的差值，这就使得对应分离光生电子-空穴对和传导载流子的驱动力较弱。合理运用雪崩效应可弥补 n-n 异质结驱动力不足的缺点，进而制备出高性能光电探测器[63]。当对半导体体系施加较大的外加偏压时，载流子将被加速到具有足够高的动能，随后经碰撞电离产生多组的电子-空穴对，最终显著地提高光电探测器的光响应。雪崩探测器依靠异质结在反向高电压下的雪崩效应，常表现出极高的光响应度和极快的响应速度，因而具备探测微弱或快速变换的光信号的能力。Zhao 等将高结晶性的 ZnO@Ga$_2$O$_3$ 核壳结构微米线组装成高性能日盲雪崩探测器，见图 8-6（e）[64]。该器件在 −6 V 偏压下，响应度最高可达 1.3×10^3 A · W^{-1}，见图 8-6（f），探测度达到 9.91×10^{14} Jones，上升/下降时间最短可达 20 μs /42 μs。该器件在日盲区内的探测性能表现甚至优于现今的商业硅基雪崩探测器。

2. p-n 结

作为现代电子产业中应用最广和最基本的构建单元，p-n 异质结构在微电子产业如集成电路、传感器、太阳能电池和激光器等装置中具有极其重要的作用[65]。在适宜光照条件下，包含 p-n 结的半导体体系在异质结结区附近产生光压效应，由此生成的内建电场促进了结界面附近产生的光生电子-空穴对的分离。p-n 异质结型光电器件的响应速度主要是由载流子在耗尽区内的迁移时间决定，该特性与单一金属氧化物半导体纳米结构因受限于其表面氧分子的吸脱附而表现出较长时间的光导弛豫是有区别的。因此，在光电装置内构建 p-n 异质结可以同时实现响应度和响应速度的提升。近些年来，研究者利用低维纳米材料构建了包括核壳型、同轴型、交叉型和分枝型在内的多种 p-n 或 p-i-n 异质结构，并由此构建了高性能光电探测器。p 型半导体材料作为 p-n 结内的重要组成部分，在高性能光电装置的制造中具有重要且不可替代的作用。为了探究 p-n 异质结对金属氧化物半导体基探测器的光电性能的影响，可以依据 p 型半导体的不同类型（如无机型、有机型半导体或钙钛矿材料）对 p-n 结分类。

1）金属氧化物+无机半导体

无机 p 型半导体通常具有较稳定的化学结构、可控的能带结构以及可预测的物理化学特性，它们可以与常规金属氧化物半导体复合后构建高性能光电器件。TiO$_2$ 是具有较宽间接禁带结构的本征 n 型金属氧化物半导体，其纳米结构已经被广泛用于构建紫外光探测器。然而 TiO_2 纳米结构内光生电子-空穴的快速复合导致了相应探测器显现出较低的量子效率和较差的光探测性能。Ouyang 等采用简单的阳极氧化法和化学浸渍法制备了高性能的 BiOCl 纳米片/TiO_2 纳米管阵列异质结紫外探测器，见图 8-7（a）[66]。在 350 nm 紫外光照射下、外加偏压为 5 V 时，单一 TiO_2 基光电探测器表现出较大的光电流（$\approx 10^{-5}$ A）、较低的开光比（8.5）以及较长的下降时间（>60 s）等，而优化后的 BiOCl/TiO_2 异质结探测器呈现出急剧降低的暗电流（≈ 1 nA）、超高的开关比（约 2.2×10^5）和较短的响应时间（0.81 s）。该器件的响应度高达 41.94 A·W^{-1}，探测度高达 1.41×10^{14} Jones，线性动态范围达到 103.59 dB，见图 8-7（b）和（c）。上述器件光电性能的显著提升来自于界面处形成的异质结，能够促进光生电子-空穴对的分离以及调控电极间载流子的传导。

相较被广泛研究的 n 型 ZnO 纳米材料，p 型 ZnO 纳米材料在光电探测中的研究刚刚兴起。研究者通过掺杂制备了 p 型 ZnO 材料，再将其与 n 型 ZnO 材料复合后构建 p-n 结，以期获得更优异的光电性能[67]。Hsu 等制备了垂直排列的 p-ZnO：Cu/n-ZnO 同质结纳米线和 ZnO：Cu 纳米线[68]。p-ZnO：Cu/n-ZnO 同质结纳米线的电流-电压曲线表现出整流特性，其光电流值约是暗电流数值的 6 倍（−5 V）。Vabbina 等在 n 型 ZnO 纳米棒外围包覆 p 型 ZnO 纳米壳层后，组装了放射型 p-n 异质结探测器[69]。其在紫外光照射下响应度可达 9.64 A·W^{-1}，噪声等价功率较低为 0.573 pW·Hz$^{1/2}$。其他 p 型无机半导体材料也能与 ZnO 纳米材料形成 p-n 异质结，并由此获得光电性能的提升[70]。上述器件优异的光电

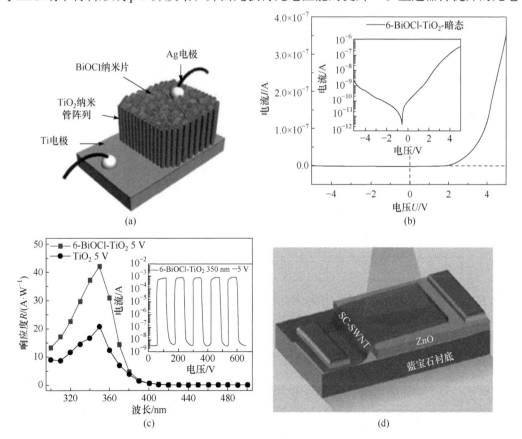

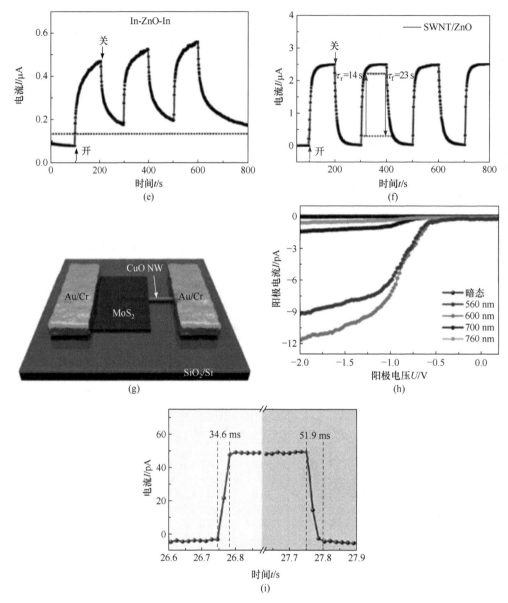

图 8-7 （a）BiOCl-TiO$_2$ 紫外光探测器的结构示意图；（b）该装置在暗态下的电流-电压曲线；（c）TiO$_2$ 和 BiOCl-TiO$_2$ 紫外光探测器的频谱响应（−5 V），插图是 6-BiOCl-TiO$_2$ 紫外光探测器的电流-时间曲线（350 nm、−5 V）[66]；（d）p-SC-SWNT/n-ZnO 异质结紫外光探测器的结构示意图；（e、f）In-ZnO-In 横向器件和 p-SC-SWNT/n-ZnO 光电器件的电流-时间曲线（370 nm、−2 V）[71]；（g）MoS$_2$ 纳米片/CuO 纳米棒异质结器件的装置结构示意图；（h）MoS$_2$/CuO 光电器件在不同波长（1 mW）光照下和暗态的电流-电压曲线图；（i）MoS$_2$/CuO 光电器件在 570 nm 可见光（1.4 mW）照射下的电流-时间曲线（−2 V）[73]

性能被认为与 p-n 结的构建、光生载流子密度的提升以及 ZnO 纳米棒的高结晶性和特殊的几何构型有关。系列碳纳米材料也能与 ZnO 纳米材料构建 p-n 异质结以获取优异的紫外光探测性能。Li 等将半透明的 p 型单壁碳纳米管薄膜与 n 型 ZnO 层结合后，构建了垂直型 p-SC-SWNT/n-ZnO 异质结紫外光探测器，见图 8-7（d）[71]。该探测器表现出较低的暗电流，整流比高达 10^3，在 370～230 nm 波长范围内的光响应度最高可达 400 A·W^{-1}。该探测器还呈现出较好的日盲特性，紫外/可见抑制比高达 10^5。在图 8-7（f）中，p-SC-SWNT/n-ZnO 异质结构的光电流在经历了快速抬升后缓慢达到饱和，对应的上升/下降时间分别为 14 s/23 s。在相同实验条件下，图 8-7（e）中的 In-ZnO-In 光电器件产生较高的暗电流，光暗电流比值约为 6，并且上升/下降时间较长，都超过了 100 s/600 s。对比 In-ZnO-In 光电器件，SWNT/ZnO 异质结的引入不仅能增强光响应，还能加快响应速度。

　　p 型金属氧化物半导体（如 NiO 和 CuO）也可与 n 型半导体构建 p-n 异质结，并由此提升光电探测性能。Xie 等用溶液法制得 NiO/Zn$_{1-x}$Mg$_x$O（$x=0$～0.1）复合膜并由此构建了 p-n 异质结光电探测器，该器件表现出显著的整流比、优良的紫外光响应和较高的量子效率[72]。改变 x 值可使 Zn$_{1-x}$Mg$_x$O 膜的禁带宽度在 3.24～3.49 eV 之间变化。施加反向电压为 1 V 时，器件的响应度介于 0.22～0.4 A·W^{-1} 之间，比探测度则在 1.7×10^{11}～2.2×10^{12} Jones 范围内变化。Um 等组装了具有原子级清晰界面的 MoS$_2$ 纳米片/一维 CuO 纳米线基范德华异质结光电探测器，见图 8-7（g）[73]。参见图 8-7（h）和（i），优化后的探测器产生的暗电流为 38 fA（−2 V），其在 532 nm 激光（55 μW）照射下的响应度最高为 157.6 A·W^{-1}，整流比约为 6000（±2 V），上升/下降时间较短为 34.6 ms/51.9 ms。此外，Hong 等在 n 型 Si 纳米线阵列表面上覆盖 p-CuO 纳米片薄层后，组装了自供能型宽禁带光电探测器[74]。该 p-n 异质结在 0 V 下的暗电流为 0.7 nA，表现出显著的整流特性，并在宽频谱范围下表现出明显的光压效应。在较弱可见光和近红外光照射下，该 CuO/Si 纳米线光电器件表现出自供能特性，响应度可达 1×10^3，上升/下降时间均较短分别为 60 μs/80 μs。此外，该装置在较小正向偏压下呈现出独特的双响应特性。特殊的阵列结构、较高的比表面积以及 CuO/Si 界面处产生的内建电场促成了光电性能的提升。

　　2）金属氧化物+有机半导体

　　p 型有机半导体常因具有易于大规模制备、光吸收范围较宽以及自身半导体特性易于调节等特点而使其适用于光电探测。由功能性可调的 p 型有机大分子和载流子迁移率优良的 n 型无机半导体复合后组装的探测器，因为 p-n 异质结促进光生载流子的高效分离和传导，从而显现出优良的光电探测性能。聚苯胺（polyaniline，PANI）作为常见的 p 型导电聚合物，适合用作 p-n 结装置内的空穴收集和传递层。Zheng 等用有序的 TiO$_2$ 纳米井薄层与不同形貌 PANI 材料的复合物构建了自供能型紫外光探测器[75]。器件的 PANI 负载量经优化后，响应度较高可达 3.6 mA·W^{-1}（320 nm、0 V），开关比大约为 10^3，响应时间较短分别为 3.8 ms/30.7 ms。Chen 等基于有机 PANI/无机 MgZnO 双层复合材料开发了高响应度的自供能型日盲光电探测器[76]。经优化后的光电探测器产生的暗电流较低为 0.44 pA（−1 V），响应波段截止边为 271 nm，探测度较高为 1.5×10^{11} Jones。该探测器在 0 V 下的开关比高达 10^4，响应度为 160 μA·W^{-1}（250 nm），紫外/可见抑制比（$I_{250\,nm}/I_{400\,nm}$）可达约 10^4。其他有机聚合物材料包括聚氯乙烯（PVA）、聚丙烯腈（PAN）、聚乙烯基咔唑（PVK）和聚吡咯（PPy）等，也可被用于改善金属氧化物半导体基光电探测器的光电性能[77]。此外，有机-无机复合结构所具有的透明性、可延展性、弹性和易于制备等特性可拓宽它们在可移动和可穿戴设备中的应用，并用在远程传感、光纤通信和生物影像等场景中。

3）金属氧化物+钙钛矿

钙钛矿具有 $MAPbX_3$（$MA = CH_3NH_3$；$X = Cl$、Br 和 I）的通用化学式，是有机-无机混杂体的代表性材料。钙钛矿材料因其独特的电学和光电特性聚集了全球研究者的目光，并且已经在发光二极管、泵浦激光、高效光电化学电池和光电探测器等装置中广泛应用[78]。钙钛矿的直接禁带特性、高光吸收能力和宽光吸收范围使得钙钛矿基光电探测器常表现出较高的宽光谱响应。钙钛矿中光生载流子的传导通路较短，使得对应器件的响应速度较快。此外，钙钛矿中缺陷密度较低，能有效减少光生载流子再结合的概率。上述特性使得有机-无机混杂体的钙钛矿成为高性能光电探测器的理想材料。钙钛矿具有包括单晶、多晶薄膜和低维纳米结构等在内的不同结构形式，其与金属氧化物半导体结合后可构建具有不同装置结构的异质结光电探测器，相应的光电探测性能都得到显著提升[79]。Zheng 等将 $MAPbI_3$ 量子点旋转涂布在 TiO_2 纳米管上，而后组装成 TiO_2 NT/$MAPbI_3$ QD 异质结光电探测器[80]。相较于常规 TiO_2 探测器，异质结探测器的光响应范围包括部分紫外光区和整个可见光区（300～800 nm），其紫外光探测性能并不受影响，然而其在可见光区的响应度增加三个数量级，响应度最高可达 $0.2\ A \cdot W^{-1}$（700 nm）。该探测器还表现出优良的机械弹性和可见光透过性，即使在湿空气氛围内或者重复弯折以及低温加热情况下都能保持良好的稳定性。Sun 等构建了基于 n 型 InGaZnO 薄膜和全无机 $CsPbBr_3$ 纳米线复合探测器[81]。该探测器具有极佳的光电性能，在–5 V 偏压下产生的暗电流为 $10^{-10}\ A$，开关比较高为 1.2×10^4，响应时间较短为 2 ms，响应度较高为 $3.794\ A \cdot W^{-1}$。常规钙钛矿基探测器在富氧或潮湿的环境下会因为钙钛矿不稳定而使器件的光电性能大幅衰减，进而限制其应用范围。InGaZnO/$CsPbBr_3$ 复合器件中存在异质结双通道结构，钙钛矿和 IGZO 会同时影响异质结构的器件性能。该器件在常规环境下可稳定工作两个月，而相应的光电性能只有少量衰减，复合器件在高温环境下甚至还表现出更高的光电流和开关比。

3. p-i-n 结

为了进一步提升 p-n 结光电探测器的光电性能，研究者将绝缘层引入 p-n 结的界面处而构建 p-i-n 结构，该绝缘层不仅仅是作为电子屏蔽层，也被用作光吸收层来调节探测器的频谱响应波长范围，还可作为间隔层来延长载流子在电场内的传导路径。基于 p-i-n 结的光电探测器常具有高击穿电压、快速响应和暗电流低等特点。Ling 等组装了 SnO_2 纳米颗粒薄膜/SiO_2/p-Si 异质结光电探测器，该探测器在 365～980 nm 波长范围内显现出稳定且可重复的宽波段光响应[82]。优化后的光电探测器的响应度较高为 $0.285\sim0.355\ A \cdot W^{-1}$，探测度较高为 2.66×10^{12} Jones，灵敏度为 $1.8 \times 10^6\ cm^2 \cdot W^{-1}$，响应时间则短于 0.1 s。$SnO_2$ 纳米颗粒薄膜与 Si 半导体间较大的费米能级差造成 SnO_2/Si 异质结内较大的能带位置电势差。SiO_2 薄层作为电荷屏蔽层和 SnO_2 中存在氧空位缺陷，由此实现对该异质结构内载流子传导的有效控制，进而实现宽波长范围的高效光探测。

4. 肖特基结

除 p-n 结和 p-i-n 结外，在导体（金属或其他）和半导体界面处形成的肖特基结（Schottky junction）也可用于构建高性能光电探测器。相较于光导型探测器，肖特基结型探测器具有快速响应速度、低暗电流值、较大紫外/可见抑制比和自供能特性等优点。In、Al、Au、Ni、Cu-Al-Mn-Ni 形状记忆合金等金属，以及铟掺杂氧化锡（ITO）等导体可被用于构建高性能肖特基结光电探测器[83]。Liu 等组装了基于 ZnO 纳米棒和不同金属接触的 MSM 型横向紫外探测器[84]。在 ZnO 籽晶层和纳米棒内惰性生长层的共同作用下，ZnO 纳米棒将沿着横向生长并且在叉指电极两端整齐排列，其在生长末期会互相接触并整合成为具有高中紫外区响应的日盲装置，见图 8-8（a）。使用 Ni 金属电极的装置因 Ni/ZnO 界面处更高的肖特基势垒而呈现更高光电流和更短响应时间，见图 8-8（b）和（c）。此外，在金属氧化物半导体表面修饰金属纳米颗粒可以导致等离子体效应的产生、功函数的改变等以及促进载流子传导等，这将推动光电性能的提升。得益于石墨烯材料优异的电学、机械和光学性能，石墨烯基肖特基结型光电探测器在近年来吸引了大量的关注。Nie 等在 ZnO 纳米棒阵列上覆盖了透明单层石墨烯薄膜，随后组装了如图 8-8（d）所示的单层石墨烯薄膜/ZnO 纳米棒阵列肖特基结型紫外光探测器[85]。如图 8-8（e）所示，该装置在 ZnO 纳米棒阵列顶端显示出较强的紫外响应。在外加偏压为−1 V 时，其响应度高达 113 A·W^{-1}，光导增益可达 385。另外，肖特基结的构建和 ZnO 相的高结晶性促使器件的响应时间缩短至 0.7 ms /3.6 ms，见图 8-8（f）。在金属-半导体结构界面处引入绝缘层可构建具有金属-绝缘体-半导体（metal-insulator-semiconductor，MIS）结构的光电探测器，也能实现对光电性能的有效调控[86]。

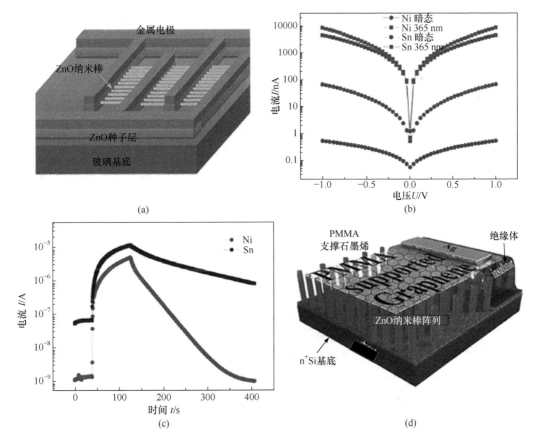

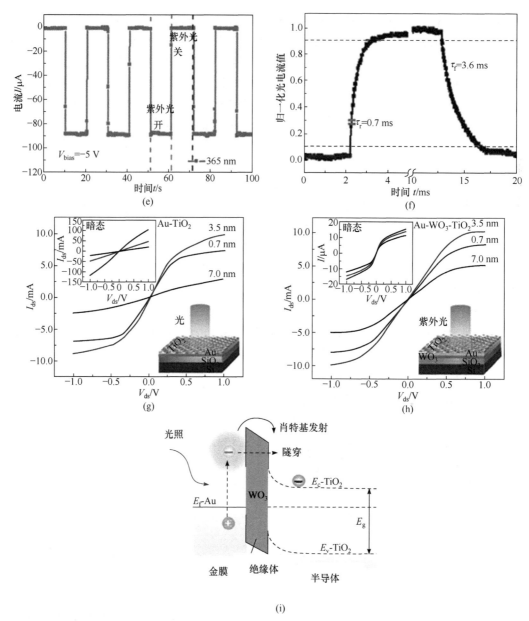

图 8-8　（a）水平排列 ZnO 纳米棒基紫外光探测器的结构示意图；（b）搭配不同金属电极的 ZnO 纳米棒基光电探测器的电流-电压曲线（365 nm 和暗态）；（c）搭配 Sn 和 Ni 电极的 ZnO 纳米棒光电器件的电流-时间曲线[84]；（d）基于 MLG 薄膜/ZnO 纳米棒阵列的肖特基结紫外光探测器的结构示意图；（e）MLG/ZnO 紫外光探测器的电流-时间曲线（365 nm）；（f）该器件在 50 Hz 光照下的归一化电流-时间曲线[85]；（g、h）二维 Au-TiO$_2$ 和 Au-WO$_3$-TiO$_2$ 光电器件的 I_{ds}-V_{ds} 曲线图（785 nm、V_G=0 V 且 V_{ds}=1 V）；（i）附带用于控制肖特基势垒高度的绝缘中间层的 MIS 结构器件的机理图[87]

　　二维材料异质结的相邻层间可实现载流子的有效传导，常被用于组装高性能光电探测器。Karbalaei 等构建了二维 Au-TiO$_2$ 金属-半导体型异质结光电探测器，器件在可见光照射下表现出显著增大的响应度和加快的响应速度[87]。为了降低光电装置中的暗电流，二维 WO$_3$ 纳米薄膜（厚度 ≈0.7 nm）被用作金属-半导体界面间的中间层后构建成 MIS 型光电探测器。参见图 8-8（g）和（h），Au-WO$_3$-TiO$_2$ 异质结型光电探测器的光电流相对于 Au-TiO$_2$ 器件有略微增长，并在紫外和可见光区显示出宽波谱范围的光响应。参见相应插图，当 V_{ds} 为 1 V 时，Au-TiO$_2$ 器件的暗电流从 110 μA 下降到 Au-WO$_3$-TiO$_2$ 器件的 14 μA，Au-WO$_3$-TiO$_2$ 器件的外量子效率增加了 13.4%。图 8-8（i）中的机理图表明，MIS 结构的构建有效地调控了金属/半导体界面处的电荷传导。

5. 外加场的影响

外加场如磁场对异质结型光电探测器的光电性能具有重大影响[88]。Deka Boruah 和 Misra 构建了基于 Co 掺杂的 ZnO 纳米棒阵列的紫外光探测器[89]。该器件具有可调节的光电响应，相较于单独的 ZnO 纳米棒阵列光电探测器，其响应电流增强了 1.25 倍。外加磁场还能进一步增加该器件的响应电流至原来的 186%。这是因为电子和空穴在外加磁场作用下的反向极化有助于紫外光照射下光生电子-空穴对的有效分离。此外，单独的 ZnO 纳米棒阵列基光电探测器的上升/下降时间分别为 38 s/195 s，而 Co-ZnO 纳米棒阵列基光电探测器的上升/下降时间则缩短为 1.2 s/7.4 s。深入研究外加场对于探测器内载流子行为的影响，将会为探测器性能的调节提供新的思路。

8.5.3　载流子的传导

1. 调节传导通路

鉴于金属氧化物半导体基光电探测器内敏感材料的纳米结构的不同，光生载流子将沿着不同维度进行传导，分离后的载流子到达电极前的传导路径（conduction pathway）也各不相同，进而会影响这些探测器的光电性能。

1）零维纳米结构

包括纳米颗粒和量子点等在内的零维纳米材料，被广泛用在金属氧化物半导体基光电探测器。Jin 等利用胶体 ZnO 纳米颗粒组装了可见光盲紫外光探测器[90]。Mitra 等采用液相内飞秒激光烧蚀法合成了 ZnO 量子点，并由此制备了高性能柔性深紫外光电探测器[91]。该方法制得的 ZnO 量子点高度稳定且可重复生产，对应的光电探测器能在常规环境下正常工作。碳掺杂后的 ZnO 量子点基光电探测器可实现波长边界为 224 nm 的深紫外线探测，并具有响应迅速、响应度高和稳定性好等特点。ZnO 量子点的零维特性可用于制备高度稳定的柔性器件。在多激子效应加持下，量子点器件的光电性能得到进一步提升。石墨炔同时拥有 sp 和 sp^2 杂化碳原子，是由两个二乙炔键连接相邻的碳六边形结构而形成的碳材料，其导电性可达 2.56×10^{-1} S·m^{-1}。石墨炔具有半导体特性，其禁带宽度经计算分别为 0.47 eV 和 1.12 eV[92]，具备在光电和光催化领域内应用的潜力。Jin 等在 PrA 修饰的 ZnO 纳米颗粒表面上自组装石墨炔纳米颗粒，由此制得石墨炔/ZnO 纳米复合物，随后组装成紫外光探测器[93]。石墨炔和 ZnO 纳米颗粒间形成的异质结可极大程度地改善载流子的分离和传导，最终显著提升光响应。单一 ZnO 光电探测器的响应度较低为

174 A·W^{-1}，上升/下降时间较长分别为 32.1 s/28.7 s。石墨炔/ZnO 复合光电探测器的响应度较高为 1260 A·W^{-1}，上升/下降时间则缩短为 6.1 s/2.1 s。

2）一维纳米结构

一维无机半导体纳米结构，如纳米线、纳米带、纳米棒和纳米管等，因其特殊的电学和光学性质而常被用作纳米电学和光电器件的构建单元。一维纳米材料是高性能光电探测器的优选材料。一方面，一维纳米材料的较大表面-体积比可以生成大量的表面缺陷态，有利于延长光生载流子的寿命。另一方面，一维纳米材料可为入射光子提供足够大的吸收深度，也为载流子提供较短的传导路径，这将有利于光吸收的增强以及载流子传导的加快。此外，一维纳米结构因其较大的纵横比而在轴向上是机械可弯折，表明该类结构适用于构建柔性光电探测器。合理设计一维金属氧化物纳米材料的形貌和组成，可以将其用于构建具有特殊频谱选择性和灵敏度的光电探测器[94]。Molina-Mendoza 等将独立的 TiO$_2$ 纤维沉积在事先预制在 SiO$_2$/Si 基底上的 Ti/Au 电极上并测试了其光电性能[95]。图 8-9（a）是上述 TiO$_2$ 纳米纤维基光电器件在暗态和 455 nm 光照下的电流-时间曲线。该器件在 375 nm 光照下的紫外光响应度高达 90 A·W^{-1}，响应时间较短约为 5 s。相关结果表明，电纺丝法制得 TiO$_2$ 纤维的高比表面积和较低的一维单向传导电阻均造就了光电探测器的快速响应和高响应度特性。单根 ZnO 纳米线或纳米带基光电探测器因其一维纳米结构的特性，而被期望呈现出较高的开关比和较快的响应速度。但是，单根 ZnO 纳米线基光电探测器产生的光电流非常低，需要依靠非常精细的仪器进行电流测量，从而限制了其实际应用。Ren 等制备了具有特殊结构的 ZnO 纳米线，该结构内 ZnO 纳米晶体间紧密相接形成长链，相邻 ZnO 纳米晶体间形成 ZnO/ZnO 同质结[96]。相较常规 ZnO 纳米线，特殊 ZnO 纳米线结构基紫外光探测器的光电流显著增大（毫安级别），开关比约达到 1000。在紫外光辐射强度为 120 mW·cm^{-2} 时，ZnO 纳米线基光电探测器的峰值光电流和开关比分别为 ZnO 纳米晶体基光电探测器的 56 倍和 36 倍（0.5 V）。鉴于已报道的一维纳米材料基光电探测器中一维纳米结构的单晶特性，它们只允许沿着径向方向上的能带边界调节，而沿着轴向方向的能带依然是平直的，再加上本征载流子浓度的原因而使暗电流数值较大。He 等通过改变电纺丝过程中外加偏压的参数而实现了多晶 WO$_3$ 纳米带的可控生长[97]。相较于单晶 WO$_3$，多晶型 WO$_3$ 纳米带拥有更多的晶面和晶界，使得对应光电探测器的暗电流显著降低至 12 pA（5 V）。该器件还表现出较高的紫外光选择性，其开关比高达 1000，响应度达到 $2.6×10^5$ A·W^{-1}，外量子效率超高达到 $8.1×10^7$%。

3）二维纳米结构

原子或分子厚度的层状结构以范德华力弱连接后组成二维材料，该类材料拥有广阔的平面尺寸而易于制备和转移。二维材料包含从零禁带宽度或半金属性的石墨烯到具有较大禁带宽度的半导体，再拓展到拥有极大禁带宽度的绝缘体。二维材料因其特殊的电学、光学和机械性能等成为近年来的研究焦点。二维层状结构半导体能与入射光强烈作用而呈现出良好的光吸收并有利于光生电子-空穴对的产生。通过改变维度、插层和构建异质结构等，可调节二维层状材料的电学和光电性能，进而提高相应光电器件的光电性能[98]。具有原子层厚度的二维层状材料拥有较高的透明性和较好的机械弹性，可被组装成柔性、可穿戴和可移动器件。作为一种新兴二维层状材料，Bi$_2$O$_2$Se 具有较高的载流子迁移率、近乎理想的亚阈值斜率和良好的稳定性，因而在红外探测领域具有较好的应用前景。Li 等采用低压气相沉积法制备了高质量超薄 Bi_2O_2Se 纳米片和共生的 Bi_2O_xSe 纳米片，再将其组装成光电探测器后进行了近红外光探测性能的测试[99]。图 8-9（b）是三角形状 Bi_2O_xSe 纳米片在不同光照功率密度下的电流-电压曲线。相较三角形状 Bi_2O_xSe 纳米片基光电探测器，超薄 Bi_2O_2Se 纳米片基器件呈现出更佳的红外线探测性能，见图 8-9（c）。该器件的响应时间为 2.8 ms，响应度为 6.5 A·W^{-1}，探测度为 8.3×10^{11} Jones，说明该器件具有用作超快探测及柔性器件的潜能。二维非层状材料表现出不同于主体材料的特殊性能以及二维材料的特性。二维非层状材料的表面悬键赋予其较好的表面化学活性，使其表面适用于催化、传感和载流子迁移等，其也被应用在光电探测器和太阳能电池等光电装置中[100]。Sun 等利用了层状反胶束进行分子自组装，合成了金属氧化物如 TiO_2、ZnO、Co_3O_4 和 WO_3 等的超薄二维层状纳米片[101]。这些纳米片拥有限定的厚度和高比表面积，其特定晶面拥有高化学活性。将这些纳米片沉积在石墨烯背电极上，可组装成透明和柔性紫外光探测器。上述探测器均显示出欧姆特性，其光电响应稳定并且可重复，光电流密度可达到 mA·cm^{-2} 的级别。采用湿化学法合成的二维材料会不可避免地拥有缺陷较多、结晶性不佳和材料尺寸受限等缺点，开发简便高效的新方法来制备高质量二维非层状材料就比较有必要了。Feng 等将 GaSe 纳米片直接氧化后制得厚度小于 10 nm 的

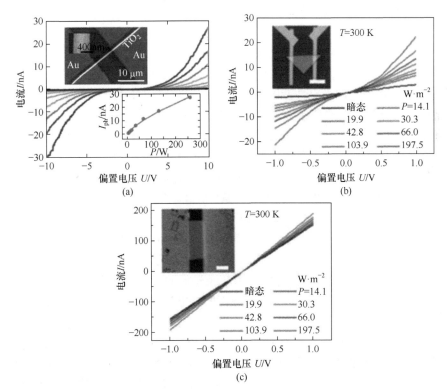

图 8-9　（a）TiO_2 纳米纤维光电探测器的电流-电压曲线（455 nm 和暗态），以及该探测器的扫描电镜图（上插图）和光电流-光功率密度曲线图（下插图）[95]；Bi_2O_xSe（b）和 Bi_2O_2Se（c）光电器件在不同入射光照射下的电流-时间曲线，插图分别为上述光电器件的显微镜图像，标尺长度为 10 μm [99]

二维多晶 Ga_2O_3 纳米片，并组装了 Ga_2O_3 纳米片基日盲三极管型光电探测器[102]。在 254 nm 紫外光（ $0.5\ mW\cdot cm^{-2}$ ）照射下，该光电探测器在 V_{ds} 为 10 V 时，其响应度、探测度和外量子效率大小分别为 $3.3\ A\cdot W^{-1}$ 、 4.0×10^{12} Jones 和 1600%，上升/下降时间为 30 ms/ 60 ms。随着微纳加工技术的发展和提升，越来越多的金属氧化物基二维纳米材料被制备出来，这些材料的特殊性能将会促进对应光电探测器的性能提升并向多功能化发展。

4）阵列结构

由一维和二维纳米结构周期性组装所构建的微/纳米阵列的应用范围已经从高度集成装置如场效应晶体管等拓展到柔性光电探测器、有源矩阵显示器和光电探测器阵列中，且这些装置大多表现出优异的机械、电学和光电性能。Wu 等采用湿化学刻蚀法对由化学气相沉积法生长的二维 Bi_2O_2Se 薄膜进行可控图案化刻蚀，随后获得了构型可控的厘米级二维 Bi_2O_2Se 阵列[103]。由上述样品组装的探测器经优化后产生的暗电流大小约为 3 nA （ $V_{ds}=0.1\ V$ ），器件的响应度最高可达约 $2000\ A\cdot W^{-1}$ （ 532 nm ）。Goswami 等采用掠射角沉积技术制备了具有多孔结构的垂直型一维 $In_{2-x}O_{3-y}$ 纳米结构阵列[104]。由此组装的探测器在 380 nm 光照下的响应度最高约为 $15\ A\cdot W^{-1}$ ，内增益约为 47，该波长下的光子能量与 In_2O_3 柱状阵列的近禁带宽度跃迁能量相匹配。相较于 In_2O_3 纳米颗粒和纳米棒基光电探测器， In_2O_3 柱状阵列基光电探测器中光生载流子的垂直传导将有效缩短其在电极间的传导路径，进而促使其上升/下降时间相应缩短至 1.9 s/2.3 s。

5）复合薄膜

单一金属氧化物半导体纳米结构较差的光吸收性能和较高的载流子再结合概率导致其在光探测的实际应用受限。由多种维度纳米结构组装成的复合膜可以综合利用不同组分的特殊性能，带动器件光电性能的提升。碳纳米材料因其优异的光学和电学性能而成为复合薄膜基光电探测器的理想材料。Chen 等在 ZnO 纳米线分散液中加入紫外光辅助光还原的石墨烯氧化物，随后合成了内嵌石墨烯纳米片的 ZnO 纳米线网络结构[105]。相较于单独 ZnO 纳米线基光电探测器，RGO/ZNW 复合物基光电探测器经优化后表现出更好的紫外光吸收特性，在紫外光（ $3.26\ mW\cdot cm^{-2}$ ）照射下，器件的光电流密度达到 $5.87\ mA\cdot cm^{-2}$ （ 1 V ），开关比达到 3.01×10^4 ，响应度达到 $1.83\ A\cdot W^{-1}$ 。经证实，RGO/ZNW 复合物具有较大的界面面积，能在有效抑制载流子再结合的同时改善载流子的传导，最终促进了光响应的增强。Saravanan 等以蚕茧为原材料通过简单的气体活化过程制备了颗粒状活性炭材料（简称 GAC 材料），接着将其涂布在 ZnO 纳米棒表面制成核壳结构[106]。相较于图 8-10 （ a ）和（ b ）中 ZnO 纳米颗粒基光电探测器产生较低的光电流约为 1 μA，图 8-10（ c ）和 （ d ）中 GAC/ZNR 核壳结构基光电探测器产生的光电流较高达到 16 mA。GAC/ZNR 核壳结构的形成有利于增强光吸收和增加光生电子-空穴对的产生数量。对比于 ZnO 纳米棒基光电探测器较低的开关比（ 40 ），GAC/ZNR 核壳结构基光电探测器的开关比高达 1585。GAC 材料表现出优异的光吸收特性，该材料在 ZnO 纳米棒上的均匀分布可以促进光生电子在 GAC 材料和 ZnO 纳米棒的导带间传导，进而有效缩短器件的上升/下降时间。此外，基于核壳结构的光电探测器的光电响应表现出较好的重复性和稳定性。等离子体金属纳米颗粒和染料也可用于改善复合膜的光吸收特性，进而实现光电性能的增强。Wang 等组装了 Ag 纳米颗粒修饰的 ZnO 基紫外光探测器[107]。ZnO 薄膜和 Ag 纳米颗粒间定阈肖特基结形成后，Ag-ZnO 薄膜基光电探测器的暗电流密度从 60 mA·cm^{-2} 显著减小至 38 mA·cm^{-2}。另外，该器件在 380 nm 波长附近出现显著增强的响应度峰，经证实是 Ag 纳米颗粒在紫外光区内发生窄禁带四极子等离子体共振引发的较强入射光散射后带来的光吸收的显著增强。除此以外，Ag 纳米颗粒带来的遮光效应和表面缺陷钝化效应导致了探测器在其他波长下响应度的大幅下降。最后使光电器件在 380 nm 左右的响应度峰值显著增强，具备明显的波长选择性。

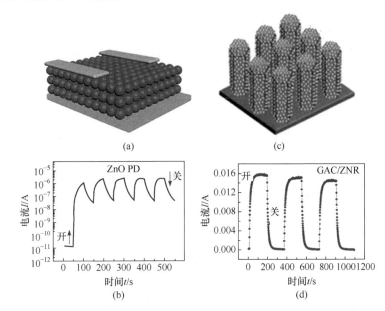

图 8-10　（a）基于 ZnO 薄膜组装的光电探测器的结构示意图；（b）ZnO 薄膜基光电探测器的电流-时间曲线[83]；（c）GAC@ZNR 核壳结构的示意图；（d）GAC@ZNR 核壳结构基光电探测器的电流-时间曲线[106]

2. 其他影响载流子传导的因素

除了异质结的构建以外，其他因素如半导体的结晶性、外加偏压和表面/界面情况等都会对载流子的传导行为产生重要影响。有鉴于此，研究者提出并采用不同措施来改善器件内载流子的传导。

1）改善结晶性

半导体的光电特性与其结晶性有很大关系，并且容易受材料制备和后处理过程影响。半导体纳米晶体内过多的缺陷和相邻晶体间较多的晶界将大大增加光生载流子传导到电极的路途中被捕获和发生再结合的概率，从而削弱相应光电器件的光响应。为了减少缺陷浓度和晶界面积，选取合理的制备过程和恰当的后处理方法来获取具有高结晶性和适量缺陷的半导体材料，可以改善载流子的传导效率，进而提升相应器件的光电性能。

2）外加偏压

对光电探测器施加偏压可以加速载流子沿着电场方向的传导到电极过程的扩散速度。在外加偏压的驱使下，载流子在异质结区外的损耗有效降低，这将增加光电器件的光响应并且缩短响应时间。但是，进一步增加外加偏压势必会增强噪声后导致暗电流增大和能耗增加。因此，选取合适的偏压使得器件在高性能和低能耗间达成平衡是非常必要的。

3）表面/界面间载流子传导过程调节

显著增加由纳米结构组装的光电装置的表面-体积比、界面面积以及表面与外部环境间的相互作用都将对器件性能产生重大影响。在构建高性能光电探测器时，需考虑从调整表面/界面间载流子的产生、扩散和复合/传导过程等方面进行性能优化。对于金属氧化物纳米材料，结合表面氧气分子的吸附/脱附过程，其丰富的表面态都有助于相应光电器件表现出较高灵敏度。改变纳米材料的尺寸或进行适当表面处理（如热处理或表面修饰金属颗粒等）均能引发表面能带弯曲，从而影响器件的光电转换过程。对靠近材料表面的特定耗尽区进行修饰，可实现对金属氧化物基光电探测器的光电性能进行调节[108]。然而，这类材料的表面氧分子吸附/脱附过程造成这类光电探测器常表现出较长的下降时间。通过构建异质结构和组装特殊的核壳结构或网络结构等方法，可以调控界面载流子的传导，实现在增强光响应的同时缩短下降时间。Chen 等在 Ti/Au 预制电极上，通过气-液-固法生长了 ZnO 纳米带网络，并组装了 ZnO 纳米带网络基光电探测器[109]。网络内大量存在的纳米带-纳米带间异质结有效阻断了暗光条件下载流子的传导，ZnO 纳米带网络基光电探测器的下降时间从单根 ZnO 纳米带探测器的 32.95 s 显著缩短至 0.53 s。通过增强光子吸收、利用表面等离子体效应和压电效应以及调制界面载流子等措施，Guo 等构建了基于自弯曲组装的 ZnO 纳米线的紫外光探测器[110]。通过调整纳米颗粒/纳米线活性层组成，在这些 ZnO 纳米线上产生的表面/界面态能有效调控载流子的行为，使得对应光电探测器的探测度分别达到 1.69×10^{16} Jones/1.71×10^{16} Jones（380 nm，0.2 V），上升/下降时间经过优化后分别为 0.023 ms /4.79 ms，相关指标能满足实际应用的需要。通过对器件内载流子的产生、扩散、传导和复合过程的深入研究有益于探究与光响应结果关联性较强的载流子的行为，从而针对性增强金属氧化物基光电探测器的光电性能。

8.5.4　载流子的收集

1. 接触类型

大多数电子和光电设备的核心性能参数，如光电流大小、开关比和响应速度等，均受到连接载流子传输通道和外电路间的电学接触情况的影响[111]。宏观上的接触电阻主要由肖特基势垒的高度决定，而势垒高度由半导体和电极间相对禁带位置、半导体的掺杂程度和界面的质量决定。光电探测器的电极结构也会对装置的接触电阻产生重大影响，从而影响器件的光电性能。在接触电阻较低时，以欧姆接触为主的光电探测器常显示出优异的探测性能，包括较大的光导增益和较高的响应度。欧姆接触可以通过将具有适宜功函数的金属电极与具有匹配禁带结构的半导体材料配合实现。在排除可能引起肖特基势垒不改变的费米能级钉扎效应后，研究者采取了系列措施，包括改变接触电极材料、通过离子植入进行重掺杂和采用边界接触方式等，实现了欧姆接触从而提高了器件性能。

2. 电极构造

功函数较高的金属电极可以与 p 型半导体形成欧姆接触，功函数较低的金属电极能与 p 型半导体形成肖特基接触。在排除了半导体表面态的影响后，若采用功函数相差较大的两种金属电极与同一半导体形成不对称金属接触，可以在器件内形成内建电场，进而构建具有整流特性的肖特基结并可能赋予器件自供能特性。Ouyang 等在 Cu 片上生长了 BiOCl 纳米片阵列，随后按不同电极构造将其组装成 BiOCl-Cu-1 和 BiOCl-Cu-2 两种光电探测器[112]。BiOCl-Cu-1 光电探测器（Ag/BiOCl/Ag）产生了较高的光电流为 353 pA（350 nm、5 V），相应的上升/下降时间分别为 0.56 s/0.59 s。相同条件下，BiOCl-Cu-2 光电探测器（Ag/BiOCl/Cu）产生光电流为 1040 pA，响应速度基本保持不变。Cu 和 Ag 间功函数的不同赋予该光电探测器自供能特性。在无外加偏压时，BiOCl-Cu-2 光电探测器产生的光电流达到 11.81 pA（350 nm、0 V），开关比为 125.3。在光电探测器中采用不同的电极形状也能产生不对称肖特基结，使得光电探测器可以在无外加偏压或低压时实现光电探测。Chen 等制备了不对称的 MSM 型 ZnO 基光电探测器，这些器件均显现出自供能特性[113]。器件中叉指金电极的一端为宽指，另一端为窄指，随着宽指和窄指间宽度比值（电极不对称比）的增大，相应器件的响应度也增大。当该数值达到 20∶1 时，ZnO 自供能紫外光探测器的响应度为 20 mA·W^{-1}。随后基于能带理论建立了相应的物理模型，并验证了该器件在 0 V 下光响应的来源，结果证实这种构建不对称电极结构的方法是组装自供能光电探测器的新途径。假如载流子在两电极间传导所需时间短于载流子的寿命，载流子发生再结合之前可以多次通过半导体材料和外电路，这能在增加器件响应度和增益的同时延长响应时间。Miao 等由不同电极材料（Au 和 Al）和黑磷（BP）组装了不对称肖特基型光电探测器[114]。电极材料功函数差异导致了器件中内建电场的产生，促使器件表现出明显的整流特性。当沟道宽度约为 1 μm 时，BP 基光电探测器的整流比达到 $1.05×10^2$（0 V）。在 650 nm 可见光（38 W·cm^{-2}）照射下，且 $V_{ds}=-1$ V 和 $V_{gs}=10$ V 时，器件的响应度和外量子效率分别为 3.5 mA·W^{-1} 和 0.65%。该 BP 基光电探测器还表现出较快反应速率，上升/下降时间均要小于 2 ms。在沟道宽度约为 30 nm 时，该探测器在门电压为–20 V 时的整流比高达 $1.5×10^3$。但是，外加电场增强引起的势垒变小导致了反向偏压下隧穿电流的显著增加，进而使得整流效应显著减弱甚至消失。因此，选用合适的沟道宽度以平衡光响应度和响应速度非常必要。

8.6　研究趋势展望

高性能紫外光探测器不只是学术研究的需要，在生产生活中也有非常重要的应用。载流子工程的有效实施证实了其在增强金属氧化物基光电探测器的光电响应和加快响应速度上的重要作用。理想的光电探测器需要满足较强的光谱选择性、较高的响应度、较大的探测度、较快的响应速度和较好的稳定性等要求。到目前为止，在提高金属氧化物半导体基光电探测器方面仍有较多技术问题亟待解决。研究者所采用的措施大多只能促使光电探测器的性能在单方面上而非系统性地提升，所以在探索新型敏感材料半导体纳米结构与构造新型装置结构方向上共同努力就显得很有必要，同时还需加深对载流子的行为如何对相应光电探测器的光电性能产生影响的理解，进而采用更系统的方法提高光电转换效率。近年来，一些与光电探测器相关的新趋势和要求，如宽谱探测、自供能特性、构建二维范德华异质结构以及利用特殊效应等，为未来发展新型高性能金属氧化物半导体基光电探测器指明了方向。

8.6.1　宽谱光电探测器

宽谱光电探测器（broadband photodetector）具有从紫外光、可见光到近红外光的探测能力而可在图像探测、化学/生物传感、光通信和全天候监测等领域发挥重要应用。但是，大部分金属氧化物半导体具有较宽禁带而使它们的光吸收局限在紫外光和可见光区，因此单一半导体材料仅能用于紫外光和可见光探测。若将金属氧化物半导体与窄禁带半导体如金属硫化物等复合后，可以将光吸收范围拓展到近红外区，进而可以组装成宽谱光电探测器。Li 等将 SnS 量子点和 Zn_2SnO_4 纳米线的复合物组装成相应光电探测器[115]。相较于单根 Zn_2SnO_4 纳米线光电探测器，SnS/Zn_2SnO_4 复合探测器在紫外区的光导增益高达 $1.6×10^6$，探测度高达 $3.8×10^{16}$。复合探测器的光响应范围从紫外区拓展到近红外区，其在 950 nm 处的响应度仍可达到 $19\ A·W^{-1}$，该波长对应 SnS 的禁带宽度（≈1.3 eV）。此外，利用一些特殊光学效应也可以赋予半导体体系宽谱探测的特性，若将新的器件结构与基于上（下）转换材料的光电应用结合起来[116]，可以相应实现在长波或短波区的光吸收，进而拓宽光子上（下）转换的波长范围，优化装置构型后还可大大增加能量转换效率。

8.6.2　二维范德华异质结构

二维材料因其高载流子迁移率和与厚度相关的禁带宽度和光吸收特性而表现出特殊的光学和电学特性，进而如场发射三极管、太阳能电池、光电探测器和柔性电子器件等诸多领域具有应用前景[117]。二维范德华异质结构（van der Waals heterostructure）常具有界面平整、禁带宽度可调以及载流子传导迅速等优点而适合构建高性能光电探测器。二维范德华异质结构的原子级厚度可以实现载流子在二维平面内的超快传导，入射光与二维材料间的强烈作用有利于光吸收的增强，这些特性都使得由此构建的探测器能拥有较快的响应速度、较高的响应度和较大的灵敏度。通过选取适合的敏感材料和堆叠次序以及采用禁带工程，研究者制备了基于 SnO/MoS_2[118] 和 MoS_2/VO_2[119] 等二维范德华异质结构的高性能光电探测器。Chen 等在 SiO_2/Si 基底上制备了二维层状 $n-MoSe_2/p-MoO_x$ 范德华异质结型光电探测器[120]。垂直型 $MoSe_2/MoO_x$ 基 p-n 异质结光电探测器表现出显著的整流特性。该装置在 254 nm 紫外光（$0.29\ mW·cm^{-2}$）照射下，外加偏压为 5 V 时，响应度可达 $3.4\ A·W^{-1}$，探测度为 $8.5×10^7$ Jones，外量子效率可达 1665.6%。除此以外，二维范德华异质结构的柔性和透明性使得相应的光电探测器可被应用于透明可穿戴设备中。

8.6.3　自供能探测器

自供能探测器（self-powered detector）可以在低能耗或无外供能条件下完成光电转化

过程，因而成为下一代光电设备的热门发展方向。自供能探测器利用光压效应或采用内建能量收集单元可以将入射光信号转换为电信号，从而实现独立式可持续地并且无需后期维护地对环境光进行监测，这种特性对于工作在严苛环境的移动可穿戴设备是非常有益的。自供能探测器按照功能方式的不同可大致分为两种。一种是将光导型装置与能源转换装置如纳米发电机、太阳能电池、超级电容器等联结，能源转换装置从外部收集能量后驱动光电探测器进而实现光探测[121]。另一种是基于光压效应的光压型光电探测器。根据发生载流子分离的界面不同，这类光电探测器可分为肖特基型、p-n/n-n 异质结型和光电化学池型等。Zhao 等用高结晶度的 $ZnO@Ga_2O_3$ 核壳异质结构微米线，组装了日盲型自供能光电探测器[122]。无外加偏压时，该光电装置产生的响应度高达 $9.7\ mA \cdot W^{-1}$（251 nm），且响应速度较快（上升/下降时间<100 μs /900 μs），表明其具有实际应用的潜力。由此进一步研究器件光电响应与材料组成和装置构型间的关系可以更好地组装高性能的自供能型光电探测器。此外，压电效应、热电效应、光诱导的类栅极电场调控作用，以及铁电电极与纳米结构间的耦合作用等也可被用于进一步提升光电器件的自供能特性。

8.6.4 新型光电探测器

光电探测器具备透明性、柔性、延展性、可印制性以及多功能特性等是组装可穿戴、可视化、无线式和实时型光电装置的必然要求。这些新型光电探测器的出现将对日常生活和工业生产大有裨益。Xu 等设计了纤维状 p-CuZnS/n-TiO$_2$ 紫外光探测器图[图 8-11（a）]。受益于发射状的纳米管阵列结构和 p-n 异质结的构建，该探测器在 350 nm 紫外光（$1.26\ mW \cdot cm^{-2}$）照射下，当外加偏压为 3 V 时，响应度可达 $640\ A \cdot W^{-1}$，外量子效率可达 $2.3×10^5$%，光电流高达 4 mA，见图 8-11（b）和（c）[123]。该器件也表现出自供能特性，器件响应度高达 $2.5\ mA \cdot W^{-1}$（300 nm、0 V），响应时间短于 0.2 s。该器件产生的光电流较高，使其能被较容易地整合入实时监控系统中。由此构建的实时可穿戴紫外光装置能测出环境光中紫外光功率密度，并通过无线网络将相关数据传输至智能手机端显示，见图 8-11（d）。上述研究为设计和制备智能可穿戴电子设备提供新思路。

为了推进金属氧化物半导体基光电探测器的实际应用，研究者需要重点关注金属氧化物半导体敏感材料的低能耗制备和光电器件的大规模组装。一方面，若干制备方法如阳极氧化、化学浴和喷雾裂解法等都适合用于大规模制备金属氧化物纳米结构。另一方面，采用简单高效的方法如印制电路和激光直写技术等可以在大规模组装光电器件的同

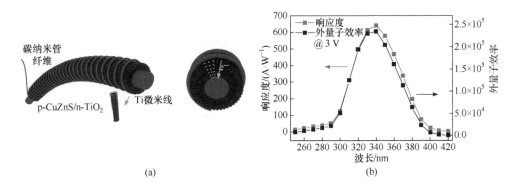

（a） （b）

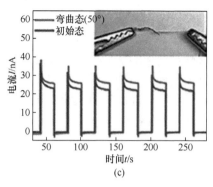

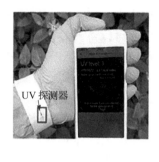

(c)　　　　　　　　　　　　　　　　　　　　　　(d)

图 8-11　　（a）纤维状 p-CuZnS/n-TiO$_2$ 紫外光探测器的装置结构；（b）纤维状紫外光探测器的响应度和外量子效率随着光照波长变化曲线图（3 V）；（c）纤维状光电探测器在平直状态和弯曲状态下（≈50°）的电流-时间曲线图；（d）实现实时紫外光监测的可穿戴设备[123]

时有效地降低成本。将上述两方面合理结合后即可真正地推动金属氧化物半导体纳米结构基光电探测器向实用化方向发展。

习　　题

1. 光电探测器有哪些特性参数？高性能光电探测器有什么要求？
2. 光电探测器有哪些类型？它们各自的特点是什么？
3. 简述半导体基光电探测器的光电转换过程中载流子的行为。
4. 如何增强光电探测器的光吸收以提高载流子产生效率？
5. 异质结的构建对于光电探测器中载流子分离效率有什么影响？
6. 如何提高光电探测器中载流子的传导效率？
7. 光电探测器的未来发展趋势有哪些？

参 考 文 献

[1] Glaser P E. Power from the sun: its future[J]. Science, 1968, 162(3856): 857-861.

[2] Mancebo S E, Wang S Q. Skin cancer: role of ultraviolet radiation in carcinogenesis[J]. Reviews on Environmental Health, 2014, 29(3): 265-273.

[3] Matthes R. Guidelines on limits of exposure to ultraviolet radiation of wavelengths between 180 nm and 400 nm (incoherent optical radiation)[J]. Health Physics, 2004, 87(2): 171-186.

[4] Sang L, Liao M, Sumiya M. A comprehensive review of semiconductor ultraviolet photodetectors: from thin film to one-dimensional nanostructures[J]. Sensors, 2013, 13(8): 10482-10518.

[5] Tsai S L, Wu J S, Lin H J, et al. Simulation and design of InGaAsN metal-semiconductor-metal photodetectors for long wavelength optical communications[J]. Physica Status Solidi, 2008, 5(6): 2167-2169.

[6] Zhu S, Yu M B, Lo G Q, et al. Near-infrared waveguide-based nickel silicide Schottky-barrier photodetector for optical communications[J]. Applied Physics Letters, 2008, 92(8): 1843.

[7] Pau J L, Anduaga J, Rivera C, et al. Optical sensors based on Ⅲ-nitride photodetectors for flame sensing and

combustion monitoring[J]. Applied Optics, 2006, 45(28): 7498-7503.

[8] Chen H, Liu H, Zhang Z, et al. Nanostructured photodetectors: from ultraviolet to terahertz[J]. Advanced Materials, 2016, 28(3): 403-433.

[9] Xing J, Guo E, Jin K J, et al. Solar-blind deep-ultraviolet photodetectors based on an LaAlO3 single crystal[J]. Optics Letters, 2009, 34(11): 1675-1677.

[10] Zhao B, Wang F, Chen H Y, et al. Solar-blind avalanche photodetector based on single ZnO-Ga2O3 core-shell microwire[J]. Nano Letters, 2015, 15(6): 3988-3993.

[11] Navarro R M, Valle F D, Fierro J L G. Photocatalytic hydrogen evolution from CdS-ZnO-CdO systems under visible light irradiation: Effect of thermal treatment and presence of Pt and Ru cocatalysts[J]. International Journal of Hydrogen Energy, 2008, 33(16): 4265-4273.

[12] Panoiu N C, Bhat R D R, Osgood R M, et al. Enhancing the signal-to-noise ratio of an infrared photodetector with a circular metal grating[J]. Optics Express, 2008, 16(7): 4588-4596.

[13] Brown E R. Blackbody heterodyne receiver for NEP measurements and wideband photodetector characterization[J]. Applied Optics, 1982, 21(19): 3602-3606.

[14] García De Arquer F P, Armin A, Meredith P, et al. Solution-processed semiconductors for next-generation photodetectors[J]. Nature Reviews Materials, 2017, 2(3): 16100.

[15] Dou L, Yang Y M, You J, et al. Solution-processed hybrid perovskite photodetectors with high detectivity[J]. Nature Communications, 2014, 5(5): 5404.

[16] Ni M, Leung M K H, Leung D Y C, et al. A review and recent developments in photocatalytic water-splitting using TiO2 for hydrogen production[J]. Renewable & Sustainable Energy Reviews, 2007, 11(3): 401-425.

[17] Roy P, Berger S, Schmuki P. TiO2 nanotubes: synthesis and applications[J]. Angewandte Chemie International Edition, 2011, 50(13): 2904-2939.

[18] Zou J, Zhang Q, Huang K, et al. Ultraviolet photodetectors based on anodic TiO2 nanotube arrays[J]. Journal of Physical Chemistry C, 2010, 114(24): 10725-10729.

[19] Zhang D Y, Ge C W, Wang J Z, et al. Single-layer graphene-TiO2 nanotubes array heterojunction for ultraviolet photodetector application[J]. Applied Surface Science, 2016, 387: 1162-1168.

[20] Liu K, Sakurai M, Aono M. ZnO-based ultraviolet photodetectors[J]. Sensors, 2010, 10(9): 8604-8634.

[21] Gedamu D, Paulowicz I, Kaps S, et al. Rapid fabrication technique for interpenetrated ZnO nanotetrapod networks for fast UV sensors[J]. Advanced Materials, 2014, 26(10): 1541-1550.

[22] Jiang D, Zhang J, Lu Y, et al. Ultraviolet Schottky detector based on epitaxial ZnO thin film[J]. Solid-State Electronics, 2008, 52(5): 679-682.

[23] Jin Y, Wang J, Sun B, et al. Solution-processed ultraviolet photodetectors based on colloidal ZnO nanoparticles[J]. Nano Letters, 2008, 8(6): 1649-1653.

[24] Jin Z, Zhou Q, Chen Y, et al. Graphdiyne: ZnO nanocomposites for high-performance UV photodetectors[J]. Advanced Materials, 2016, 28(19): 3697-3702.

[25] Liao M, Sang L, Teraji T, et al. Comprehensive investigation of single crystal diamond deep-ultraviolet detectors[J]. Japanese Journal of Applied Physics, 2013, 51(9): 0115.

[26] Sze S M, Ng K K. Physics of Semiconductor Devices[M]. 2nd ed. New York: John Wiley&Sons, 1981.

[27] Koide Y, Liao M, Alvarez J. Thermally stable solar-blind diamond UV photodetector[J]. Diamond & Related Materials, 2006, 15(11-12): 1962-1966.

[28] Mohite S V, Rajpure K Y. Synthesis and characterization of Sb-doped ZnO thin films for photodetector application[J]. Optical Materials, 2014, 36(4): 833-838.

[29] Whitfield M D, Mckeag R D, Pang L Y S, et al. Thin film diamond UV photodetectors: photodiodes compared with photoconductive devices for highly selective wavelength response[J]. Diamond & Related

Materials, 1996, 5(6-8): 829-834.

[30] Li P, Shi H, Chen K, et al. Construction of GaN/Ga$_2$O$_3$ p-n junction for an extremely high responsivity self-powered UV photodetector[J]. Journal of Materials Chemistry C, 2017, 5: 10562-10570.

[31] Cheng G, Wu X, Liu B, et al. ZnO nanowire Schottky barrier ultraviolet photodetector with high sensitivity and fast recovery speed[J]. Applied Physics Letters, 2011, 99(20): 203105.

[32] Nieuwesteeg K J B M, Veen M V D, Vink T J, et al. On the current mechanism in reverse-biased amorphous-silicon Schottky contacts. Ⅱ. Reverse-bias current mechanism[J]. Journal of Applied Physics, 1993, 74(4): 2581-2589.

[33] Hori T. MIS Structure[M]. Heidelberg: Springer, 1997.

[34] Chang P C, Chen C H, Chang S J, et al. High UV/visible rejection contrast AlGaN/GaN MIS photodetectors[J]. Thin Solid Films, 2006, 498(1): 133-136.

[35] Liu K, Sakurai M, Aono M. ZnO-based ultraviolet photodetectors[J]. Sensors, 2010, 10(9): 8604-8634.

[36] Zheng L X, Hu K, Teng F, et al. Novel UV-visible photodetector in photovoltaic mode with fast response and ultrahigh photosensitivity employing Se/TiO$_2$ nanotubes heterojunction[J]. Small, 2017, 13(5): 1602448.

[37] Li M, Zhang J, Gao H, et al. Microsized BiOCl square nanosheets as ultraviolet photodetectors and photocatalysts[J]. ACS Applied Materials & Interfaces, 2016, 8(10): 6662-6668.

[38] Hsu C Y, Lien D H, Lu S Y, et al. Supersensitive, ultrafast, and broad-band light-harvesting scheme employing carbon nanotube/TiO$_2$ core-shell nanowire geometry[J]. ACS Nano, 2012, 6(8): 6687-6692.

[39] Sang L, Liao M, Sumiya M. A comprehensive review of semiconductor ultraviolet photodetectors: from thin film to one-dimensional nanostructures[J]. Sensors, 2013, 13(8): 10482-10518.

[40] Wang F, Bai S, Tress W, et al. Defects engineering for high-performance perovskite solar cells[J]. npj Flexible Electronics, 2018, 2(2): 22.

[41] Mondal S, Basak D. Very high photoresponse towards low-powered UV light under low-biased condition by nanocrystal assembled TiO$_2$ film[J]. Applied Surface Science, 2018, 427(427): 814-822.

[42] Jiang J, Ling C, Xu T, et al. Defect engineering for modulating the trap states in 2D photoconductors[J]. Advanced Materials, 2018, 30(30): 1804332.

[43] Wang H P, He J H. Toward highly efficient nanostructured solar cells using concurrent electrical and optical design[J]. Advanced Energy Materials, 2017, 7(23): 1602385.

[44] Hu M X, Teng F, Chen H Y, et al. Novel Ω-shaped core-shell photodetector with high ultraviolet selectivity and enhanced responsivity[J]. Advanced Functional Materials, 2017, 27(47): 1704477.

[45] Hu K, Chen H Y, Jiang M M, et al. Broadband photoresponse enhancement of a high-performance t-Se microtube photodetector by plasmonic metallic nanoparticles[J]. Advanced Functional Materials, 2016, 26(36): 6641-6648.

[46] Shokri K H, Yun J H, Paik Y, et al. Plasmon field effect transistor for plasmon to electric conversion and amplification[J]. Nano Letters, 2016, 16(1): 250-254.

[47] Dutta M, Ghosh T, Basak D. N doping and Al-N co-doping in sol-gel ZnO films: studies of their structural, electrical, optical, and photoconductive properties[J]. Journal of Electronic Materials, 2009, 38(11): 2335-2342.

[48] Young S J, Liu Y H. Ultraviolet photodetectors with 2-D indium-doped ZnO nanostructures[J]. IEEE Transactions on Electron Devices, 2016, 63(8): 3160-3164.

[49] Shabannia R. High-sensitivity UV photodetector based on oblique and vertical Co-doped ZnO nanorods[J]. Materials Letters, 2018, 214: 254-256.

[50] Hsu C L, Chang S J. Doped ZnO 1D nanostructures: synthesis, properties, and photodetector application[J].

Small, 2014, 10(22): 4562-4585.

[51] Jiang R, Li B, Fang C, et al. Metal/semiconductor hybrid nanostructures for plasmon-enhanced applications[J]. Advanced Materials, 2014, 26(31): 5274-5309.

[52] Li X, Zhu J, Wei B. Hybrid nanostructures of metal/two-dimensional nanomaterials for plasmon-enhanced applications[J]. Chemical Society Reviews, 2016, 45(11): 3145-3187.

[53] Huang J A, Luo L B. Low-dimensional plasmonic photodetectors: recent progress and future opportunities[J]. Advanced Optical Materials, 2018, 6(8): 1701282.

[54] Tian C, Jiang D, Li B, et al. Performance enhancement of ZnO UV photodetectors by surface plasmons[J]. ACS Applied Materials & Interfaces, 2014, 6(3): 2162-2166.

[55] Guo Z, Jiang D, Hu N, et al. Significant enhancement of MgZnO metal-semiconductor-metal photodetectors via coupling with Pt nanoparticle surface plasmons[J]. Nanoscale Research Letters, 2018, 13(1): 168.

[56] Zayats A V, Maier S. Hot-electron effects in plasmonics and plasmonic materials[J]. Advanced Optical Materials, 2017, 5(15): 1700508.

[57] Ouyang W X, Teng F, Jiang M M, et al. ZnO film UV photodetector with enhanced performance: heterojunction with CdMoO$_4$ microplates and the hot electron injection effect of Au nanoparticles[J]. Small, 2017, 13(39): 1702177.

[58] Pescaglini A, Martin A, Cammi D, et al. Hot-electron injection in Au nanorod-ZnO nanowire hybrid device for near-infrared photodetection[J]. Nano Letters, 2014, 14(11): 6202-6209.

[59] Nozik A J. Nanophotonics: making the most of photons[J]. Nature Nanotechnology, 2009, 4(9): 548-549.

[60] Semonin O E, Luther J M, Choi S, et al. Peak external photocurrent quantum efficiency exceeding 100% via MEG in a quantum dot solar cell[J]. Science, 2011, 334(6062): 1530-1533.

[61] Schaller R D, Agranovich V M, Klimov V I. High-efficiency carrier multiplication through direct photogeneration of multi-excitons via virtual single-exciton states[J]. Nature Physics, 2005, 1(3): 189-194.

[62] Li L, Gu L, Lou Z, et al. ZnO quantum dot decorated Zn$_2$SnO$_4$ nanowire heterojunction photodetectors with drastic performance enhancement and flexible ultraviolet image sensors[J]. ACS Nano, 2017, 11(4): 4067-4076.

[63] Lei S, Wen F, Ge L, et al. An atomically layered InSe avalanche photodetector[J]. Nano Letters, 2015, 15(5): 3048-3055.

[64] Zhao B, Wang F, Chen H, et al. Solar-blind avalanche photodetector based on single ZnO-Ga$_2$O$_3$ core-shell microwire[J]. Nano Letters, 2015, 15(6): 3988-3993.

[65] Tian W, Wang Y, Chen L, et al. Self-powered nanoscale photodetectors[J]. Small, 2017, 13(45): 1701848.

[66] Ouyang W X, Teng F, Fang X S. High performance BiOCl nanosheets/TiO$_2$ nanotube arrays heterojunction UV photodetector: the influences of self-induced inner electric fields in the BiOCl nanosheets[J]. Advanced Functional Materials, 2018, 28(16): 1707178.

[67] Li P J, Liao Z M, Zhang X Z, et al. Electrical and photoresponse properties of an intramolecular p-n homojunction in single phosphorus-doped ZnO nanowires[J]. Nano Letters, 2009, 9(7): 2513-2518.

[68] Hsu C L, Gao Y D, Chen Y S, et al. Vertical p-type Cu-doped ZnO/n-type ZnO homojunction nanowire-based ultraviolet photodetector by the furnace system with hotwire assistance[J]. ACS Applied Materials & Interfaces, 2014, 6(6): 4277-4285.

[69] Vabbina P K, Sinha R, Ahmadivand A, et al. Sonochemical synthesis of a zinc oxide core-shell nanorod radial p-n homojunction ultraviolet photodetector[J]. ACS Applied Materials & Interfaces, 2017, 9(23): 19791-19799.

[70] Lee Y T, Jeon P J, Han J H, et al. Mixed-dimensional 1D ZnO-2D WSe$_2$ van der Waals heterojunction device for photosensors[J]. Advanced Functional Materials, 2017, 27(47): 1703822.

[71] Li G, Suja M, Chen M, et al. Visible-blind UV photodetector based on single-walled carbon nanotube thin film/ZnO vertical heterostructures[J]. ACS Applied Materials & Interfaces, 2017, 9(42): 37094-37104.

[72] Xie T, Liu G, Wen B, et al. Tunable ultraviolet photoresponse in solution-processed p-n junction photodiodes based on transition-metal oxides[J]. ACS Applied Materials & Interfaces, 2015, 7(18): 9660-9667.

[73] Um D S, Lee Y, Lim S, et al. High-performance MoS2/CuO nanosheet-on-one-dimensional heterojunction photodetectors[J]. ACS Applied Materials & Interfaces, 2016, 8(49): 33955-33962.

[74] Hong Q, Cao Y, Xu J, et al. Self-powered ultrafast broadband photodetector based on p-n heterojunctions of CuO/Si nanowire array[J]. ACS Applied Materials & Interfaces, 2014, 6(23): 20887-20894.

[75] Zheng L, Yu P, Hu K, et al. Scalable-production, self-powered TiO2 nanowell-organic hybrid UV photodetectors with tunable performances[J]. ACS Applied Materials & Interfaces, 2016, 8(49): 33924-33932.

[76] Chen H, Yu P, Zhang Z, et al. Ultrasensitive self-powered solar-blind deep-ultraviolet photodetector based on all-solid-state polyaniline/MgZnO bilayer[J]. Small, 2016, 12(42): 5809-5816.

[77] Meng F, Shen L, Wang Y, et al. An organic-inorganic hybrid UV photodetector based on a TiO2 nanobowl array with high spectrum selectivity[J]. RSC Advances, 2013, 3(44): 21413.

[78] Tian W, Zhou H, Li L. Hybrid organic-inorganic perovskite photodetectors[J]. Small, 2017, 13(41): 1702107.

[79] Yi X, Ren Z, Chen N, et al. TiO2 nanocrystal/perovskite bilayer for high-performance photodetectors[J]. Advanced Electronic Materials, 2017, 3(11): 1700251.

[80] Zheng Z, Zhuge F, Wang Y, et al. Decorating perovskite quantum dots in TiO2 nanotubes array for broadband response photodetector[J]. Advanced Functional Materials, 2017, 27(43): 1703115.

[81] Sun M, Fang Q, Zhang Z, et al. All-inorganic perovskite nanowires-InGaZnO heterojunction for high-performance ultraviolet-visible photodetectors[J]. ACS Applied Materials & Interfaces, 2018, 10(8): 7231-7238.

[82] Ling C, Guo T, Lu W, et al. Ultrahigh broadband photoresponse of SnO2 nanoparticle thin film/SiO2/p-Si heterojunction[J]. Nanoscale, 2017, 9(25): 8848-8857.

[83] Zhang H, Zhang M, Feng C, et al. Schottky barrier characteristics and internal gain mechanism of TiO2 UV detectors[J]. Applied Optics, 2012, 51(7): 894-897.

[84] Liu N, Fang G, Zeng W, et al. Direct growth of lateral ZnO nanorod UV photodetectors with Schottky contact by a single-step hydrothermal reaction[J]. ACS Applied Materials & Interfaces, 2010, 2(7): 1973-1979.

[85] Nie B, Hu J G, Luo L B, et al. Monolayer graphene film on ZnO nanorod array for high-performance Schottky junction ultraviolet photodetectors[J]. Small, 2013, 9(17): 2872-2879.

[86] Chang S J, Tsai T Y, Jiao Z Y, et al. A TiO2 nanowire MIS photodetector with polymer insulator[J]. IEEE Electron Device Letters, 2012, 33(11): 1577-1579.

[87] Karbalaei A M, Hai Z, Wei Z, et al. ALD-developed plasmonic two-dimensional Au-WO3-TiO2 heterojunction architectonics for design of photovoltaic devices[J]. ACS Applied Materials & Interfaces, 2018, 10(12): 10304-10314.

[88] Zheng D, Wang J, Hu W, et al. When nanowires meet ultrahigh ferroelectric field-high-performance full-depleted nanowire photodetectors[J]. Nano Letters, 2016, 16(4): 2548-2555.

[89] Deka B B, Misra A. Effect of magnetic field on photoresponse of cobalt integrated zinc oxide nanorods[J]. ACS Applied Materials & Interfaces, 2016, 8(7): 4771-4780.

[90] Jin Y, Wang J, Sun B, et al. Solution-processed ultraviolet photodetectors based on colloidal ZnO nanoparticles[J]. Nano Letters, 2008, 8(6): 1649-1653.

[91] Mitra S, Aravindh A, Das G, et al. High-performance solar-blind flexible deep-UV photodetectors based on quantum dots synthesized by femtosecond-laser ablation[J]. Nano Energy, 2018, 48: 551-559.

[92] Thangavel S, Krishnamoorthy K, Krishnaswamy V, et al. Graphdiyne-ZnO nanohybrids as an advanced photocatalytic material[J]. The Journal of Physical Chemistry C, 2015, 119(38): 22057-22065.

[93] Jin Z, Zhou Q, Chen Y, et al. Graphdiyne: ZnO nanocomposites for high-performance UV photodetectors[J]. Advanced Materials, 2016, 28(19): 3697-3702.

[94] Zhou X, Zhang Q, Gan L, et al. High-performance solar-blind deep ultraviolet photodetector based on individual single-crystalline Zn_2GeO_4 nanowire[J]. Advanced Functional Materials, 2016, 26(5): 704-712.

[95] Molina-Mendoza A J, Moya A, Frisenda R, et al. Highly responsive UV-photodetectors based on single electrospun TiO_2 nanofibres[J]. Journal of Materials Chemistry C, 2016, 4(45): 10707-10714.

[96] Ren L, Tian T, Li Y, et al. High-performance UV photodetection of unique ZnO nanowires from zinc carbonate hydroxide nanobelts[J]. ACS Applied Materials & Interfaces, 2013, 5(12): 5861-5867.

[97] He Z, Liu Q, Hou H, et al. Tailored electrospinning of WO_3 nanobelts as efficient ultraviolet photodetectors with photo-dark current ratios up to 1000[J]. ACS Applied Materials & Interfaces, 2015, 7(20): 10878-10885.

[98] Gong C, Hu K, Wang X, et al. 2D nanomaterial arrays for electronics and optoelectronics[J]. Advanced Functional Materials, 2018, 28(16): 1706559.

[99] Li J, Wang Z, Wen Y, et al. High-performance near-infrared photodetector based on ultrathin Bi_2O_2Se nanosheets[J]. Advanced Functional Materials, 2018, 28(10): 1706437.

[100] Wang F, Wang Z, Shifa T A, et al. Two-dimensional non-layered materials: synthesis, properties and applications[J]. Advanced Functional Materials, 2017, 27(19): 1603254.

[101] Sun Z, Liao T, Dou Y, et al. Generalized self-assembly of scalable two-dimensional transition metal oxide nanosheets[J]. Nature Communications, 2014, 5: 3813.

[102] Feng W, Wang X, Zhang J, et al. Synthesis of two-dimensional β-Ga_2O_3 nanosheets for high-performance solar blind photodetectors[J]. Journal of Materials Chemistry C, 2014, 2(17): 3254-3259.

[103] Wu J, Liu Y, Tan Z, et al. Chemical patterning of high-mobility semiconducting 2D Bi_2O_2Se crystals for integrated optoelectronic devices[J]. Advanced Materials, 2017, 29(44): 1704060.

[104] Goswami T, Mondal A, Singh P, et al. $In_{2-x}O_{3-y}$ 1D perpendicular nanostructure arrays as ultraviolet detector[J]. Solid State Sciences, 2015, 48: 56-60.

[105] Chen C, Zhou P, Wang N, et al. UV-assisted photochemical synthesis of reduced graphene oxide/ZnO nanowires composite for photoresponse enhancement in UV photodetectors[J]. Nanomaterials, 2018, 8(1): 26.

[106] Saravanan A, Huang B R, Kathiravan D, et al. Natural biowaste-cocoon-derived granular activated carbon-coated ZnO nanorods: a simple route to synthesizing a core-shell structure and its highly enhanced UV and hydrogen sensing properties[J]. ACS Applied Materials & Interfaces, 2017, 9(45): 39771-39780.

[107] Wang X, Liu K, Chen X, et al. Highly wavelength-selective enhancement of responsivity in Ag nanoparticle-modified ZnO UV photodetector[J]. ACS Applied Materials & Interfaces, 2017, 9(6): 5574-5579.

[108] Chen C Y, Retamal J R D, Wu I W, et al. Probing surface band bending of surface-engineered metal oxide nanowires[J]. ACS Nano, 2012, 6(11): 9366-9372.

[109] Chen C Y, Chen M W, Hsu C Y, et al. Enhanced recovery speed of nanostructured ZnO photodetectors using nanobelt networks[J]. IEEE Journal of Selected Topics in Quantum Electronics, 2012, 18(6): 1807-1811.

[110] Guo Z, Zhou L, Tang Y, et al. Surface/interface carrier-transport modulation for constructing photon-

alternative ultraviolet detectors based on self-bending-assembled ZnO nanowires[J]. ACS Applied Materials & Interfaces, 2017, 9(36): 31042-31053.

[111] Wang F, Wang Z, Jiang C, et al. Progress on electronic and optoelectronic devices of 2D layered semiconducting materials[J]. Small, 2017, 13(35): 1604298.

[112] Ouyang W X, Su L X, Fang X S. UV photodetectors based on BiOCl nanosheet arrays: the effects of morphologies and electrode configurations[J]. Small, 2018, 14(36): 1801611.

[113] Chen H Y, Liu K W, Chen X, et al. Realization of a self-powered ZnO MSM UV photodetector with high responsivity using an asymmetric pair of Au electrodes[J]. Journal of Materials Chemistry C, 2014, 2(45): 9689-9694.

[114] Miao J, Zhang S, Cai L, et al. Black phosphorus Schottky diodes: channel length scaling and application as photodetectors[J]. Advanced Electronic Materials, 2016, 2(4): 1500346.

[115] Li L, Lou Z, Shen G. Flexible broadband image sensors with SnS quantum dots/Zn_2SnO_4 nanowires hybrid nanostructures[J]. Advanced Functional Materials, 2018, 28(6): 1705389.

[116] Zhou B, Shi B, Jin D, et al. Controlling upconversion nanocrystals for emerging applications[J]. Nature Nanotechnology, 2015, 10(11): 924-936.

[117] Teng F, Hu K, Ouyang W, et al. Photoelectric detectors based on inorganic p-type semiconductor materials[J]. Advanced Materials, 2018, 30(35): 1706262.

[118] Wang Z, He X, Zhang X X, et al. Hybrid van der Waals p-n heterojunctions based on SnO and 2D MoS_2[J]. Advanced Materials, 2016, 28(41): 9133-9141.

[119] Oliva N, Casu E A, Yan C, et al. Van der Waals MoS_2/VO_2 heterostructure junction with tunable rectifier behavior and efficient photoresponse[J]. Scientific Reports, 2017, 7(1): 14250.

[120] Chen X, Liu G, Hu Y, et al. Vertical $MoSe_2$-MoO_x p-n heterojunction and its application in optoelectronics[J]. Nanotechnology, 2018, 29(4): 045202.

[121] Leung S F, Ho K T, Kung P K, et al. A self-powered and flexible organometallic halide perovskite photodetector with very high detectivity[J]. Advanced Materials, 2018, 30(8): 1704611.

[122] Zhao B, Wang F, Chen H, et al. An ultrahigh responsivity (9.7 mA·W^{-1}) self-powered solar-blind photodetector based on individual ZnO-Ga_2O_3 heterostructures[J]. Advanced Functional Materials, 2017, 27(27): 1700264.

[123] Xu X, Chen J, Cai S, et al. A real-time wearable UV-radiation monitor based on a high-performance p-CuZnS/n-TiO_2 photodetector[J]. Advanced Materials, 2018, 30(43): 1803165.